スッキリわかる

Java

入門 実践編 第4版

中山清喬・著
株式会社フレアリンク・監修

JN021762

インプレス

本書をスムーズに読み進めるためのコツ！

・PCでもスマホでも、ブラウザ上でJavaプログラミング体験ができる「dokojava」を活用すれば、場所を選ばずに学習がはかどります（詳細はp.4参照）。
・「ちゃんと打ち込んでいるのにうまくいかない」「なぜか警告が出る」などの問題が起きたら、まずは陥りやすいエラーや落とし穴をまとめた巻末付録「エラー解決・虎の巻」（p.671）を確認すると解決できる場合があります。

※ 本書では、Java17〜21を基本に、Java11以降を前提として解説しています。
※ 原則として、掲載コードではカプセル化と例外処理を省略しています。

● dokojava ご利用上の注意事項

・dokojavaは、本書著者の所属企業（株式会社フレアリンク）が運営するサービスです。正式利用にはユーザー登録が必要になります。
・dokojavaは新刊販売による収益で維持・運用されているサービスです。古書店やネットオークション等、新刊以外を購入された場合、一部の機能はご利用いただけません。あらかじめご了承ください。
・dokojavaでは個人の方による独学での利用を前提に無料プランが提供されています。研修や学校等での利用や商用利用に関する専用プランについては、株式会社フレアリンクへお問い合わせください（専用プランの契約なく、商用利用や研修等による多人数同時アクセスが発生した場合、個人学習者の利用環境を保護するため、予告なくアクセスを制限させていただく場合があります）。
・dokojavaへのアクセスは、セキュリティ及び国際プライバシー保護法令上の理由から、日本国内のみに限定しています。海外のネットワークからはご利用いただけません。

インプレスの書籍ホームページ

書籍の新刊や正誤表など最新情報を随時更新しております。

https://book.impress.co.jp/

まえがき

　これまでさまざまな開発現場をお手伝いする中で、研修を終えたばかりの若手の方が現場ならではの難しさに苦悩する姿に数多く出会いました。座学による言語学習と現場における実践との間に横たわる溝を埋めるための一冊を、との想いで筆を進めたのが本書です。執筆に際しては、特に以下の2点を意識しました。

1. Javaの実践に必要な周辺スキルを、まんべんなく届けること

　開発や設計手法、ツールについての最低限の知識がないために、チームに迷惑をかけてしまったり、作業の進め方や設計の拙さを指摘されても問題点や改善方法がわからず悩んだりする人も少なくありません。

　そこで本書では各種APIに加え、開発現場で求められる内容についても幅広く紹介しました。「これを渡しておけば若手が現場でとまどわない一冊」として、現場の先輩方にも活用いただけることを目指しています。

2. 本格的な技術やそのおもしろさと出会うきっかけを提供すること

　Javaの世界では、さらに効率よく創造的に開発を進めるための技術や技法が日々生まれ進化しています。しかし、忙しい実務の傍ら各分野の高度な書籍を購入して学ぶことは容易ではありません。

　そこで本書には、各専門分野から抽出した本格技術のエッセンスを入門者向けにわかりやすくアレンジして収めました。より高度な技術者たちと楽しく協働する世界への架け橋となれば幸いです。

　この第4版では、紙面デザインを全面刷新するとともに、Java21をはじめとする新しい仕様や機能への対応をより強化しています。

　本当に楽しいこと、本当におもしろいことは実践の場にこそあります。本書の柔らかい解説を楽しく読み進めていただき、読者の皆さまが更なる高みへと進まれる姿を見送れたら、これに勝る歓びはありません。

著者

【謝辞】
イラストの髙田様ほか、デザイナー、編集の方々、シリーズ立ち上げに尽力いただいた樋田さん、教え方を教えてくれた教え子のみなさん、応援してくれた家族、この本に直接的・間接的に関わったすべての皆さまに心より感謝申し上げます。

dokojava の使い方

1　dokojava とは

　dokojava とは、PC やモバイル端末の
ブラウザだけで Java プログラムの作成
と実行ができるクラウドサービスです。
手間のかかる開発環境を構築せずとも、
今すぐ Java プログラミングを体験でき
ます。dokojava を利用するには、下記
の URL にアクセスしてください。

※ dokojava は株式会社フレアリンクが提供するサービス
　です。dokojava に関するご質問につきましては、株式
　会社フレアリンクへお問い合わせください。

dokojava へのアクセス

https://dokojava.jp

2　dokojava の機能

dokojava では、次の操作ができます。

- ソースコードの編集
- コンパイルと文法エラーの確認／実行と実行結果の確認
- 本書掲載ソースコードの読み込み（ライブラリ）
- サインイン、ヘルプ

※ 一部機能の利用には、ユーザー登録や購入者登録、サインインが必要です。また、技術的制約により、プログ
　ラムの内容によっては実行できない場合があります。

3　困ったときは

　dokojava の利用で困ったときは、画面左下にある ? をクリックしてヘル
プを参照してください。また、メンテナンスなどでサービスが停止中の場合
は、しばらく時間をあけて再度アクセスしてみてください。

sukkiri.jp について

　sukkiri.jp は、「スッキリわかる入門シリーズ」の著者や制作陣が中心となっ て運営している本シリーズの Web サイトです。書籍に掲載したコード（一 部）がダウンロードできるほか、開発環境の導入手順や操作方法を掲載して います。また、プログラミングの学び方やシリーズに登場するキャラクター たちの秘話、新刊情報など、学び手のみなさんのお役に立てる情報をお届け しています。

『スッキリわかる Java 入門 実践編 第4版』のページ

https://sukkiri.jp/books/sukkiri_javap4

最新の情報を確認できるから、安心だね！

column

スッキリわかる入門シリーズ

　本書『スッキリわかる Java 入門 実践編』をはじめとした、プログラミング言 語の入門書シリーズ。今後も続刊予定です。

『スッキリわかる Java 入門』　　　　　　　　　『スッキリわかる C 言語入門』

『スッキリわかる SQL 入門 ドリル256問付き！』　『スッキリわかる Python 入門』

『スッキリわかるサーブレット＆ JSP 入門』　　　『スッキリわかる Python による機械学習入門』

contents 目次

第**Ⅱ**部　外部資源へのアクセス

第Ⅳ部 　より高度な設計を目指して

column

本書の見方

本書には、理解の助けとなるさまざまな用意があります。押さえるべき重要な
ポイントや覚えておくと便利なトピックなどを要所要所に楽しいデザインで盛
り込みました。読み進める際にぜひ活用してください。

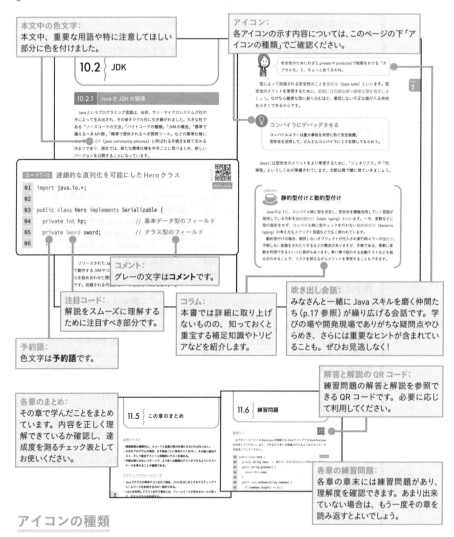

本文中の色文字:
本文中、重要な用語や特に注意してほしい
部分に色を付けました。

アイコン:
各アイコンの示す内容については、このページの下「ア
イコンの種類」でご確認ください。

コメント:
グレーの文字は**コメント**です。

予約語:
色文字は**予約語**です。

注目コード:
解説をスムーズに理解する
ために注目すべき部分です。

コラム:
本書では詳細に取り上げ
ないものの、知っておくと
重宝する補足知識やトリビ
アなどを紹介します。

吹き出し会話:
みなさんと一緒に Java スキルを磨く仲間た
ち(p.17 参照)が繰り広げる会話です。学
びの場や開発現場でありがちな疑問点やひ
らめき、さらには重要なヒントが含まれてい
ることも。ぜひお見逃しなく!

各章のまとめ:
その章で学んだことをまとめ
ています。内容を正しく理
解できているか確認し、達
成度を測るチェック表として
お使いください。

解答と解説の QR コード:
練習問題の解答と解説を参照で
きる QR コードです。必要に応じ
て利用してください。

各章の練習問題:
各章の章末には練習問題があり、
理解度を確認できます。あまり出来
ていない場合は、もう一度その章を
読み返すとよいでしょう。

アイコンの種類

 ポイント紹介:
本文における解説で、特に重要なポイントをまとめ
ています。

 構文紹介:
構文の記述ルールと文法上の留意点などを紹介し
ます。

 文法上の留意点:
構文を記述するときの文法上の留意点などを紹介
しています。

 利用手順の案内:
ツール類の導入方法や利用手順を案内する Web
ページを紹介しています。

chapter 0
Java を使いこなす技術者を目指そう

Java のソフトウェアエンジニアとして開発現場で活躍するには、
基本文法やオブジェクト指向をマスターするだけでなく
ソフトウェア開発に関する幅広く深い知識とスキルが不可欠です。
本章は全体の序章として、みなさんが
「Java を使いこなして開発現場で活躍できる技術者」になるために
必要な学習のロードマップを俯瞰します。

contents

0.1　ようこそJava 実践の世界へ

0.1.1 「学習」から「実践」へ

　Javaは、現在最も広く使われているプログラミング言語の1つです。さまざまなソフトウェアやシステムを構築するため、多くのソフトウェアエンジニアがJavaを駆使して開発を進めています。Javaを学び、今後エンジニアとして働こうとしている人もいるでしょう。しかし、Javaを学び終えたからといって、すぐに開発現場で活躍できるわけではありません。本格的な開発ではJava言語の知識だけでなく、そのほかにも多くの周辺知識や技能が要求されるからです（図0-1）。

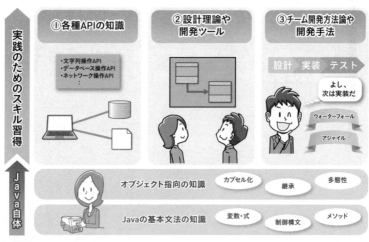

図0-1　Javaを使いこなすために必要なさまざまなスキル要素

　本書は、Javaの基本文法やオブジェクト指向をひととおり学び終えた人を対象に、ソフトウェアの開発現場で働くためにさらに必要となる知識を、やさしく・わかりやすく解説した入門書です。そのため、執筆にあたっては図0-1に挙げた技術要素をまんべんなく盛り込むよう心がけました。

　本書の解説を読み、サンプルコードやツール類を体験して「Javaのプログ

ラムが書ける」というレベルから「開発チームの一員として、ソフトウェアの設計から開発まで実践できる」エンジニアへとぜひステップアップしていきましょう。

0.1.2 一緒にJavaスキルを磨く仲間たち

この本でみなさんと一緒にJavaスキルの向上を目指す2人と、彼らを指導する先輩たちを紹介しましょう。

大江 岳人(30)

菅原 拓真(31)
さまざまな開発プロジェクト現場で頼りにされるプログラミングのエキスパート。忙しい実務のかたわら、湊と朝香の教育係として後進の2人を導いていく。

湊 雄輔(22)
Javaの基礎をひととおり学び終えたものの、プロジェクト配属後にJavaを使いこなせるか少し不安な新入社員。子どもの頃からの夢であるRPG作りも少しずつ続けている。

朝香 あゆみ(24)
湊と共にJavaを学び、開発プロジェクトへの配属を2か月後に控えた新入社員。飲み込みが早く機転がきくという点で湊とは対照的だが、2人で日々切磋琢磨している。

　これから湊くんと朝香さんの2人と一緒に、全4部・17章を通してJavaの開発に関する実践的な知識を学び、身に付けていきましょう。

　第Ⅰ部「さまざまな基本機能」では、Javaが備えるさまざまなしくみや命令について、より深く学びます。基本から一歩踏み込んだクラスを自在に操作する方法を習得し、以降の部へ進むための準備を整えましょう。

　第Ⅱ部「外部資源へのアクセス」では、ネットワークやデータベースなど、JVMから外部にある資源を読み書きするためのAPIについて紹介します。テ

キストファイルはもちろん、画像や音声、ZIP、Excel ファイルの操作方法も紹介します。

　第III部「効率的な開発の実現」では、Java言語から少し離れ、より効率的な開発を実現する手法やツールを紹介します。「業務としてチームで開発すること」に重点を置き、より効率的に楽しく開発を進めるための方法や考え方について、伝統的なものから最新のものまで織り交ぜて紹介します。

　最後の第IV部「より高度な設計を目指して」では、優れたプログラム設計を行うための理論やしくみを紹介します。思いつきではなく、確固とした根拠に基づいたプログラム開発を目指しましょう。

column

スッキリわかる『実践編』の学び方入門

姉妹書『スッキリわかるJava入門』(以下、入門編)を卒業し、本書(実践編)に進んだ人もいるでしょう。本書は、入門編とは多少異なる特徴があるため、ここで学習のポイントを紹介しておきましょう。

① 必ずしも「前から順に」「すべてを」学ぶ必要はない

前から順に学ぶことを前提とした入門編とは対照的に、実践編の各章はある程度独立しているので、興味がある章や業務上習得が必要な章だけを選んで読むことも可能です。ただし、実際にはほかの章の内容を前提知識としている章もあるので、目的の章を学ぶために別の章を先に学んでおく必要があるかもしれません。各章の関係を図にまとめましたので参考にしてください。

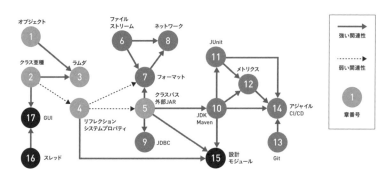

もちろん、幅広い実践スキルをひととおり身に付けたい場合には、前から順番に読み進めてもかまわないよ。

② 章末の練習問題の水準がワンランク高い

実践の現場では「必要に応じて調べたり、応用したりしながら開発していくチカラ」が求められます。そのため、本書の練習問題は入門編に比べ、本書を読むだけで解ける問題を減らし、APIリファレンスやWebなどの記事を調べながら取り組む問題を増やしてあります。

応用力や実践力といった＋αを獲得するための問題ですから、焦らずじっくり取り組んでみてください。悩んだ上で最終的に「そうか、こうやればいいのか！」と思えたときにこそ、スキルは磨かれています。

第 I 部

さまざまな基本機能

Javaの重要な機能をマスターしよう

 菅原さん！ いよいよ、プロジェクトへの配属が決まりました！

それはおめでとう。朝香さんも一緒のプロジェクトなのかな？

 はい。湊のめんどうは私がちゃんと見てあげないと先輩たちに迷惑がかかっちゃいますもんね。

あいかわらずいいコンビだね。2人ともJavaの基礎はマスターしているから、きっと大丈夫だよ。でも、プロジェクト現場に行っても困らないように、さらにいくつかJavaの機能について紹介しておこうと思うんだ。

 はい、お願いします！

システム開発プロジェクトなどの本格的な開発現場では、便利で高性能なJavaの機能を組み合わせて効率的に開発を進めます。本書の第Ⅰ部ではJavaによる実践的な開発に欠かせない、いくつかの重要な機能を紹介していきます。

chapter 1
インスタンスの
基本操作

Javaを使った開発では、
私たち自身がたくさんのクラスを新たに作っていく必要があります。
Javaでは、そのすべてのクラスにおいて、
共通して利用できる汎用的なしくみが用意されています。
この章では、少々地味ながらもすべての開発シーンで
私たちを助けてくれる「縁の下の力持ち」とも言うべき
インスタンスの基本機能に光を当てていきましょう。

contents

1.1 インスタンスの5大基本操作

1.1.1 Object クラスに備わる基礎機能

　本書に先立ち『スッキリわかる Java 入門』で学んだように、Java におけるすべてのクラスは、その継承関係を親へと辿ると java.lang.Object クラスに行き着きます。このことにより、私たちは以下の2つのメリットを享受しています。

Object クラスによる効能

① 全クラスは、Object クラスで定義されたメソッドを持つことが保証される。
② Object 型変数には、あらゆるインスタンスを代入可能である。

　ここでは①について注目しましょう。Java 言語自体を開発した人たちは「すべてのクラスが持っておくべき機能」を Object クラスのメソッドとして備えるようにしました。表1-1がその代表的な5つのメソッドです。

表1-1 多くのインスタンスに共通する5つの基本操作

メソッド	操作の内容	関連するクラス
toString()	文字列表現を得る	Object
equals()	等価判定を行う	Object
hashCode()	ハッシュ値を得る	Object
compareTo()	大小関係を判定する	Comparable
clone()	複製する	Object、Cloneable

（特に重要な3つのメソッド）

次の節からは、これら5つのメソッドについて1つずつ解説していくよ。

1.2 インスタンスの文字列表現

1.2.1 toString()の責務

toString()は、「インスタンスの内容を、人が読んで理解できる文字列で表現したもの（文字列表現）として返す」という責務を与えられたメソッドです。

すべてのインスタンスがtoString()を持つことが保証されているからこそ、私たちは「インスタンスの中身の情報を知りたいなら、とにかくtoString()を呼び出せばよい」と考えることができます。特にデバッグ作業やログ出力といった場面でtoString()は大活躍するでしょう。

なお、よく利用されるSystem.out.println()命令は、引数にインスタンスを渡すとそのtoString()を呼び出して文字列表現を取り出し、画面に表示します。たとえば、Hero型の変数aに入っているインスタンスの中身について知りたい場合は、次のように書けばよいのです。

```
Hero a = new Hero("ミナト", 100);
     :
System.out.println(a);     a.toString()の結果が表示される
```

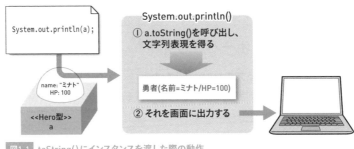

図1-1 toString()にインスタンスを渡した際の動作

しかし、単にHeroクラスを定義しても、次ページの左の実行結果のような望ましい出力は得られず、右のような意味不明な表示になります。

実行結果（望ましいもの）

勇者（名前=ミナト/HP=100/MP=10）

実行結果（実際）

Hero@3487a5cc

　これは、Heroクラスではなく暗黙の親クラスであるObjectのtoString()が動作しているのが原因です。「Hero@3487a5cc」のように不適切で意味不明な出力をしているのは、ObjectクラスのtoString()なのです。

　あるクラスがどのような文字列表現を返すべきかは、そのクラスを作った開発者にしかわかりません。従って、もし新たにクラスを作ったら、私たち自身が親クラスのtoString()をオーバーライドして、適切な文字列表現を返すように動作を上書きしてあげる必要があるのです。

コード1-1 toString()のオーバーライド

```
01  public class Hero {
02    private String name;
03    private int hp, mp;
04
05    public String toString() {        Objectクラスの toString()を
                                        オーバーライド
06      return "勇者（名前=" + this.name
          + "/HP=" + this.hp + "/MP=" + this.mp + "）";
07    }
08    :
09  }
```

toString()のオーバーライド

新たに開発したクラスでtoString()をオーバーライドすると、開発者が意図した文字列表現を渡すことができる。

1.3 インスタンスの等価判定

1.3.1 等価と等値の違い

すべてのクラスがObjectクラスから継承して備えるequals()は、「2つの変数に入っているインスタンスを比較して等価（equivalent）であるかを判定する」という責務を与えられたメソッドです。一見、似たような概念に等値（equality）がありますが、等価と等値はまったく別のものです（図1-2）。

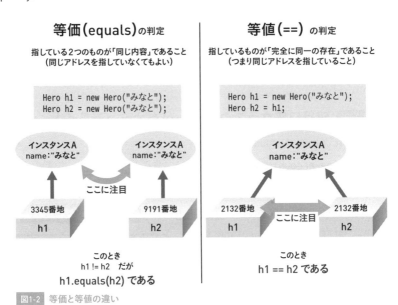

図1-2 等価と等値の違い

==演算子を用いる等値判定を、JVMは簡単に行うことができます。なぜなら、2つの変数の指し示すアドレスが同じであるかを単純に比較すればよいからです。

一方、equals()を用いる等価判定は簡単ではありません。「2つのインスタンスの何をもって同一とみなすか」という基準はクラスによってまちまちです。たとえば「ミナト」と「みなと」を同一の内容と判断すべき場面もある

かもしれません。その判断基準を持っているのは開発者であってJVMではないのです。

しかしequals()が呼び出されたら、JVMは何らかの結果を返さなければなりません。そのため、Objectクラスに宣言されているequals()の中身は、単純な等値判定ロジックになっています。少なくとも等値であれば等価だと言えると考えての苦肉の策でしょう。

1.3.2 equals()のオーバーライド

前項で解説したように、「何をもってインスタンス同士を等価と見なしてよいか」を判断できるのはそのクラスの開発者だけです。toString()同様、私たちはクラスを開発したら、そのクラスのequals()をオーバーライドして、開発者が適切と考える等価判定アルゴリズムをJVMに伝えるべきなのです。

equals()の中身に記述すべき処理内容はさまざまですが、定石とされる書き方をコード1-2に示しました。コード内に記した丸数字の部分は、それぞれ次ページに表した処理を意味しています。

コード1-2 銀行口座クラスのequals()をオーバーライド

```java
public class Account {
  String accountNo;  // 口座番号（先頭に空白が入ることもある）

  public boolean equals(Object o) {       // 引数はObject型にすること
    if (o == this) return true;           // ①
    if (o == null) return false;          // ②
    if (!(o instanceof Account)) return false;  // ③
    Account r = (Account)o;
    if (!this.accountNo.trim().equals(r.accountNo.trim())) {  // ④
      return false;                       // 先頭と末尾の空白を取り除いた口座番号を文字列比較
    }
    return true;
  }
}
```

028

① 自分自身が引数として渡されたら、無条件でtrueを返す。

② nullが引数として渡されたら、無条件でfalseを返す。

③ 型が異なるならば、falseを返す（同じなら④に備え、比較できるよう適切にキャストする）。

④ 2つのインスタンスが持つしかるべきフィールド同士を比較して等価か判定し、trueかfalseを返す。

1.3.3 コレクションとequals()

> でもまぁ、今までもオーバーライドしてこなかったし。ときどきサボってもいいんですよね？

> ダメダメ。今までは「オーバーライドしてなくても大丈夫なコード」をあえて選んでいただけなんだぞ。

equals()のオーバーライドをサボると、ふとしたきっかけで原因特定が困難な不具合につながることがあります。たとえば、equals()をオーバーライドしていないHeroクラスをコレクションに格納する次のコード1-3を見てください。

コード1-3 不具合につながる例

Hero.java

```
01  public class Hero {
02    public String name;        equals()をオーバーライドしていない
03  }
```

Main.java

```
01  import java.util.*;
02
03  public class Main {
04    public static void main(String[] args) {
05      List<Hero> list = new ArrayList<>();      右辺の型は省略可能
06      Hero h1 = new Hero();                     （ダイヤモンド演算子）
```

```
07      h1.name = "ミナト";
08      list.add(h1);          インスタンスを作って格納
09      System.out.println("要素数=" + list.size());
10      h1 = new Hero();
11      h1.name = "ミナト";
12      list.remove(h1);        名前が「ミナト」の勇者を削除
13      System.out.println("要素数=" + list.size());
14    }
15  }
```

このコードでは、「ミナト」という名前を持つHeroインスタンスを作って
格納した後、12行目で同じ要素を削除しようとしています。しかし、実際に
実行してみると次のようにうまく削除できません。

要素数=1
要素数=1   0になっていない！（削除できていない）

remove()は、引数として渡したインスタンスについて、「これと同じもの
を削除して」とJVMに依頼するメソッドです。するとJVMはArrayListから
同じものを探すためにequals()による等価判定を行います。そのためequals()
をオーバーライドしていない、つまり「等価判定に不具合がある」クラスを
コレクションに格納すると、要素の検索や削除が正しく行われないのです
（次ページ図1-3）。

StringやInteger、DateのようなAPIクラスのインスタンスを格納しても
このような問題は起きませんが、それはそれらのクラスではequals()が正し
くオーバーライドされているためです。私たちが作るクラスも、いつ、誰に、
どのような使われ方をするかわかりません。Mainクラスのように等価判定さ
れる場面が考えにくいクラスや、すでに親クラスでequals()が正しくオー
バーライドされているクラスを除き、クラスを作ったら必ずequals()をオー
バーライドしておきましょう。

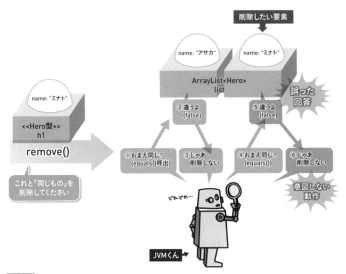

図1-3 等価を正しく判定できないため削除できない

1.3.4 配列の等価判定

　StringやArrayListなどの多くの標準APIクラスは、適切にequals()をオーバーライドしているため、クラス自体のequals()を用いた等価判定が可能です。

　実は、int[]やHero[]のような配列型もObjectクラスを継承しているため、equals()は定義されています。しかし、配列同士を比較しようとして用いると、等値判定が行われてしまうという落とし穴が存在します。2つの配列を等価判定したい場合は、java.util.Arraysクラスの静的メソッドequals()を使いましょう。

コード1-4 配列をequals()で比較する

```
01  import java.util.Arrays;
02
03  public class Main {
04    public static void main(String[] args) {
05      int[] a = {1, 2, 3, 4, 5};
06      int[] b = {1, 2, 3, 4, 5};
```

```
07        System.out.println("誤った判定：" + a.equals(b));
08        System.out.println("正しい判定：" + Arrays.equals(a, b));
09    }
10  }
```

なお、二次元以上の配列同士の等価判定には、Arrays.deepEquals()を用います。

---

column

Collections クラスと Arrays クラス

JavaAPIには、コレクションや配列を便利に利用するための命令を集めた、次の2つのクラスが用意されています。両クラスに備わるすべてのメソッドはstaticですので、インスタンス化することなく利用できます。

・java.util.Collections　：コレクション操作関連の便利なメソッド集
・java.util.Arrays　　　：配列操作関連の便利なメソッド集

---

column

インスタンスメソッドを意味する表記

APIリファレンスや解説書、Webの記事などで時折「Hero#attack()」のような表記を見かけることがあるかもしれません。これは、「Heroクラスの（staticではない）attackメソッド」を意味します。

「Hero.attack()」と記載するとstaticメソッドと混同しやすいため、#記号を使う決まりになっています。

1.4 インスタンスの要約

1.4.1 HashSet で remove() できない事態

equals()をオーバーライドすればちゃんと要素を削除できるはずなのに…どうしても要素が削除できないんですけど…。

特定の状況下では、もう1つ配慮しなければならないことがあるんだ。

　equals()を正しくオーバーライドしていないクラスをコレクションに格納すると誤動作につながることを1.3節で学びました。正しくequals()をオーバーライドすれば、コード1-3（p.29）は意図どおりに動作するようになるでしょう。

　しかし、たとえequals()をオーバーライドしていても、Hash系のコレクションを使う場面などでは誤動作してしまうことがあります（コード1-5）。

コード1-5 HashSet の利用で remove() できない例

Hero.java

```
01  class Hero {
02    public String name;
03    public boolean equals(Object o) { … }      equals()をオーバーライドしている
04  }
```

Main.java

```
01  import java.util.*;
02
03  public class Main {
04    public static void main(String[] args) {
05      Set<Hero> list = new HashSet<>();      HashSetを利用
```

```
06      Hero h1 = new Hero();
07      h1.name = "ミナト";
08      list.add(h1);        インスタンスを作って格納
09      System.out.println("要素数=" + list.size());
10      h1 = new Hero();
11      h1.name = "ミナト";
12      list.remove(h1);     名前が「ミナト」の勇者を削除
13      System.out.println("要素数=" + list.size());
14    }
15 }
```

要素数=1
要素数=1   0になっていない！（削除できていない）

なぜこのような結果になってしまうかを理解するために、
HashSetの内部動作をのぞいてみよう。

1.4.2 | HashSetの内部動作

　図1-3（p.31）では、ArrayListのremove()について内部動作を紹介しましたが、HashSetのremove()はそれとは少し異なったものになっています。

　HashSetのremove()では、いきなり各要素にequals()を使って「同じ？」と聞いて回るようなことはしません。内部でnull判定やキャスト、各フィールドの等価判定を繰り返すようなequals()を何度も呼び出していたら、削除したい要素を探し出すために長い時間がかかってしまい、非効率だからです。

equals()の計算コスト

equals()による等価判定には、比較的大きな計算コスト（時間）がかかる。

そこで、HashSetやHashMapなどのHash系のコレクションクラスでは、

① **高速だが、あいまいな方法で、各要素に「だいたい同じか？」を問い合わせる。**
② **「だいたい同じ」な要素にだけ、equals()で「厳密に同じか？」を問い合わせる。**

という**2段階の方式**で目的の要素を探し出します（図1-4）。

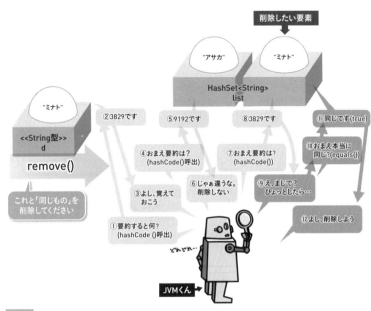

図1-4 HashSet#remove()の内部動作

> 0か1かで動くコンピュータが、「だいたい同じ」を判定するなんて面白いですね。でも、どうやってあいまいに判定するんですか？

HashSetは「だいたい同じか？」を判定するために、インスタンスに対する**ハッシュ値**（hash code）と呼ばれるものを利用します。ハッシュ値は、そのインスタンスの内容を数値として要約した、単純なint型の整数です。次に示すルールに従っていればどのような方法で算出してもよく、数値自体に意味はありません（次ページの図1-5）。

ハッシュ値の条件

・同じ（等価）インスタンスからは、必ず同じハッシュ値が得られること。
・異なるインスタンスからは、なるべく異なるハッシュ値が得られること。

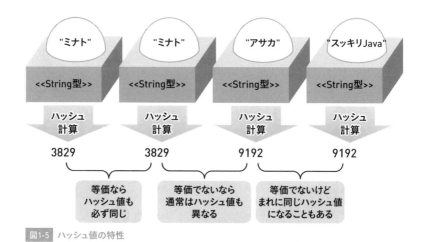

図1-5 ハッシュ値の特性

ハッシュ値が等しいからといって、本当に同じものとは限らない点には注意が必要ね。

Javaでは「すべてのオブジェクトは自身のハッシュ値を計算できるべきである」という考えのもと、hashCodeメソッドがObjectクラスに定義されています。つまり、**すべてのインスタンスにはhashCode()を呼び出された際に「ハッシュ値の条件」に従った値を返す義務があります。**

1.4.3 | hashCode()のオーバーライド

Objectクラスから継承されるequals()やtoString()がそのままでは使いものにならなかったように、Objectクラスから継承される標準のhashCode()も、条件を満たすハッシュ値を正しく返す作りにはなっていません。よって、

HeroやAccountなどのクラスを開発する私たち自身がhashCode()を正しくオーバーライドする必要があります。その記述方法（ハッシュ値の計算アルゴリズム）にはさまざまなものがありますが、コード1-6は一例です。

コード1-6 HeroクラスでhashCode()をオーバーライド

```
01  import java.util.Objects;
02
03  public class Hero {
04    String name;
05    int hp;
06
07    public int hashCode() {
08      return Objects.hash(this.name, this.hp);
09    }
10  }
```

8行目で利用しているjava.util.Objectsクラスのhashメソッドは、任意の個数の引数を受け取り、その引数に基づきハッシュコードとして適切な整数を生成してくれるAPIです。通常は、そのクラス自身のすべてのフィールドを引数として引き渡すことが多いでしょう。

> Objects.hashは昔のJavaにはなかった命令だから、ハッシュ値を地道に計算しているコードに出会うこともあるだろう。

ここでもう一度、図1-4（p.35）を見てください。HashSetは各要素のhashCode()を呼び出してハッシュ値の比較を行います。ハッシュ値の比較は単なる整数同士の比較なのでequals()よりはるかに高速に行うことができます。そしてハッシュ値が一致した場合に限ってequals()を用いて厳密に等価判定を行います。コード1-5がうまく動かなかったのは、HeroクラスのhashCode()がオーバーライドされていなかったため、図1-4の⑧で正しくないハッシュコードが返され、equals()を呼ぶまでもなく削除候補から外されてしまったためなのです。

1.5 〉 インスタンスの順序付け

1.5.1 インスタンスの並び替え

Collectionsクラスのsort()はその名が示すとおり、呼び出すだけで中身の
要素を順番に並び替えてくれる便利な静的メソッドです。たとえば、ArrayList
に格納した複数の口座インスタンスを並び替える場合、コード1-7のような
使い方をします。

コード1-7 口座インスタンスの並び替え（エラー）

```
01  import java.util.*;
02
03  public class Main {
04    public static void main(String[] args) {
05      List<Account> list = new ArrayList<>();
06        :
07      Collections.sort(list);   ───── これだけで要素が並び替えられる
08    }
09  }
```

しかしsort()には重要な制約が1つあり、それを意識せずに上記のような
コードを書くと次のように文法エラーが発生します。

> メソッド Collections.<T#1>sort(List<T#1>)は使用できません
>   (推論変数T#1には、不適合な境界があります
>   等価制約: Account
>   下限: Comparable<? super T#1>)
>   ⋮

うわっ、なんだこの意味不明なエラーメッセージ…。なんだよ、単に並び替えろって指示しただけじゃないか。

「単に」って言うけどね、JVMの立場になってごらん。

　一口に並び替えるといっても、口座の並び替え順序としては「残高の多い順」「名義人の名前順」「口座番号順」などいろいろな方法が考えられます。単に並び替えろと指示されてもJVMは困ってしまうのです。

　ただし、もし「ただ口座を並び替えるといったら、口座番号順に並べるのが普通ですよ」とあらかじめ宣言しておくなら話は別です。あるクラスについて一般的に想定される並べ順のことを自然順序付け（natural ordering）といいますが、自然順序が定めてあるクラスであれば、単なる Collections. sort(list); という指示でもエラーは出ず、並び替えることができます。

1.5.2　Comparableインタフェースの実装

　私たちが開発したクラスで自然順序を宣言するには、java.lang.Comparableインタフェースを実装します。これによりcompareTo()のオーバーライドが強制されるため、必ず自然順序付けの方法を宣言することになります。

コード1-8 Accountクラスの自然順序付けを定義

```
01  public class Account implements Comparable<Account> {    <～>で自身を指定
02    int number;    // 口座番号
03    int zandaka;   // 残高
04    public int compareTo(Account obj) {
05      if (this.number < obj.number) {
06        return -1;
07      }
08      if (this.number > obj.number) {
09        return 1;
```

```
10        }
11        return 0;
12    }
13 }
```

compareTo()は、引数で渡されてきたインスタンスobjと自分自身とを比較し、その大小関係を判定するという責務を負っています。具体的には次のような戻り値を返すようにしなければなりません。

- 自分自身のほうがobjよりも小さい場合　・・・　　負の数
- 自分自身とobjとが等しい場合　　　　　・・・　　0
- 自分自身のほうがobjよりも大きい場合　・・・　　正の数

Accountクラスが「compareTo()を持ち、自然順序付けが定義されているクラス」ならば、Collectionsクラスのsort()は、格納しているそれぞれのインスタンスのcompareTo()を呼び出し大小関係を比較しながら並び替えを実行してくれます（図1-6）。

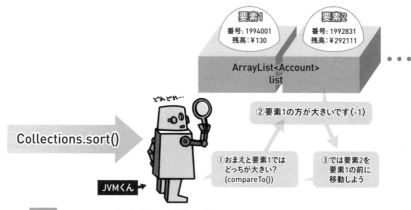

図1-6　compareTo()を呼び出しながら並び替えを行うsortメソッド

なお、自然順序付けによる整列を前提としたjava.util.TreeSetクラスは、内部で常に並び替えを行いながら要素を格納します。これは基本的にComparableを実装したクラスの格納を前提としたコレクションクラスですので、Comparableが適切に実装されているか注意が必要です。

Comparableを実装して便利に

開発するクラスに自然順序を定められるならば、Comparableを実装しておくことで、並び替えなどが便利に行えるようになる。

1.5.3 | コンパレータの利用

でも先輩、ふだんは「口座番号順」でもいいと思うんですが、たまには「残高順」とか「名義人順」とかで並べ替えたいときもありますよね？

そういうときには「コンパレータ」という道具を使うんだ。

前項で紹介したように、Collections.sort()は、引数として渡されたコレクションを自然順序で並び替えてくれます。しかし、さらに2つ目の引数に特別な指定をすると、より高度な並び替えの実現も可能です。

Collections.sort()の2つの使い方

構文① 自然順序で並び替える

```
Collections.sort(list)
```

構文② 第2引数に指定された順で並び替える

```
Collections.sort(list, cmp)
```

※ listは並び替えたいコレクション、cmpはコンパレータのインスタンス。

コンパレータ（Comparator）とは、現実世界における「並び替えのルール」（2つのインスタンスに関する大小の比較方法）をクラスとして表現したものです。java.util.Comparatorインタフェースを実装し、その唯一のメソッ

ドであるcompare()をオーバーライドして定義する決まりになっています
（コード1-9）。

コード1-9 「残高順」を実装したコンパレータ

ZandakaComparator.java

```
01  import java.util.Comparator;
02
03  public class ZandakaComparator implements Comparator<Account> {
04    public int compare(Account x, Account y) {
05      return (x.zandaka - y.zandaka);
06    }
07  }
```

比較するクラスを
＜～＞形式で指定

> 自然順序を定めるときに使ったcompareTo()だけを取り出して、
> 1つのクラスにした感じね。

　あらかじめコンパレータを定義しておけば、並び替えを必要とするさまざまな局面で並び順を簡単に指定できるようになります。たとえば、ArrayList
<Account>型のlist変数が存在する場合には、次のように指示します。

```
// 構文① 自然順序で並び替える
Collections.sort(list);
// 構文② 残高順で並び替える
Collections.sort(list, new ZandakaComparator());
```

> JVMはlist内に存在する各インスタンスの大小関係を判定しな
> がら並び替えていくんだ。構文①のときは格納オブジェクト自
> 体のcompareTo()を、構文②のときは与えられたコンパレータ
> のcompare()を呼び出して判定するんだよ。

なお、前項の最後に少し紹介したTreeSetのように、自然順序による整列を行いながら要素を格納するコレクションは、コンストラクタにコンパレータを引き渡すことで並び替えのルールを指定できます。

```
// 自然順序（口座番号順）で並び替えるTreeSetを生成
TreeSet<Account> accounts1 = new TreeSet<>();
// 格納すると残高順で並び替えるTreeSetを生成
TreeSet<Account> accounts2 = new TreeSet<>(new ZandakaComparator());
```

なるほどなぁ。でも、いろんな順序で並び替えたいと思ったら、たくさんComparatorを実装したクラスを作らないといけないのはちょっとめんどうですね。

ははは、そう言うと思ったよ。そんな湊くんのためのテクニックは、また後の章で紹介するから楽しみにしておいてくれ。

column

equals と compareTo の一貫性

1つのクラスにequals()とcompareTo()の2つを実装する場合、両者の一貫性が重要となります。ここでいう一貫性とは、「equals()でtrueが返る2つのインスタンスは、compareTo()で比較した際には必ず0が返る」という特性を指しています。equals()とcompareTo()に一貫性が保たれないと、TreeSetなどの一部のAPIでは想定外の動作をする恐れがあります。

たとえば、long型よりも大きな整数を格納するために用いられるjava.util.BigIntegerや、金額の取り扱いにも適した厳密な小数計算が可能となるjava.util.BigDecimalは、equals()とcompareTo()に一貫性がなく、注意が必要なAPIクラスとして知られています。

1.6 インスタンスの複製

1.6.1 コピーと参照

　プログラムを開発していると、インスタンスをコピーする必要性が生じることもしばしばです。たとえば、絶対に内容を変更されたくない重要な情報が入ったインスタンスを、他人が作成したメソッド「printData()」に引数として渡すことを想像してみてください。メソッド名からは、引き渡したインスタンスの中身を読むだけで書き換える可能性は低そうですが、不具合によってデータを壊されてしまう危険性はゼロではありません。

　このようなケースに備えるため、あらかじめインスタンスの複製を作っておき、それを引数や戻り値として引き渡すテクニックを、**防御的コピー**（defensive copy）といいます。

> とはいえ、インスタンスをコピーするのは少し大変だから、Java にはそのための標準機能が備わっているんだ。

> え？　コピーなんて、代入すればできちゃうじゃないですか。

　インスタンスをコピーするには、湊くんのように代入演算子を使う方法を思いつくかもしれません。

```
Hero h1 = new Hero("ミナト");
Hero h2 = h1;        コピー（したつもり）
```

　しかし、この方法ではインスタンスはコピーされないという落とし穴があります。h1の中に入っていた勇者インスタンスを指す**アドレス情報（参照）**がコピーされるだけであって、**インスタンスの実体は1つのまま**です（図1-7）。

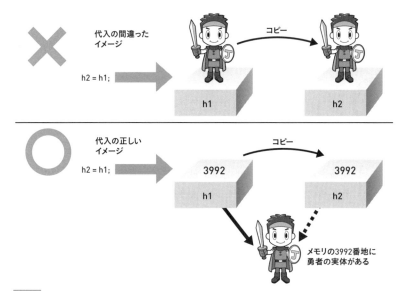

図1-7 代入を行うだけではインスタンス自体はコピーされない

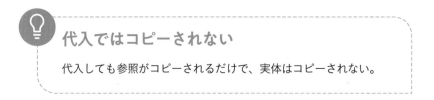

代入ではコピーされない

代入しても参照がコピーされるだけで、実体はコピーされない。

インスタンス自体を複製するためには、次の手順を踏まなければなりません。

① new演算子を用いて別のインスタンスを作成し変数h2に入れる。
② h1のすべてのフィールド内容をh2にコピーする。

1.6.2 cloneメソッド

インスタンスを複製するためだけに「①newと②全フィールドのコピー」をいちいち行わなければならないのは大変です。そこで、すべてのクラスは「自分自身の複製インスタンスを作って返す」という責務を持ったclone()をObjectクラスから継承しています。次のような簡単な記述で、複製された新たなインスタンスを簡単に得ることができます。

```
Hero h1 = new Hero("ミナト");
Hero h2 = h1.clone();
```
clone()を呼んで一発コピー

ははぁん。さては先輩、この機能も「実はオーバーライドしないと使いものにならない」と言うつもりなんですね？

朝香さんにはかなわないなぁ。clone()による複製をサポートするためには、次のコード1-10のように2つの作業が必要なんだ。

コード1-10 clone()による複製をサポートしたHeroクラス

```
01  public class Hero implements Cloneable {
02    String name;    // 名前         ①
03    int hp;         // HP
04    Sword sword;    // 装備している武器
05
06    public Hero clone() {
07      Hero result = new Hero();
08      result.name = this.name;
09      result.hp = this.hp;           ②
10      result.sword = this.sword;
11      return result;
12    }
13    ⋮
14  }
```

① Cloneableインタフェースを実装する

まず、clone()による複製をサポートしていることを外部に対して表明するためにjava.lang.Cloneableインタフェースを実装する必要があります。

② clone()をpublicでオーバーライドする

さらにclone()をオーバーライドしなければなりません。通常は、「新たなインスタンスをnewで生成し、自身の全フィールドをコピーしてreturnで返す」という処理内容になります。

なお、clone()をサポートした親クラスがある場合は、newではなく親のsuper.clone()を呼んでインスタンスを生成します。

このとき注意が必要なのが、アクセス修飾子の指定です。Objectクラスで定義してあるclone()はprotectedで宣言されているために外部から呼び出せません。オーバーライドの際にはpublicでオーバーライドして外部から呼び出せるようにしておきましょう。

>
> **column**
>
> # ☕ オーバーライドによるアクセス修飾の拡大
>
> protectedをpublicで上書きするclone()のオーバーライドに限らず、Javaではオーバーライドによるアクセス修飾の変更が許されています。ただし、以下のような制約があるため十分に注意してください。
>
> **子クラスにおけるオーバーライドのアクセス修飾は、親クラスと同じか、より緩いアクセス修飾に限定される。**

> APIリファレンスでCloneableを調べて驚きました！ このインタフェース、1つもメソッドを持ってないんですね。

> ほんとだ。てっきりclone()が定義されているのかと思いました。

compareTo()を定義しているComparableとは異なり、Cloneableはclone()を定義していません。Cloneableは「clone()の実装によって複製に対応していることを表明するため」だけに存在しています。このような目的で利用する特殊なインタフェースを特にマーカーインタフェース（marker interface）といい、ほかには第7章で学ぶjava.io.Serializableが有名です。

1.6.3　複製の失敗

> よし！　これで簡単に勇者を複製できるようになったぞ！

> 本当にそうかな？　試しに、持ってる剣の名前を変えてごらん。

　コード1-10のようにclone()による複製をサポートしたHeroクラスですが、使い方によっては想定外の動きをすることがあります。次のコード1-11を実行してみましょう。

コード1-11 複製した勇者の剣の名前を変更してみる

Main.java

```java
01  public class Main {
02    public static void main(String[] args) {
03      Hero h1 = new Hero("ミナト");
04      Sword s = new Sword("はがねの剣");
05
06      h1.setSword(s);
07      System.out.println("装備：" + h1.getSword().getName());
08      System.out.println("clone()で複製します");
09      Hero h2 = h1.clone();          ここで複製
10
11      System.out.println("コピー元の勇者の剣の名前を変えます");
12      h1.getSword().setName("ひのきの棒");
13      System.out.println
          ("コピー元とコピー先の勇者の装備を表示します");
14      System.out.print("コピー元：" + h1.getSword().getName()
          + "／コピー先：" + h2.getSword().getName());
15    }
16  }
```

装備：はがねの剣

clone()で複製します

コピー元の勇者の剣の名前を変えます

コピー元とコピー先の勇者の装備を表示します

コピー元：ひのきの棒／コピー先：ひのきの棒

> コピー先の装備まで
> 変わってしまった

1.6.4 深いコピーと浅いコピー

> ちゃんとコピーしてh1とh2は別物になったはずなのに、どうして h1の剣の名前を変えると h2にまで影響しちゃうんだろう。

　コピーにも2種類の方式があります。コード1-10（p.46）のclone()は浅いコピー（shallow copy）と呼ばれる方法で記述されています。浅いコピーでは各フィールドのコピーに代入演算子を使うため、コード1-10の10行目ではswordの参照がコピーされるのみで剣のインスタンス自体は複製されません。これこそ「片方の勇者の剣の名前を変えると他方の勇者の剣の名前も変わる」という副作用の原因です（図1-8）。

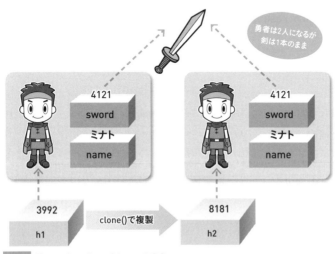

図1-8　浅いコピーによって生じている事象

一方、各フィールドについても clone() などを使って別インスタンスとしてコピーする方法を深いコピー（deep copy）と呼びます。

浅いコピーと深いコピー

浅いコピー　そのインスタンスのみを複製する。

深いコピー　そのインスタンスが参照しているインスタンスを含めて複製する。

SwordクラスでCloneableを実装した上で、Heroクラスで深いコピーをすれば、勇者と剣の両方が正しく複製されます（コード1-12）。

コード1-12 深いコピーに対応した Sword ／ Hero クラス

```java
public class Sword implements Cloneable {
  private String name;

  public Sword clone() {
    Sword result = new Sword();
    result.name = this.name;
    return result;
  }
    :
}
```

Sword.java

```java
public class Hero implements Cloneable {
  String name;    // 名前
  int hp;         // HP
  Sword sword;    // 装備している武器

  public Hero clone() {
    Hero result = new Hero();
```

Hero.java

```
08      result.name = this.name;
09      result.hp = this.hp;
10      result.sword = this.sword.clone();
11      return result;
12    }
13      :
14  }
```

不変オブジェクトのメリット

コード1-12のHero.java 8行目は、10行目と同様に、以下のようにすべきではないかと考えた人もいるかもしれません。

```
08      result.name = this.name.clone();
```

深いコピーの原則からは、この考えは間違っていません。しかし実務上、nameのようなフィールドについてわざわざclone()が用いられない（浅いコピーで済まされる）のは、それでも実害がないためです。

> ポイントはStringクラスが持つ特別な性質だ。以前少しだけ触れたけど、覚えてるかな。

Stringクラスのように、インスタンスの生成後、内部のデータを書き換える手段がないクラスの特性を不変またはイミュータブルといいます（『スッキリわかるJava入門 第4版』15.3.3節）。

不変なクラスは、浅いコピーで片方の中身だけが書き換えられることもないため、コード1-11のような不都合が起きようがないのです。不変性を持つクラスは、このような「浅いコピーによる副作用の回避」のほかにも、第3章で紹介する関数や、第16章で紹介するスレッドなどと組み合わせたときに生じる悪影響や複雑さを軽減できる性質があります。

1.7 レコード

1.7.1 オーバーライドのめんどうさ

> いやぁ、それにしても…たった1つのクラスを作るにも、たくさんのオーバーライドが必要なんですね…。

　Javaに入門した頃は、本章で紹介したようなオーバーライドを気にせずにクラスを定義してきたかもしれません。しかし、実務で開発するクラスは、将来にわたってさまざまな使われ方をする可能性があるため、特に、equals()・hashCode()・toString()の御三家については、オーバーライドが必要となる機会が多いでしょう。

　特に、オーバーライドが事実上必須となるのが、コレクションに格納して利用される場面の多いクラスたちです。たとえば、あるシステムへのログイン情報（ユーザーID・リトライ回数・結果、の3つの情報の集まり）を内部に格納できるクラス、LoginHistoryを見てみましょう（コード1-13）。

コード1-13 ログイン情報を表すクラス

```
01  public class LoginHistory {
02    private String user;
03    private int retry;
04    private boolean result;
05
06    public LoginHistory(String user, int retry, boolean result) {
07      this.user = user;
08      this.retry= retry;
09      this.result= result;
```

```
10    }
11
12    // 3フィールドのgetter宣言
13    // toString()をオーバーライド
14    // equals()をオーバーライド
15    // hashCode()をオーバーライド
16 }
```

通常は40〜50行程度
の分量になる

　このクラスのように、複数のデータを1つのクラス内に保持して手軽に運ぶために作られるクラスは、DTO（data transfer object）やデータキャリア（data carrier）と総称されます。通常、複数のフィールドとアクセサ（getterやsetterのような機能）を持つ一方、それ以外のメソッドをほとんど、またはまったく備えないことが一般的です。また、LoginHistoryのようにsetterを持たず、「コンストラクタで値を設定後、内部の情報を書き換えられない」不変クラスとして作成されることも少なくありません。

　いずれにせよ、コレクションへの格納に備え、equals()やhashCode()など、本章で紹介した各種のメソッドを備えることが事実上必須となるため、クラスの行数は想像以上に長くなる傾向があります。

たった3つの情報を格納したいだけでも、50行以上もコード書かなきゃいけないのね！

でもさぁ、そいつらだいたいお決まりパターンじゃないか。いちいち書かなきゃいけないなんてめんどうすぎるよ…。

　言語仕様やその他の事情により、儀式的に記述が求められる、いわゆる「定型文」「お決まり文句」のようなコードをボイラープレート (boilerplate)といいます。近年では開発ツール等の支援機能により、半自動で生成することも可能になっていますが、手間の増加やミス混入の恐れに加え、コード全体の見通しが悪くなるなどの理由から、できれば避けたい物であることには違いありません。

1.7.2 レコード

Java16以降から、湊くんの悩みを解決できるレコード（record）という特別な種類のクラスを利用できるようになりました。前項のコード1-13は、たった2行で実現できます。

コード1-14 レコードを利用して宣言したLoginHistory

LoginHistory.java

```
01  public record LoginHistory(String user, int retry, boolean result) {
02  }
```

これがさっきのコードと同じなんですか！？　めちゃくちゃ便利じゃないですか！

ははは、湊くんなら喜んでくれると思ったよ。まずは構文を確認しておこう。

📖 Ⓐ レコードの宣言

アクセス修飾子 record クラス名(フィールドの型 フィールド名, …)
　　[implements 親インタフェース名] {
　　メソッド宣言
　　}

※ クラス名の右のカッコで囲んだ部分をレコードヘッダ、レコードヘッダ内のカンマで区切った各フィールドをレコードコンポーネントという。
※ レコードのブロック内には、メソッドや追加のコンストラクタを定義できる。

レコードを宣言すると、暗黙的に次の6つの宣言をしたクラスとして定義されます。

① private 修飾された各フィールドのようなもの（厳密にはフィールドとは異なり、this. をつけてもアクセスできない）
② 全フィールドを引数に受け取るコンストラクタ
③ 各フィールドと同名の、内容取得メソッド
④ 全フィールドの内容を用いた toString() メソッド
⑤ 全フィールドの等価比較を用いた equals() メソッド
⑥ 全フィールドの内容を用いた hashCode() メソッド

定義されたレコードは、通常のクラスと同様に扱えます。たとえば、次のコード1-15のように、mainメソッドでnewして利用できます。

コード1-15 LoginHistory レコードの利用

```
01  public class Main {
02    public static void main(String[] args) {
03      LoginHistory h = new LoginHistory("USER1", 0, true);
04      System.out.println("ログインを試みたユーザー名は" + h.user());
05    }
06  }
```

1.7.3 レコード使用上の注意

便利なレコードではありますが、いくつか注意点があります。

注意点① レコードブロック内ではフィールドを宣言できない

レコードの宣言ブロック内で、非staticなフィールドを宣言することはできません。フィールドはあくまでもレコードヘッダに記述して定義します。

注意点② フィールドデータ取得メソッド名に「get」は付かない

伝統的なJavaのクラス設計では、フィールドxxxxxのデータを取り出すメソッド（getter）は「getXxxxx」と命名します。一部のフレームワークや仕様では、この形式のメソッド名を要求するものもありますが、レコードで自動生成されるものは「xxxxx()」となります。

注意点③ setterは生成されない

　recordでは、インスタンスに後から値を設定するためのメソッド（いわゆるsetter）は定義されません。「this.フィールド名」によるアクセスもできないため（p.55）、不変クラスであることが強制されます。

注意点④ 追加のコンストラクタ宣言に制約がある

　レコードが自動生成するコンストラクタは、レコードヘッダに記述したすべてのフィールドを引数とし、そのまま代入するシンプルなものです。利便性のために、引数を変えたコンストラクタを追加で宣言できますが、その先頭では、必ずほかのコンストラクタを呼ばなければなりません。

`コード1-16` 追加のコンストラクタ宣言

LoginHistory.java

```
01  public record LoginHistory(String user, int retry, boolean result) {
02    public LoginHistory() {
03      this("unknown", 0, false);      ← 先頭でコンストラクタを呼ぶ
04    }
05  }
```

注意点⑤ コンストラクタで入力値の検証ができる

　レコードのコンストラクタが動作する際に、さらに入力値チェックなどを行いたい場合、次のように、検証処理だけを定義できます。これをコンパクト・コンストラクタといいます。

`コード1-17` コンパクト・コンストラクタ

LoginHistory.java

```
01  public record LoginHistory(String user, int retry, boolean result) {
02    public LoginHistory {      ← この後ろに引数部分は記述しない
03      if (retry < 0) throw new IllegalArgumentException();
04    }      ← this. は記述してはならない
05  }
```

注意点⑥　親クラスも子クラスも指定できない

レコードは、親インタフェースは持てますが、extendsによる親クラスの指定ができません。また、自動的にfinalなクラスと見なされるため、レコードを継承して別のクラスやレコードを定義することはできません。

> 特に⑥は、レコードに期待される役割や用途に関連した制約なんだ。

レコードは、データベースとのやり取りや外部との通信など、「複数のデータを1つにまとめて手軽に運ぶ」ときに威力を発揮する道具です。通常、そのような用途のクラスは、勇者クラスなどとは異なり、継承を用いて抽象度が異なるバリエーションを作る必要性はほとんど生じません。

なお、レコードのような「単なるデータの集まり」ではない、なんらかの概念をモデル化したクラス（たとえば勇者や魔法使いクラス）において、equals()やtoString()などの定型句を省略したい場合は、レコード構文ではなく、第5章で紹介するcommons-langライブラリ（p.171）や第10章で紹介するLombok（p.364）の利用を検討するとよいでしょう。

column　コンポジションによる共通化

7個のフィールドのうち6個が共通するレコードAとレコードBがあるとき、共通親としてレコードXを作りたいと考える人もいるでしょう。

しかし「共通部分を切り出す」ための方法は、継承だけではありません。レコードAやBが、そのフィールドとしてレコードX型の情報を持つこと（コンポジションといいます）で、実現可能です。

```
public record X(Date when, String who, …) {}
public record A(X common, int howMuch) {}
public record B(X common, String whom) {}
```

1.8 この章のまとめ

Objectの3つの基本操作

- toString()をオーバーライドして文字列表現を定義できる。
- equals()をオーバーライドして意味的に正しく等価を判定できるようにする。
- hashCode()を正しくオーバーライドしておくことで、ハッシュ値を用いるクラス（HashMapなど）を利用できるようになる。

順序付け

- Comparableインタフェースを実装することで自然順序付けを定義でき、容易に並び替えできるようになる。
- Comparatorインタフェースを実装し、自然順序以外の並び順を定義できる。

複製

- Cloneableインタフェースを実装した上でclone()をオーバーライドすることで、インスタンスを容易に複製できるようになる。
- インスタンスの複製方法には、インスタンスの参照先を考慮した深いコピーと、考慮しない浅いコピーがある。
- インスタンスを完全に複製するには、深いコピーが必要である。

レコード

- recordを用いると、フィールドとコンストラクタ・アクセサに加え、重要なtoString()・hashCode()・equals()の3つのメソッドを適切にオーバーライドしたクラスを手軽に定義できる。
- recordは継承を利用できないが、特にデータキャリアなどの実装用途には差し支えないことも多い。

1.9 練習問題

練習1-1

次のような書籍クラス（Bookクラス）があります。

```java
01  import java.util.*;
02
03  public class Book {
04      private String title;
05      private Date publishDate;
06      private String comment;
07        :    // getter/setterの宣言は省略
08  }
```

Book.java

以下のすべての動作を実現するよう、Bookクラスを改良してください。ただし、各フィールドにnullが入っている場合を考慮する必要はありません。

① 書名と発行日が同じであれば等価なものと判定され、かつ、HashSetなどに格納しても正しく利用できる。
② 発行日が古い順を自然順序とする。
③ clone()を呼び出すと、深いコピーによる複製が行われる。

練習1-2

書名の昇順で並び替えるために利用可能なTitleComparatorクラスを定義してください。

練習1-3

下記の書籍を3冊生成し、ArrayListに格納した上で書名順に表示してください。ただし、練習1-2で定義したクラスを用いること。

書名	発行日	コメント
Java 入門	2011/10/07	スッキリわかる
Python 入門	2019/06/11	カレーが食べたくなる
C 言語入門	2018/06/21	ポインタも自由自在

練習1-4

レコード型を利用して、以下の3つの情報を保持する Monster レコードを定義してください。

- name ：String 型
- hp ：int 型
- isBoss ：boolean 型

なお、コンストラクタの引数はレコードが標準で生成するものとしますが、インスタンス化の際、hp にマイナス値が渡されたときは IllegalArgument Exception を送出すること。

練習1-5

練習1-4で定義したレコードを使って、以下の3体のモンスター情報を生成し、ArrayList に格納した上で、格納順に表示してください。

name	hp	isBoss
お化けキノコ	10	false
ゴブリン	25	false
ドラゴン	120	true

chapter 2
さまざまな種類の
クラス

Javaでは、一般的なクラスはもちろん、
さまざまな種類の「クラスのようなもの」を利用して
便利に開発を進めることができます。
たとえば、インタフェースがそれにあたりますが、
数あるものの1つに過ぎません。
この章では、新しい種類のクラスについて学ぶとともに、
クラスや型についての理解を深めていきましょう。

contents

2.1 型安全という価値

2.1.1 もし型がなかったら

この章では、さまざまな種類のクラスや型について紹介していくよ。でもその前に、「そもそもなぜ型というものがあるのか？ 型にはどんなメリットがあるのか？」について考えてみてほしいんだ。

えっ…。型を使うのが当たり前だと思っていたから、急に聞かれると…。どうしてなのかしら？

Javaでは変数を用いるとき、必ず**型**（type）を指定します。変数には、その指定した型の情報（値やインスタンス）しか格納することはできません。int型の変数にはint型の整数だけ、String型の変数には文字列だけを格納できることはご存じのとおりです。つまり、**型とは「格納するデータに制約をかけるしくみ」である**ということができます。

ではなぜ、そんな「わざわざ不自由になる道具」を使う必要があるのでしょうか？ もしJavaに型のしくみがなくて、「変数には数値でも文字列でも勇者でもなんでも自由に代入できる」としたら、そのほうが便利だと感じませんか？

そっか。それなら、いいかげんに何でもデータを放り込めるんだよね。確かに、型なんてないほうが便利じゃないか！

湊の楽天的な発言のせいかしら。私はなんだか危うさというか、怖さを感じるんだけど…。

もし、あなたが朝香さんのように「怖い」という感覚を覚えるようであれば、型の役割とメリットに多少なりとも気づいています。

　実際にその感覚を試すために、Object型（どんなものでも格納可能な型）だけを使い、擬似的に実現した「型のしくみがないJavaプログラム」を見てみましょう（コード2-1）。

コード2-1 型のしくみがないJavaプログラム

```
01  public class Main {
02    // printsメソッド
03    // 第1引数の文字列を第2引数の回数だけ表示します
04    // 第1引数には文字列情報を、第2引数には整数を指定してください
05    public static void prints(Object a, Object b) {
06      for (int i = 0; i < (Integer)b; i++) {
07        System.out.println(a);
08      }
09    }
10    public static void main(String[] args) {
11      Object s = "こんにちは";
12      s = new Hero();
13      Object n = 1;
14      prints(s, n);
15    }
16  }
```

- 11, 12行目 → sには勇者も文字列も格納可能
- 14行目 → 注意深く呼び出す必要がある

　このプログラムは問題なく動作します。11〜13行目を見ると、湊くんの言うように「いろいろな種類の値を型を意識せず変数に入れられる」という便利さを感じられるかもしれません。

　一方、14行目では、prints()を注意深く呼び出す必要があることに気づきませんか？　うっかりすると次ページの図2-1にある（b）や（c）のような間違いをしてしまう恐れがあります。

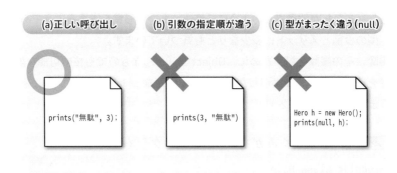

(a)正しい呼び出し　　(b) 引数の指定順が違う　　(c) 型がまったく違う(null)

```
prints("無駄", 3);
```

```
prints(3, "無駄")
```

```
Hero h = new Hero();
prints(null, h);
```

図2-1　prints()を呼び出す際、うっかり間違えそうなパターン

（b）や（c）は**単純なミスにもかかわらず、コンパイル時にはエラーが出ないため誤りに気づくことができません**。実際にプログラムを動かし、処理が問題の箇所にさしかかったときに実行時エラーが起きて初めてミスに気づくことになるのです。

たとえば「絶対に止めてはならない超重要システム」のメソッド内で上記のような単純なミスをしたとしよう。本番稼働から3か月過ぎて初めてそのメソッドが動作→緊急停止→大事故になるのはとても困るよね。

2.1.2　型を用いるメリット

一方、型を適切に使ったprints()の宣言を見てみましょう。

```
public static void prints(String msg, int num) { … }
```

この宣言では「第1引数はString、第2引数はintしか受け付けない」という制約がかけられています。だからこそ、もし図2-1の（b）や（c）のようなミスをしたら、コンパイル時のエラーメッセージですぐミスに気づくことができます。

つまり型というしくみは**変数に予期しない種類の情報が入ってしまうことを未然に防ぐための安全装置**の役割を果たしていることがわかります。

安全性のためにわざと private や protected で制限をかける「カプセル化」と、ちょっと似てるわね。

型によって担保される安全性のことを型安全（type safe）といいます。型安全のメリットを享受するために、変数には可能な限り厳密な型を指定しましょう。なぜなら厳密な型に絞り込むほど、意図しない不正な値が入る余地を小さくできるからです。

コンパイラにデバッグさせる

コンパイルエラーは重大事故を未然に防ぐ安全装置。
型安全を活用して、どんどんコンパイラにミスを探してもらおう。

Java には型安全のメリットをより享受するために、「ジェネリクス」や「列挙型」というしくみが準備されています。次節以降で順に見ていきましょう。

column
静的型付けと動的型付け

Java のように、コンパイル時に型を決定し、型安全を積極活用していく言語が採用している方針を静的型付け（static typing）といいます。一方、変数などに型の指定をせず、コンパイル時に型チェックを行わない動的型付け（dynamic typing）の考え方もスクリプト言語などで広く使われています。

動的型付けの場合、期待しないオブジェクトが代入され実行時エラーが出たり、予期しない変換をされたりするなどの懸念がありますが、手軽である、柔軟に変数を利用できるといった長所もあります。第11章で紹介する自動テストなどを組み合わせることで、リスクを抑えながらメリットを享受することもできます。

2.2 ジェネリクス

2.2.1 昔のArrayList

　JavaではArrayListを初めとするさまざまなコレクションクラスが用意されていますが、実はこれらのコレクション、昔（Java1.4以前）は少し異なる記述をしなければなりませんでした。

```
// Java5以降の場合
ArrayList<String> list = new ArrayList<>();
// Java5より古い場合　　（Java5以降でも可能だが非推奨）
ArrayList list = new ArrayList();
```

昔は<String>という部分の指定をしなくてよかったんですね！

でも、それがどういうことを意味するのか、「型安全」のことを思い出しながら考えてごらん。

　ArrayList<String>という型は「文字列が入るArrayList型」という意味です。よって、文字列以外の要素を格納することはできません。一方、ただのArrayList型では格納可能な要素の型を特に制限していません。そのため、文字列でも勇者でも何でも型を問わず格納できてしまいます（図2-2）。

```
ArrayList list = new ArrayList();
list.add("アサカ");
list.add("ミナト");
list.add(new Hero());
```

"アサカ"　"ミナト"　...

<<ArrayList型>>

図2-2　さまざまな種類の要素を格納できるArrayList

前節で型安全のメリットを理解したみなさんであれば、古いArrayListの使い方を「怖い」と感じることができるはずです。たとえば、文字列の要素しか格納されていないはずのコードに、いつのまにか数値が格納されてしまい、それが原因で予期しない実行時エラーが発生するかもしれません。

> **コレクションクラスの型安全**
>
> 型安全のために、コレクションクラスは常に<～>を付けて利用する。

2.2.2 ジェネリクス

APIにはたくさんクラスがありますけど、どうしてコレクションクラスだけ<～>が使えるんですか？

実はコレクションクラスは、普通のクラスとは少し違った「特殊な型」として宣言されているんだ。

APIに準備されたString型や、これまで私たちが宣言してきた方法で作ったHero型などでは、<～>記法は使えません。たとえば、**String<Character>** や **Hero<Sword>** のような記述はコンパイルエラーになります。

ArrayListやHashMapにだけ<～>記法が許されているのは、それらが普通のクラスとしてではなく、ジェネリクス（generics）といわれる特別なしくみを使って定義されているからです。

> **ジェネリクス**
>
> ジェネリクスを使って宣言されたクラスは、<～>記法を利用できる。

ちなみに、ジェネリクスという用語に代えて「総称型」や「テンプレート」という言葉が使われることもあるよ。

　ジェネリクスが利用されているクラスは、APIリファレンスにおいても＜～＞という表記がありますので、あるクラスについて＜～＞記法が可能か不可能かを簡単に判断することができます（図2-3）。

図2-3 APIリファレンスにおけるジェネリクス利用の表記

　なお、図2-3中の「ArrayList ＜E＞」は単に、ArrayListを実際に使うときには、＜～＞記法で型を1つ指定できることを表しているだけで、Eというアルファベット自体には特に意味はありません。ZでもZZでもかまわないのですが、おそらくArrayListクラスを作った人は要素（element）の頭文字を取ってEを選んだのでしょう。

2.2.3 ジェネリクス活用の前知識

ひょっとして、この「ジェネリクス」というしくみは、私たちが自分のクラスを作るときにも利用できるんですか？

鋭いね、実はそうなんだ。では簡単な例で紹介しよう。

ジェネリクスはコレクションのためだけのしくみではありません。Javaに

おいてクラスを作るときに誰でも自由に使える汎用的な文法です。そこで、今回は「インスタンスを1つだけ格納できる」という機能を持った独自のコレクションクラスPocketを作りながら、ジェネリクスの使い方を学んでいきましょう。

Pocketクラスの仕様

・どんな型のインスタンスでも格納できる。
・格納するためのputメソッド、取り出すためのgetメソッドがある。

まず、あえてジェネリクスを使わず実現したものが次のコード2-2です。

コード2-2 ジェネリクスを使わないPocketクラス（ver.1）

BK422
Pocket.java

```
01  public class Pocket {
02    private Object data;      // 格納用の変数
03    public void put(Object d) { this.data = d; }
04    public Object get() { return this.data; }
05  }
```

Object型を使っているのは、何型のインスタンスが入るか、使われるまでわからないからかな？

そうだよ。Java1.4までは、ArrayListやHashMapもこんな感じで定義してあったんだ。

これでも一応、上記の「Pocketクラスの仕様」を満たしています。しかし、このクラスを利用する側のプログラム（次ページのコード2-3）を見ると、Pocketがいかに不便なクラスであるかがわかります。

コード2-3 Pocketクラス（ver.1）を利用するプログラム

Main.java

```
01  public class Main {
02    public static void main(String[] args) {
03      Pocket p = new Pocket();
04      p.put("1192");              ) ── 文字列を格納
05      String s = (String)p.get(); ) ── 取り出すときにキャストが必要
06      System.out.println(s);
07    }
08  }
```

> Javaを学び始めた頃、先輩に「危険だから滅多なことでは使うな」とたしなめられた「キャスト」が使ってありますね。

　格納した文字列を取り出しているだけですが、5行目ではString型へのキャストが必要です。なぜなら、Pocketクラス内部のObject型変数dataに値が格納された瞬間、その情報がもとはStringインスタンスだった事実が忘れ去られ、以降はObjectの一種の何かとしてザックリと捉えられるからです。

　しかし、なかば無理矢理に型変換を試みるキャストという道具は可能な限り利用を避けるべきです。たとえば、何らかの原因で文字列以外のインスタンスを格納してしまった場合も、コンパイル時ではなく、実行時にClassCastExceptionが起きて初めて気づくからです（図2-4）。

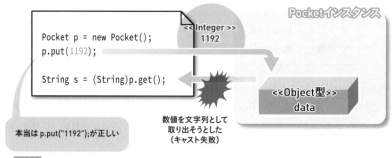

図2-4 「数値を入れて文字列として取り出そうとする」うっかりミス

2.2.4 ジェネリクスの活用

それでは次に、ジェネリクスを活用して定義されたPocketクラスを見てみましょう（コード2-4）。

コード2-4 ジェネリクスを使ったPocketクラス（ver.2）

Pocket.java

```
01  public class Pocket<E> {          仮型引数を伴うクラス宣言
02    private E data;
03    public void put(E d) { this.data = d; }      仮型引数Eを利用した
                                                   メンバ宣言
04    public E get() { return this.data; }
05  }
```

不思議なコードですね…。でも、よく見たらコード2-2と基本構造は同じよね？

1行目の **Pocket<E>** のEは仮型引数（formal type parameter）と呼ばれ、クラス内のフィールドやメソッドの定義に広く利用できます。

しかし、Eを使って定義されたこのクラスは、まだ未完成品です。なぜなら、Eの部分が実際にどのような型になるかは、この時点ではまだ決まっていないからです。Eの型は、Pocketクラスを利用する際に実型引数（actual type parameter）を指定して決定します。

たとえば、プログラム中で **Pocket<String> s;** という変数宣言をすると、コンパイラは裏でこっそり次のようなPocket<String>クラスを生成して利用します。

コード2-5 Pocketクラス（ver.2）から作られるクラス

Pocket.java

```
01  public class Pocket<String> {
02    private String data;
03    public void put(String d) { this.data = d; }
04    public String get() { return this.data; }      すべてのEがString
                                                      に置き換わった
05  }
```

つまりジェネリクスとは、次の働きをするしくみといえるでしょう。

- **クラス宣言時には、EやKという「仮の型名」を使っておく。**
- **クラス利用時に、それをStringなどの「実際の型」に置換して利用する。**

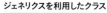
ジェネリクスを利用したクラス

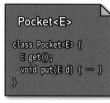

```
Pocket<E>

class Pocket<E> {
  E get();
  void put(E d) { … }
}
```

普通のクラス

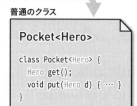

```
Pocket<Hero>

class Pocket<Hero> {
  Hero get();
  void put(Hero d) { … }
}
```

普通のクラス

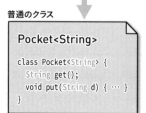

```
Pocket<String>

class Pocket<String> {
  String get();
  void put(String d) { … }
}
```

クラスが「インスタンスを生み出す原型」ならば、
ジェネリクス利用クラスは「クラスを生み出す原型」だね

図2-5　Pocket<E>から、Pocket<Hero>やPocket<String>が作られる

ジェネリクスによる安全機構

ジェネリクスを利用したクラスでは、型を制約しない汎用的なクラスを提供できるとともに、クラスを使う人自身で型安全性を確保することができる。

　それでは、ジェネリクスを使ったPocketクラスを利用するプログラムを見てみましょう。特に、5行目でキャストが不要になっている点に注目してください（コード2-6）。

コード2-6　Pocketクラス（ver.2）を利用するプログラム

```
01  public class Main {
02    public static void main(String[] args) {
03      Pocket<String> p = new Pocket<>();
04      p.put("1192");
```

Stringという実型引数を指定

```
05      String s = p.get();                    キャストは不要
06      System.out.println(s);
07    }
08 }
```

活用次第では便利なジェネリクスですが、いくつかの制約があります。

(1) ジェネリクスの型にintなどの基本データ型は利用できない。

(2) ジェネリクスを用いたクラスの配列を作ることができない。

(3) Throwableの子孫であるクラス（例外クラス）では、ジェネリクスを用いることができない。

column

raw型の利用を避ける

　本文で紹介したように、Java1.4以前はジェネリクスがなかったため、たとえばArrayListは「ArrayList list = new ArrayList();」のように利用していました。ジェネリクスの導入により、実型引数を指定して利用するスタイルが標準となりましたが、旧来の記法も後方互換性のために許されています。これはraw型（raw type）といわれ、実型引数としてObject型を指定するのと似た効果を発しますが、非推奨であり、コンパイル時に警告が発生します。特別な事情がない限り、利用しないようにしましょう。

2.2.5 ジェネリクスの制限

> ジェネリクスを使ったクラスにはどんなインスタンスの型でも
> 指定できるけれど、それじゃ困るという場合の書き方も覚えて
> おこう。

ジェネリクスを利用したPocketクラス（コード2-4、p.71）のように、単に「E」のような仮型引数で宣言されているクラスは、あらゆる実型引数を指定して利用することが可能になっています。たとえば、「Pocket<E>」が宣言されているならば、「Pocket<String>」や「Pocket<Hero>」、「Pocket<Account>」も利用できます。

しかし、ときには指定できる実型引数を制限したい場合もあるでしょう。そのようなときは、次のような仮型引数宣言をすることで、利用可能な実型引数を制限することができます。

```
public class Pocket<E extends Character>
```

このように宣言された場合、Characterクラスを継承している子孫クラスのみをPocketクラスの実型引数として利用できるようになります。たとえば、もしHeroがCharacterの子クラスならば「Pocket<Hero>」は利用可能ですが、Characterを継承していないAccountを使って「Pocket<Account>」とすることはできません。

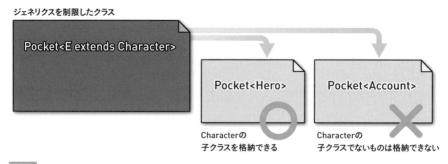

図2-6 格納できるインスタンスを制限したジェネリクス

column 実型引数のワイルドカード指定

ジェネリクスを利用したクラスのインスタンスを格納する変数を宣言する際、実型引数に「?」記号を用いた型ワイルドカード（type wildcard）を指定することができます。

```java
Pocket<?> p;
p = new Pocket<String>();   // OK
p = new Pocket<Integer>();  // OK
p = new Pocket<Hero>();     // OK
```

この場合、Pocketにどのような型の実型引数が指定されても変数pに格納することが可能になります。また、次のように記述すると、継承関係に基づく制限をかけることができます。

```java
Pocket<? extends T> p;      // Tか、その子孫クラス
Pocket<? super T> p;        // Tか、その先祖クラス
```

型ワイルドカードは共変性（covariance）という高度な概念と密接に関わっているため本書では解説を割愛しますが、フレームワーク設計に携わる場合は、ぜひ専門書やJava言語仕様でより理解を深めることをおすすめします。

2.2.6 ジェネリックメソッド

> 実は、ジェネリクスを使えるのはクラスだけじゃないんだ。メソッドにも指定することができるんだよ。

Javaでは、クラスだけでなく、ジェネリクスを利用したメソッドも記述することが許されています。とはいえ、すべてのメソッドに対して無条件に使えるわけではなく、その利用は静的メソッドに限られています。

　ジェネリクスを利用して定義されたメソッドを**ジェネリックメソッド**といい、次のような構文で表します。

 ジェネリックメソッド

アクセス修飾子 static <T> 戻り値 メソッド名(引数リスト)
{ メソッドの処理内容 }

※ ジェネリクスを用いたクラス同様、仮型引数「T」はほかの表記でもよい。

　この構文を利用すると、メソッドの戻り値や引数だけでなく、メソッド内の処理にも仮型引数を記述できるようになります。たとえば、APIリファレンスでjava.util.Arraysクラスを調べてみると、次のような静的メソッドasList()を持っているのがわかります。

```
public static <T> List<T> asList(T... a)
```

　このメソッドは、引数として渡された複数のT型の値を1つのリストに変換して返してくれるという便利な命令です。なお、引数は、ピリオドを3つ並べた可変長引数というしくみを使って宣言されています。

 可変長引数なら、『スッキリわかるJava入門』で紹介していたわね。

　asList()は戻り値と引数の両方に同じ仮型引数を宣言しているため、「引数に指定する型と、Listとして返される戻り値の要素の型は一致する」という条件で、さまざまな型のリスト化に利用することが可能になっています。

```
List<String> s = Arrays.asList("hello", "world");
List<Integer> i = Arrays.asList(1, 3, 5, 7, 9);
List<Hero> heroes = Arrays.asList(new Hero(), new Hero());
```

AutoBoxing で Integer に自動型変換される

2.3 列挙型

2.3.1 口座種別を引数で受け取る

> どうしたんだい。そんなに大声あげて議論して。

> 菅原さん！ 「型安全、型安全」って朝香がうるさいんです！

開発プロジェクトへの配属が正式に決まった湊くんと朝香さんは、腕試しに口座クラス（Accountクラス）を作り始めたようです。2人が作ろうとしている口座クラスの仕様を見てみましょう。

口座クラスの仕様

- 口座番号（accountNo）、口座種別（accountType）、残高（zandaka）が必要。
- 口座番号と口座種別はコンストラクタで必ず指定しなければならない。
- 口座番号は0〜9の数字または半角スペースが7つ並んだ文字列。
- 口座種別は「普通」「当座」「定期」の3種類。

湊くんと朝香さんの2人は「コンストラクタで口座種別をどのように指定するか」で議論をしているようです。まずは、湊くんのコードを見てみましょう（次ページのコード2-7）。

コード2-7 Account クラス（湊ver.）

```
01  // 口座クラスです（湊ver.）
02  // 【利用例】 new Account("1732050", "普通");
03  public class Account {
04    private String accountNo;
05    private int zandaka;
06    private String accountType;          口座種別を文字列で受け取り格納
07    public Account(String aNo, String aType) { … }
08      :
09  }
```

こんなクラスじゃダメよ。new するとき口座種別に「その他」とか「　」（空白）とか null とかが指定できちゃうじゃない！

　朝香さんの指摘はもっともです。口座種別とは関係ないさまざまな文字列を指定できてしまう余地があることは、型安全の見地から好ましくありません。
　では次に、朝香さんの Account クラスを見てみましょう（コード2-8）。

コード2-8 Account クラス（朝香ver.）

```
01  // 口座クラスです（朝香ver.）
02  // 【利用例】 new Account("1732050", Account.FUTSU);
03  public class Account {
04    private String accountNo;
05    private int zandaka;
06    private int accountType;
07    public Account(String aNo, int aType) { … }
08      :
                                         口座種別を整数で受け取り格納
09    public static final int FUTSU = 1;
10    public static final int TOUZA = 2;   口座種別を表す定数宣言
11    public static final int TEIKI = 3;
```

```
12  }
```

　朝香バージョンでは、口座種別を int 型で扱っており、1を「普通」、2を「当座」、3を「定期」に割り当てています。クラスを利用する人が new Account("1732050", 2); のようなわかりにくい記述をしなくてよいように、定数宣言を行っているのもポイントです。

> でもさ、結局 new Account("1732050", 999); みたいな使われ方をされちゃうかもしれないじゃんか。僕のと五十歩百歩だよ。

　確かに湊くんの言うとおりです。コンストラクタの第2引数にはnullや空白文字を指定する余地はなくなりましたが、999や負の数などを誤って指定してしまう余地は残っています。

　もし仮に口座の種類が「普通」と「当座」の2種類だけならば、true か false の2種類の値しか入る余地がないboolean型にすることでこの問題は解決するでしょう。しかし、今の私たちに必要なのは、「普通」「当座」「定期」という3種類の値だけを入れることができる型なのです（図2-7）。

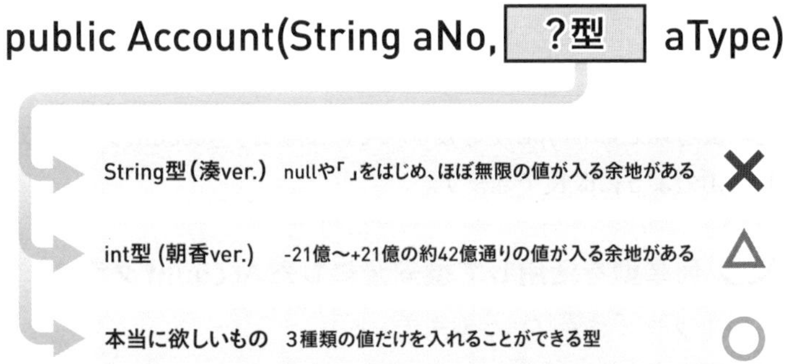

public Account(String aNo, ?型 aType)

- **String型 (湊ver.)**　nullや「」をはじめ、ほぼ無限の値が入る余地がある　✗
- **int型 (朝香ver.)**　-21億〜+21億の約42億通りの値が入る余地がある　△
- **本当に欲しいもの**　3種類の値だけを入れることができる型　◯

図2-7　口座種別に適した型を求めて

2.3.2 列挙型

> なるほど。では、2人の悩みを上手に解決する「新しい型」を紹介するとしよう。

Javaでは、指定した種類の値だけを入れることのできる列挙型（enum type）を定義して利用することが可能です。

Ａ 列挙型の定義

```
アクセス修飾子 enum 列挙型名 {
    列挙子1, 列挙子2, 列挙子3, … 列挙子X;
}
```

列挙型の宣言では、その型の変数に入りうる具体的な値を列挙子（enum constants）としてカンマで区切って宣言します。たとえば、FUTSU, TOUZA, TEIKIの3種類の値しか入らない列挙型AccountTypeはコード2-9のように定義します。

コード2-9 口座種別を表す列挙型定義

AccountType.java

```java
public enum AccountType {
  FUTSU, TOUZA, TEIKI;
}
```

列挙型によるAccountTypeが定義されている場合、Accountクラスの定義はコード2-10のように改良できます。

コード2-10 列挙型を活用して型安全にしたAccountクラス

Account.java

```java
01  // 口座クラスです（列挙型活用ver.）
02  // 【利用例】 new Account("1732050", AccountType.FUTSU);
03  public class Account {
04    private String accountNo;
05    private int zandaka;
06    private AccountType accountType;
07    public Account(String aNo, AccountType aType) { … }
08    :
```

口座種別を列挙型で受け取り格納

```
09  }
```

これなら絶対に間違った値は入らないし、メソッド宣言を見た
だけで第2引数が「口座種別」を期待していることがわかりま
すね。

なお、列挙型はswitch文による分岐にも利用できます。

2.3.3 staticインポート宣言

列挙型が安全なのはわかったけど、この `AccountType.FUTSU` っ
て書くのがめんどうだなぁ。ただの「FUTSU」じゃダメなの？

「FUTSU」という列挙子はAccountType型で宣言されているため、**Account
Type.FUTSU** が正しい書き方です。しかし、それがめんどうな場合は次のよ
うにソースコードの先頭でstaticインポート宣言を行えば、「FUTSU」と省
略した指定が可能になります（AccountTypeがpackageAに属する場合）。

```
import static packageA.AccountType.FUTSU;
  :
Account a = new Account("1732050", FUTSU);
```

単にFUTSUと書いたら
AccountType.FUTSU の
ことであると宣言

この機能は、列挙子以外にもstaticが付いたクラスメンバについて記述の
省略を可能にするものです。たとえばソースコードの先頭で `import static`
`java.lang.System.*` という宣言をしておくと、次のような記述も可能に
なります。

```
out.println("System.部分を省略できます");
```

2.4 { シールクラス

2.4.1 | 値を限定列挙する

> 列挙型って便利ですね。これで湊とケンカせずに済みそうです。

> それはよかった。それじゃ、もう少し列挙型の価値について考えてみよう。

　前節で作成したAccountType列挙型の場合、その取り得る値は必ず、FUTSU・TOUZA・TEIKIのいずれかです。これ以外の値になる可能性は一切ありません。このように、発生する可能性のあるすべての事柄を示すことを限定列挙といい、列挙型は「その型の値を限定列挙する機能がある」とも表現できます。

列挙型による限定列挙

列挙型を使うと、取り得る値を限定列挙できる。

　従って、次のようなコードもコンパイルエラーにはなりません。

```
public int getAccountTypeCode(getAccountType aType) {
  switch (aType) {
    case FUTSU -> { return 1; }
    case TOUZA -> { return 2; }
    case TEIKI -> { return 3; }
```

```
    }
  }
```

えっ？　そもそもエラーにはならない気がしますけど…。

いや、もしaTypeがint型だったら、このコードはエラーになっ
てしまうんだ。

　もし、引数aTypeがint型だとしたら、100や2820など、取り得る値は無数
にあります。このコードのswitch文にはdefault句がありませんから、「FUTSU
でもTOUZAでもTEIKIでもなかったら、何をreturnすればよいかわからな
い」ため、コンパイルエラーになってしまいます。FUTSU・TOUZA・TEIKI
以外に可能性があり得ないAccountType型だからこそ許される記述です。

2.4.2　クラスの限定列挙

　列挙型が取り得る値を限定列挙するように、Javaには、クラスの限定列挙
を実現する道具もあります。

クラスの限定列挙…？　クラスを列挙するっていう意味がわか
りません…。

混乱するのは無理もないね。ちょっと高度な考え方だから、じっ
くり見ていこう。

　次ページの図2-8は、Characterクラスとそれを継承したHero、Wizardク
ラスの関係を表しています。一般的な継承の構文を使うと、図の下に示した
コードで定義できます。

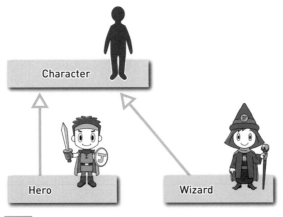

図2-8 CharacterとHero、Wizardの関係

```
public class Character {…}
public class Hero extends Character {…}
public class Wizard extends Character {…}
```

　もしかすると、CharacterクラスにはほかにThiefなどの子クラスが存在するかもしれませんし、今度新たに作られるかもしれません。「Characterクラスの子クラスは、HeroかWizardクラスだけである」とは言い切れない状況です。従って、次のhealメソッドの引数に渡されるインスタンスには、HeroやWizard以外にも、さまざまな種類のインスタンスが考えられます。

```
public void heal(Character target) {
    target.hp += 10;
}
```

それはわかりますけど、何が問題なんですか？

問題というわけではないけど、凝った処理を作ろうとすると「心配なこと」が出てくるんだ。

たとえば、healメソッドでの回復量は、相手のキャラクターによって変化する仕様にしたいとします。屈強な勇者であれば20ポイント、ひ弱な魔法使いなら5ポイントとしましょう。Java21以降のswitch文では、指定した型に準じた処理に分岐する機能（型パターンマッチング）が利用でき、次のように記述できます。

```java
public void heal(Character target) {
  switch (target) {
    case Hero h -> { h.hp += 20; }
    case Wizard w -> { w.hp += 5; }
    default -> { target.hp += 10; }
  }
}
```

なるほど、HeroでもWizardでもないときは「とりあえず10ポイント回復する」ようにしたんですね。

　しかし、想定していないキャラクターが渡されたら「とりあえず10ポイント回復させておけばいい」という考え方は、未来の不具合につながる可能性があります。たとえば、30ポイント回復するキャラクターPaladinを作ったときに、このhealメソッドに `case Paladin p -> { p.hp += 30; }` という行の追加を忘れてしまうかもしれません。

　むしろ、このhealメソッドでは「想定されるすべてのキャラクターについて、それぞれの回復量を明確に定めるべき」であって、処理の定められていないキャラクターが存在するなら、コンパイルエラーが発生してくれるほうが安心です。だからといって、default句の削除は許されません。なぜなら、HeroでもWizardでもないキャラクターがhealメソッドに渡されたときの動作が未定となってしまうからです。

そんなぁ。一体どうすればいいんですか。

そこで活躍するのが、「クラスの限定列挙」だよ。

　Characterクラスといえば Hero と Wizard の2つであって、それ以外のクラスは存在しない状況を表現できれば、この問題を解決できます。

2.4.3 シールクラス

　クラスの限定列挙を実現するために、Java17以降で利用可能になったのが **シールクラス**（sealed class）です。これは、クラス定義の際、自分の子クラスとしてよい相手を **permits句** で列挙するものです。列挙されていないクラスを継承先として定義しようとすると、コンパイルエラーが発生します。

🄰 シールクラスの定義

```
public sealed class 親クラス名 permits 子クラス名, … {
    :
}
```

　シールクラスを定義すると、子クラスとして列挙したクラスに対して、必ず自分を親クラスに指定して継承する義務を課すことができます。また、子クラスの定義では、final・sealed・non-sealedのいずれかの指定が必須となります。

表2-1　シールクラスの制約

キーワード	説明
final	子クラスの継承を全面的に禁止
sealed	子クラスの継承を permits に指定した子クラスに限定
non-sealed	子クラスの継承を全面的に許可

　さきほどのCharacterクラスについて、シールクラスを用いて定義してみましょう。

```
public sealed class Character permits Hero, Wizard {…}
public final class Hero extends Character {…}      2つの子クラスだけを
                                                    許可
public final class Wizard extends Character {…}
```

　このとき、シールクラスであるCharacterは、子クラスとしてHeroとWizard
の2つを限定列挙しています。そのため、default句を伴わないswitch文が記
述できるばかりでなく、将来、3つ目の新しいキャラクターを追加したとき
にhealメソッドの修正を忘れていると、きちんとコンパイルエラーが発生し
て対応が必要だと気づかせてくれます。

```
public void heal(Character target) {
  switch (target) {
    case Hero h -> {h.hp += 20;}        default句がなくてもコンパイル
    case Wizard w -> {w.hp += 5;}       エラーにならない
  }
}
```

> ちょっと複雑だけど、自分のミスに気づける貴重な道具だ。大
> 切に使っていきたいね。

💡 ## シールクラスの機能

継承先となるクラスを限定列挙できる。また、switch文などと組
み合わせた網羅的な処理を安全に記述できる。

2.5 インナークラス

2.5.1 クラスの中で定義するクラス

　この章では「型安全」という切り口からジェネリクスや列挙型といった新しい種類のクラス定義方法を紹介してきました。ここで新しいクラスの定義方法をもう1つ紹介しておきましょう。なお、この2.5節の内容は、比較的込み入っている割にはあまり使われません。第17章で学ぶGUI関連APIでの利用やJavaの資格試験対策などの特別な理由がなければ、その存在を知っておく程度でかまいません。

　Javaではクラス宣言ブロックの中に、さらにクラス宣言を書くことが許されています。内側に宣言されたクラスのことをインナークラス（inner class）、または内部クラスと総称しています。

　一口にインナークラスといっても、その宣言場所によって「メンバクラス」「ローカルクラス」「匿名クラス」の3種類に分類されます（図2-9）。これらのインナークラスは、それぞれ宣言方法、機能、制約が微妙に異なります。しかし、次ページ冒頭に記した2点についてはすべてに共通しています。

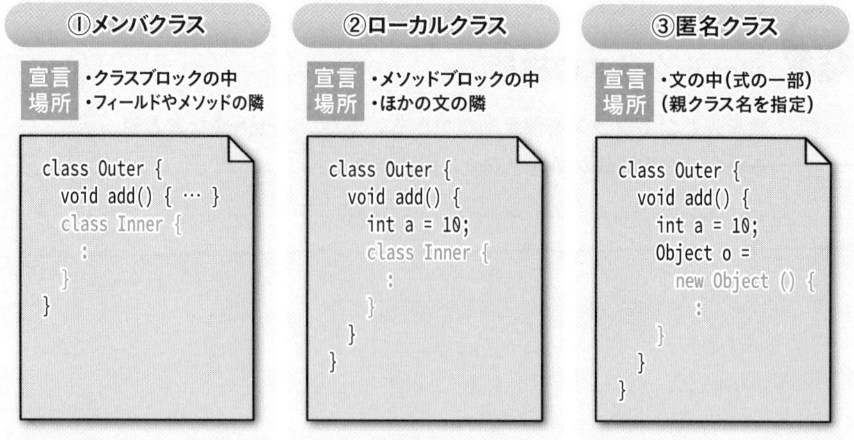

①メンバクラス

| 宣言場所 | ・クラスブロックの中
・フィールドやメソッドの隣 |

```
class Outer {
    void add() { … }
    class Inner {
        :
    }
}
```

②ローカルクラス

| 宣言場所 | ・メソッドブロックの中
・ほかの文の隣 |

```
class Outer {
    void add() {
        int a = 10;
        class Inner {
            :
        }
    }
}
```

③匿名クラス

| 宣言場所 | ・文の中（式の一部）
（親クラス名を指定） |

```
class Outer {
    void add() {
        int a = 10;
        Object o =
            new Object () {
                :
            }
    }
}
```

図2-9　3種類のインナークラス

> **3種のインナークラスに共通する特徴**
>
> ・あるクラスの内部で宣言される。
> ・外側クラスのメンバや変数に対して特別にアクセスできる。

2.5.2 メンバクラスの宣言と利用

メンバクラス（member class）とは、その名のとおり、あるクラスのメンバとして定義するクラスです。つまり、これまではメンバの種類として「フィールド」「メソッド」の2つを紹介していましたが、それに3つ目が加わったわけです。

宣言に関する通常のクラスとの大きな違いは次の2点です。

・クラスブロックの中でメンバとして宣言する。
・protectedやprivateといったアクセス修飾も利用可能である。

なお、メンバクラス宣言に関してはstaticを付けるか付けないかで利用法に大きな違いが現れる点に特徴があります。static付きメンバクラスとstaticなしメンバクラスは、まったくの別物だと理解したほうがいいかもしれません（厳密には、static付きのものはJava言語仕様上、インナークラスの範囲には含まれないことになっています）。

次のコードは理解しやすいstatic付きメンバクラスの利用例です。

コード2-11 static付きメンバクラスの利用例

Outer.java

```
01  public class Outer {
02    int outerField;  static int outerStaticField;
03    static class Inner {            ← メンバクラス「Inner」を宣言
04      void innerMethod() {
05        outerStaticField = 10;      ← staticな外部クラスメンバのみ利用可
06      }
07    }
```

```
08    void outerMethod() {
09      Inner ic = new Inner();
10    }
11  }
```

外部クラスからはクラス名で利用可

Main.java

```
1  public class Main {
2    public static void main(String[] args){
3      Outer.Inner ic = new Outer.Inner();
4    }
5  }
```

無関係なクラスからは外部クラス名.メンバクラス名で利用

　static付きメンバクラスは、外部クラスやそのインスタンスとの関係が比較的薄く、「インナークラスとしてではなく通常の別クラスとして宣言した場合」に近い感覚で利用できます。ただし、次のような特徴があります。

static メンバクラスの特徴

・基本的に「外部クラス名.メンバクラス名」で利用する。
・外部クラスのメンバにアクセスできるがstaticなものに限られる。

　一方のstaticなしメンバクラスは、外部クラスから生み出される個々のインスタンスと強い結び付きをもったクラス定義です。メンバクラスのインスタンスは、必ず外部クラスのインスタンスと結び付く形で生み出されます。staticなしメンバクラスの特徴は次のとおりです。

static なしメンバクラスの特徴

・外部クラスのインスタンス（外部インスタンス）がなければnewできない。
・結び付いている外部インスタンスの非staticメンバにもアクセスできる。

次ページの図2-10にこれまでの内容をまとめました。なお、staticなしメンバクラスのインスタンス生成には、次ページに示した特殊な文法を用います。

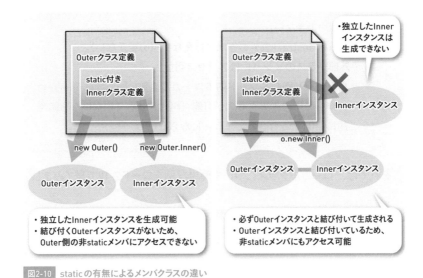

図2-10 staticの有無によるメンバクラスの違い

```
Outer o = new Outer();            // まず外部インスタンスを生成
Outer.Inner oi = o.new Inner();   // oと結び付くInnerインスタンスを生成
```

2.5.3 ローカルクラスの宣言と利用

　ローカルクラス（local class）は、メソッドブロックで宣言されるクラス定義であり、そのメソッド内部でだけ有効なローカル変数と似た特徴を持っています。

ローカルクラスの特徴

- 宣言したメソッド内でのみ有効で、ほかのクラスやメソッドからは利用できない。
- final と abstract 以外の修飾は行えない（必要がない）。
- 外部クラスのメンバにはアクセス可能。
- 自身を取り囲むメソッド内のローカル変数については final が付いたものにのみアクセスが可能（再代入されていないなら暗黙的に final とみなされてエラーにならない）。

それでは、ローカルクラスについて簡単な例をコード2-12で見てみましょう。

コード2-12 ローカルクラスの利用例

BK42C
Outer.java

```
01  public class Outer {
02    int outerMember = 2;    // 非finalメンバ（ただし再代入がなく実質的にfinal）
03    void outerMethod() {
04      int a = 10;          // 非finalローカル変数
05      class Inner {        ローカルクラス「Inner」を宣言
06        public void innerMethod() {
07          System.out.println("innerMethodです");
08          System.out.println(outerMember + a);
09        }                  ローカルクラスの内部からouterMemberは利用可能、
10      }                    変数aは暗黙的にfinalとして扱われるため利用できている
11      Inner ic = new Inner();    同じメソッド内ですぐに利用する
12      ic.innerMethod();
13    }
14  }
```

あるメソッドの中で定義したら、メソッド終了までに利用しなければならないのね。

そうだよ。あるメソッドの中でだけ複数回使う特殊なクラスを一時的に作りたい場合に有効だけど、その機会は多くはないだろうね。

2.5.4 匿名クラスの利用

さっきのローカルクラスとは異なり、あるメソッドの中で1回しか使わない、つまり「その場で使い捨てる」ためのクラスを紹介しよう。

　GUIに関連するようなアプリケーションなど、ある特定の分野のプログラムを開発していると、次のような場面に遭遇することがあります。

- **メソッドの中で独自のクラスを定義してそのインスタンスを使いたい。**
- **ただし、インスタンスの生成は今回1回に限り、二度と行わない。**

　何度も利用するのではなく、たった一度使うためだけにいちいちクラスを定義したり、その後にnewしてインスタンスを生み出したりというめんどうな手続きはできるだけ省いてラクしたいものです。このような場合に活躍するのが匿名クラス（anonymous class）です。
　匿名クラスは、通常のクラスはもちろん、ほかの2つのインナークラスと比較しても、かなり異質な存在です。特に根本的に違うのは、次の点です。

匿名クラスの特異性

通常のクラスやメンバクラスは、class キーワードでまず定義を「宣言」し、その後newで「利用」するが、匿名クラスは「宣言と利用」を同時に行う。

宣言すると同時にインスタンス化もしちゃうってことですか？

そのとおり。かなり違和感を覚えるはずだから、覚悟して次の
コードを見てほしい。

コード2-13 匿名クラスの利用例

Main.java

```
01  public class Main {
02    public static void main(String[] args) {
03      Pocket<Object> pocket = new Pocket<>();
04      System.out.println
            ("使い捨てのインスタンスを作りpocketに入れます");
05      pocket.put(new Object() {
06        String innerField;
07        void innerMethod() { … }
08      });
09    }
10  }
```

メンバを2つ持つ匿名クラス
を定義して宣言すると同時に
インスタンス化

うわキモっ… なんだこれ…。

　コード2-13の5～8行目に色文字で示した
部分が、匿名クラスの宣言兼利用部分です。
innerFieldとinnerMethodを持つクラスの定
義を宣言すると同時に、その場でインスタン
ス化しています。このように、メソッド呼び
出しや代入式の途中でいきなりクラスの宣
言兼利用部分が現れるのが匿名クラスの特
徴です（図2-11）。

```
pocket.put(new Object() {
  String innerField;
  void innerMethod() { … }
} );
```

↓

メンバを2つ持ったクラスをその場で定義

↓

さらにその場ですぐに、インスタンスを生成

↓

```
pocket.put(  インスタンス  );
```

図2-11 匿名クラスの宣言兼利用

それにしても意味が全然わからないのが new Object() という部分です。Objectクラスをnewしているんですか？

　朝香さんのように、5行目でなぜいきなりObjectクラスが登場したのか意味がわからないという人も多いでしょう。ここでは、Objectクラスをnewしているわけではありません。Objectクラスを継承してメンバを追加したり、オーバーライドしたりした子クラスを定義し、それをnewしているのです。

 匿名クラスの宣言兼利用

```
new 匿名クラスの親クラス指定() {
    匿名クラスの内容（メンバ）定義
}
```

　そもそも匿名クラスは、クラス宣言と同時にインスタンス化も行うため、匿名クラス自身の名前を指定する必要はありません。その代わり、どのクラスを継承して匿名クラスを作るかを指定する決まりになっています。

new 匿名クラス名 extends 匿名クラスの親クラス() の色文字部分が省略された形だと考えると理解しやすいかな？

2.5.5 匿名クラスの活用例

匿名クラスってはかないですね。名前も付けられることなく、その場で使い捨てられてしまうなんて。

　匿名クラスの特性は、特殊な状況下では手軽で便利な特長となって大活躍します。具体的には、第1章で学んだコンパレータや、第17章で学ぶGUI制御のコーディングをラクにしてくれる道具として広く活用されています。

chapter 2　さまざまな種類のクラス　　**095**

たとえば、コード1-9(p.42)では、残高順に並べるために ZandakaComparator クラスを定義しました。しかし、匿名クラスを用いれば、わざわざクラスを宣言することなく、同様の並び替えを実現することができます。

```java
Collections.sort(list, new Comparator<Account>() {
  public int compare(Account x, Account y) {
    return (x.zandaka - y.zandaka);
  }
});
```

この場限りのコンパレータを定義して使い捨てている

ここまで紹介した3種のインナークラスの宣言方法・機能・制約の違いを表2-2にまとめていますので参考にしてください。

表2-2 インナークラスのまとめ

			インナークラス			
			メンバクラス		ローカルクラス	匿名クラス
			static	非static		
宣言場所			クラスブロック内		メソッドブロック内	文内
宣言方法			class クラス名 { 〜 }			new 親クラス() { 〜 }
利用方法		無関係クラスから	new Outer.Inner()	o.new Inner()[1]	利用不可	利用不可
		外部クラスから	new Inner()	o.new Inner()[1]	利用不可	利用不可
		取り囲むメソッドから	----		利用不可	利用不可
		宣言したメソッド内	----		new Inner()	利用不可
		宣言したその場で	----		----	new 親クラス() { 〜 }
修飾	アクセス修飾	public	○		×	×
		protected	○		×	×
		package private	○		×[2]	×[2]
		private	○		×	×
	その他	final	○		○	×[3]
		abstract	○		○	×
		extends	○		○	○[4]
		implements	○		○	○[4]
		static	○		×	×
アクセス	外部クラスの	非staticメンバ	×	○	○	○
		staticメンバ	○	○	○	○
	取り囲むメソッドの	ローカル変数	----		×	×
		final変数[5]	----		○	○

※1 外部クラスのインスタンスが変数oに格納されているとする。
※2 無指定の記述自体はなされるが、package privateという意味ではない。
※3 修飾はできないが、暗黙的にfinalが付けられる。
※4 extendsやimplementsキーワードは利用しない。また複数指定はできない。
※5 見かけ上は通常のローカル変数であっても、再代入がなされず実質的にfinalなものを含む。

2.6 { null 安全性

2.6.1 | Optional クラス

ジェネリクスの解説で例に出したPocketクラス（コード2-4、p.71）を覚えているかな？ 実はJavaには、Pocketクラスに似たクラスが準備されていて、しかも「プログラムの安全設計に有効」だといわれているんだ。

えっ？ でもPocketって、単に値を1つ入れるだけのクラスでしたよね？ 大した効果なんてなさそうですが…。

　Javaが提供するjava.util.Optionalクラスは、私たちが作ったPocketクラスと同様、1つのインスタンスを格納するだけのとてもシンプルなクラスです。ただし、次の4つの点で違いがあります。

(1) new はできず、静的メソッド ofNullable() で生成する

　Optionalクラスはnewによるインスタンス化が禁止されており、その代わりにofNullable()を用いて生成と値の格納を行います。

```
Optional<String> op1 = Optional.ofNullable("ミナト");
Optional<String> op2 = Optional.ofNullable(null);
```

　なお、もし絶対にnullを格納しない場合は、静的メソッドof()を用いてnullの格納を防ぐことができます（NullPointerExceptionが発生）。

(2) isPresent() を用いて中身が null かを検証できる

　isPresent()は、中身がnullならばfalseを、それ以外はtrueを返します。

```
System.out.println(op1.isPresent());   // true
System.out.println(op2.isPresent());   // false
```

(3) get()で内容を取得できるが、nullなら例外が発生する

Pocketクラスと同様にget()を呼ぶことで中身を取り出すことができます。
ただし、中身がnullの場合はNoSuchElementExceptionが発生します。

```
System.out.println("勇者" + op1.get());   // 勇者ミナト
System.out.println("勇者" + op2.get());   // 例外が発生
```

(4) orElse()でnullを置換して内容を取得できる

get()の代わりにorElse()で中身を取り出すこともできます。このメソッド
には引数を1つ指定しますが、もしOptionalクラスに格納された値がnullで
ある場合には、nullではなく引数の値が取得されます。

```
System.out.println("勇者" + op1.orElse("ななし"));   // 勇者ミナト
System.out.println("勇者" + op2.orElse("ななし"));   // 勇者ななし
```

> nullのときだけちょっと特殊な動きをするPocketクラスって感
> じなのね。

> でも、このクラスの何が「安全設計に効果絶大」なんですか？

2.6.2 null安全に配慮する

私たちはこの章を通して、「変数にあらゆる種類の値が入ってしまう危う
さ」と、それに対抗するための型安全という考え方、そしてそれを実現する
手段としての型システムについて学んできました。プログラミングの世界に
は、これをさらに応用したnull安全（null safety）という考え方があります。

💡 null 安全とは

変数にnullが格納される余地があると、例外や不具合の原因になる
可能性がある。そのため、「そもそもnullを格納できないしくみ」
や、「nullが格納されている可能性を考慮したプログラムの記述が
強制されるしくみ」を備えるのが望ましい。

> そ、そういえば！　いつもnullが入ってる変数をそのまま使っ
> ちゃって、NullPointerExceptionっていう例外が出るんですよ。
> もうデバッグがめんどうで…。

　みなさんにもNullPointerExceptionに悩まされた経験があるかもしれませ
ん。これは本来、意図せず変数にnullが格納されてしまうことがないよう注
意を払い、また、万が一nullが格納されたとしてもそれをチェックしながら
動くプログラムを作成していれば発生しないトラブルです。しかし、私たち
はついそのめんどうさに負けてしまいがちです。

　そこで活用されているのが、Optionalクラスです。特に、メソッドから戻
り値を返す場面でよく利用され、nullが格納されている可能性を考慮した処
理の記述を呼び出し元に強制する効果があります。

コード2-14 Optional を利用して null 安全性に配慮する

BK42E
Main.java

```
01  import java.util.*;
02
03  public class Main {
04    // 文字列sを文字cで挟んで装飾するメソッド
05    // ・文字列sがnullまたは長さ0の場合は、nullを返す。
06    // ・戻り値は「nullの可能性がある」ことを明示するために、
07    //   単なるStringではなくOptional<String>とする。
08    public static Optional<String> decorate(String s, char c) {
09      String r;
10      if (s == null || s.length() == 0) {
```

> 戻り値に「nullの可能性がある」
> ことが呼び出す側に認識される

```
11        r = null;
12      } else {
13        r = c + s + c;
14      }
15      return Optional.ofNullable(r);
16    }
17
18    public static void main(String[] args) {
19      Optional<String> s = decorate("", '*');
20      System.out.println(s.orElse("nullのため処理できません"));
21    }
22  }
```

必然的に null を考慮した
処理を書くことになる

呼び出し元で例外処理が強制されるチェック例外に似ています
ね。これなら湊も手抜きできないわね！

　Optionalクラスは実型引数に何らかのクラスを指定して用いる道具ですか
ら、基本データ型は格納できません。Integer型などのラッパークラスの指
定も不可能ではありませんが、処理効率が悪いため、代表的な基本データ型
を格納するための専用クラスが次のように準備されています（表2-3）。

表2-3　基本データ型のための Optional クラス

格納する基本データ型	対応する Optional クラス
int	OptionalInt
long	OptionalLong
double	OptionalDouble

※ 各クラスの利用方法はOptionalクラスと同様。

2.7 この章のまとめ

型安全

- 取り扱う変数に対して型による制約を与えることで、処理の安全性を向上させる考え方を、型安全という。

ジェネリクス

- <〜>記法を用いて、ジェネリクスを定義できる。
- ジェネリクスを用いたクラスやメソッドは、利用時に型を決定する。
- ジェネリクスによって汎用的なクラスやメソッドが提供できるとともに、利用時には型安全性を確保できる。

列挙型とシールクラス

- enumを用いて、インスタンスを列挙した集合を定義できる。
- シールクラスで継承先クラスを限定し、クラスを列挙した集合を定義できる。
- 列挙型やシールクラスは、switch文の分岐に利用できる。

インナークラス

- クラスの内部に定義できるインナークラスには、「メンバクラス」「ローカルクラス」「匿名クラス」の3種類がある。
- 匿名クラスは、その場限りのクラスを定義して使い捨てたい場面で活用する。

null安全性

- Optionalクラスをメソッドの戻り値の型として用いると、null安全に配慮したプログラムを作成できる。
- 専用に準備されたクラスを用いて基本データ型にも適用できる。

2.8 〉練習問題

練習2-1

以下の仕様に従った金庫をStrongBoxクラスとして定義してください。

- 金庫クラスに格納するインスタンスの型は、開発時には未定である。
- 金庫には、1つのインスタンスを保存できる必要がある。
- put()でインスタンスを保存し、get()でインスタンスを取得できる。
- get()で取得する際、キャストを使わなくても格納前の型に代入できる。

練習2-2

練習2-1で作成したStrongBoxクラスに鍵の種類を示す列挙型KeyTypeを定義した上で、以下の2つをStrongBoxクラスの定義に加えてください。

- 鍵の種類を示すフィールド
- 鍵の種類を受け取るコンストラクタ

ただし、鍵の種類は以下の4種類に限定されるものとします。

① 南京錠（PADLOCK）　　　　必要施行回数＝1,024回
② 押ボタン（BUTTON）　　　　必要施行回数＝10,000回
③ ダイヤル（DIAL）　　　　　必要施行回数＝30,000回
④ 指紋認証（FINGER）　　　　必要施行回数＝1,000,000回

なお、金庫はget()が呼び出されるたびに回数をカウントし、各鍵が定める必要施行回数に到達しない限りnullを返すようにしてください。

chapter 3
関数とラムダ式

変数には、数値や文字列などの具体的な値のほか、
クラスから生成されたインスタンスも代入できますが、
Javaでは、「処理ロジック」も格納して利用できます。
この章では、変数に「処理ロジック」を代入して
取り扱う方法について学びます。

contents

3.1 関数オブジェクト

3.1.1 第1級オブジェクト

> まずは少し概念的な話をするよ。決して難しくはないから、しっかりついてきてほしい。

プログラミング言語において、プログラムの実行中に生み出したり、変数に代入したりできるものを**第1級オブジェクト**（first-class object）といいます。代表的な第1級オブジェクトは、次の図3-1に挙げるようなものです。

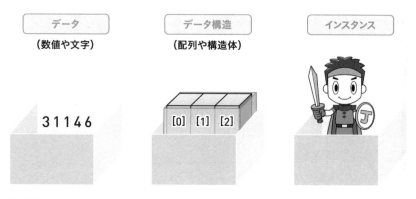

図3-1 代表的な第1級オブジェクト

第1級オブジェクトは、そのプログラミング言語の特徴や開発効率を決定付ける重要な要素です。たとえば、C言語はインスタンスを第1級オブジェクトとして扱えないため、オブジェクト指向プログラミングの実践は困難です。

現在のJavaが扱える第1級オブジェクトには、図3-1のほかにも**関数**（function）が存在します。そして、第1級オブジェクトとして扱う関数を、特に**関数オブジェクト**（function object）と表現することがあります。

Java における第1級オブジェクトとは

データ、データ構造、インスタンス、関数は以下の特性を持つ。
(1) 変数に代入できる。
(2) プログラム実行中に実体を生成できる。
(3) 引数として渡せる。

3.1.2 | 関数とは

> かっ…関数って、$y=2x+3$みたいな、あのイマイマしい…。

> はは、それは数学の世界における関数だね。でも、関数は僕らの身の回りにもある、一般的な考え方なんだ。

　そもそも関数とは、「何らかの入力（Input）を受け取り、何らかの処理（Process）を行い、何らかの出力（Output）を返すもの」というザックリとした概念です。したがって、入力（I）、処理（P）、出力（O）を備えるものは、ザックリ捉えればすべて関数といえるでしょう。数学での「$y=2x+3$」などの数式や、料理のレシピも関数の一種として考えることができます。

図3-2 さまざまな「関数」

このことから、変数に代入可能な「Javaの世界における関数」とは、次のようにまとめることができます。

Javaの世界における関数

何らかの情報（Input）を引数として受け取り、
何らかの処理（Process）を行い、
何らかの結果（Output）を戻り値として返す、ひとかたまりの処理ロジック。

これって…メソッドじゃないですか！

うん、メソッドも関数に当てはまるね。ちなみに引数が0個のものや戻り値がvoidのものも、広義には関数といえるよ。

コード3-1　メソッドは関数の一種ともいえる

```
01  public class Main {
02      public static int twice(int x) { return x * 2; }
03
04
05      public static int sub(int a, int b) { return a - b; }
06
07  }
```

「1つのint値を受け取り、2倍にして、結果を返す関数」ともいえる

「2つのint値を受け取り、その差を求め、結果を返す関数」ともいえる

3.1.3 関数とメソッドの違い

Javaの世界における関数は、私たちがこれまで使ってきたメソッドと非常に近い関係にありますが、少し異なるものです。以降の「関数」の学習をよりスムーズにするために、この概念的な違いを押さえておきましょう。

① メソッドとは、クラスに属する一種の関数である

「関数」には「I・P・O構造を伴う処理ロジック」程度の意味しかありません。

一方、メソッドという言葉は、もともとオブジェクト指向の用語として登場したもので、「外部からの呼び出しに応えて動作するために、あるクラスのメンバとして記述された、I・P・O構造を伴う処理ロジック」と表現できます（通常、クラスに属さないものをメソッドとは呼びません）。

従ってメソッドと関数は横並びの関係ではなく、「メソッド is-a 関数」（メソッドとは、関数の中でもクラスに属する形で利用される、一種の関数である）という具象対抽象の関係にあると理解してください。

② 関数にとって名前は重要ではなく、必須ではない

メソッドは必ず名前を持ちます。名前がなければ呼び出すことができません。

一方、関数にとって名前はさほど重要なものではありません。関数にとって重要なのは、「何を入力として受け取り、どんな処理をし、どんな出力をするか」という部分であり、その処理ロジックにどのような名前が付けられているかは二の次です。実際、名前を持たない関数もあります。従って、メソッドを関数として捉えるには、次の図のように考えるとよいでしょう。

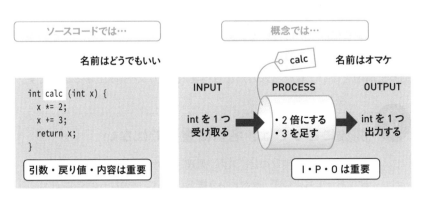

図3-3 あるメソッドを「関数として」眺めるときに着目すべき範囲（グレーの部分）

でも「名前はどうでもいい」といわれても、「名前がない処理」なんて、ちょっと想像できないわ。

じゃあ、これを見てみてほしい。従妹の自慢のレシピだ。

＜材料＞
水・油・小麦粉・だし・卵・キャベツ・いか・えび・豚肉

＜手順＞
1. キャベツ・いか・えびを 1cm 角に切る
2. 油と豚肉以外を混ぜ、タネを作る
3. フライパンに油を熱し、豚肉を焼く
4. タネを流し込んで蓋をする
5. タネのフチの色が変わってきたら、裏返して焼いてできあがり

図3-4 菅原さんの従妹の自慢のレシピ

図3-4のレシピには、必要な材料（I）、調理の手順（P）があり、このとおりに調理すれば料理（O）ができあがります。しかし、このレシピには名前が書いてありません。いわば「名もなきメニュー」なのでしょう。

このレシピには名前は付いていませんが、だからといって役に立たないわけではありません。このレシピが書かれた紙を渡せば、相手はそのレシピに従って調理を行い、食材（入力）から料理（出力）を生み出せるはずです。

関数にとっては、名前は重要ではない

関数にとって重要なのは、入力、処理、出力が明確であること。名前はあってもよいが、関数という概念において必須なものではない。

慣れるまでは「メソッドみたいなもの」と捉えてもかまわない。でも、この章を読み終える頃には違いをイメージできるようになるはずだ。

3.2 関数の代入

3.2.1 関数オブジェクトの代入

> 話をJavaに戻そう。「関数」も第1級オブジェクトの1つだから、変数に代入できるんだ。

　関数は第1級オブジェクトの1つで、メソッドは関数の一種です。つまり、私たちは今までにも関数を利用してきたといってもよいでしょう。しかし、これまでは**メソッドを変数に格納したことはなかった**はずです。Javaでは、関数を第1級オブジェクトとして扱えるのですから、これは、プログラム内で関数を変数に代入できることを意味します。

> ってことは、メソッドを変数に代入できるってことですね！

　実際にメソッドを変数に格納して利用してみましょう。まだ学んでないクラスやメソッドも含まれますが、雰囲気を掴めれば大丈夫です。

コード3-2 メソッドを変数に代入して呼び出す例

BK432
Main.java

```
01  import java.util.function.*;
02
03  public class Main {
04    public static Integer len(String s) {        文字列を受け取り、その
05      return s.length();                         文字数を返す関数
06    }
07    public static void main(String[] args) {
```

```
08    // lenメソッドの処理ロジックを、変数funcに代入する
09    Function<String, Integer> func = Main::len;   ここで代入して…
10    // 変数funcに格納されている処理ロジックを、引数"Java"で実行する
11    int a = func.apply("Java");   ここで呼び出している
12    System.out.println("文字列「Java」は" + a + "文字です");
13  }
14 }
```

9行目の左辺に登場するFunctionは、関数オブジェクトを格納するために、あらかじめJavaに用意されている型です。この型について解説する前に、まずは右辺の Main::len という表記について見ていきましょう。

> 9行目は、Function型の変数funcに、Mainクラスのlenメソッドドを代入しているんですね？ そして、代入したメソッドは、apply()で呼び出せる…のかしら。

朝香さんのようなイメージを描けたら、第一段階はクリアです。より厳密にいえば、9行目で変数funcに代入されているのは、Mainクラスのlenメソッドそのものではありません。**代入されているのはlenメソッドへの参照**です。動作しているJVMのメモリ空間にlenメソッドの実体があり、そのメモリ番地を指す情報を渡していると考えればイメージしやすいでしょう（図3-5）。

これはまさに、Hero h = new Hero(); としたときに、変数hの中にHeroインスタンスそのものではなく、その参照が代入されたのと同じです。

図3-5 関数オブジェクトの実体は、メソッドへの参照

あるメソッドへの参照を変数に代入するには、次の構文を利用します。代入したいメソッドがstatic（静的）か否かで、記述が少し異なる点に注意してください。

 変数へのメソッド参照の格納

　変数名 ＝ クラス名::そのクラスの静的メソッド名
　変数名 ＝ インスタンス変数名::そのインスタンスのメソッド名

※ メソッド名の後ろに()を付けない。

3.2.2 Function型とそのバリエーション

　Function型は、java.util.function.Functionインタフェースとして定義されており、さまざまな種類の関数オブジェクトへの参照を格納することができます。ジェネリクスを用いて「Function<T, R>」のように定義されており、格納する関数の引数をTに、戻り値の型をRに、それぞれ実型引数として指定します。

　たとえば、Hero型を受け取ってSuperHero型を返す関数を格納する型は、Function<Hero, SuperHero>型となります。

なるほど！　引数と戻り値の型さえわかれば、Function型を使ってどんな関数でも代入できちゃうんですね！

あれ？　でも、これじゃ格納できない関数もあるような…。

　朝香さんが気づいたように、残念ながらすべての関数オブジェクトをFunction型に代入できるとは限りません。なぜなら、「引数がない関数」や「戻り値がない関数」もあるからです。そのため、java.util.functionパッケージには、Functionクラス以外にもさまざまな関数オブジェクトを格納するためのインタフェースがいくつか準備されており、標準関数インタフェース

（standard function interface）と総称されています。

標準関数インタフェースを用いた代表的な3つのケースを紹介しましょう。

ケース① 戻り値がない関数を格納する

System.out.println()のように、1つの引数だけを受け取って戻り値を返さない関数を格納するには、java.util.function.Consumerインタフェースを用います。

```
Consumer<String> func = System.out::println;    引数の型
func.accept("Hello, world");
```

引数は受け取る（accept）けど、消費する（consume）だけで何も返さないことから、こんなクラス名とメソッド名になっているんだ。

なお、戻り値がなく、基本データ型の引数を受け取る関数のために、IntConsumer、LongConsumer、DoubleConsumerの各インタフェースも準備されています。

ケース② 引数がない関数を格納する

引数がなく戻り値のみを返す関数の格納には、java.util.function.Supplierインタフェースを用います。

```
Supplier<String> func = System::lineSeparator;    戻り値の型
System.out.println("改行します" + func.get());
```

提供（supply）される情報を得る（get）から、こんな名前なのかな？

引数がなく、基本データ型の戻り値を返す関数には、IntSupplier、LongSupplier、DoubleSupplierを使います。

ケース③　複数の引数を受け取る関数を格納する

Function型では、1つの引数を受け取る関数しか格納することができません。そこで、同じ型の2つの引数に対応する java.util.funcion.BiFunction インタフェースが準備されています。

```
BiFunction<String, String, String> func = System::getProperty;
```
　　　　　　　　　　　引数の型　　　戻り値の型
```
System.out.println(func.apply("java.version", "不明"));
```

そういえば、「bi」から始まる英単語は、「2つの」という意味があるって、英語の授業で聞いたことあります。

2つの同じ基本データ型を受け取る関数の格納には、ToIntBiFunction、ToLongBiFunction、ToDoubleBiFunction が用意されています。

うーん、ずいぶんたくさんあるんですね。一度にこんなに覚えられませんよ…。

これでもまだ一部なんだけどね。いきなり全部を覚えようとせず、必要になったらリファレンスで調べることを繰り返していけば、自然と慣れるよ。それに、名前には法則もあるからね。

実際にAPIリファレンスを見てみると、java.util.functionパッケージに用意されている標準関数インタフェースは40種類以上に及ぶことがわかります。同時に、その命名法にある程度の法則があることに気づくでしょう。

表3-1 標準関数インタフェースの命名法則

型名	概念的意味	修飾なし		Bi ～／Binary ～		Unary ～	
		引数	戻り値	引数	戻り値	引数	戻り値
～ Function	入力を処理して別の型を出力する	1	1	2（同じ型）	1	—	
～ Operator	入力を処理して同じ型を出力する	—		2（同じ型）	1（引数と同じ型）	1	1（引数と同じ型）
～ Consumer	入力を処理して出力しない	1	なし	2（同じ型）	なし	—	
～ Supplier	入力なしで処理して出力する	なし	1	なし	1	—	
Predicate	true ／ false の判断を返す	制限なし	boolean	—		—	

この法則を把握していれば、APIリファレンスもスムーズに読み解くことができるでしょう。たとえば、次節に登場するIntBinaryOperatorは、その名前から「int型の引数を2つ受け取り、同じ型の戻り値を返す関数」を格納できる型だと見当がつきます。

3.2.3 オリジナルの関数インタフェース

でも先輩、このパッケージに準備されている40種類を使っても、すべての関数を格納できるわけじゃないですよね？ 引数が3つ以上の関数を入れられる型はないみたいだし。

そのとおりだよ。そこで、いよいよ「オリジナルの関数インタフェース」の出番なんだ。

ここまで紹介してきた標準関数インタフェースだけでは、すべてのケースに対応することはできません。そこで、Javaでは、私たち自身でオリジナルの関数インタフェースを定義することが許されています。

具体的には、1つの抽象メソッドのみを持つ（SAM: Single Abstract Method）インタフェースは、関数インタフェース（func interface）として扱われ、次のようなふるまいが可能となります。

関数インタフェースの利用

・抽象メソッド宣言に記述した引数と型が一致する関数オブジェクトを格納できる。
・抽象メソッド名で呼び出すことができる。

Consumerなどの標準関数インタフェースも、このルールに従って定義されているだけで、特別なものではないんだ。

　たとえば、Set<Hero>、Hero、Stringをそれぞれ1つずつ引数として受け取り、戻り値を返さない関数を格納したい状況が考えられるならば、次のような関数インタフェースを宣言しておけばよいでしょう。

PartyInfoConsumer.java

コード3-3 オリジナルの関数インタフェース

```
01  import java.util.Set;
02
03  @FunctionalInterface
04  public interface PartyInfoConsumer {
05    public abstract void process(Set<Hero> party, Hero leader,
          String pName);
06  }
```

> 格納した関数オブジェクトはprocess
> という名前で呼び出せる

3行目に見慣れない記述がありますね。@FunctionalInterface って何ですか？

これは、「関数インタフェースとして宣言しています」とコンパイラに伝えるための記述だよ。書かなくても動くけど、書いておくといいことがあるんだ。詳しくは第10章で解説するよ。

3.3 ラムダ式

3.3.1 関数をその場で作る

ここまでで関数の基礎はバッチリだね。でもその真の実力は、「ある構文」を組み合わせることで引き出せるんだ。

　Javaにおける第1級オブジェクトには、3つの特性がありました（p.105）。そして前節では、関数オブジェクトを変数に格納できることを学びました。より厳密には、関数本体ではなく、メモリ空間における関数の実体があるアドレスを指し示す参照を格納しているのでしたね。

　さてここで、その参照先にある関数の実体が「いつ生成されるのか」について考えてみましょう。

　Javaでは、通常、あるメソッドの実体は、そのメソッドを含むクラスがJVMに読み込まれた時点でメモリ中に生み出されます。したがって、コード3-2（p.109）の場合、len()の実体はMainクラスが読み込まれた時点（プログラム起動の瞬間）に生み出され、mainメソッドが動き始めるときにはすでに存在しています。このコードの9行目では、その実体への参照をfuncに代入しているにすぎません。

メソッドの実体が生まれるタイミング

メソッドとして定義した処理ロジック（関数）の実体は、必要とされる時期に関わらず、クラスがJVMに読み込まれた時に自動的に生成される。

でも、関数は、必要になったときに「その場で」生み出して利用することもできるんだ。インスタンスを必要なときにnewして生み出せるようにね。

Javaでは、関数（ある入力を受け取り、出力を返す一連の処理ロジック）を、**プログラム実行中の必要になったタイミングで生み出して、その場ですぐに利用**することができます。処理ロジックを事前にメソッドとして宣言しておく必要はありません。

たとえば、コード3-2の「文字列の文字数を求める処理ロジック」をlen()として宣言せず、mainメソッドの動作中に生成して利用するようにしたものが次のコード3-4です。

コード3-4 関数をその場で生み出し、代入し、呼び出す

```java
01  import java.util.function.*;
02
03  public class Main {
04    public static void main(String[] args) {
05      Function<String, Integer> func =
            (String s) -> { return s.length(); };
06      int n = func.apply("Java");
07      System.out.println("文字列「Java」は" + n + "文字です");
08    }
09  }
```

> この行が実行された瞬間、関数の実体が生み出される

うわっ…なんなんだ、この5行目のキモい書き方は…。

ちょっと不思議だけど、なんだかメソッド宣言に少し似てない？

5行目の代入文の右辺では、**ラムダ式**（lambda expression）という構文を

用いて「関数の定義と、その実体の即時生成」が指示されています。ラムダ
式が評価されると、関数の実体がメモリ上に生成され、その実体を指す参照
（関数オブジェクト）に化けるのです。

　ここで、ラムダ式の構文と、その具体的な使い方をいくつか紹介しておき
ましょう。

Ⓐ **ラムダ式**

```
(型 引数名1, 型 引数名2, … ) -> {
    処理;
      :
    return 戻り値;
}
```

```java
// 例1　勇者インスタンスを受け取り、そのHPを返す
(Hero h) -> { return h.getHp(); }


// 例2　何も受け取らず、現在日時を返す
() -> { return new java.util.Date(); }


// 例3　long配列を受け取り、そのコピーを作り、内容を並び替えて返す
(long[] org) -> {
  long[] cpy = java.util.Arrays.copyOf(org, org.length);
  java.util.Arrays.sort(cpy);
  return cpy;
}


// 例4　関数オブジェクトを受け取り、2回呼び出した合計を返す
(IntBinaryOperator func, int a, int b) -> {
  int result = func.applyAsInt(a, b) + func.applyAsInt(a, b);
```

```
   return result;
}
```

3.3.2 ラムダ式の省略記法

　ラムダ式は、条件が許せば、さまざまな省略した書き方をすることが許されています。次のラムダ式を題材に、省略記法のルールを学んでいきましょう。

```
IntToDoubleFunction func = (int x) -> {
  return x * x * 3.14;
};
```

ルール①　代入時はラムダ式の引数宣言における型を省略可能

　代入文の右辺でラムダ式を使う場合、引数宣言の型を省略することができます。省略された場合、JVMは、ラムダ式の代入先である変数の型（今回の例ではIntToDoubleFunction）が持つ唯一の抽象メソッド（applyAsDouble）を特定し、その引数宣言に使われている型を自動的に利用しようとしてくれます。

　このルールを利用して前掲のラムダ式を簡単にしたものが次の式です。

```
IntToDoubleFunction func = (x) -> {
  return x * x * 3.14;    intという型表記を省略した
};
```

ルール②　ラムダ式の引数が1つの場合は丸カッコを省略可能

　ラムダ式の引数が1つしかない場合は、丸カッコは記述しなくてもかまいません。このルールを利用して、ラムダ式をより簡単にしたものが次の式です。

```
IntToDoubleFunction func = x -> {
  return x * x * 3.14;    xを囲む丸カッコを省略した
};
```

ラムダ式が単一のreturn文の場合、処理を囲む波カッコやreturnを省略することができます。このルールを利用して、ラムダ式をさらに簡単にしたものが次の式です。

```
IntToDoubleFunction func = x -> x * x * 3.14;
```

波カッコとreturnを省略した

省略記法は少々とっつきにくいかもしれないが、慣れるととても便利だよ。

3.3.3　クロージャ

ラムダ式には、「自身が評価され関数の実体が生み出される際、その時点でアクセス可能なすべての変数の情報を記憶し、ラムダ式の中で参照できる」という特徴があります。クロージャ（closure）といわれるこの特性を用いると、ラムダ式の外にある変数を利用する、次のようなコードが記述可能になります。

```
double b = 3.14;
IntToDoubleFunction func = (x) -> {
  return x * x * b;
};
```

ただし、ラムダ式の外にある変数（上記の例ではb）を、ラムダ式の中で書き換えることはできません。変数bは内容が変化しない実質的にfinalな変数である必要があります。

実質的にfinalな外側の変数にアクセスできるといえば、ローカルクラスもそうでしたね（p.92）。

3.4 関数オブジェクトの活用

3.4.1 関数を利用するメリット

関数オブジェクトやラムダ式は何となくわかりましたが、これ、一体何に使うんですか？

もっともな疑問だね。それではいよいよ、関数オブジェクトがもたらした「変革」と、我々でもすぐに享受できる「利便性」を紹介しよう。

　関数オブジェクトやラムダ式は、長らくJavaでは利用できませんでした。しかし、2010年頃からその有用性に注目が集まり、Java8で正式に組み込まれます。このことは、単なる機能や文法の追加ではなく、Javaというプログラミング言語にある「変革」をもたらしました。

関数オブジェクトがもたらした大変革

Java7までは…
　メソッド間の呼び出しで、「情報」（データ）しか渡せなかった。
Java8からは…
　メソッド間の呼び出しで、「処理」（アルゴリズム）も渡せるようになった。

　私たちはこれまで、メソッドに対してデータ（およびその集合であるデータ構造）しか渡すことができず、メソッドに依頼できる処理は比較的単純なものに限られていました（次ページの図3-6上）。しかし「アルゴリズム」を

渡せるようになり、より高度な処理を実現できる可能性が広がったのです（同図下）。

図3-6　データではなくアルゴリズムを渡して依頼する

3.4.2 関数オブジェクトの身近な活用例

確かに「処理方法」を渡せるなら、できることが増えそうですね。…あれ？　似たようなことをこの前やりませんでしたっけ？

　ここまで学んできたみなさんであれば、次のコードが何をしているのか、すぐに理解できるでしょう。そして、以前学んだことをまた違った角度から振り返ることができるはずです。

コード3-5　ラムダ式を使って口座クラスを残高順に並び替える

```
01  import java.util.*;
02
03  public class Main {
04    public static void main(String[] args) {
05      List<Account> list = new ArrayList<>();
```

```
06         :
07         Collections.sort(list, (x,y) -> (x.zandaka - y.zandaka));
08         :
09     }
10 }
```

「並び替える方法」を
sort()に渡している

これ、第1章に出てきた「コンパレータを使った並び替え」じゃ
ないですか！　あのときは並び順ごとにComparatorクラスを
いちいち作らなきゃならなくてめんどうだったんですよ！

　実は、私たちは第1章の時点ですでに、メソッドに「処理方法」を渡すこ
とを体験しています。Collectionsクラスのsort()に「並び替え方法」を指示
するために、Comparatorという道具を使いました（p.41）。その際には、次
のようなめんどうな手順を踏んだことを思い出してください。

手順1　並び替え方法を指示するためにZandakaComparatorクラスなどを
定義し、そのcompare()に処理ロジックを記述する。
手順2　ZandakaComparatorをnewしてインスタンスを生成する。
手順3　Collections.sort()にZandakaComparatorのインスタンスを渡して
呼び出す。

　第2章で学んだ匿名クラスを使えば、見かけ上は手順1と2を省略可能です
が、わかりやすい記述ではありません（p.96）。しかし、ラムダ式を用いて
書き直したコード3-5は、sort()の第2引数に「並び替え方法を指示する関数」
を渡している事実をスマートかつ明快に表現しています。

コンパレータをエレガントに記述する

「処理」をメソッドに渡すための道具であるコンパレータは、ラム
ダ式を用いてより直感的でエレガントな形に書き直せる。

でも、Collections.sort()の第2引数にラムダ式を渡しちゃっていいんですか？

　朝香さんの言うように、Collections.sort()の第2引数には、コンパレータのインスタンスを指定する必要がありました（p.41）。それにもかかわらず、第2引数として、ラムダ式を書けるのはなぜなのでしょうか。

　その答えは、java.util.ComparatorのAPIリファレンスに書かれています。

モジュール java.base
パッケージ java.util

インタフェース Comparator<T>

型パラメータ：
T - このコンパレータにより比較されるオブジェクトの型

既知のすべての実装クラス：
Collator, RuleBasedCollator

> **関数型インタフェース：**
> これは関数型インタフェースなので、ラムダ式またはメソッド参照の代入先として使用できます。

@FunctionalInterface
public interface **Comparator<T>**

 図3-7　java.util.ComparatorのAPIリファレンス

なるほど、コンパレータも関数インタフェースの条件（p.114）を満たしたインタフェースだったんですね！

　なお、コード3-5のCollections.sort()のように、引数として関数を受け取る関数のことを、高階関数（high-order function）といいます。

3.5 StreamAPI

3.5.1 データ集合に対して用いる高階関数

最後に、関数の活用としては真骨頂ともいえる機能を紹介するよ。

　高階関数が活躍する場面は無数にありますが、中でも、配列やリストを扱う処理に用いると、直感的にわかりやすい**宣言的**（declarative）な記述が可能になることが知られています。

宣言的な記述？　どんな書き方ですか？

言葉からはちょっと想像しにくいから、具体例で紹介しよう。

　たとえば、「ある List<Hero> 型の各要素について、戦闘不能（HP＝0）な勇者がいるかどうか」を調べたい場合を考えます。通常、まず思いつく方法は、次のようなコードではないでしょうか。

コード3-6 戦闘不能な勇者を探す（通常の方法）

```
01  import java.util.*;
02
03  public class Main {
04    public static void main(String args[]) {
05      List<Hero> heroes = new ArrayList<>();
```

```
06        :
07      boolean anyoneKnockedOut = false;     まず false にしておく
08      for (Hero h : heroes) {
09        if (h.hp == 0) {
10          anyoneKnockedOut = true;          見つかったら true にして
11          break;                            ループを中断
12        }
13      }
14    }
15  }
```

うん、ボクもこのやり方ですね。これ以外の方法なんてないん
じゃないですか？

では、anyMatch という高階関数を使った書き方を見てみましょう。

コード3-7 戦闘不能な勇者を探す（高階関数の利用）

```
01  import java.util.*;
02
03  public class Main {
04    public static void main(String args[]) {
05      List<Hero> heroes = new ArrayList<>();
06        :
                                     条件だけを提示して調査を依頼する
07      boolean anyoneKnockedOut =
          heroes.stream().anyMatch(h -> h.hp == 0);
08    }
09  }
```

すごいじゃないですか！　たった1行でさっきと同じ処理がで
きるんなんて！

コードが短くなったのは嬉しいけれど…。でも、リストの要素を処理するのにループを使わないなんて、ちょっと違和感があるかも…。

　朝香さんのように、この不思議なコードに違和感を覚える人は少なくないでしょう。それは、私たちが「リストの要素を処理するためにはforを使わなければならない」という定石を繰り返し刷り込まれているからです。

　しかし、私たちの本来の目的は、「HP＝0である勇者がいるかどうかを調べること」であって「ループを回すこと」ではないはずです。目的が達成できるなら手段（forの利用）にこだわる必要はなく、より直感的な表現である「HP＝0かどうか」だけの指示で済むならそれに越したことはありません。

　このような発想に基づいて、コード3-7の7行目のように、目的だけを表現してその実現方法までは踏み込まないのが宣言的記述の特徴です。今回の例に限らず、1次元のデータ集合に対してループ処理を指示したコードの多くは、高階関数を利用することで、より人間の思考に近い宣言的な記述に書き換えることが可能なのです。

宣言的な記述を活用しよう

高階関数を上手に使うことで、人間の思考に近い直感的なコードを記述でき、それによって保守性の向上や不具合の防止が期待できる。

3.5.2　ストリームの生成

菅原さん、ボク、こういう書き方好きです！ どうやって使えばいいんですか？　anyMatchのほかにはどんなものがあるんですか？

ははは、気に入ってくれて嬉しいよ。まずは準備の方法から紹介していこう。

Javaでは、多くの高階関数がStreamAPIとして提供されています。「宣言的に処理を行うためのデータの並び」を**ストリーム**（stream）と呼び、java.util.stream.Stream**インタフェース**として扱うことになっています。宣言的なデータ処理は、ストリームを次の構文で生み出すことから始まります。

ストリームの生成

・コレクションの場合

```
Stream<T> st = コレクション<T>.stream();
```

※ コレクションはjava.util.Collectionの子孫（リストおよびセット）。マップは含まれない。

・配列の場合

```
Stream<T> st = Arrays.stream(T型の配列);
```

コード3-7では、7行目の右辺 `heroes.stream()` で、ArrayListインスタンスからストリームを生成しているよ。

column

基本データ型のためのストリーム

Streamインタフェースはジェネリクスを用いて定義されているため、基本データ型を要素とすることができません。そこで、java.util.streamパッケージにIntStream、LongStream、DoubleStreamが用意されています。

これらの基本データ型のためのストリームは、中身は数値データであることが保証されているため、通常のストリームが持つメソッドに加え、いくつかの特別なメソッド（合計を求めるsum()など）も備えています。

```
int[] ages = {66, 58, 70};
long totalAge = Arrays.stream(ages).sum();
```

3.5.3 | データ処理メソッドの使い方

それじゃ次に、生成したストリームに対して処理を実行するメソッドを紹介しよう。

　Streamインタフェースには、たくさんの高階関数がメソッドとして準備されています。その中でも特にわかりやすいものを表3-2にまとめました。

表3-2 Streamの主なデータ処理メソッド

メソッドと引数	渡すべき関数	戻り値	動作の概要
判定（各要素に関数を適用した結果を返す）			
allMatch(関数)	Predicate<T>	boolean	すべての要素で true となるか
anyMatch(関数)			少なくとも 1 つの要素で true となるか
noneMatch(関数)			すべての要素で false となるか
個別処理			
forEach(関数)	Consumer<T>	void	各要素に関数を適用する
要素取得			
findFirst()	なし	Optional<T>	最初の要素を返す
findAny()			いずれかの要素を返す
統計			
count()	なし	long	要素数を返す
max(関数)	Comparator<T>	Optional<T>	大小関係を関数で評価し、最大の要素を返す
min(関数)			大小関係を関数で評価し、最小の要素を返す

※ Tは要素の型。

こんなにたくさん、使いこなせるかしら。

これも最初から全部使おうと気負う必要はないよ。分類ごとに例を挙げるから、頭の中でイメージを広げてみてほしい。

判定系のメソッド

判定に分類された3つのメソッドは、1つひとつの要素に「trueかfalseを返す関数」を適用した結果を総合判定してくれます。anyMatchはコード3-7（p.126）で紹介しましたが、「全員がHP＝0か」を判定するにはallMatchを、「HP＝0の勇者はいないか」を判定するにはnoneMatchを使えばよいのです。

個別処理系のメソッド

forEach()は、各要素に「結果を返さない関数」を適用するためのメソッドです。たとえば、次のようなコードで勇者の名前を表示することができます。

```
heroes.stream().forEach(h -> {
    System.out.println("勇者" + h.name);
});
```

要素取得系のメソッド

ストリームからある1つの要素を取り出すメソッドがfindFirst()とfindAny()です。取り出す要素が見つからない場合も有り得るため、戻り値にはOptionalクラス（p.97）が指定されています。

```
Optional<Hero> hopt = heroes.stream().findFirst();
if (hopt.isPresent()) {
    System.out.println("先頭は" + hopt.get().name);
}
```

統計系のメソッド

ストリームの要素数を数えるシンプルなメソッドがcount()です。最大や最小の要素を取り出すにはmax()とmin()を使いますが、大小比較の「方法」を関数として渡す必要があります。これは第1章で解説したように、要素が数値でない場合に備えて、JVMに「何をもって大小とするか」を伝えるためです。

```
Optional<Hero> hopt = heroes.stream().max((x,y) -> x.hp - y.hp);
```

```
if (hopt.isPresent()) {
    System.out.println("最大HPの勇者は" + hopt.get().name);
}
```

> これと同じ処理をforループで書こうとすると、ちょっと大変
> だし、ひと目では読み解けないコードになりそうね。

3.5.4 | Listとして取り出す

前項で紹介したように、さまざまなメソッドを備えるStreamインタフェースですが、単純にリストとして取り出す手段も備えています。具体的には、collect()というメソッドを用いて次のように記述します。

---

  collect()によるリスト取り出し

```
List<T> list = ストリーム.collect(Collectors.toList());
```

※ Collectorsはjava.util.streamパッケージに属するAPIクラス。

```
// リストhListをストリームにして、Listとして取り出す
List<Hero> heroes = hList.stream().collect(Collectors.toList());
// 配列hArrayをストリームにして、Listとして取り出す
List<Hero> heroes =
    Arrays.stream(hArray).collect(Collectors.toList());
```

> これ、何かの役に立つんですか？　リストをストリームにして
> またリストにするって、意味がさっぱりわかりませんよ。

> そうですよ。配列をリストにするならArrays.asList() (p.76) を
> 使えばいいんだし。

ははは、2人の疑問はもっともだ。それじゃ、次項でStreamAPI
の本当の使い方を紹介してこの章を締めくくろう。

3.5.5 中間処理メソッドの利用

　StreamAPIが備えるさまざまなデータ処理メソッドの中には、戻り値が
Stream型であるものがいくつか存在します（表3-3）。

表3-3 Streamの主な中間処理メソッド

メソッド名	引数	意味
distinct()	なし	重複を排除したストリームを返す
filter()	Predicate<T>	Predicate を適用した結果が true である要素のストリームを返す
limit()	long	先頭から指定された要素数までのストリームを返す
sorted()	Comparator<T>	Comparator を用いて並び替えたストリームを返す
map()	Function<T,R>	Function を適用した戻り値を要素とする R 型のストリームを返す

　たとえば、これらのメソッドを使って次のような処理が可能になります。

```
// 勇者の人数を数える
long all = heroes.stream().count();


// 戦闘不能（HP=0）な勇者の人数を数える
long kockedOut = heroes.stream().filter(h -> h.hp == 0).count();


// 戦闘不能（HP=0）な勇者の名前を最大3人分だけ取得する
List<String> knockedOutNames = heroes.stream()
    .filter(h -> h.hp == 0)        HP ＝0の勇者だけを抽出し、
    .limit(3)                      最大3人に限定し、
    .map(h -> h.name)              Heroから名前を取得し、
    .collect(Collectors.toList()); リストとして取り出す
```

へえ〜！ メソッドを数珠つなぎにできるんですね！

そして、最後に結果をリストとして取り出すためにcollect()を
使うんですね！

このように、表3-3で紹介した、ストリームに対してさまざまな処理を続けて行うことのできるメソッドを中間処理、collect()と前項の表3-2（p.129）で紹介した処理を終端処理といいます。

この節で紹介した内容はStreamAPIのごく一部の機能に過ぎません。開発現場では、もっと高度で難解な活用をされることもありますが、今回学んだ知識だけでも、読みやすいコードを書くための手助けとなるでしょう。

なお、この後の第6章でも「ストリーム」という用語が登場するが、ここで学んだものとはまったく無関係の、別の概念なので注意してほしい。

関数型プログラミング

Javaに限らず、プログラムをどのように捉えるかによって、同じ動作を実現するために私たちが選び取る構文や命令はさまざまに変化します。

「順に実行される命令文の集まり」として捉える手続き型プログラミング（procedural programming）では、流れを制御する制御構文（ifやfor）が多用されます。「責務を持つ部品の集まり」として捉えるオブジェクト指向プログラミング（object oriented programming）を実践するならカプセル化などの部品に関わる構文が重要になってくるでしょう。

この章で紹介したストリームという道具は、プログラムを「高階関数の集まり」として捉える関数型プログラミング（functional programming）の世界で積極的に採用される技術です。

3.6 この章のまとめ

関数オブジェクト

- Javaでは関数を第1級オブジェクトとして扱える。
- 関数とは、「入力・処理・出力（IPO）を有する処理ロジック」である。
- クラス内に定義されたメソッドへの参照を、関数オブジェクトとして変数に代入できる。
- 1つの抽象メソッドのみを持つインタフェースは、関数インタフェースとして、関数を格納することができる。
- java.util.functionパッケージには、代表的な関数インタフェースがあらかじめ準備されている。
- 引数として関数を受け取る関数を高階関数という。

ラムダ式

- ラムダ式を用いることで、関数の実体をプログラム実行中に生成できる。
- ラムダ式にはさまざまな省略記法が用意されており、簡単な関数であればシンプルに記述することができる。
- ラムダ式は、自身が生成されたときに利用可能であった変数をラムダ式内部で利用できる。ただし、実質的にfinalな変数の読み取りに限られる。

Stream API

- 1次元のデータ集合に対する処理は、高階関数を用いて宣言的に書き直せる。
- コレクションや配列から生成したストリームに対してメソッドを呼ぶことで、宣言的なデータ処理を実現できる。
- ストリームの中間処理メソッドは連鎖的に呼び出すことができる。

3.7 練習問題

練習3-1

次のコードに含まれる2つのメソッドを関数として変数に格納し、それを呼び出すMainクラスを作成してください。関数を代入するためのインタフェース名はFunc1とFunc2とし、それ以外のメソッド名や引数名は任意とします。

```java
                                                              FuncList.java
01  public class FuncList {
02    public static boolean isOdd(int x) { return (x % 2 == 1); }
03    public String passCheck(int point, String name) {
04      return name + "さんは" + ( point > 65 ? "合格" : "不合格" );
05    }
06  }
```

> pointが65より大きいなら"合格"に、以下なら"不合格"に化ける（三項条件演算子）

練習3-2

練習3-1におけるFuncListクラスの2つのメソッドの内容について、それぞれラムダ式で表現し、インタフェースFunc1とFunc2に代入して利用するよう練習3-1で作成したMainクラスを書き換えてください。

練習3-3

練習3-2のFunc1のラムダ式について、代入先の型をFunc1ではなく、標準関数インタフェースに変更します。用いるべき適切な型をAPIリファレンスで調べ、プログラムを変更してください。

練習3-4

本書の人物紹介（p.17）を参照し、登場人物4名のフルネームを格納した List<String>型のnamesを準備し（名字と名前の間には空白を入れない）、フルネームが4文字以下であるすべての人物について、末尾に「さん」を付けて表示するプログラムをStreamAPIを用いて作成してください。

---

column

便利な静的メソッド「of」

Javaが準備しているさまざまなインタフェースには、「ある既存のデータからインスタンスを手軽に生成する」という目的で、of()という静的メソッドを持つものが多くあります。このメソッドを上手に使うと、よりスマートなコードを記述することができるでしょう。

```
List<String> = List.of("a", "b", "c");
Set<String> = Set.of("d", "e", "f");
Map<String, Integer> =
    Map.of("京都府", 255, "東京都", 1261, "熊本県", 181);
Stream<String> = Stream.of("x", "y", "z");
IntStream = Stream.of(1, 2, 3);
```

chapter 4
JVM制御と
リフレクション

ここまでさまざまなAPIを紹介してきましたが、
その多くはJVMに何らかの処理の実行を指示するものでした。
しかし、Javaが準備するAPIの中には、JVM自体を制御したり、
JVM自体の内部情報にアクセスできるものも存在します。
この章では、それらJVM自体の制御に関わるAPIを
紹介していきます。

contents

4.1 〉JVMへのアクセス

4.1.1 JVM自体を制御する

これまでの章でさまざまな構文やAPIを学んだみなさんは、型安全性に配慮したプログラムの作成や関数オブジェクトを利用した宣言的な記述を通して、JVMに対して、入門レベルから一歩進んだ複雑な指示ができるようになりました。

さまざまな構文やAPIを駆使して記述された複雑なプログラムも高速かつ確実に次々と処理してくれるJVMは、非常に複雑な内部構造をしているということも想像に難くないでしょう。

実はJavaには、私たち開発者がJVM自体の内部機構にアクセスし、その内部情報を得たり、JVM自体を直接制御したりするためのAPIが存在します。普段の開発で利用する機会は決して多くありませんが、それらのAPIを学ぶことはJavaとJVMを深く理解するきっかけになるでしょう。

この章では、JVM自体を制御するAPIについて紹介していきます。

図4-1　一般的なAPIとJVM自体を制御するAPIの違い

4.2 JVM の終了

4.2.1 System.exit()

> まずは、JVM に対してプログラムの実行を終了するよう明示的に指示を与える方法から紹介しよう。

System.exit()を呼ぶと、その場でプログラムが終了します。次のコード4-1では、データに異常があると6行目でプログラムが終了します。

コード4-1 System.exit()によるプログラムの終了

BK441
Main.java

```
01  public class Main {
02    public static void main(String[] args) {
03      :   /* 何らかのデータを読み込む処理 */
04      boolean isErr = true;
05      if (isErr) {
06        System.out.println("データが壊れています。異常終了します");
07        System.exit(1);   ─ ここでJVMを異常終了
08      }
09      System.out.println("正常終了しました");
10    }
11  }
```

System.exit メソッドにはint型の引数を与えることができ、この数値がプログラムの終了コード（exit code）としてOSに報告されます。多くのOSでは0は正常終了を、0以外は異常終了を意味します。エラーの原因ごとに異なる終了コードを返してプログラムを終了するようにすると、たとえばバッチ処理が異常終了した場合の原因究明などに役立てることができます。

4.3 外部プログラムの実行

4.3.1 ProcessBuilder クラス

　自分が開発したJavaプログラムから、ほかのプログラムを起動することもできます。たとえば、java.lang.ProcessBuilderクラスを利用して「自身で行った計算処理の結果をファイルに出力し、完了したらメモ帳を起動してそれを表示する」ようなプログラムも作成できます。

コード4-2 計算処理が完了したらメモ帳を起動する

Main.java

```
01  public class Main {
02    public static void main(String[] args) throws Exception {
03      System.out.println("計算を開始します");
04      :   /* 何らかの計算処理 */
05      System.out.println("計算完了。結果をメモ帳で表示します");
06      ProcessBuilder pb = new ProcessBuilder(
            "c:¥¥windows¥¥system32¥¥notepad.exe",
            "calcreport.txt"                    ← 「メモ帳」の実行ファイル
          );
07      pb.start();   ← 起動！
08    }
09  }
```

　ProcessBuilderのコンストラクタは、複数の文字列を可変長引数で受け取ることができ、起動するプログラムファイルや起動引数を指定します。

　また、このクラスが持つメソッドのstart()の戻り値として得られるProcessインスタンスを用いて、起動したプログラムの終了を待ったり、その終了コードを得たりできます。

4.4 システムプロパティの利用

4.4.1 JVMが内部に持つシステム情報

> 次は、JVMやOS自体に関する情報をプログラムで扱う方法を
> 紹介するよ。

　JVMは、プログラム起動直後に自身やOSに関するさまざまな情報を自動的に収集し、**システムプロパティ**（system property）として保持します。システムプロパティはキーと値のペアの形式になっています（表4-1）。

> 「キーと値のペア」というと、Mapなのかしら？

> いや、厳密には違うものなんだが、文字列のキーと文字列の値
> という対の形で保存されているんだ。

　Mapは、キーと値のペアで情報を格納するコレクションの1つでしたね。システムプロパティは厳密にはMapとは異なりますが、Map<String, String>の形で管理されていると考えると理解しやすいでしょう。

表4-1　システムプロパティに標準で格納される主な情報

キー	値の意味	値の例
java.version	実行中の JRE のバージョン	11.0.10
java.home	実行中の Java のインストール先ディレクトリ	C:¥Program Files¥Adopt OpenJDK¥…
os.name	動作中の OS の名前	Window 10
line.separator	動作中の OS の改行コード	¥r¥n
user.name	実行したユーザーの名前	sugawara

4.4.2 システムプロパティの取得

> それではさっそく、システムプロパティをプログラムの中で取得してみよう。コード4-3を見てほしい。

コード4-3 システムプロパティの取得

Main.java

```
01  import java.util.*;
02
03  public class Main {
04    public static void main(String[] args) {
05      System.out.print("利用中のJavaバージョン:");
06      System.out.println(System.getProperty("java.version"));
07
08      Properties p = System.getProperties();
09      Iterator<String> i = p.stringPropertyNames().iterator();
10      System.out.println("システムプロパティ一覧");
11      while (i.hasNext()) {
12        String key = i.next();
13        System.out.print(key + " = ");
14        System.out.println(System.getProperty(key));
15      }
16    }
17  }
```

```
利用中のJavaバージョン：21
システムプロパティ一覧
java.specification.version = 21
sun.jnu.encoding = UTF-8
java.runtime.version = 21+35-LTS
```

```
java.runtime.name = OpenJDK Runtime Environment
java.vendor.url = https://adoptium.net/
 :
```

システムプロパティから、あるペアの情報を取得したい場合には、System.getProperty()にキーを指定します（コード4-3の6行目）。また、System.getProperties()によって得られるPropertiesインスタンスを利用することで、主なキーが格納されたSetを取得できます（同8・9行目）。

なお、PropertiesクラスはHashMapに類似したクラスです。詳細な使い方については第7章で紹介します。

4.4.3 環境依存を排除する

> システムプロパティを上手に使うと、どんなOSでも同じように動くプログラムを作れるんだよ。

> えっ？　Javaってもともと、一度作れば、どんなOSでも同じように動くんじゃなかったでしたっけ？

クラスファイルの中身であるバイトコードは、特定のハードウェアやOSに依存しません。そのため、基本的にJVMが動作するなら、どのようなOSでも同様に動作することがJavaの大きな強みの1つです。

しかし、必ずしもすべての場面で同じ動きが保証されているわけではありません。たとえば、次のような単純なコードは、Linuxと古いmacOSとでは動作が異なります。

```
System.out.println("本日は¥n晴天なり");
```

実行結果（Linux）

```
本日は
晴天なり
```

実行結果（古いmacOS）
```
本日は晴天なり
```

¥n って、確か、改行を表す特殊文字（エスケープシーケンス）でしたよね？

そのとおりだよ。でも、動かすOSによっては ¥n が改行を意味しないこともあるんだ。

そもそも改行に関連する特殊文字には、「行の先頭に移動する」という意味の**復帰**（CR: carriage return）と、「下の行に進む」という意味の**改行**（LF: line feed）の2つがあります。Javaのソースコードでは、前者を¥r、後者を¥nというエスケープシーケンスで表現します。

多くのOSでも、改行を指示するための特殊文字を定めており、それらは**改行コード**（newline code）と呼ばれています。しかし、OSによって改行コードに違いがあるので注意が必要です（表4-2）。

表4-2 主なOSが採用する改行コード

OS の種類	改行コード
Windows	CR + LF（¥r¥n）
macOS（9 以前）	CR（¥r）
macOS X（10 以降）	LF（¥n）
Linux, BSD など	

動作するOSを想定して適切な改行コードを出力するようにプログラムを書こうとすると、OSの種類に従ってプログラムを変更しなくてはなりません。

そこで、表4-1でも紹介した line.separator を利用しましょう。このシステムプロパティには、現在動作中のOSが採用している改行コード（¥r¥nや¥n）が自動的に格納されることになっています。よって、次のようなコードを書くことで、どのOSでも正しく改行されるようになります。

```
final String BR = System.getProperty("line.separator");
System.out.println("本日は" + BR + "晴天なり");
```

なお、System.lineSeparator()というメソッドで改行コードを直接取得する方法もあるよ。

4.4.4 システムプロパティの設定

システムプロパティは取得するだけではなく、追加や変更をすることもできます。新しく追加するキーや値には、任意の文字列を使うことが可能です。

最も簡単なのは、次のようにSystem.setProperty()を使う方法です。

```java
System.setProperty("rpg.version", "0.3");
```

Javaプログラム起動時にシステムプロパティの追加を指定する方法もよく利用されます。具体的には、javaコマンドによるプログラム起動時に -D オプションを使って指定します。

たとえば、次のコード4-4をオプション指定で実行すると、指定した2つのペアがJVM起動直後にシステムプロパティに格納され、表示されます。

コード4-4 システムプロパティを利用した値の読み書き

```java
01  public class Main {
02    public static void main(String[] args) {
03      String ver = System.getProperty("rpg.version");
04      String author = System.getProperty("rpg.author");
05      System.out.println("RPG: スッキリ魔王征伐 ver" + ver);
06      System.out.println("Developed by " + author);
07    }
08  }
```

```
> java -Drpg.version=0.3 -Drpg.author=湊 Main
RPG: スッキリ魔王征伐 ver0.3
Developed by 湊
```

システムプロパティは、どのようなクラスからも直接読み書きできる便利な格納領域ですが、**不具合の原因にもなりやすいため乱用は禁物**です。多くの場合、JVMやライブラリなどが定めるシステムプロパティを取得する程度の使い方に留めるべきです。

また、システムプロパティを設定する場合も、java.versionやline.separatorのような重要なシステムプロパティを上書きして壊さないように十分注意しましょう。

column

OS環境変数の取得

システムプロパティと似て非なるものにOSの環境変数があります。両者ともに文字列のペアという形式ですが、前者はJVM、後者はOSが管理している情報です。OSの環境変数をJavaプログラム内で取得するには、Systemクラスのgetenv()を利用します。

4.5 ロケールと国際化

4.5.1 ロケールとは

Javaアプリケーションの起動時、JVMはOSから、どのような「場所」で、どのような「言語」を使うユーザーを前提として動作するかの情報を受け取ります。そして、その情報をさまざまな局面で利用するために、プログラム動作中はJVMがずっと保持し続けます。

これらの情報は**ロケール**（locale）と総称され、**java.util.Localeクラス**を通して参照したり、設定を変更したりすることができます。

表4-3 java.util.Localeクラスの代表的なメソッド

メソッド名	static	引数	戻り値	意味
setDefault()	○	Locale	なし	デフォルトロケールを設定する
getDefault()	○	なし	Locale	デフォルトロケールを返す
getCountry()		なし	String	ロケールの国コードを返す JP（日本）、US（アメリカ）など
getDisplayCountry()		なし	String	ロケールの国名を返す
getLanguage()		なし	String	ロケールの言語コードを返す ja（日本語）、nc（英語）など
getDisplayLanguage()		なし	String	ロケールの言語名を返す

国や言語のコードは、国際機関ISOが定める2～3文字の符号が使われているんだ。

Localeクラスを利用すると、ユーザーの使う言語によって動作や表示が切り替わるプログラムも簡単に実現することができます。

コード4-5 言語によって表示内容を切り替える

Main.java

```java
import java.util.*;
import java.text.*;

public class Main {
  public static void main(String[] args) {
    Locale loc = Locale.getDefault();           // デフォルトロケールを取得
    System.out.println(loc.getCountry() + "-" + loc.getLanguage());
    String now = (new SimpleDateFormat()).format(new Date());
    if (loc.getLanguage().equals("ja")) {
      System.out.println("現在の時刻は" + now);
    } else {
      System.out.println("Current time is " + now);
    }
  }
}
```

```
>java Main
JP-ja
現在の時刻は2024/05/04 13:12
> java -Duser.language=ja -Duser.country=JP Main   ─┐  -Dオプションで国や
JP-ja                                                │  言語を指定して実行
現在の時刻は2024/05/04 13:12
>java -Duser.language=en -Duser.country=US Main   ─┘
US-en
Current time is 5/04/24, 1:12 PM
```

へえ〜！　これを使えば、インターナショナルなRPGも作れちゃいますね！

148

このように、SimpleDateFormatクラスなどもロケールによっ
て動作が変わるしくみになっているんだ。さまざまなAPIがJVM
に対してロケールを問い合わせながら動くんだよ。

4.5.2 タイムゾーン

　前項で紹介したロケールは「場所」と「言語」についての情報を表すもの
でしたが、JVMは「時間帯」についても管理しています。これを**タイムゾー
ン**（time zone）といい、プログラムが動作しているPCの置かれた地域で使
われている標準時と世界標準時との時差で表されます。
　タイムゾーンは**java.util.TimeZone クラス**を用いて操作します。

表4-4　java.util.TimeZone クラスの代表的なメソッド

メソッド名	static	引数	戻り値	意味
setDefault()	○	TimeZone	なし	デフォルトタイムゾーンを設定する
getDefault()	○	なし	TimeZone	デフォルトタイムゾーンを返す
getDisplayName()		なし	String	タイムゾーンの表示名を返す
useDaylightTime()		なし	boolean	タイムゾーンが夏時間を採用しているかを返す
getRawOffset()		なし	int	世界標準時からの時差をミリ秒で返す（夏時間は考慮しない）
getOffset()		long	int	世界標準時からの時差をミリ秒で返す（夏時間を考慮する）

　タイムゾーンを利用した簡単なサンプルをコード4-6に示します。

コード4-6　タイムゾーンを表示する

BK446
Main.java

```
1  import java.util.*;
2
3  public class Main {
4    public static void main(String[] args) {
```

```
5      TimeZone tz = TimeZone.getDefault();
6      System.out.print("現在のタイムゾーン：");
7      System.out.println(tz.getDisplayName());
8      if (tz.useDaylightTime()) {
9        System.out.println("夏時間を採用しています");
10     } else {
11       System.out.println("夏時間を採用していません");
12     }
13     System.out.print("世界標準時との時差は");
14     System.out.println(tz.getRawOffset() / 3600000 + "時間");
15   }
16 }
```

ミリ秒を時間に変換

　この節で紹介したロケールやタイムゾーンなどの情報は、アプリケーショ
ンの国際化（i18n: internationalization）の基盤として重要な要素となります。
SNSや貿易に関するシステムなど、世界各国から同時に利用されるシステム
の構築には欠かせない技術です。

column

通貨の国際化

　Javaには、特定の通貨（円・米ドル・ユーロなど）を表すためのクラスとして、
java.util.Currencyクラスが準備されています。このクラスのstaticメソッドであ
るgetInstance()にロケールを引き渡すと、そのロケールに対応した通貨情報を
Currencyインスタンスとして得ることができます。

4.6 メモリに関する状態の取得

4.6.1 JVMの内部メモリ

　javaコマンドによってJVMが起動される際、コンピュータのメモリの一部がJVMのために割り当てられます。JVMは基本的に、この限られたメモリをやりくりしながら、さまざまな処理を行っていきます。たとえば、変数を宣言したり、インスタンスを生み出したり、メソッドを呼び出したりするたびに、JVMが利用可能なメモリは減っていきます。

　この節では、JVMからメモリの状況を報告してもらい、リアルタイムに状態を把握するための方法を紹介します。

4.6.2 3つのメモリ指標

　JVMの現在のメモリ状態を取得するためには、java.lang.Runtimeクラスのメソッド getRuntime()を呼び出し、Runtimeインスタンスを取得する必要があります。このインスタンスに対しては、表4-5に挙げるメソッドを呼び出すことで、3つの指標を取得することができます。

表4-5　Runtimeクラスが持つ3つのメモリ関連メソッド

メソッド名	引数	戻り値	意味
freeMemory()	なし	long	残りメモリ容量(byte)を返す
totalMemory()	なし	long	現在のメモリ総容量(byte)を返す
maxMemory()	なし	long	メモリ総容量の限界値(byte)を返す

　たとえば、次のようなコードで、JVMが利用できる残りのメモリ容量（空き容量）をMB単位で取得することができます。

```
long f = Runtime.getRuntime().freeMemory() / 1024 / 1024;
```

「残り容量」や「総容量」はなんとなく想像できますが、totalMemory()とmaxMemory()は何が違うんですか？

それを理解するには、JVMのメモリ機構について少し補足が必要だね。

　前述のとおり、JVMは起動時にある程度の容量のメモリをOSから割り当てられ、その総容量の範囲内でやりくりをしなければなりません。ただし、JVMの起動時の指示や設定によっては、**JVM内のメモリが不足しそうな場合に、OSから追加のメモリ割り当てを受ける**ことができます。必要に応じて自動的にメモリが割り当てられるたびにJVMが利用できるメモリ総容量は増加し、totalMemory()が返す値も増加していきます（図4-2）。

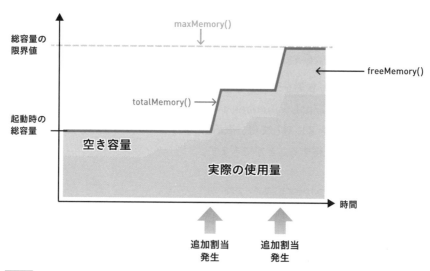

図4-2　追加メモリ割り当てによって、totalMemory()の値は変動する

なーんだ。足りなかったら、「おかわり」できるんですね。

まぁね。でもたくさん「おかわり」されちゃうと、そのうち炊飯器がカラになっちゃうだろう?

　OSからの追加メモリ割り当てを際限なく許すと、OSやほかのアプリケーションがメモリ不足に陥ってしまいます。そこで、追加割り当ての限界（JVMが使用できるメモリの総容量）を設定するのが一般的です。maxMemory()の戻り値は、この総容量の限界値を示すものです。

ここではメモリ状況の取得だけを紹介したけど、実際の割り当て方法は10.6節（p.370）で紹介するよ。

10.6節（p.370）

column

JVM上で動作するJava以外の言語

　JVMはJavaプログラムを動作させるために開発されたしくみです。しかし、JVMは近年、Graalという機構を搭載し、JavaScriptやRubyなど、ほかのプログラミング言語をJVM上で動作させることも可能になってきています。
また、JVM上で動作する新しいプログラミング言語も登場しています。

- Kotlin ：特にAndroid開発で用いられる静的型付け言語
- Scala ：関数型プログラミングが可能な静的型付け言語

　これらの言語は、Javaで記述されたクラスとの相互呼び出しが可能なことを特長としているため、過去にJavaで開発したクラスや豊富なJavaライブラリと一緒に利用することができます。

4.7 リフレクション

4.7.1 実行時型情報

　この章では、Java自身が管理しているさまざまな情報にアクセスする方法を学んできました。JVMはその内部で、まだほかにもたくさんの情報を管理しています。その1つが、実行時型情報 (RTTI: run-time type information) です。

> 「開発時ではない」ところがポイントだよ。この情報を上手に使えば、これまで不可能だったことも実現できるんだ。

　型情報とは読んで字のごとく、ある型（クラスやインタフェースなど）に関するさまざまな情報のことです。たとえば、Heroクラスに関して、「どのようなフィールドがあるか」「どのようなメソッドを持っているか」「クラス自体にはpublicが付いているか」などが代表的なものでしょう。

　プログラムの開発時に、あるクラスに関して型情報を調べたい場合、そのクラスの設計書やソースコードを探してきて、その中身を読むでしょう。一方、プログラム動作中に型情報を利用したい場合は、リフレクションAPIと呼ばれる一連のクラスを用いて、JVMに対して型情報を調べるよう指示することができます。

リフレクションAPI

リフレクションAPIを使って、クラスやインタフェースに関するさまざまな型情報の調査をJVMに依頼することができる。

4.7.2 | 型情報の取得と操作

あるクラスに関する型情報を取得する方法には、次の3つがあります。

 Classインスタンスの基本的な取得方法

① `Class<?> cinfo = Class.forName(FQCN文字列);`

② `Class<?> cinfo = クラス名.class;`

③ `Class<?> cinfo = 変数名.getClass();`

※ ①では、クラスが見つからない場合にClassNotFoundExceptionが発生する。

これらはすべて、java.lang.Classクラスのインスタンスを戻り値として返します。

えっ…クラスクラス？

面白い名前だね。これは、「現実世界のある1つのJavaクラス」を表すために準備されているAPIクラスなんだ。

Classインスタンスには、クラスに関するさまざまな型情報がギッシリと詰まっており、次ページの表4-6のようなメソッドを呼び出して各種の情報を取得したり、インスタンスを生成したりすることができます。

なお、Classクラスは上記の方法のとおり、ジェネリクスを用いて定義された型です。しかし、この節で解説するリフレクションとしての利用の場合は、通常実型引数を指定せずに、Class<?>型として使います（コード4-7）。

なお、Class<?>型の「?」は、2章のコラム（p.75）で紹介した型ワイルドカードの典型的な利用例だが、ここではあまり気にせず読み進めることをおすすめするよ。

表4-6 Classクラスが備える代表的なメソッド（クラス情報の取得）

メソッド名	引数	戻り値	意味
getName()	なし	String	FQCN を返す
getSimpleName()	なし	String	クラス名を返す
getPackage()	なし	Package	所属するパッケージ情報を返す[1]
getModule()	なし	Module	所属するモジュール情報を返す[2]
getSuperclass()	なし	Class<?>	親クラスの情報を返す
isArray()	なし	boolean	配列かそうでないかを返す
isInterface()	なし	boolean	インタフェースかそうでないかを返す
isEnum()	なし	boolean	列挙型かそうでないかを返す

[1] 戻り値のPackageインスタンスのgetName()でパッケージ名を取得できる。
[2] モジュールについては第15章で紹介。

コード4-7 String の型情報を取得して表示する

BK447
Main.java

```java
01  public class Main {
02    public static void main(String[] args) {
03      // Stringに関する情報を取得して表示する
04      Class<?> info1 = String.class;
05      System.out.println(info1.getSimpleName());     //⇒ String
06      System.out.println(info1.getName()); //⇒ java.lang.String
07      System.out.println(info1.getPackage().getName());
08                                           //⇒ java.lang
09      System.out.println(info1.isArray()); //⇒ false
10      // Stringの親クラスの情報を取得する
11      Class<?> info2 = info1.getSuperclass();
12      System.out.println(info2.getName()); //⇒ java.lang.Object
13      // argsは文字列配列として判定される
14      Class<?> info3 = args.getClass();
15      System.out.println(info3.isArray()); //⇒ true
16    }
17  }
```

4.7.3 メンバの取得と操作

Classクラスは、その型が持つメンバに関する情報を返すメソッドも備え
ています（表4-7）。メンバに関する情報は、java.lang.reflectパッケージに
属するField、Method、Constructorの各クラスのインスタンスとして取得
します。

表4-7 Classクラスが備える代表的なメソッド（メンバ情報の取得）

メソッド名	引数	戻り値	意味
getDeclared Fields()	なし	Field[]	フィールドの一覧を返す
getDeclared Field()	String	Field	指定した名前のフィールドを返す
getDeclared Methods()	なし	Method[]	メソッドの一覧を返す
getDeclared Method()	String, Class<?>…	Method	指定した名前と引数の型を持つメソッドを返す
getDeclared Constructors()	なし	Constructor<?>[]	コントラクタの一覧を返す
getDeclared Constructor()	Class<?>…	Constructor<?>	指定した引数の型を持つコンストラクタを返す

※ そのクラスに宣言されたフィールド、メソッド、コンストラクタのみを返す。「Declared」を除いたメソッド名
を用いた場合は、親クラスから継承したメンバが含まれる。

Field、Method、Constructorの各クラスは、メンバに関するさまざまな操
作を行うための豊富なメソッドを持っています。サンプルをコード4-8に示
しますが、詳細についてはAPIリファレンスを参照してください（特に、こ
れらのメソッドがさまざまな例外を発生させる可能性がある点にも注意して
ください）。

コード4-8 リフレクションを用いてメンバを直接操作する

RefSample.java

```
01  public class RefSample {
02      public int times = 0;
03      public RefSample(int t) {
```

```
04        this.times = t;
05    }
06    public void hello(String msg) {
07        this.hello(msg, this.times);
08    }
09    public void hello(String msg, int t) {
10        System.out.println("Hello, " + msg + " x" + t);
11    }
12 }
```

```
01 import java.lang.reflect.*;                                      Main.java
02
03 public class Main {
04    public static void main(String[] args) throws Exception {
05        Class<?> clazz = RefSample.class;
06        // 引数1つのコンストラクタを取得し、インスタンスを生成する
07        Constructor<?> cons = clazz.getConstructor(int.class);
08        RefSample rs = (RefSample)cons.newInstance(256);
09        // timesフィールドに関するFieldを取得して読み書き
10        Field f = clazz.getField("times");
11        f.set(rs, 2);                          // rsのtimesに代入
12        System.out.println(f.get(rs));         // rsのtimesを取得
13        // 引数2つのhelloメソッドを取得して呼び出す
14        Method m = clazz.getMethod("hello", String.class, int.class);
15        m.invoke(rs, "reflection!", 128);
16        // クラスやメソッドへの修飾（publicやfinalの有無）を調べる
17        boolean pubc = Modifier.isPublic(clazz.getModifiers());
18        boolean finm = Modifier.isFinal(m.getModifiers());
19    }
20 }
```

4.7.4 リフレクションの用途

> でも、こんなAPI使わずに、普通にフィールドを読み書きしたり、メソッドを呼び出したほうがシンプルじゃないかしら。

朝香さんが考えるように、リフレクションAPIが必要となるケースは決して多くはありませんが、代表的な用途には、次のようなものがあります。

① テストや解析のため、privateメンバを操作したい場合

MethodクラスやFieldクラスはsetAccessible()というメソッドを持っています。このメソッドを引数trueと共に呼び出すと、**本来外部からは利用できないprivateなメンバを読み書きしたり、呼び出したりできる**ようになります。

このしくみを用いれば、privateなフィールドに特定の値をセットしなければできない特殊なテストを実施する際に役に立つことがありますが、むやみに利用すべきものではありません。

② メンバ名を用いた特殊な処理を作り込みたい場合

「もしインスタンスが引数なしのinit()というメソッドを持っていたら、自動的にそれを呼び出す」というような特殊な処理を実現することができます。

③ 利用するクラスを動的に追加・変更できるようにしたい場合

「クラスをnewして利用する必要があるが、どのクラスを使うかは実行時に決めたい」という状況で活躍します。たとえばオセロゲームを作る際に、対戦相手となるコンピュータのアルゴリズムが書き込まれたクラスのFQCNをコマンドライン引数として受け取り、リフレクションAPIでインスタンス化して利用するようにします。

> ③はStrategyと呼ばれる設計パターンと組み合わせた用法で、拡張性を意識したフレームワークの開発などでよく使われるんだ。実例を第15章で紹介するから楽しみにしていてほしい。

4.8 この章のまとめ

JVM に対する制御

- System.exit()はプログラムを終了させ、OSに終了コードを返す。
- ProcessBuilderクラスを利用して、外部プログラムを起動できる。
- System.getProperty()やSystem.setProperty()を利用して、システムプロパティの取得や設定ができる。
- ロケール、タイムゾーンに関する情報は、それぞれ、java.util.Localeクラス、java.util.TimeZoneクラスを用いて管理することができる。
- Runtimeクラスのfreemmory()、totalMemory()、maxMemory()を用いて、JVMのメモリの状況を取得できる。

リフレクション

- Classクラスを用いて、型に関するさまざまな情報を取得できる。
- メンバに関する情報は、Field、Method、Constructorの各クラスのインスタンスとして取得できる。
- リフレクションAPIを用いて、クラスやメンバに対してどのような修飾（publicやfinalなど）がされているかを調べることができる。
- リフレクションAPIを用いて、フィールドの値の読み書きやメソッドの実行を行うこともできる。
- リフレクションAPIを用いると、アクセス制御を回避してメンバを利用することができるが、むやみに使うべきものではない。

4.9 〉 練習問題

練習4-1

　次のような動作をするクラス Launcher を、必要に応じて API リファレンスを参照しながら開発してください（例外処理は省略してかまいません）。

1. **コマンドライン引数から、次の2つの情報を受け取る。**
    - **第1引数：起動すべきクラスのFQCN**
    - **第2引数：起動方法を示す文字（EまたはI）**
2. **現在のメモリ使用量を表示する。**
3. **FQCNのクラスが持つ、すべてのメソッド名を画面に表示する。**
4. **指定された方法によって次のように起動する。**
    - **Eの場合：ProcessBuilderで別プロセスとして起動する**
    - **Iの場合 ：リフレクションでmainメソッドを呼び出す**
5. **現在のメモリ使用量（MB単位）を表示する。**
6. **このプログラムが終了する際には、起動に成功した場合は0、そうでなければ1を終了コードとする。**

練習4-2

　起動すると要素数1280000のlong型配列を確保するだけの処理を行うプログラム MemoryEater を作成し、練習4-1で作成したLauncherで2通りの起動を試してください。なお、MemoryEaterは起動直後に次のような表示を行うものとします。

- **ロケール言語が日本語の場合　　　：「メモリを消費しています…」**
- **ロケール言語が日本語以外の場合：「eating memory…」**

chapter 5
非標準ライブラリの活用

これまでの章では、Javaに標準で準備されているさまざまなAPIについて学習してきました。
一方、非標準ながらも優れた機能を持ったAPIが数多く公開されています。本格的な開発においては、標準か非標準かを問わず、さまざまなAPIを組み合わせて利用することも多いでしょう。
この章では、こうした非標準のライブラリを入手し、自分のプログラムで利用する方法を学びます。

contents

> この章のコードは、プロジェクト内に module-info.java というファイルが存在すると正しく動きません（詳細は 15.10 節にて解説）。開発ツールなどによってこのファイルが自動的に作成されている場合は削除して実行してください。

5.1 ライブラリとは

5.1.1 すでに存在するクラスの活用

では第Ⅰ部の締めくくりとして、より多くのクラスを利用する方法を紹介しよう。

　私たちはここまで、Java APIに含まれるさまざまなクラスとその機能について学んできました。APIのようなすでに存在するクラスを活用できれば、自分でイチからすべてを開発する必要がないため効率的ですね。

　ところで、「すでに存在するクラス」は次の2つに大別できます。

① Javaに標準で含まれているもの（Java APIのクラス）
② Javaに標準で含まれていないもの（自分以外の人が開発したクラス）

　私たちが今までJava APIのクラスを呼び出してきたように、自分以外の人が開発したクラスを自分のプログラムから呼び出すことも可能です（図5-1）。

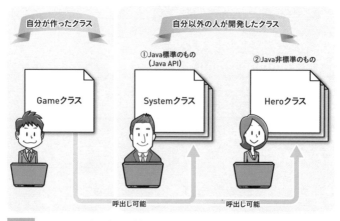

図5-1　JavaAPIではない自分以外の人が開発したクラスも呼び出せる

自分以外の人が開発したクラスを利用する方法には、大きく分けて以下の2つの方法があります。

方法1 相手からソースコードをもらう

相手が作ったクラスのソースコードをもらい、自分が開発したクラスのソースコードと一緒にコンパイルして実行します。もらったコードの修正も可能なので柔軟な活用が可能ですが、Javaでは一般的な方法ではありません。

方法2 相手からバイナリモジュールをもらう

相手からはコンパイル済みのクラスファイルだけをもらい、自分が開発したクラスのクラスファイルと一緒に動作させます。Javaでは通常この方法を用います。図5-2は、湊くんが朝香さんからHero.classの1つのクラスファイルをもらって利用する単純なケースですが、実際には、「ログイン機能を追加するための14個のクラスファイル」や「暗号化処理を実現する31個のクラスファイル」のように、複数のクラスファイルをまとめて利用します。

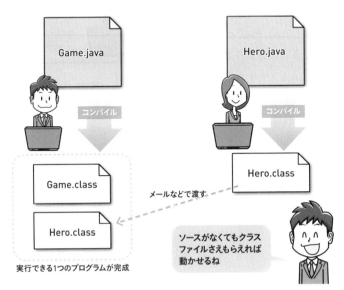

図5-2 バイナリモジュールをもらう方法

このような、「他人の利用を想定した複数のクラスファイルの集まり」を
ライブラリ（library）と呼びます。なお、ライブラリのようにひとまとまり
の形で利用できるコンパイル済みのコードをバイナリモジュール（binary
module）と呼び、ソースコードと対比してよく用いられます。

5.1.3 　JAR形式での提供

湊のゲーム作りに役立ちそうなクラスを10個作ったの。私の
「朝香ゲームライブラリ」、さっきメールで送っといたわよ。

え？　朝香のメールには添付ファイル9個しかなかったよ？

複数のクラスファイルがバラバラに存在
すると、受け渡しや管理が煩雑になり手違
いも発生します。そこで、ライブラリに属
するクラスファイルは1つのJARファイルに
まとめるのが一般的です（図5-3）。

JAR（Java Archive）形式とは、複数の
ファイルを1つにまとめるアーカイブ形式の
一種です。通常JARファイルの中には、た
くさんのクラスファイルが入っており、JAR
ファイルを入手すれば、そのライブラリに
含まれるクラスを利用できます。

なお、複数のクラスを1つのJARファイル
にまとめるには専用のコマンドを使います。
詳細な利用方法については、第10章で紹介
します。

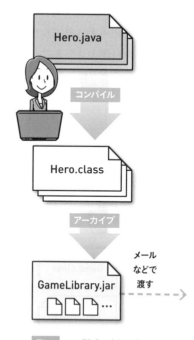

図5-3　JAR形式にまとめる

5.2 クラスパスのおさらい

5.2.1 ライブラリが動かない！

> 菅原さん。朝香ライブラリのHeroクラスを呼び出すGameクラスを作ったんですが、コンパイルすらできないんです。

> 原因としては、クラスパスの設定が考えられるね。

湊くんは、自分のPCのc:¥rpgフォルダにソースファイルを作って開発しています。朝香さんから受け取ったGameLibrary.jarというライブラリは、ほかのソースコード同様、c:¥rpgフォルダにコピーしました。

そして、自分が開発するGame.javaの中で、ライブラリに含まれているHeroクラスを利用しようとしています（コード5-1）。

しかし、Game.javaをコンパイルしようとするとエラーが発生してしまったようです。

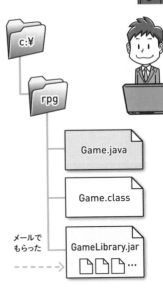

図5-4 受け取ったライブラリの配置

コード5-1 湊くんが作っているGame.java（エラー）

```
01  public class Game {
```

第
I
部

```
02    public static void main(String[] args) {
03      System.out.println("RPG: スッキリ魔王征伐 ver0.2");
04      Hero h = new Hero();
05        :
06    }
07  }
```

朝香ライブラリに含まれるHeroクラスを利用

```
c:\rpg>javac Game.java
Game.java:4: エラー: シンボルを見つけられません
    Hero h = new Hero();
    シンボル:   クラス Hero
    場所: クラス Game
```

Heroが見つからない

「Heroクラスを探したけど見つけられなかった」ということね。

Heroクラスが入ってるJARファイルは、ちゃんとrpgフォルダに置いてあるんだけどなぁ…。

5.2.2 クラスパス

　湊くんは朝香さんからもらったJARファイル（クラスファイルの集合）を「rpgフォルダに置けばいいハズだ」と思い込んでいるようです。しかし、Javaではクラスファイルの読み込みについて次のルールがあります。

クラスローディングのルール

Javaはクラスパスで指定された場所にあるクラスファイルしか探さない。

クラスパス（class path）とは、Javaがクラスファイルをハードディスクから効率よく検索するために使うヒント情報です。たとえば、c:¥javaをクラスパスとして指定している場合、javaはc:¥javaフォルダの中にクラスファイルを探しに行きます。そのためクラスファイルをc:¥やc:¥rpgに置いていても、Javaはそれを探し出してくれません。

そうか。クラスパスの設定がどこかおかしいから、JavaがHeroクラスを探し出せていないんだね。

じゃあ聞こう。湊くんが指定しているクラスパスの何が原因で、このエラーに遭遇しているのか、わかるかな？

クラスパスを指定する方法は3つあります。

① 環境変数CLASSPATHに宣言する。
② javacやjavaコマンド実行時に-cpオプションを付ける。
③ 何も指定しないと、現在のフォルダ（.）を指定したと見なされる。

今回、湊くんはCLASSPATH環境変数を指定しておらず、javacコマンド実行時に-cpオプションを付けていません。従って暗黙的に現在のフォルダ（c:¥rpg）をクラスパスに指定してjavacコマンドを実行していました。

しかしc:¥rpgフォルダにはHeroのクラスファイルがなかったため、「Heroクラスが見つからない」というエラーが表示されていたのです。

えっ、でもボクはちゃんとc:¥rpgに「Hero.classが入ったGame Library.jar」を置いてるんだけどなぁ…。

クラスパスにc:¥rpgを指定していると、Javaはc:¥rpgフォルダの中からHeroクラスのクラスファイル（Hero.class）を探そうとします。しかし、c:¥rpgにあるJARファイルの中身までは探しにいってくれません。

もしc:¥rpg¥GameLibrary.jarの中にあるクラスを探してほしい場合は、「c:¥rpg¥GameLibrary.jar」をクラスパスとして指定する必要があります（図5-5）。

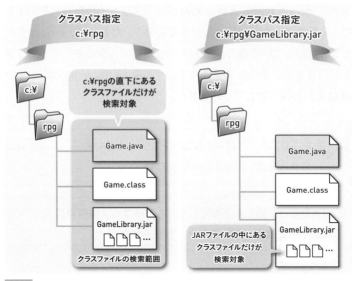

図5-5 JARファイルをクラスパスとして指定する

　なお、湊くんはGame以外にも複数のクラスを作成・コンパイルしている可能性も考えられます。この場合、「c:¥rpg¥GameLibrary.jar」というクラスパスを指定すると、今度はrpgフォルダ直下にある湊くんが開発したクラスのクラスファイルが検索されなくなってしまいます。そこで、以下のようにセミコロン（macOSやLinuxではコロン）で区切って複数のフォルダをクラスパスとして指定します。

```
c:¥rpg>javac -cp c:¥rpg;c:¥rpg¥GameLibrary.jar Game.java
```

column

コンパイル時にもクラスパス指定は必要

　javacコマンドはソースコードをコンパイルする際に、正しく各クラスのメソッドを使っているかについても検査します。そのためライブラリを利用する場合、通常は実行時だけでなくコンパイル時もクラスパスを指定する必要があります。

5.3 commons-lang を 使ってみよう

5.3.1 Commons プロジェクト

> JARファイルの使い方がわかったところで、さっそくインターネットで公開されている有名なライブラリを利用してみよう。

インターネット上では、多くの個人や団体がJavaのライブラリを公開しています。中にはとても機能が豊富で世界中で使われているものもあります。そのようなものの中から、今回はcommons-langというライブラリを利用してみましょう。

commons-lang は、Apache ソフトウェア財団（ASF: Apache Software Foundation）が作っているライブラリの1つです。財団ではApache Commons というプロジェクトの一環として、commons-lang をはじめ、commons-logging や commons-collections などの便利なライブラリをたくさん作っています（表5-1）。

表5-1 代表的な Commons ライブラリ

ライブラリ名	含まれるクラス
commons-lang	Java 言語の基本機能を強化するさまざまなクラス群
commons-logging	ログ出力を簡単に行うためのクラス群
commons-collections	コレクションをより便利に使うためのクラス群

Apache Commons プロジェクトのWebサイト（https://commons.apache.org）を訪れると、ほかにもどのようなライブラリが公開されているかを調べることができます。

5.3.2 commons-lang の入手

それでは以下のWebサイトより commons-lang を入手しましょう。

commons-lang　　　　　https://commons.apache.org/lang

　下記の手順紹介のWebサイトを参考に、最新バージョンのバイナリモジュール（ZIP形式）を選んでダウンロードしてください。このZIPファイルを展開すると取り出せる「commons-lang3-（バージョン番号）.jar」というJARファイルがライブラリの実体ですので、これを適当なフォルダにコピーします。

　仮に c:¥javalib にコピーしたとすると、以後のコンパイルや実行の際に「-cp c:¥javalib¥commons-lang3-（バージョン番号）.jar」オプションを追加することで、commons-lang に含まれるクラスを利用することができます。なお、実行時には、自分で開発したクラスファイルが置かれたフォルダをクラスパスに明示的に含めるのを忘れないようにしましょう。

 commons-lang の利用手順
https://devnote.jp/commons-lang

5.3.3 EqualsBuilder を使う

 さっそく commons-lang のクラスを使ってみよう。まずは Equals Builder を試してみようか。

　「銀行名」「住所」の2つのフィールドを持ち、すべてのフィールドが等価ならば2つのインスタンスを等価とみなす Bank クラスを考えてみましょう。第1章で学んだ「equals() のオーバーライド」も正しく行うとすれば、通常は次のコード5-2のような書き方になるでしょう。

コード5-2 EqualsBuilder を用いない Bank クラス

Bank.java

```
01  public class Bank {
```

```
02    String name;
03    String address;
04
05    public boolean equals(Object o) {
06      if (o == this) return true;
07      if (o == null) return false;
08      if (!(o instanceof Bank)) return false;
09      Bank r = (Bank)o;
10      if (!this.name.equals(r.name)) return false;
11      if (!this.address.equals(r.address)) return false;
12      return true;
13    }
14  }
```

定型パターンっぽいけど、これめんどうなんだよなぁ。

それに、フィールド数が増えたら大変ね。

このようなとき、commons-lang の EqualsBuilder を使えば「すべての
フィールドが等価ならインスタンスも等価と見なす」機能を1行で実現する
ことができます（コード5-3）。

コード5-3 EqualsBuilder を用いた Bank クラス

```
01  import org.apache.commons.lang3.builder.*;
02
03  public class Dank {
04    String name;
05    String address;
06
07    public boolean equals(Object o) {
```

```
08      return EqualsBuilder.reflectionEquals(this, o);
09    }
10  }
```

たった1行でOK

reflectionEquals()は、Bankクラスが持つすべてのフィールドが等価であるかを自動的に調べてくれます。一部のフィールドを等価判定から除外するような使い方も可能です。

5.3.4 HashCodeBuilderを使ってみる

> ってことは、このHashCodeBuilderっていうヤツも、きっと！

第1章で紹介したObjects.hash()を用いる方法では、指定したフィールドからハッシュ値を生成するため、ハッシュ値を求める計算に含めるフィールドを明示的に指示する必要がありました（p.37）。

しかし、commons-langに含まれるHashCodeBuilderを用いると、ライブラリがリフレクションを使って存在するフィールドを調べた上でハッシュ計算に取り入れてくれるため、次のコード5-4のように、フィールド指定を省略することも可能となります。

コード5-4 HashCodeBuilderを用いたBankクラス

BK454
Bank.java

```
01  import org.apache.commons.lang3.builder.*;
02
03  public class Bank {
04    String name;
05    String address;
06
07    public int hashCode() {
08      return HashCodeBuilder.reflectionHashCode(this);
09    }
10  }
```

この1行だけで、Bankクラスの全フィールドからハッシュ値を生成できる

5.4 ログ出力ライブラリ

5.4.1 さまざまなロガーライブラリ

ではさらに別のライブラリを利用してみようか。2人は「ログ」って知っているかな？

確か「記録」っていう意味ですよね。ログを残すためのライブラリがあるんですか？

ログ（log）は、プログラムの実行中にファイルに書き出される動作記録のことであり、プログラムの動作状況や障害原因を調査するための貴重な情報源です。業務として開発するプログラムでは、ログの出力を求められることも多いはずです（図5-6）。

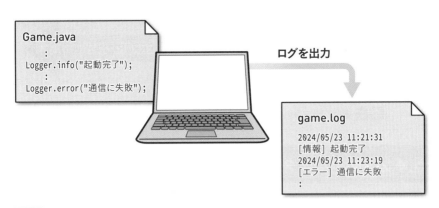

図5-6 ログの出力

ログの出力には何らかのライブラリを使うことが一般的です。Javaでよく利用されるログ出力ライブラリには次ページの表5-2のものがあります。

表5-2 Javaで利用される代表的なログ出力ライブラリ

名称（通称）	説明
java.util.logging	標準 API として利用可能なクラス群（略称：JUL）
Log4j	古くから利用され実績が多い古参のライブラリ
Log4j 2	Log4j を全面改訂したライブラリ https://logging.apache.org/log4j/2.x/
Logback	Log4j の後継として生まれたライブラリ（後述の SLF4J と組み合わせた利用を前提） https://logback.qos.ch/

どれも2002年に生まれて爆発的に普及したLog4jの流れを汲む。
近年はLog4j 2やLogbackの利用が多い印象だ。

　それぞれのライブラリによって細かな利用方法や設定は異なりますが、いずれも次のような基本機能を備えています。

・**メソッドを呼び出せば、文字列を画面やログファイルに出力できる。**
・**ログ出力時に重要度（シビリティやログレベルともいう）を指定できる。**

　シビリティとしては、次の図5-7のような6段階を用いることが一般的です。

軽微　TRACE　DEBUG　INFO　WARN　ERROR　FATAL　重大

図5-7 各ログライブラリのログレベル

5.4.2 簡単なログの出力

　表5-2で紹介した4つのライブラリは、クラスの名前や設定方法などに違いはあるものの、基本的な利用方法は同じです。次のコード5-5はLog4j 2を利用していますが、そのほかのライブラリでもほぼ同じ書き方をします。

コード5-5 Log4j 2によるエラーログの出力

BK455
Main.java

```java
01  import org.apache.logging.log4j.*;
02
03  public class Main {
04    public static void main(String[] args) {
05      Logger logger = LogManager.getLogger(Main.class);
06      if (args.length != 2) {
07        logger.error("起動引数の数が異常: " + args.length);
08      }
09    }
10  }
```

ロガーの取得

ERROR レベルのログを出力

chapter
5

　標準APIに含まれるjava.util.logging以外を利用する場合は、それぞれの
Webサイトからライブラリの実体であるJARファイルをダウンロードし、ク
ラスパスを通して利用する必要があります。また、ログの出力先などの設定
もライブラリごとに異なるため、それぞれのリファレンスを参照するか、下
記のサイトを参考にしてみてください。

ログ出力ライブラリの利用手順
https://devnote.jp/loggers

5.4.3 ┃ ロガー実装の切り替え

　通常、ログ出力の命令呼び出しは、ソースコードのあちこちに埋め込まれ
ることになります。ですから、たとえば開発が終盤にさしかかったところで、
「今までLog4jを使って呼び出していましたがjava.util.loggingに変えるので、
全呼び出しを変更してください」といったことになると、修正作業が極めて
大変です。

　そこで、このような問題を回避するために、ロガーライブラリは単体では
なく、ログファサード（log facade）といわれる別のライブラリと組み合わ
せて利用することが一般的です。

ログファサードライブラリとしては、commons-logging（https://commons.apache.org/proper/commons-logging/）や SLF4J（https://www.slf4j.org）が知られています。これらは図5-8のように、ほかのロガーライブラリたちの前段（フロントエンド）として利用します。図の例では、SLF4Jはあくまでも「ログ出力メソッド呼び出しの受付係」に過ぎず、実際の書き込み処理は、Log4j 2などの背後に控えるロガーライブラリに丸投げします。そのためログ出力を実際に担当するライブラリを変更したい場合には、SLF4Jの設定を変更するだけでよく、ソースコードを修正する必要はありません。

図5-8　ログファサードとロガーライブラリを組み合わせて使う

column

ログレベルの利用基準は明確に

大規模システムの一部として動作するログ出力プログラムを開発する場合、ログレベルの設計は重要です。開発者個人がなんとなく決めるのではなく、どのような基準でどのログレベルを利用するかをあらかじめ定め、プロジェクト内で文書化しておくことをおすすめします。なぜなら、システム本番稼働時にログに書き出される内容がシステムの自動監視や異常通報のために利用されることがあるからです。自動監視では、たとえば「ログにWARNが出たら監視用端末の警報が鳴る、ERRORが出たらオペレータ全員にメールが送信される」などの監視設定が要求されます。そのためログレベルの使い方に統一性がないプログラムを作ってしまうと、正常な運用監視が難しくなってしまいます。

5.5 オープンソースとライセンス

5.5.1 オープンソースと商用製品

やっぱりJavaってイイですね！　こんなにすごいライブラリが全部タダで好き放題使えるなんて。

「全部タダで好き放題」とは限らないよ。

　ここまで紹介してきたcommons-langやSLF4Jは、いずれも無償で利用できるライブラリです。無償なだけではなく、ライブラリのソースコード自体が公開されていますので、私たちが改造して利用することも許されています。

　このようにソースコードが公開され、自由に頒布できるソフトウェアのことを**オープンソースソフトウェア**（OSS: open source software）と呼びます。特にJavaに関しては、多数のオープンソースのライブラリやアプリケーションがインターネット上で公開されています。多くは個人や有志などによって開発や保守が行われており、利用は無料である代わりに保証やサポートはない（または別途料金がかかる）ことが一般的です。

　オープンソースの対義語に、商用製品またはプロプライエタリという用語があります。商用製品の多くは企業によって開発・保守され、ソースコードが公開されておらず、利用するにはお金を支払う必要があります（表5-3）。

表5-3　一般的なオープンソースと商用製品の違い

オープンソース	比較項目	商用製品
公開	ソースコード	非公開
自由	再頒布	禁止
無料	費用	有料
なし	保証・サポート	あり

5.5.2 ソフトウェアとライセンス

　商用製品であろうとオープンソースであろうと、ソフトウェアには利用に際して必ず守らなければならない決まりが規定されています。この利用規約のことを**ライセンス**（license）といい、通常はたくさんのルールが条文として書き連ねてある契約書のような見た目をしています（図5-9）。

Apache License

Version 2.0, January 2004

http://www.apache.org/licenses/

TERMS AND CONDITIONS FOR USE, REPRODUCTION, AND DISTRIBUTION

1. **Definitions**.

"**License**" shall mean the terms and conditions for use, reproduction, and distribution as defined by Sections 1 through 9 of this document.

"**Licensor**" shall mean the copyright owner or entity authorized by the copyright owner that is granting the License.

"**Legal Entity**" shall mean the union of the acting entity and all other entities that control

図5-9　commons-lang ライブラリのライセンス条文

　上の図はcommons-langのライセンスの一部です。「ソフトウェアを自由に使用、修正、配布してよい」ことが明記されていると同時に、「ソフトウェアにこのライセンスのコードが使われていることを知らせる文言を必ず入れること」を要求する条文も含まれています。料金の支払いや何らかの行動を要求するライセンスもありますが、そのライブラリを利用する場合には、その要求に従わなければなりません。

　ライセンス違反をすると著作権法などに抵触することになり、最悪の場合には裁判で訴えられることもあるため十分な注意が必要です。

「悪意はなかった」「知らなかった」「よかれと思って」などという言い訳は、ライセンス違反をする正当な理由には決してならないんだよ。これは技術ではなく法律の世界の話なんだ。

5.5.3 ライセンスに違反しないために

違反してしまわないようライセンスの条文を読もうとしたけど、英語だし、難しいし…。うっかりライセンス違反しちゃいそうで怖いです。

そうだね、だからこれから紹介するルールを必ず守ってほしいんだ。

chapter
5

　特に業務としてプログラムを開発する場合、うっかりライセンス違反をしてしまうと大変です。そうならないためにも、必ず次のルールを守ってください。

ライセンスに関する判断のルール

その OSS を利用してもライセンス違反にならないかどうかは、自分で判断しない。リーダー、上司、法務部門に判断してもらう。

　ライセンスの条文には法律に関する用語や独特の言いまわしが登場することもしばしばです。よって、法律の専門知識を持たない私たちが「このソフトウェアを使っても問題ないか、会社に損害を与えないか」を正確に判断することは極めて難しく、大変危険なのです。

5.5.4 代表的な OSS ライセンス

でも使いたい OSS が出てくるたびに大丈夫かどうかを法務部門に確認するのはめんどうです。法務の人たちも忙しいでしょうし…。

> 幸い世の中のOSSの多くは、世界的に共通ないくつかのライセンスを採用しているから、それを理解しておこう。

　OSSは星の数ほど存在すると表現しても過言ではありません。ですが、そのすべてがそれぞれ独自のライセンスを規定しているわけではなく、多くのOSSで利用されている有名なライセンスがいくつか存在しています（図5-10）。

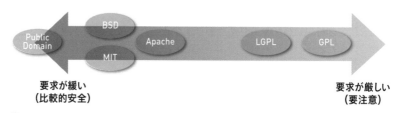

図5-10 代表的なOSSライセンスと要求の程度

　以下、いくつかのグループに分けて概要を紹介します。

パブリックドメイン

　厳密には「パブリックドメイン」というライセンスはありません。ソフトウェアの著作権が放棄され、世界中の誰でも自由に利用してよい状態となっていることを指しています。通常、利用しても法律上は安全です。

BSD系ライセンス

　BSD License、MIT License、Apache Licenseなどは、利用者に対しての要求事項が少ないライセンスです。いずれも「著作権表示などをきちんと行いさえすれば、基本的に自由に利用できる」という内容であり、「BSD系のライセンス」などと総称されます。

> commons-langなどApache財団のOSSのほとんどがApache Licenseを採用している。つまり比較的自由に利用してよいライブラリなんだ。

GPL系ライセンス

　一方、GPL（GNU General Public License）やLGPL（GNU Lesser General

Public License）は、利用者に対して比較的強い要求を含むライセンスです。特徴的なのは、以下の2つの内容です。

規定① このライセンスを採用したソフトウェアを含む製品を発売、公表する場合、そのソースコードも公開しなければならない。

規定② このライセンスを採用したソフトウェアを含む製品を改造したり、一部に利用して別製品を作った場合、その製品もまたGPL（またはLGPL）にしなければならない。

> どうしてこれが「要注意」なんですか？

> 湊くんがRPGを作って大儲けしようとしているケースを考えてみるとわかるよ。

　湊くんが全財産をつぎ込んで素晴らしいRPGを完成させたとしましょう。ゲームは世界中で大好評。世の中のたくさんの開発者が「湊に続け！」と似たようなRPGを作ろうとしますが、湊くんのコードにはさまざまなノウハウが使われていて簡単にはマネできません。湊くんもノウハウを盗まれたくないので、ソースコードは決して他人に見せないようにすることでしょう。

　しかし、もし湊くんがこのRPGを開発する際、気づかないうちにGPLライセンスのライブラリを使ってしまっていたら大変なことになります。先ほどの規定②により、このRPG自体もGPLにしなければなりません。そして規定①により、このRPGの全ソースコードを世界中に公開しなければならなくなります。

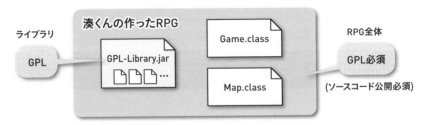

図5-11　GPLライブラリを利用したソフトウェアはソースコードの公開が必要

ええっ！　ライブラリを使っただけなのに、僕のRPGのライセンスをGPLにすることやコードの公開まで決められちゃうんですかっ？

そうなんだ。この規定②による現象に対しては、「GPLに感染する」という言いまわしが使われることもあるよ。

　GPLでは実行時に結合され一緒に動作する別モジュール（クラス）にも規定②を適用するのに対して、LGPLはコンパイル時に結合される別モジュールにしか規定②を適用しないという違いがあります。

　いずれにせよ、商品として販売する目的のプログラムを開発する業務に携わる場合、GPLやLGPLによる影響をしっかり検討する必要があります。

column

デュアルライセンスとは

　採用するライセンスを利用者が複数ライセンスの中から選べるデュアルライセンス（dual license）を採用しているオープンソース製品もあります。たとえば、次のような「GPLと商用ライセンス」はよく見られる組み合わせです。

・利用者がGPLを選択すると――
　無償。しかし自分の製品もGPLとなりソースコードの公開が必要。
・利用者が商用ライセンスを選択すると――
　ソースコードの公開は義務付けられない。しかし利用料の支払いが必要。

5.5.5 コピーレフト

どうしてGPLは、そんなにイジワルなんですか？

> ははは、別にイジワルじゃないんだよ。これを機に「コピーレフト」という考え方を理解すると、視野がより広がるだろう。

　GPLやLGPLの根底には、コピーレフト（copyleft）という考え方があります。この造語はリチャード・ストールマンという人が提唱した著作権（copyright）に関する考え方を表すもので、「世界中の誰もが、ソフトウェアやその派生物を自由に利用、改変、再配布できるようにしよう」という発想に基づいています。

　確かに多くの人が自由にソースコードを入手でき、改良や公表を行うことができれば、より活発にイノベーションが進むかもしれません。実際、GPLで公開されたことにより大きな成功を収めているソフトウェアや、世界中の人々に貢献しているソフトウェアも数多く存在します。

　誰もが利用、改変、再配布できる自由（free）を持つことから、このようなソフトウェアはフリーソフトウェア（free software）と呼ばれます。GPLの持つ特性やリスクを十分に把握した上で、状況や目的に合わせて適切に利用しましょう。

> なお、無料のソフトウェアという意味でフリーソフトウェアという用語が使われていることもあるが、それとは異なるものだよ。

column

Creative Commons ライセンス

　Creative Commons（CC）というライセンスも広く利用されています。これは単一のライセンス規定ではなく、BY（原作者の表示）、SA（二次創作時にライセンスを継承する）、ND（改変禁止）、NC（商用禁止）の4つを組み合わせたもので、次の6種類のライセンスを総称します。

　① BY　② BY-SA　③ BY-ND　④ BY-NC

　⑤ BY-NC-SA　⑥ BY-NC-ND

　なお、CCの詳細はhttps://creativecommons.jpで参照できます。

5.6 この章のまとめ

ライブラリとクラスパス

- 第三者が作成したクラスファイルを集めたものをライブラリという。
- ライブラリは通常 JAR ファイルの形式で提供される。
- ライブラリを利用するには、JAR ファイルをクラスパスに含める必要がある。

代表的なライブラリ

- Apache プロジェクトでは多数の優良なライブラリが公開されている。
- commons-lang は Java 言語の基本機能を強化するさまざまなクラスを備えている。
- Log4j 2 などのロガーライブラリを用いて、ログを画面やファイルに出力することができる。
- SLF4J のように「ほかのライブラリを利用するためのライブラリ」も存在する。

オープンソースとライセンス

- オープンソース製品はソースコードが公開されており、自由に再頒布できる。
- オープンソースは基本的に非保証で現状のまま提供される。
- 故意か否かに関わらず、ライセンス違反を行うと重大なペナルティを科せられることがある。
- ライセンスとして問題のない利用かどうかは、安易に自分だけで判断しない。
- 特段の注意を要する代表的な OSS ライセンスとして、GPL と LGPL がある。

5.7 練習問題

練習5-1

commons-lang ライブラリの JAR ファイル「commons-lang.jar」が、c:¥javalib フォルダにあるとします。このライブラリを利用しているソースコード Main.java をコンパイルして実行するために入力するコマンドを、 を埋めて完成させてください（なお、Main.java 以外にはソースファイルは作成していないものとする）。

コンパイル

```
>javac    (1)    Main.java
```

実行

```
>java    (2)    Main
```

練習5-2

第1章の練習1-1（p.59）の条件①を以下のように修正した課題を実施してください。

旧： <u>書名と発行日が同じであれば</u>等価なものと判定され

↓

新： <u>書名と発行日とコメントが同じであれば</u>等価なものと判定され

その際、commons-lang に含まれる以下のクラスを利用してください。各クラスの詳細については、commons-lang の公式 Web サイトに掲載されているユーザーガイド（API リファレンス）を参照してください。

HashCodeBuilder　EqualsBuilder　CompareToBuilder

第II部

外部資源への
アクセス

外の世界と、つながろう！

Javaの基本機能やAPIについて、たくさんのことを学んできたなぁ。

そうね。自分で言うのもなんだけど、結構いろんな機能を使えるようになったと思うわ。

そうだね。ここまで2人ともよくがんばった。ただ、Java活用の幅を広げるための肝心の機能については、まだ深く学んでいないんだ。

待ってました！ 「ファイル」や「ネットワーク」、そして「データベース」に関する機能ですよね？

そのとおり。それらに共通するのは、いずれも「JVMの外部」にある資源にアクセスするということなんだ。外とつながるプログラムが書けるようになると処理できる内容はとても広がるんだよ。

金融システムからゲームに至るまで、私たちが日常生活で関わる多くのプログラムは、ただ単に計算や入力、表示を行うだけでなく、ファイルやネットワークなど、さまざまな方法で外の世界とつながっています。もちろんJavaにもそれらを実現する便利な命令が標準で備わっています。この第II部ではファイルやネットワーク、データベースなどの外部資源と情報をやりとりするプログラムを作成するための方法を学びます。

第II部のソースコードは dokojava では動作しません。また、例外処理を省略または簡略化して掲載しています。

chapter 6
ファイルの操作

Javaでは、ストリームという概念を用いて
さまざまな種類の外部資源にアクセスできます。
中でも特に身近なのはファイルです。
Javaに用意されているAPIを用いれば、
簡単にファイルを読み書きできます。
この章では、ファイルの基本的な操作方法を学ぶとともに、
ストリームや文字コードなどに関する知識を深めましょう。

contents

6.1 ファイル操作の前提知識

6.1.1 ファイル操作の基本手順

 さあ、湊くんお待ちかねのファイル操作だ。詳しく解説していくよ。

 やった！　いよいよボクのRPGにもセーブ機能を追加できるぞ！

ファイル（file）は、私たちがひとかたまりのデータをコンピュータに記憶させるときの基本単位です。これまでもJavaのソースコードを含むソースファイルや、ライブラリのクラスファイルを含むJARファイルなどを扱ってきましたが、この章で学ぶいくつかの標準APIを使えば、必要なファイルを読み取ったり書き込んだりするプログラムを開発できるようになります。

ファイルの読み書きは、必ず図6-1の手順で行います。この手順を守らないと致命的な不具合につながることもありますので、しっかり押さえておきましょう。

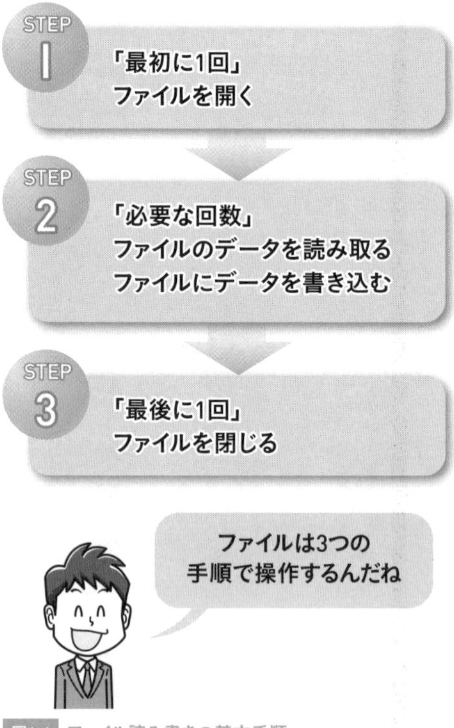

STEP 1 「最初に1回」ファイルを開く

STEP 2 「必要な回数」ファイルのデータを読み取る ファイルにデータを書き込む

STEP 3 「最後に1回」ファイルを閉じる

 ファイルは3つの手順で操作するんだね

図6-1 ファイル読み書きの基本手順

第Ⅱ部

STEP2の「読み取る」や「書き込む」って、たとえば「rpgsave.datファイルの先頭から8バイト目に"湊"と書き込め」のような指示をするんですか？

いや、それとは少し違う指示をするんだ。

プログラムがファイルを読み書きする方法はランダムアクセス（random access）とシーケンシャルアクセス（sequential access）に大別できます（図6-2）。

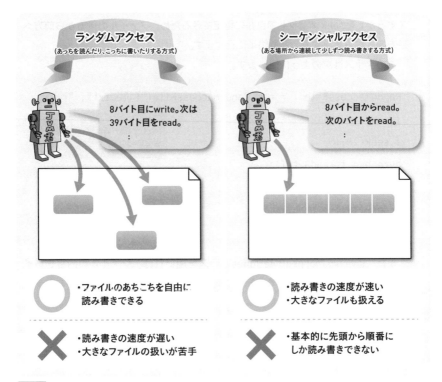

ランダムアクセス
（あっちを読んだり、こっちに書いたりする方式）

8バイト目にwrite。次は39バイト目をread。
:

シーケンシャルアクセス
（ある場所から連続して少しずつ読み書きする方式）

8バイト目からread。次のバイトをread。
:

〇 ・ファイルのあちこちを自由に読み書きできる

✕ ・読み書きの速度が遅い
・大きなファイルの扱いが苦手

〇 ・読み書きの速度が速い
・大きなファイルも扱える

✕ ・基本的に先頭から順番にしか読み書きできない

図6-2 2種類のファイルアクセス方法

ランダムアクセスとは、朝香さんが考えたように「読み書きしたい場所とデータ」をその都度指定するアプローチです。ファイルの任意の場所を自由にアクセスできて便利ですが、処理の速度や扱えるデータ容量に関する制約があります。そのため、大量のデータを高速で扱えるシーケンシャルアクセスのほうがファイル操作の基本的な手法と見なされています。

　以降では、Javaプログラムでファイルをシーケンシャルアクセスで読み書きするためのAPIとその利用法について紹介していきます。

第Ⅱ部

column

ランダムアクセス用のAPI

　Javaでは、ランダムアクセス用のAPIも提供されています。

　たとえば、java.io.RandomAccessFileクラスは、ファイルの任意の場所を読み書きするための代表的なクラスです。「ファイルの先頭から何バイト目にアクセスするか」をseekメソッドで自在に指定できるため、ファイルの後方から前方へ逆方向に読み書きすることも簡単に行えます。

　このクラスは次のように使います。

```
RandomAccessFile f = new RandomAccessFile("file.txt", "rw");
// 20バイト目から1バイト読み取る
f.seek(20);
byte b = f.readByte();
// 18バイト目に書き込む
f.seek(18);
f.writeByte(b);
```

アクセスモードを指定
rw：読み取り・書き込み用
r　：読み取り専用

　また、java.nio.MappedByteBufferクラスを用いれば、ファイルの内容をバイト配列（6.3節を参照）としてメモリに読み取り、それに変更を加えて、またファイルに書き戻すことができます。

6.2 テキストファイルの読み書き

6.2.1 書き込み

まずはファイルに文字を書き出してみよう。

　ファイルに文字情報を書き込むには、java.ioパッケージのFileWriterクラスを利用します。特によく利用するメソッドを表6-1にまとめました。

表6-1 よく用いるFileWriterのメソッド（STEPは図6-1の手順を表す）

メソッド名	引数	戻り値	意味
STEP1（コンストラクタ）			
FileWriter()	String	—	開く（上書き）
FileWriter()	String, boolean	—	開く（上書きまたは追記）
STEP2			
write()	String	なし	書く（文字列）
write()	int	なし	書く（1文字）
flush()	なし	なし	強制的に書き込む
STEP3			
close()	なし	なし	閉じる

※ 上記すべてのメソッドはjava.io.IOExceptionを送出する可能性がある。

　実際に、これらのメソッドを使ったコード6-1を見てみましょう。

コード6-1 FileWriterを用いたサンプルコード

Main.java

```
01  import java.io.*;
02
03  public class Main {
```

```
04    public static void main(String[] args) throws IOException {
05      FileWriter fw = new FileWriter("c:\\rpgsave.dat", true);    STEP1
06      fw.write('A');        STEP2                    例外処理を省略しています
07      fw.flush();
08      fw.close();           STEP3
09    }
10  }
```

　このコードを上から順に見ていくと図6-1の「ファイル読み書きの基本手順」に従っていることがわかります。さらに、次の点に注目してください。

5行目　FileWriter のインスタンス化

　FileWriterをインスタンス化すると、ファイルを開けます。もし指定したファイルが存在しない場合は、自動的にそのファイル名でファイルが作成され書き込みに備えます。ちなみに第1引数にファイルパスの文字列を指定する場合、フォルダ区切りの¥記号を2つにすることに注意してください。

　なお今回の例では第2引数にtrueを指定していますので、もしすでにファイルが存在していた場合、その末尾からデータを追記していきます。一方、第2引数がfalseまたは省略された場合、必ずファイルの先頭からデータを上書きしていきます。

7行目　flush() の呼び出し

　必要な情報を書き込んだら、ファイルを閉じる前に必ずflush()を呼び出しましょう。なぜなら、flush()を呼び出さないとファイルに正しくデータが書き込まれないことがあるからです。

　実は、write()はデータの書き込みを要求するだけの命令であり、呼び出したらすぐにファイルにデータが書き込まれるとは限りません。これはファイルの読み書きを高速化するための「バッファ」というしくみによって、後でまとめて書き込み処理が行われることがあるためです。

　そこでファイルを閉じる前にflush()を呼び出して、JVMに対して「もし今までに書き込み依頼したデータで、実際には書き込んでいない部分があれば、今すぐ書き出せ！」と指示するのです（図6-3）。

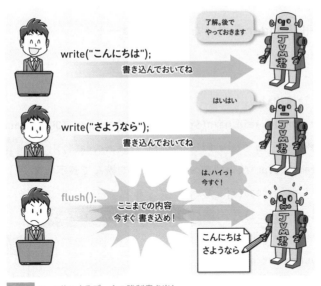

図6-3 flush()によるデータの強制書き出し

6.2.2 読み取り

　ファイルの先頭から1文字ずつデータを読み取っていくためには、java.io パッケージの**FileReaderクラス**を利用します。このクラスが備える基本的なメソッドを表6-2に、サンプルを次ページのコード6-2に示します。

表6-2 よく用いるFileReaderのメソッド（STEPは図6-1の手順を表す）

メソッド名	引数	戻り値	意味
STEP1（コンストラクタ）			
FileReader()	String	－	開く
STEP2			
read()	なし	int	読む（1文字）
skip()	long	long	n文字分読み飛ばす
STEP3			
close()	なし	なし	閉じる

※ 上記すべてのメソッドはjava.io.IOExceptionを送出する可能性がある。

コード6-2 FileReaderを用いたサンプルコード

```
01  import java.io.*;
02
03  public class Main {
04    public static void main(String[] args) throws IOException {
05      FileReader fw = new FileReader("rpgsave.dat");        STEP1
06      System.out.println("すべてのデータを読んで表示します");
07      int i = fw.read();      1文字読む
08      while (i != -1) {    これ以上読めるデータがない場合は -1
09        char c = (char)i;
10        System.out.print(c);                                STEP2
11        i = fw.read();
12      }
13      System.out.println("ファイルの末尾に到達しました");
14      fw.close();                                          STEP3
15    }
16  }
```

FileReaderを用いた読み取りも、3ステップの基本手順に沿っています。ただし、次の点に注意してください。

7行目　read()で1文字読み取る

FileWriterのwrite()は、String型引数を指定すれば複数の文字をまとめて書き込むことができました。しかしFileReaderには、複数の文字をまとめて読み取ってString型で返すようなメソッドはありません。さらに、「ピリオドまで読む」「1行分読む」ような便利なメソッドもありません。

表6-2では紹介していないメソッドを使えば複数文字を同時に読み取ることも可能ですが、基本は1文字ずつ読み取ります。

7行目　read()の戻り値がint型である理由

read()によりファイルから1文字を読み込む際、char型ではなくint型とし

て返される点に注目してください。

　本来、文字情報はchar型で扱うことが自然であるのに、ファイル操作ではint型を使うことになってしまった背景には、次のような苦しい事情があります。

読み取った文字がintで返される理由

・次の1文字を正しく読めたら、その文字情報を返せばよい。
・もし、ファイルの最後まで読み終わってしまい、もうこれ以上読むデータがない場合、その事実を呼び出し元に伝えなければならない。
・その場合はマイナス1を返すことにする。しかしchar型ではマイナス1という数値は返せないため、苦肉の策としてint型で返す。

マイナス1じゃなくて、「終」みたいな文字を返せばchar型のままでよかったんじゃない？

だめよ。「終」の文字が含まれるファイルを読みたい場合に困っちゃうもの。それよりファイルの最後までいったら例外が発生すればいいと思うんだけど？

　確かに朝香さんの言うように例外を使ってファイルの終端を検知する方法も考えられます。おそらくFileReaderクラスの開発者は、例外がJVMにかける負荷などの事情を考慮して、int型でマイナス1を返すように設計したのでしょう。

　いずれにせよ、read()の戻り値がもしマイナス1でない場合は、コード6-2の9行目のようにchar型にキャストして文字情報を取得します。

6.3 バイナリファイルの読み書き

6.3.1 2種類のファイル

 もし文字以外の情報でファイルに読み書きしたいなら、さっき紹介したものとは違うクラスを使う必要があるよ。

　私たちが普段利用しているさまざまなファイルは、テキストファイル（text file）とバイナリファイル（binary file）に分類できます（図6-4）。

テキストファイル		バイナリファイル
文字として解釈可能な データ（文字列） こんにちは、朝香です。 今日もいい天気ですね。 public class Main { 　public static void main… 　　：	内容	文字とは解釈できないデータ（バイト列） 010101110101010101111 001101001010100101100 11101010… 010101010001010100101 101010011111111010110 000000000001111111010
・メモ帳で作成したファイル ・Javaのソースファイル ・HTMLファイル	代表的なもの	・Excelで作成したファイル ・Javaのクラスファイル ・画像ファイル　・動画ファイル
FileReader（読み込み） FileWriter（書き込み）	アクセス用API	FileInputStream（読み込み） FileOutputStream（書き込み）
6.2節で学習済		この節で学ぶ

図6-4　テキストファイルとバイナリファイル

　人間が直接バイナリファイルを読んだり編集したりすることはできません。しかし、文字以外の情報を扱える、小さなデータ容量で済む、高速に処理できるなどのメリットから、データの保存や伝送のために広く利用されています。

6.3.2 FileOutputStream と FileInputStream

バイナリファイルにバイト列を書き込むためには、FileOutputStream ク
ラスを、読み取るためにはFileInputStream クラスを利用します (表6-3、コー
ド6-3)。両者はそれぞれFileWriter やFileReader と極めてよく似ています。
コンストラクタだけでなくread()/write()、flush()、skip()、close()など備
えるメソッドとその書式はほとんど同じですが、取り扱うデータが「文字」
ではなく「バイト列」である点が異なります。

表6-3 FileOutputStream クラスと FileInputStream クラスの読み書き用メソッド

メソッド名	引数	戻り値	意味
FileOutputStream			
write()	byte[]	なし	書く (バイト列)
write()	int	なし	書く (1 バイト)
FileInputStream			
read()	なし	int	読む (1 バイト)

※ 上記すべてのメソッドはjava.io.IOException を送出する可能性がある。

コード6-3 ファイルに2進数の01000001を追記する

```java
01  import java.io.*;
02
03  public class Main {
04    public static void main(String[] args) throws IOException {
05      FileOutputStream fos =
              new FileOutputStream("rpgsave.dat", true);
06      fos.write(65); // 65は2進数で 01000001
07      fos.flush();
08      fos.close();
09    }
10  }
```

ちょっと混乱してきました。「文字」と「バイト」って何が違うんですか？ 文字だって、パソコンの中では0と1なんでしたよね？

　朝香さんの指摘どおり、コンピュータの中ではすべての情報は0か1かで表現されます。テキストファイルもバイナリファイルも、突き詰めれば0と1の羅列でしかありません。

　しかし、コンピュータが本当に0と1という情報しか扱えないわけではありません。現に私たちはJavaプログラミングで2以上の整数を扱っていますし、文字や画像のような情報も扱えることを知っています。

　コンピュータの中では、さまざまな整数や文字、あるいは色を「一定個数の0と1の並び順で表現する」ことによって取り扱っています。たとえば、すべての文字にはそのバイト表現（0と1で表現した場合の並び）が決められています。「A」という文字には「01000001」、「7」には「00110111」が割り当てられています。

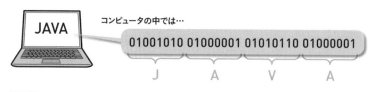

図6-5 　文字「A」は、コンピュータ内では「01000001」

　つまり、「文字Aをファイルに書き込むこと」と「バイト01000001をファイルに書き込むこと」は実質的に同じことなのです。

コード6-1とコード6-3は、結局は同じ動作をするんですね。

　従って、FileOutputStreamを使って書き込むことも可能です。しかし、私たち人間にとっては「01000001を書き込む」より「'A'を書き込む」と指定できたほうが便利なため、通常はFileWriterを使います。

人間は文字「A」が2進数でどう表現されるかなんて普通は気にしない。とにかく「A」という「文字情報」を書き込めればよいという場合にFileWriterは最適なんだ。

6.3.4 日本語と文字コード体系

文字とバイトが対応していることはわかりました。でも、漢字は種類がたくさんあるから、1バイト（0〜255）では表現できないんじゃないですか？

　英語圏の人が日常的に使う文字の種類はアルファベットの大文字と小文字、数字、各種記号などを合わせても100種類程度と限られています。しかし、日本語圏で生活する私たちはそれら以外にもひらがな、カタカナ、漢字などたくさんの種類の文字を使います。当然、それらの文字は1バイトでは表現できません。そこでコンピュータが国内で普及しはじめた頃、日本では「基本的に2バイトを使って1文字を表現する」方式を採用することにしました。

　ですが困ったことが起きました。「ある文字に、どのようなバイト表現を割り当てるか」というルールが何種類も提唱されて、統一されなかったのです（次ページの図6-6）。これらのルールは文字コード体系（character code architecture）または単に文字コードと呼ばれ、JIS、Shift_JIS、EUC、UTF-8などがよく知られています。まったく同じ文字でも、どの文字コード体系を使うかによってバイト列としての表現はまったく異なるものになります。

じゃあ、たとえばFileWriterで「あ」の文字を書き込むときは、どのルールを使うか指定しなきゃならないのかな？

おぉ、いい点に気づいたね！

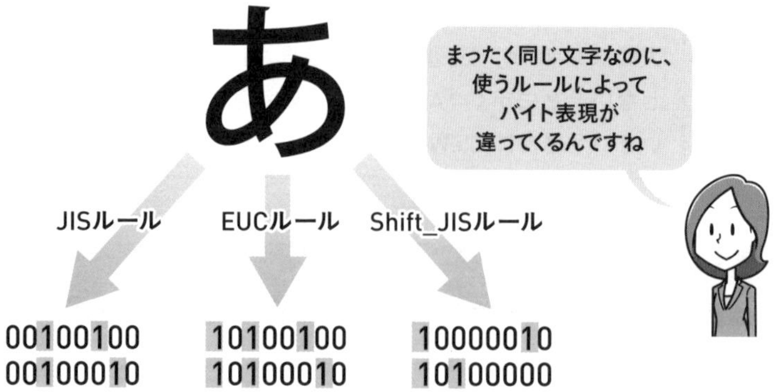

まったく同じ文字なのに、
使うルールによって
バイト表現が
違ってくるんですね

JISルール　　　EUCルール　　Shift_JISルール

00100100　　　10100100　　　10000010
00100010　　　10100010　　　10100000

図6-6　さまざまな文字コード体系による同一文字の表現

FileWriterは引数で与えられた文字をバイト表現に変換してファイルに書き込みます。同様にFileReaderもファイルから読んだバイト表現を文字情報に変換して返します。FileReaderやFileWriterでは、システム標準の文字コード体系（Java17以前）やUTF-8（Java18以降）が利用されることになっていますが、コンストラクタの引数で明示的に利用する文字コードを指定してファイルを読み書きすることも可能です。また、文字列をバイト列に変換するStringクラスのgetBytes()を使う場合も、文字コードの指定が可能です。

このように、Java18ではAPIの大きな仕様変更があった。稼働システムのJavaバージョン引き上げには十分な注意が必要だ。

---

column

文字コード体系の別称

一般にJIS、Shift_JIS、EUCといわれる日本語文字コード体系には、別の名前が付いていることがあります（厳密には同じ系統でも内容がわずかに異なるものがあります）。

JIS系　　　　　：ISO-2022-JP
Shift_JIS系　　：SJIS、s-jis、MS932、CP932、Windows-31J
EUC系　　　　　：EUC-JP、eucJP-ms、CP51932

6.4 ファイル操作の落とし穴

6.4.1 恐ろしいファイルの閉じ忘れ

> ここまででファイル操作の基本的な解説は終わりだよ。けれども本当に怖い落とし穴が1つあるから、ここで紹介しておこう。

　ファイル操作を行う場合に陥りやすい、そして実際に陥ると致命的な不具合につながる落とし穴があります。それは、ファイル操作の基本手順のSTEP3「ファイルを閉じる」（図6-1、p.192）を忘れてしまうことです。

　ファイルを開いた後に閉じ忘れると、ほかのプログラムからファイルを読み書きできなくなったり、そのファイルを開けなくなったりするなどの不具合が発生し、ひいては重大なシステム障害につながることがあります。

> close()のたった1行を書き忘れちゃうなんて凡ミス、私はしませんよ。湊じゃあるまいし…。

> いや、実はそんなに単純なことじゃないんだ。

```
public class Main {
  public static void main(String[] args) throws IOException {
    FileWriter fw = new FileWriter("c:¥¥rpgsave.dat", true);
    fw.write('A');
    fw.flush();      例外        ここで強制終了
    fw.close();
  }              実行されない！！
}
```

図6-7　close()を書いていても実行されないケース（コード6-1）

close()をきちんと記述していても、状況によってはファイルを閉じられないことがあります。たとえば、前ページの図6-7のように、flush()を呼び出した際にIOExceptionが発生するとmainメソッドがその場で終了してしまい、次のclose()が実行されることはありません。

必ずclose()されることを保証するべし

途中でreturnしたり例外が発生したりする場合であっても、ファイルを開いたら、必ず閉じなければならない。

6.4.2 正しい例外処理

「途中で例外が起きても必ず実行」…そうか、finallyですね！

　「一度tryブロックの処理が行われたら、その後に何があっても（途中でreturnしても、例外が発生しても）必ず実行される」という特徴がfinallyブロックにはあります。これにより、確実にファイルを閉じることができます（図6-8）。

```
try {
  fw = new FileWriter("c:¥¥rpgsave.dat", true);
  fw.write('A');
  fw.flush();
} catch (IOException e){
  System.out.println("エラーです");
} finally {
  fw.close();
}
```

図6-8　finallyを使い、close()の実行を保証する

206

ファイルを確実に閉じる方法

close()は必ずfinallyブロックに書く。

　これまでは解説をわかりやすくするためにmainメソッドにthrows IOExceptionを付けて例外処理を省略していました。しかし実際の開発では、コード6-4のような正しい例外処理を必ず行うようにしてください。

コード6-4 正しく例外処理を記述した

```java
01  import java.io.*;
02
03  public class Main {
04    public static void main(String[] args) {
05      FileWriter fw = null;
06      try {
07        fw = new FileWriter("rpgsave.dat", true);
08        fw.write('A');
09        fw.flush();
10      } catch (IOException e) {
11        System.out.println("ファイル書き込みエラーです");
12      } finally {
13        if (fw != null) {
14          try {
15            fw.close();
16          } catch (IOException e2) { }
17        }
18      }
19    }
20  }
```

> tryブロックの外で宣言しnullで初期化しないと、finallyブロック内でclose()を呼べない

> ファイルを閉じるためのfinallyブロック

> close()がIOExceptionを送出する可能性があるため、再度try-catchが必要。ただし失敗しても何もできないためcatchブロック内は空にしてある

chapter 6

なお、try-with-resources文を用いると、例外処理をよりスマートに記述することも可能です。

コード6-5 try-with-resources文の利用

```java
01  import java.io.*;
02
03  public class Main {
04    public static void main(String[] args) {
05      try (
06        FileWriter fw = new FileWriter("rpgsave.dat", true);
07      ) {
08        fw.write('A');
09        fw.flush();
10      } catch (IOException e) {
11        System.out.println("ファイル書き込みエラーです");
12      }
13    }
14  }
```

> 自動的にclose()が呼び出されるため
> finallyの記述は不要

---

column

ディレクトリの指定方法

FileWriterなどのコンストラクタ引数で指定するファイル名は、絶対パス、相対パスのいずれでも記述できます。

"c:¥¥data¥¥rpgdata.txt" ── 絶対パス指定

"rpgdata.txt" ── 相対パス指定

なお、相対パスを指定した場合にはJavaプログラムを起動したカレントフォルダ内でファイルの読み書きを行います。

6.5 ストリームの概念

6.5.1 ストリームとは？

ありがとうございました！　さっそくセーブ機能を作ってみます！

まぁ焦らずに。確かにAPIの使い方は理解しただろうけど、「考え方」も理解するとスキルの幅がさらに広がるよ。

　Javaのプログラムでファイルにアクセスするには、FileReaderやそのほかのクラスを使えばよいことは十分理解できたでしょう。これらのクラスはすべて、データを少しずつ読んだり書いたりするためのものでした。

　みなさんの中には、「ファイルの中身を全部一気に読んでくれる次のような命令があればいいのに」と考える人もいるかもしれません。

```
String data = MyFileReader.readAll("rpgsave.dat");
```

　しかし、ここで想像してみてください。もし読もうとしているファイルが偶然100GBもの巨大なファイルだったらどうなってしまうでしょうか？　変数dataに100GB分のデータを読み込もうとしても、おそらく途中でメモリ不足に陥りプログラムは異常終了してしまいます。

　この問題はファイルに限った話ではありません。たとえば、インターネット上のデータをネットワーク経由で読み込むプログラムにも、同様の懸念があります。

　そもそもJVMが完全に管理下に置いているデータ格納領域はメモリだけです。JVMの外の世界にあるハードディスクやネットワーク上には、「そもそもメモリに入らないほどの巨大なデータ」や「実際に読んでみなければ、どれだけのサイズかわからないデータ」だらけです。だからこそ、JVMの外部

にあるデータはシーケンシャルに少しずつ処理するのが基本的なアプローチなのです。

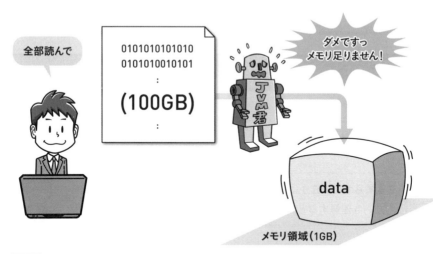

図6-9 ファイルを一度に読み込むと、OutOfMemoryErrorが発生する

JVM外部とのデータのやりとり

JVMの外部にあるデータは、少しずつ読み書きするのが基本。

このアプローチに沿ったデータの読み書きのようすを、プログラミングの世界では図6-10のように**ストリーム**（stream）という概念で捉えます。

第3章でも高階関数で扱う「ストリーム」という用語が登場したが、まったく別のものだから混同しないよう注意しよう。

このイメージに沿って考えれば、FileReader、FileWriter、FileInputStream、FileOutputStreamの4クラスはそれぞれ図6-11のようなイメージで考えることができます。前者2つのように文字が流れるストリームは**文字ストリーム**（character stream）、後者2つのバイト列が流れるストリームは**バイトストリーム**（byte stream）と呼ばれます。

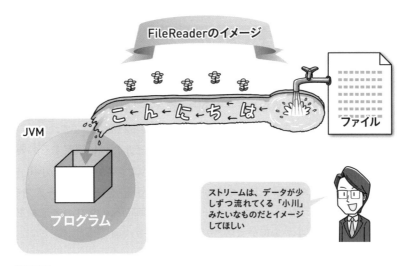

図6-10 ストリームという「小川」をデータが流れてくる

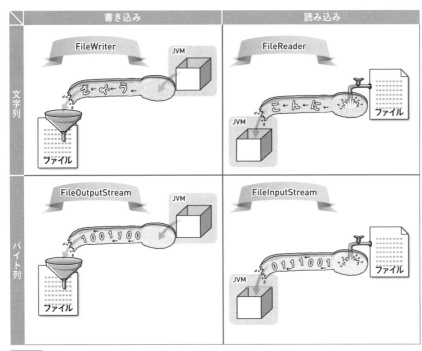

図6-11 ファイル操作に関連する4つのストリームのイメージ

6.5.2 さまざまなストリーム

実は、古くからコンピュータの世界ではストリームの概念が広く用いられてきました。なぜなら単なるデータの読み書きを「小川の流れ」として抽象的に捉えることで、さまざまな応用や発展が考えられるからです。

たとえば、「小川のつながる先は必ずしもファイルだけに限定する必要はない」と先人は考えました。「ネットワークサーバにつながっている小川」を使えば通信を、「キーボードにつながっている小川」を使えばキー入力を、「ディスプレイにつながっている小川」を使えば画面への文字の表示をまったく同じアプローチで実現できることに気づいたのです。

なるほど！ 通信も表示も入力もファイル操作も、「ザックリみれば似たような処理」なんですね！

昔の人は頭いいなぁ…そんなこと、思いつきませんでした。

ネットワークサーバがつながっているストリームの使い方については、第8章で詳しく解説します。ここでは、そのほかの種類のストリームについて紹介していきます。

標準出力、標準エラー出力、標準入力

JVMは起動直後に次の表6-4のような3つのストリームを自動的に準備しています。

表6-4 JVMの起動と同時に自動的に準備されるストリーム

名称（通称）	標準の接続先	用途
標準出力（stdout）	ディスプレイ	通常の画面表示
標準エラー出力（stderr）	ディスプレイ	エラー情報の画面表示
標準入力（stdin）	キーボード	キーボードからの入力

標準出力（standard out）と標準エラー出力（standard error）はどちらもディスプレイにつながるストリームであり、それぞれSystem.outとSystem.errとして準備されています。私たちが最もよく使っている命令であるSystem.out.println()とは、「ディスプレイにつながる小川に文字を流す命令」だったわけですね。

一方の標準入力（standard in）は上流にキーボードがつながっているストリームであり、System.inにその実体が準備されます。実際、System.in.read()を実行することで、キーボードからの入力を1バイトずつ読み取ることができます。

文字列やバイト配列につながるストリーム

通常、ストリームはJVM外部のデータを少しずつ読み書きする際に利用しますが、JVM内部の変数の読み書きにも応用することが可能です。

たとえば、java.ioパッケージに準備されたStringReaderクラスは、指定したString型変数から1文字ずつ読み取るための機能を提供します（コード6-6）。このクラスはFileReaderクラスと似ていますが、ファイルではなくコンストラクタで指定された文字列につながっています。なお、StringReaderクラスはFileReaderクラスと同じくjava.io.Readerを継承しています。

chapter 6

BK466
Main.java

コード6-6 文字列型の変数から1文字ずつ読み取る

```
01  import java.io.*;
02
03  public class Main {
04    public static void main(String[] args) throws IOException {
05      String msg = "第1土曜日は資源ゴミの回収です。";
06      Reader sr = new StringReader(msg);
07      System.out.print((char)sr.read());     「第」を表示
08      System.out.print((char)sr.read());     「1」を表示
09        :
10    }
11  }
```

参考：文字列に1文字ずつ書き込むStringWriterもある

同様に、バイト配列に対して1バイトずつ順次書き込んでいくために、ByteArrayOutputStream クラスが準備されています。書き込みが完了したところでtoByteArray()を呼び出せば、バイト配列が得られます（コード6-7）。

コード6-7 バイト配列に値を書き込む

Main.java

```
01  import java.io.*;
02
03  public class Main {
04    public static void main(String[] args) throws IOException {
05      ByteArrayOutputStream baos = new ByteArrayOutputStream();
06      baos.write(65);
07      baos.write(66);
08      byte[] data = baos.toByteArray();          ) ── data は要素2の byte 型配列
09      for (byte b : data) {
10        System.out.println(b);
11      }
12    }                                    参考：バイト配列から1バイトずつ読み込む
13  }                                      ByteArrayInputStream もある
```

APIリファレンスを調べたところ、ByteArrayOutputStream も FileOutputStream も、java.io.OutputStream クラスを継承しているんですね。

ストリーム関連クラスは、Reader、Writer、InputStream、OutputStream のいずれかを継承しているんだ。もちろん、それらを継承した自分オリジナルのストリームクラスを作ることも可能だよ。

column
標準出力の接続先をファイルに変更する

本文では「標準出力は自動的にディスプレイに接続される」と解説しました。しかし、標準入出力が実際に何に接続されるかはWindowsなどのOSが管理しており、その標準の接続先がディスプレイであるに過ぎません。この接続先はプログラムを起動する際に変更することも可能です。

たとえば、以下のように「>ファイル名」を末尾に記述することで標準出力をそのファイルにつないでJavaプログラムの出力結果をファイルに出力することができます。この機能をリダイレクト（redirect）と呼びます。

```
>java Main > data.txt
```

また、パイプ（pipe）という機能を使えば、あるプログラムの標準出力をリアルタイムに別プログラムの標準入力に流し込むことも可能です。

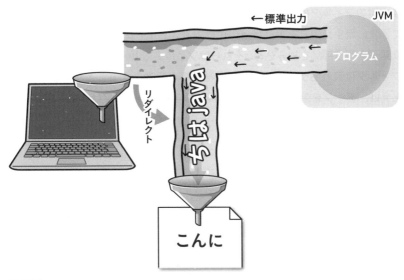

図6-12 System.out.println()の出力がファイルにリダイレクトされるイメージ

6.6 フィルタの活用

6.6.1 フィルタとは

 ストリームの概念を導入するもう1つのメリットは「フィルタ」が使えるようになること。これはとても強力な機能だよ。

フィルタ？…うちの台所についてる浄水器のフィルタも、すごく強力ですよ！

　浄水器のフィルタは「上流から流れてきた水道水をよりきれいな水に変換して下流に流す装置」です。Javaの世界でもストリームの途中にさまざまな変換処理を行う部品を挟み込め、それらはフィルタ（filter）と呼ばれています。

　フィルタは流れるデータに対して多種多様な変換をすることができます。たとえば、データを暗号化してファイルに書き込むのは本来はとても複雑な処理ですが、Javaが標準で準備しているCipherOutputStreamフィルタを1つ挟むだけで実現可能です（図6-13）。

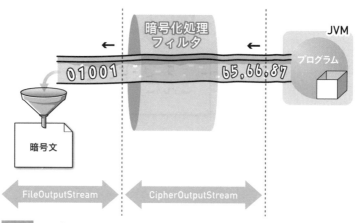

図6-13 通るデータを暗号文に変換するフィルタを用いた例

6.6.2 フィルタの特徴

JavaAPIではたくさんのフィルタが標準で提供されています（オリジナルのフィルタも開発可能です）。それらのフィルタは、必ず次の特徴を備えています。

特徴① Filter〜クラスを継承している

フィルタは必ず、FilterReader、FilterWriter、FilterInputStream、FilterOutputStreamのいずれかのクラスを継承しています。たとえば、図6-13の暗号化フィルタjavax.crypto.CipherOutputStreamは「JVMからデータを出力するバイトストリームに挟むフィルタ」なので、FilterOutputStreamを継承しています。

特徴② 単独で存在できず、ストリームに接続する形で生成する

フィルタはあくまでもストリームに付加的に接続するための道具ですので、通常はフィルタ単独で生成（new）することはできません。次のコードのようにすでに存在するストリームを接続先としてコンストラクタで指定して生成します。

```
// STEP1: まず通常のファイル出力ストリームfosを生成
FileOutputStream fos = new FileOutputStream("data.txt");
// STEP2: 出力ストリームを下流に持つ暗号化ストリームcosを生成し接続
CipherOutputStream cos = new CipherOutputStream(fos, algo);
// STEP3: cosに書き込めば、暗号化された上でファイルに流れていく
cos.write(65);
```

なお、CipherOutputStreamのコンストラクタには、採用する暗号化方式を格納したCipherクラス（p.226）のインスタンスも指定する必要があります。

特徴③ 複数のフィルタを連結することができる

ストリームにすでにフィルタが接続されている状態で、さらに別のフィルタを接続して利用することも可能です（次ページの図6-14）。

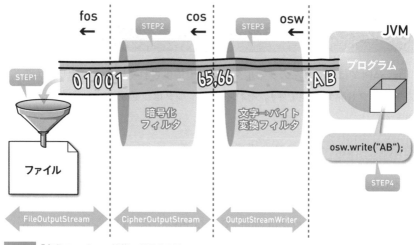

図6-14 「多段フィルタ」の状態で利用する例

```
// STEP1: まず通常のファイル出力ストリームfosを生成
FileOutputStream fos = new FileOutputStream("data.txt");
// STEP2: このストリームを下流に持つ暗号化ストリームcosを接続
CipherOutputStream cos = new CipherOutputStream(fos, algo);
// STEP3: さらに文字バイト変換をするストリームoswを接続
OutputStreamWriter osw = new OutputStreamWriter(cos);
// STEP4: oswに文字を書き込めば、バイト変換&暗号化されファイルに流れていく
osw.write("AB");
```

osw.close()を実行すれば、接続されているcosやfosのclose()も連鎖的に実行されるよ。flush()も同様だ。

6.6.3 バッファリングフィルタ

　JavaAPIには、たくさんの種類のフィルタが標準で提供されています。中でも利用頻度が高いのがjava.ioパッケージに準備された次の4つのフィルタです。

文字情報用 ：BufferedReader、BufferedWriter
バイト情報用：BufferedInputStream、BufferedOutputStream

　これら4つのクラスは**バッファリングフィルタ**（buffering filter）と総称されていますが、いずれも流れるデータの変換は行いません。

> 挟み込んでも何の仕事もしてくれないフィルタなんて、存在価値がないんじゃないですか？

> これらは「変換」をしないだけで、別の仕事をしてくれるんだよ。

　バッファリングフィルタは、流れるデータを別の内容に変換はしませんが、上流から少しずつ流れてくるデータを溜め込み、まとまった量になったところで一気に下流へ流すという仕事をしてくれます。

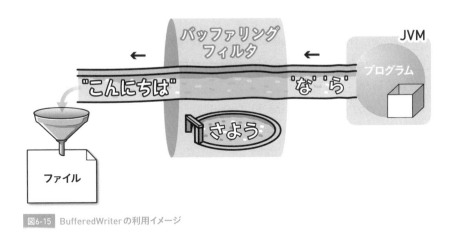

図6-15 BufferedWriterの利用イメージ

　データを溜めて一定量ずつまとめて処理する主なメリットは次の2点です。

メリット①　処理性能の向上

　ファイルを保存するために何気なく利用しているハードディスクは、メモリに比べて大容量ではあるものの読み書きの速度が遅いという欠点がありま

す。私たちがファイルの読み書きを要求するたびに、ハードディスク内部の
ヘッドという機械が動いて回転するディスク上のデータを読み書きしなけれ
ばならないからです。よって、少量のデータを何度も書き込む要求をするよ
り、データをひとまとめにして1回だけ書き込む要求をするほうが圧倒的に
速く処理が終了します。

ファイル操作はバッファリングする

ファイルの読み書きには、バッファリングフィルタを併用する。
バッファリングなしでファイル操作をすることはほとんどない。

メリット②　まとまった単位でデータを読める

　FileReaderはread()を使って1文字ずつ読み取ることが基本だと解説しま
した。しかしBufferedReaderを挟むとreadLine()が利用可能になります。こ
のメソッドは改行までの1行分のデータをString型で返してくれるため、1行
ずつファイルを読み取るプログラムを簡単に開発できます。

```
FileReader fr = new FileReader("rpgsave.dat");
BufferedReader br = new BufferedReader(fr);
String line = null;
while ((line = br.readLine()) != null) {
  /* ここでlineの内容を利用した処理を行う */
}
```

　これが可能なのは、BufferedReaderがファイルのデータをある程度先読
みして内部に溜め込んでいるからです。BufferedReaderは溜め込んだデー
タの中から次の改行部分までを取り出して返してくれます。

なお、BufferedReaderにはlines()という面白いメソッドもある。
読み取った行をStream<String>型（3.5.2項）として返してくれ
るから、高階関数を使って処理することもできるんだ。

6.7 ファイルシステムの操作

6.7.1 ファイル自体を操作する

 それでは章の最後に、ファイルの中身ではなくファイルの存在自体を操作するAPIを紹介しておこう。

　ここまで、ファイルの中身を読み書きするためのクラスについて紹介してきました。しかし、ファイル名を変更したり、ファイル自体を削除したり、ファイルサイズを取得したりするなど、ファイルそのものに対して操作を行うにはまた別のAPIを用いる必要があります。

　ファイル自体の操作に古くから用いられてきたのは、java.io.File クラスです。File クラスは、次のようにして、ある特定のファイルやフォルダを指し示すインスタンスを生み出すことができます。

```
File file = new File("c:¥¥rpgdata.txt");
```

　File インスタンスは、FileInputStream や FileOutputStream のコンストラクタ引数として、String 型の代わりに利用することができます。さらに、表6-5にあるようなメソッドを用いて、指し示すファイルやフォルダを操作できます。

表6-5 java.io.File クラスが備える代表的なメソッド

メソッド名	引数	戻り値	意味
delete()	なし	boolean	ファイルを削除する
renameTo()	File	boolean	ファイル名を変更する
exists()	なし	boolean	ファイルが存在するかを確認する
isFile()	なし	boolean	ファイルかどうかを確認する
isDirectory()	なし	boolean	フォルダかどうかを確認する
length()	なし	long	ファイルサイズを取得する
listFiles()	なし	File[]	フォルダのファイル一覧を取得する

6.7.2 File クラスの懸念点と解決策

java.io.File は Java の黎明期から広く利用されてきたクラスでしたが、従来より次のような懸念点が指摘されていました。

懸念点①　備えているファイル操作用の命令が少なく、中途半端である。
懸念点②　ファイルやフォルダを「指し示す」という責務と、「各種の操作をする」という別の責務を抱えており、役割が混在している。

そこで、この懸念点を解決するために java.nio.file.Path インタフェースと java.nio.file.Files クラスが導入されています。

Path は、従来から用いられてきた File クラスの後継に当たるもので、特定のフォルダやファイルを指し示すためのものです。Path のインスタンスを取得するためには、new ではなく、java.nio.file.Paths クラスの get() を用います。また、すでに File インスタンスが存在する場合、その toPath() を呼ぶことで Path インスタンスに変換することも可能です。

```
Path p1 = Paths.get("c:¥¥rpgdata.txt");
Path p2 = file.toPath();
```

Path インスタンスは、あくまでもファイルやフォルダを指し示す役割しか持ちません。実際に指し示す先を削除したりコピーしたりするための static メソッドは、Files クラスに豊富に準備されています（表6-6）。

表6-6　java.nio.file.Files クラスが備える代表的なメソッド

メソッド名	戻り値	意味
copy()	long	ファイルをコピーする
move()	Path	ファイルを移動 (改名) する
delete()	なし	ファイルを削除する
exists()	boolean	ファイルが存在するかを確認する
isDirectory()	boolean	フォルダかどうかを確認する
size()	long	ファイルサイズを取得する
readAllBytes()	byte[]	ファイルの内容をすべて読み込む
readAllLines()	List<String>	ファイルの全行をすべて読み込む
readString()	String	ファイルの全行を文字列に読み込む
newBufferedReader()	BufferedReader	BufferedReader を取得する

※ 原則、copy() と move() は引数として2つ、それ以外は1つの Path インスタンスを渡す。

Filesの API リファレンスを見たら、ほかにもたくさん便利そうなメソッドがありました！

どれも引数に Path インスタンスを渡して利用するのね。

　本章で学んだことを使えば、理論的にはあらゆるファイルの読み書きが可能です。さらに高度なファイル操作を効率的に行いたい場合、ファイル操作を支援するライブラリを活用することを検討するのもよいでしょう。

　たとえば第5章で紹介した commons-lang の兄弟ライブラリにあたる commons-io には、より高機能なストリームやフィルタが準備されています。また、comons-vfs を用いれば、より柔軟で高機能なファイルシステムの操作が実現可能です。

chapter 6

画像や Excel といった固有形式ファイルの読み書きについては、続く第7章で紹介しよう。

6.8 この章のまとめ

ストリームの概念

- JVMがデータをやりとりする伝送路を表すストリームという概念がある。
- 文字が流れる文字ストリーム、バイトが流れるバイトストリームがある。
- ファイルのほか、ネットワークやキーボードなどもストリームを用いてデータをやりとりできる。

ファイルの基本的な操作

- ファイルを前から順に読み書きする方法をシーケンシャルアクセスという。
- ファイルの読み書きには、次のようなクラスを利用する。

	読み取り	書き込み
テキストファイル	FileReader	FileWriter
バイナリファイル	FileInputStream	FileOutputStream

- ファイルは必ずfinallyブロックまたはtry-with-resources文を利用して閉じなければならない。

フィルタ

- フィルタはほかのストリームやフィルタに連結して利用できる。
- JavaのAPIでは多様なフィルタが提供されている。
- ファイルの読み書きには通常バッファリングフィルタを併用する。

ファイルシステムの操作

- java.io.Fileを用いて、特定のファイルやフォルダを指し示すことができる。
- java.io.Fileでは、ファイルの削除や情報取得などの簡単な操作も行える。
- java.nio.Pathとjava.nio.Filesを用いて、より高度な操作を簡単に行える。

6.9 練習問題

練習6-1

　FileInputStreamクラスとFileOutputStreamクラスを使って、ファイルをコピーするプログラムを作成してください。コピー元ファイル名とコピー先ファイル名はJavaプログラムの起動パラメータとして指定するものとし、バッファリングやエラー処理、例外処理は不要とします。

練習6-2

　練習6-1で作ったプログラムを下記の仕様に沿って変更し、ファイル圧縮プログラムを作成してください。

- ファイルを書き込む際、java.util.zip.GZIPOutputStreamを使って圧縮する。
- ファイルの書き込みには必ずバッファリングを行う。
- 例外処理を正しく行う。

column

クラスパスからファイルを指定する

　これまでc:¥rpg¥rpgsave.datのようなパス（ディレクトリとファイル名）を指定してファイルを開く方法を紹介してきました。一方、ClassクラスやClassLoaderクラスに備わるgetResourceAsStreamメソッドを利用すると、クラスパスを基準とした指定でファイルを開くことができます。

　たとえば、クラスパスの基準フォルダの中のrpgフォルダ（rpgパッケージに属するクラスファイルが置いてあるフォルダ）にrpgsave.datがある場合は、以下のようにしてファイルを開くことが可能です。

```
InputStream is =
    Main.class.getResourceAsStream("¥¥rpg¥¥rpgsave.dat");
```

　実行環境のフォルダ構成に影響されにくいプログラムを作りたい場合に用いるとよいでしょう。

column

暗号化アルゴリズムを表すクラス

　暗号を扱うためのAPIクラス群が、Java Cryptographic Environment（JCE）です。その中心的クラスの1つ、javax.cryptoパッケージのCipherクラスは、ある特定の暗号アルゴリズムが現在の環境で利用可能かを調べ、保持する役割を持っています。

```
Cipher c = Cipher.getInstance("AES/CBC/PKCS5Padding");
```

chapter 7
さまざまな
ファイル形式

複数のデータを扱うプログラムの開発では、必要なデータを定められたフォーマットに従って構造化してからファイルに保存したり、さまざまな形式のファイルから読み取ったりする必要があります。この章では、代表的なデータフォーマットとその操作方法を紹介していきます。

contents

> この章のコードは、プロジェクト内に module-info.java というファイルが存在すると正しく動きません（詳細は 15.10 節にて解説）。開発ツールなどによってこのファイルが自動的に作成されている場合は削除して実行してください。

7.1 データフォーマット

7.1.1 データフォーマットとは

やった！ ついに勇者の情報をファイルに保存する機能が完成したぞ！

湊くんは勇者インスタンスの情報を保存するメソッドを完成させました。

コード7-1 勇者インスタンスの情報を保存するメソッド

```
01  public void saveHeroToFile(Hero h) throws IOException {
02    Writer w = new BufferedWriter(new FileWriter("rpgsave.dat"));
03    w.write(h.name + "\n");   // 名前に末尾に改行を付けて保存
04    w.write(h.hp + "\n");     // HPの末尾に改行を付けて保存
05    w.write(h.mp + "\n");     // MPの末尾に改行を付けて保存
06    w.flush();
07    w.close();
08  }
```

勇者インスタンスには名前やHPなど複数のデータが含まれますが、湊くんは次のようなルールでデータを保存することにしているようです。

📖 **湊くんが決めた勇者情報の保存形式のルール**

・ファイルには文字情報として勇者の情報を保存する。
・1行目に名前を、2行目にHPを、そして3行目にMPを保存する。

実際、コード7-1のメソッドに勇者インスタンスを渡すと、name、hp、mpの各フィールドの情報が1行ずつファイルに書き込まれます。RPGの再開時など、ファイルから勇者の情報を読み取りたいときは、BufferedReaderのreadLine()を使えば、各フィールドの値を順番に取り出せますね（図7-1）。

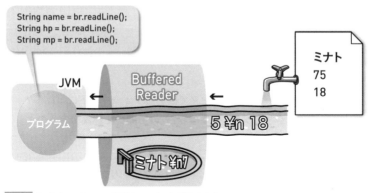

図7-1　勇者インスタンスの情報をファイルから読み出す

　このように、複数のデータについてどのような形式や順序で保存するかを定めたルールのことをデータフォーマット（data format）といいます。

　きちんとデータフォーマットを定め、書き込み処理と読み取り処理の双方でそれを遵守していなければ、ファイルの読み書きを正しく行うことはできません。たとえば、もし湊くんが決めたフォーマットに従わず勇者の情報を「名前」「MP」「HP」のように順番を間違って読んでしまったら重大な不具合になることは容易に想像できるでしょう。

　データフォーマットは、複数のデータをファイルに保存したり、ネットワークを経由して遠隔地に伝送したりする場合に重要な役割を果たします。特に、ファイル内のデータ構造はファイルフォーマット（file format）、ネットワーク経由で伝送されるひとかたまりのメッセージのデータ構造はメッセージフォーマット（message format）または電文フォーマットと呼んでいます。

　ファイルの読み書きだけでなく、ネットワークを介したほかのシステムとの連携にも、データフォーマットが重要な役割を担うんだよ。

7.2 CSV形式

7.2.1 汎用フォーマット

せっかく作るならカンマで区切るフォーマットにしたら？　カンマ区切りのファイルならExcelで開いて編集できるのよ。

そうなの!?　よし、じゃあカンマ区切りに変更しよう！

　開発するプログラムでどのようなデータフォーマットを使うかは、開発者の自由です。湊くんが最初に採用していたような改行区切りでもいいですし、まったく新しい独自のフォーマットを考案して使ってもかまいません。

　しかし、世の中にはいくつかの有名な汎用データフォーマットが存在しています。汎用フォーマットには多くのソフトウェアが読み書きをサポートしている可能性があるというメリットがあります。自分のプログラムもそれに対応すれば、ほかのソフトウェアと連携することが容易になるのです。

7.2.2 CSV（Comma-Separated Values）

朝香さんの言う形式は、CSVと呼ばれているフォーマットだね。

　複数のデータをカンマで区切って順に格納するフォーマットは古くから広く使われてきました。この形式はCSV（Comma-Separated Values）と呼ばれています。CSV内でデータを区切る文字はデリミタ（delimiter）と呼ばれ、通常、カンマ記号（,）が使用されますが、スペースやタブ文字などを使う場合もあります（SSV、TSV）。

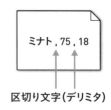

図7-2　CSVで記述された勇者の情報

7.2.3 CSVの読み書き

CSV形式でデータをファイルに書き込むのはさほど難しいことではありません。各データの合間に、カンマ記号を出力すればよいだけです。

コード7-2 CSV形式でデータを書き出すプログラム（一部）

```
01  bw.write(h.name);
02  bw.write(",");
03  bw.write(h.hp);
04  bw.write(",");
05  bw.write(h.mp);
```

02・04行目 → デリミタの出力

一方、CSV形式のデータを読むには少し工夫が必要です。基本的には1文字ずつ読み進めながらカンマかどうかを判断していく必要があるからです。

もしデータサイズが常識的な範囲であることが保証されているならば、一度すべてのデータを文字列として読み込んだ後にStringクラスのsplit()を使って分割するという方法もよいでしょう（コード7-3）。

コード7-3 String.split()を使った文字列の分割

Main.java

```
01  import java.util.*;
02
03  public class Main {
04    public static void main(String[] args) {
05      String s = "ミナト,アサカ,スガワラ";
06      String[] st = s.split(",");
07      for (String t : st) {
08        System.out.println(t);
09      }
10    }
11  }
```

06行目 → カンマをデリミタ指定

カンマなどで区切られた文字列を分解する方法には、今回紹介したsplit()のほかに、java.util.StringTokenizerというAPIを利用する方法も存在します。このAPIは現在では非推奨とされていますが、歴史的に長く使われてきたものであるため、既存システムのメンテナンス業務などでは見かけることもあるでしょう。比較的シンプルなAPIなため、必要に応じてリファレンスを参照すれば十分に理解できるはずです。

CSVの読み書きって、割と楽勝ですね。

まあ、理屈の上ではそうだね。でも実際の開発現場ではいろいろと気を使わなければならない要素があるから、意外に取り扱いがめんどうなフォーマットなんだよ。

確かに、細かいことを気にするとコードが複雑になりそうですね。何か便利なライブラリはないんですか？

　CSV形式は汎用性の高いフォーマットですが、データ自体（たとえば勇者の名前）にカンマ記号が含まれる場合や、1行目にタイトルなどデータでないものが格納されるようなケースに加え、改行の取り扱い、デリミタや文字コードの違いにも考慮が必要です。本節ではコード7-2、7-3に実装例を示しましたが、実務上は、前述したさまざまな亜種の読み書きに対応するためにも、「opencsv」や「Apache Commons CSV」などの実績あるライブラリの利用をおすすめします（コード7-4）。

コード7-4　commons-csvの利用例

BK474
Main.java

```
01  import org.apache.commons.*;
02  import java.io.*;
03
04  public class Main {
05    public static void main(String[] args) throws Exception {
```

```
06    FileReader fr = new FileReader("rpgdata.csv");
07    Iterable<CSVRecord> records = CSVFormat.DEFAULT.parse(fr);
08    for (CSVRecord r : records) {
09      String name = r.get(0);
10      String hp = r.get(1);
11      String mp = r.get(2);
12      System.out.println(name + "/" + hp + "/" + mp);
13    }
14    fr.close();
15  }
16 }
```

column

分業インタフェースとしてのデータフォーマット

　データフォーマットを設計するにあたっては、どのようなデータをどのような順序や区切りで保存するかというルールを明確に文書化しておいたほうがよいでしょう。なぜなら、それが分業開発のインタフェースになる場面がよくあるからです。ここでいうインタフェースとはJava文法のinterfaceのことではありません。複数の人が分業してソフトウェアの開発を行う場合に、全員が守らなければならない（そして、この約束を守りさえすれば、ほかの部分は自由に作ってよい）共通の約束事をいいます。

7.3 プロパティファイル形式

7.3.1 プロパティファイル

うーん…。スペース区切りやカンマ区切りだと、ファイルだけ
を見てもデータの意味がよくわからないなぁ…。

それならプロパティファイル形式を使うといいよ。外部ライブラ
リを使わずにJavaの標準APIだけで操作できるから手軽なんだ。

　CSV形式のカンマ区切りやスペース区切りでは力不足な場合、Javaではプ
ロパティファイル形式を用いることがよくあります。この形式は、次のよう
なルールに従って、データをキーと値のペアで格納します。

> 📖 **プロパティファイル形式の主なルール**
>
> ・データは文字情報として保存する。
> ・各行には「キー」と「値」をペアとして、それらを「ペアデリミ
> 　タ」で区切って記述する。
> ・ペアデリミタは、イコール（=）、コロン（:）、空白のいずれか
> 　の文字。
> ・シャープ（#）または感嘆符（!）で始まる行はコメントとして
> 　無視される。
> ・ファイルの拡張子には「.properties」が用いられる。

　たとえば、勇者インスタンスの情報をプロパティファイル形式で保存する
ならば、プロパティファイルの内容は図7-3のようになるでしょう。
　データしか含まないCSVと違い、それぞれのデータにはキーが添えられて

いるため、人間が見て意味がわかりやすいデータフォーマットです。この特長から、プログラムの設定ファイルの記述形式としても広く利用されています。

> # 勇者の情報
> heroName = ミナト
> heroHp = 75
> heroMp = 18

図7-3 プロパティファイル形式の勇者情報

7.3.2 プロパティファイルの読み取り

プロパティファイル形式の読み書きのために、java.utilパッケージにはPropertiesクラスが用意されています。

たとえば、図7-3のプロパティファイルがc:¥rpgdata.propertiesとしてすでに存在している場合、次のコードでデータを読み取れます。

コード7-5 プロパティファイルを読み取る

```
01  import java.io.*;
02  import java.util.*;
03
04  public class Main {
05    public static void main(String[] args) throws Exception {
06      Reader fr = new FileReader("c:¥¥rpgdata.properties");
07      Properties p = new Properties();
08      p.load(fr);                              ← ファイル内容を読み取る
09      String name = p.getProperty("heroName");
10      String strHp = p.getProperty("heroHp");  ← キーを指定し
                                                    値を取り出す
11      int hp = Integer.parseInt(strHp);
12      System.out.println("勇者の名前:" + name);
13      System.out.println("勇者のHP:" + hp);
14      fr.close();
15    }
16  }
```

なお、Propertiesクラスは、すべてのデータを文字列として扱います。よって、整数やboolean型の値を取り扱う場合は、文字列として取得した後に、Integer.parseInt()やBoolean.parseBoolean()で明示的に型を変換する必要があります。

7.3.3 プロパティファイルの書き込み

Javaのプログラムからデータをプロパティファイル形式で保存するためには、Propertiesインスタンスに setProperty()でキーと値のペアをセットした上で、store()を呼び出します（コード7-6）。

コード7-6　プロパティファイルへの書き込み

BK476
Main.java

```java
01  import java.io.*;
02  import java.util.*;
03
04  public class Main {
05    public static void main(String[] args) throws Exception {
06      Writer fw = new FileWriter("c:\\rpgsave.properties");
07      Properties p = new Properties();
08      p.setProperty("heroName", "アサカ");
09      p.setProperty("heroHp", "62");
10      p.setProperty("heroMp", "45");
11      p.store(fw, "勇者の情報");
12      fw.close();
13    }
14  }
```

データのセット（08～10行）

ファイルへ書き出す（11行）

ファイルの先頭にコメントとして出力される

setProperty()だけじゃなくて、store()を呼び出してはじめて保存されるんですね。注意しなきゃ。

そうだね。それと、ペアがファイルに書き込まれる順序に決まりはなく、プログラムに書いた順番になるとは限らないんだ。

7.3.4 リソースバンドル

　7.3.2項と7.3.3項では、Propertiesクラスを用いたプロパティファイルの読み書きを紹介しました。しかし、実際の開発現場ではより高機能なjava.util.ResourceBundleクラスを目にすることが多いかもしれません。

　ResourceBundleクラスは、Propertiesクラスとは異なり、ファイルに情報を書き込む命令を備えていません。しかし、次のような2つの特徴的な機能を持っています。

機能1　プロパティファイルを「クラスパス上」から探し出せる

　Propertiesクラスを使う場合、プロパティファイルが存在するフォルダをコード上に固定的なパスで指定する必要があります。たとえばコード7-5や7-6では、Cドライブのすぐ下にファイルを置くことになっていますが、湊くんのRPGを遊ぶ人の中には、「c:¥の直下にゲームのファイルを置きたくない」「macOSのユーザーだから、そもそもCドライブがない」などという人もいるかもしれません。

　そのような場合にうってつけなのが、ResourceBundleクラスです。ResourceBundleクラスでは、静的メソッドgetBundle()を呼び出してプロパティファイルを読み取りますが、その際、ファイルの固定パスの代わりに「クラスパスを起点としてファイルの位置を示す文字列」を指定できます。

クラスパスからプロパティファイルを探す

```
ResourceBundle rb = ResourceBundle.getBundle(文字列);
```
※ 文字列には、「.properties」を除いたファイル名を指定する。
※ ファイルがパッケージフォルダにある場合、ピリオド（.）で区切ってサブフォルダを指定。

固定パスではなくクラスパスを起点とした位置を指定することで、プログラムを実行する人がファイルの配置場所を決定できるほか、プロパティファイルをクラスファイルなどとともにJARファイルで配布できます。

コード7-7 ResourceBundle を用いたファイルの読み取り

Main.java

```
01  import java.util.*;
02
03  public class Main {
04    public static void main(String[] args) throws Exception {
05      ResourceBundle rb = ResourceBundle.getBundle(
06          "jp.miyabilink.rpg.rpgdata");
07      String heroName = rb.getString("heroName");
08      System.out.println("勇者の名前:" + heroName);
09    }
10  }
```

> クラスパスを起点とし、jp¥miyabilink¥rpg フォルダ内の rpgdata.properties を指示。末尾に「.properties」は記述しない

　ResourceBundleで取得したプロパティファイルの値は、getString()でペアとなるキーを指定して読み取ることができます（7行目）。

> ファイルのクローズも不要みたいだし、ちょっと設定ファイルを読みたいときには便利そうだね。

　なお、クラスパスからプロパティファイルを読みたいだけなら、getResourceAsStreamメソッド（p.226）とPropertiesクラスの組み合わせでも実現可能です。しかし、次に紹介する2つ目の機能から、開発現場でプログラムの設定ファイルを読み込む目的ではResourceBundleの利用が多いでしょう。

機能2　場合に応じて異なるプロパティファイルから値を読み取れる

　日本語以外を母国語とする人にも使ってもらえるようなプログラムを開発しようと考える場合、画面に表示されるすべての案内文やエラーメッセージを、「現在プログラムを実行している人の母国語」に切り替えて表示する必要があります。

238

実際、第4章では、現在の利用者のロケール設定に応じて、日本語と英語を切り替えるプログラムを作成しました（コード4-5、p.148）。このコードでは、単純な分岐によって言語を切り替えていますが、フランス語やスペイン語など、さらに対応言語を増やしていくと、プログラムのあちこちに複雑なif文が混入して見づらくなってしまうことは容易に想像できるでしょう。

　このような多言語対応アプリケーションの開発で、ResourceBundleはその真の実力を発揮します。たとえば、コード4-5を改良するには、まず次の3つのプロパティファイルを作っておきます。

```
CURRENT_TIME_IS = Current time is
```
`messages.properties`

```
CURRENT_TIME_IS = 現在の時刻は
```
`messages_ja.properties`

```
CURRENT_TIME_IS = L'heure actuelle est
```
`messages_fr.properties`

　そして、次のコード7-8をコンパイルしてできるクラスファイルと同じフォルダにこれらのプロパティファイルを配置すれば、日本語環境ならば日本語で、フランス語環境ならフランス語で、その他の環境ならば英語でメッセージが表示されるようになります。

コード7-8 環境によってプロパティファイルの値を切り替える

Main.java

```
01  import java.util.*;
02  import java.text.*;
03  import java.io.*;
04
05  public class Main {
06    public static void main(String[] args) throws Exception {
07      Locale loc = Locale.getDefault();
08      System.out.println(loc.getCountry() + "-"
          + loc.getLanguage());
09      String now = (new SimpleDateFormat()).format(new Date());
10      ResourceBundle rb = ResourceBundle.getBundle("messages");
11      System.out.println(rb.getString("CURRENT_TIME_IS") + now);
12    }
```

```
13 }
```

実行結果（日本語版Windowsで動かした場合）

```
JP-ja
現在の時刻は2024/05/04 13:12
```

実行結果（英語版Windowsで動かした場合）

```
US-en
Current time is 5/04/24 1:12PM
```

すごい！　現在のロケールを見て、適切なプロパティファイル
を選んで使ってくれるんですね！

　このような動作が可能なのは、プロパティファイルの拡張子の直前に付け
る_jaや_frが、ロケールの言語コードを示しているからです。ResourceBundle
クラスは、まず、現在のロケールに対応するプロパティファイルから値を読
み取ろうとしますが、該当するファイルが存在しない場合や、ファイルが
あってもキーがない場合は、ロケール指定がないプロパティファイルの値を
利用してくれます。

よぉし、RPGができたら世界10カ国語に対応して大もうけだ！

7.4 { XML形式

7.4.1 | XMLとは

菅原さん。勇者のデータと一緒に、勇者の武器の情報も保存したいんですが……。

「ネストしたデータ構造の扱い」だね。それなら、まずは代表的な XML形式を使ってみよう。

　ここまで紹介してきた各種のデータフォーマットは、いずれもシンプルで扱いやすいものでした。しかし、CSV形式やプロパティファイル形式ではデータの内容に親子関係の構造（これを「ネスト」といいます）があるよう

図7-4 XML形式を使うと、ネストしたデータ構造も表現しやすい

な場合、その構造をそのままファイルに出力することはできません。

　そのような場合は、XML（eXtensible Markup Language）形式の利用を検討してみましょう（前ページの図7-4）。XMLはタグ（tag）と呼ばれる不等号記号で囲まれたラベルの中にデータを記述するフォーマットであり、タグの中に別のタグをネストさせ、親子関係の構造にすることも可能です。

7.4.2 | XMLの取り扱い

　XMLはとても便利そうだけど…自力で文字列解析をするプログラムを作るのはちょっと大変そうです。

　XMLを操作するAPIも標準で提供されているよ。だけど本格的に使うにはかなり複雑だから、今回は簡単に紹介だけしておこう。

　JavaではXML形式のファイルを操作するためのAPIとしてJAXP（Java API for XML Processing）が提供されています。JAXPは、javax.xml.parsersパッケージやorg.w3c.domパッケージなどから構成される比較的複雑なAPIです。

　JAXPを使ってXMLファイルの中に含まれる特定のデータを読み取るには、図7-5およびコード7-9のような手順で処理を進めます。

```
                                      ①
  <hero>                              ②
    <name>ミナト</name>
    <hp>75</hp>
    <mp>18</mp>
    <weapon>                          ③
      <name>鋼の剣</name>
      <power>7</power>               ④
    </weapon>
  </hero>
                    読み取りたいデータ
```

アクセス手順

① 文書全体（Document）を取得
　↓
② 一番外側のheroタグ（Element）を取得
　↓
③ その中のweaponタグ（Element）を取得
　↓
④ その中のpowerタグ（Element）を取得
　↓
⑤ その中の文字列情報（Text）を取得

図7-5　XMLファイルを読み取る手順

コード7-9 XMLファイルの読み取り

```java
01  import javax.xml.parsers.*;
02  import org.w3c.dom.*;
03  import java.io.*;
04
05  public class Main {
06    public static void main(String[] args) throws Exception {
07      InputStream is = new FileInputStream("rpgsave.xml");
08      Document doc = DocumentBuilderFactory.newInstance().
          newDocumentBuilder().parse(is);              // ①
09      Element hero = doc.getDocumentElement();        // ②
10      Element weapon = findChildByTag(hero, "weapon");   // ③
11      Element power = findChildByTag(weapon, "power");   // ④
12      String value = power.getTextContent();          // ⑤
13    }
14    // 指定された名前を持つタグの最初の子タグを返す
15    static Element findChildByTag(Element self, String name)
        throws Exception {
16      NodeList children = self.getChildNodes();       ⟩━ すべての子を取得
17      for (int i = 0; i < children.getLength(); i++) {
18        if (children.item(i) instanceof Element) {
19          Element e = (Element)children.item(i);
20          if (e.getTagName().equals(name)) {
21            return e;                               ━ タグ名を照合
22          }
23        }
24      }
25      return null;
26    }
27  }
```

chapter
7

8～12行目の丸数字①～⑤は
図7-5の手順との対応を示す

7.5 JSON形式

7.5.1 JSON形式とは

確かにXMLはすごく複雑なデータにも使えそうなんですが、その分APIも複雑だし、もうちょっと手軽なほうがいいかなって…。

ははは。そう言うと思ったよ。確かにXMLは大がかりだから、近年利用が広がっているJSON形式も紹介しておこう。

CSVだと力不足、XMLでは大げさ過ぎる。そんなニーズにフィットする手軽なフォーマットとして、JSON（JavaScript Object Notation）があります。もとはJavaScript（Javaとよく似た名前のプログラミング言語だが無関係）で利用されていた独自の形式でしたが、現在では幅広く用いられています。

JSON形式の主なルール

- 必ずUTF-8という文字コードで記述する。
- 原則、どこでも改行できる（リテラルの途中を除く）。
- 文字列リテラルは二重引用符で囲む。
- 整数や小数はそのままリテラルとして表記できる。
- null, true, false はそのままリテラルとして表記できる。
- []内にカンマで区切られた値で、リスト構造を表す。
- {}内にカンマで区切られたキー:値の記述で、マップ構造を表す。

※ 厳密な仕様は、RFC8259に定められている（RFC文書については第8章のコラムを参照）。

実際に、図7-5（p.242）に示したXML形式のデータをJSON形式で表現したものを見てみましょう。

```
01  {
02    "hero": {
03      "name": "ミナト",
04      "hp":75,
05      "mp":18,
06      "weapon": {
07        "name": "鋼の剣",
08        "power":7
09      }
10    }
11  }
```

hero.json

XMLをちょっとシンプルにした感じですね。

そうだね。必須ではないけれど、一般的なプログラムで使う場合には、このようにインデントで見やすく整えることをおすすめするよ。

7.5.2 JSON形式ファイルの読み書き

　JavaプログラムからJSON形式のファイルを読み書きするための標準APIとして、基本機能であるJSON-Pと、より発展的な操作を実現するためのJSON-Bが準備されています。しかし、歴史的経緯から、オープンソースライブラリであるJacksonやgsonが利用されるケースが多いようです。

　ここではJacksonを題材に、2種類の使い方を紹介しましょう。まずは、Jacksonのライブラリを構成するJARファイルがクラスパスに存在する必要があるため、次ページに掲載した手順紹介のWebサイトを参考にセットアップを行ってください。

方法1 JSONの内部構造を逐次指示してアクセスする

XMLの各タグにアクセスしたコード7-9（p.243）同様、JSON内部のマップやリストをたどってアクセスしていく基本的なアプローチです。具体的には、Jacksonに備わるObjectMapperというクラスを使ってJSONファイルの内容をJsonNodeインスタンスとして読み取り、その内容を取り出します。

コード7-10 JsonNode を利用して hero.json を読み取る

```java
01  import com.fasterxml.jackson.databind.*;
02  import java.io.*;
03
04  public class Main {
05    public static void main(String[] args) throws Exception {
06      ObjectMapper mapper = new ObjectMapper();
07      JsonNode root = mapper.readTree(new File("hero.json"));
08      JsonNode hero = root.get("hero");
09      JsonNode weapon = hero.get("weapon");
10      System.out.println("名前:" + hero.get("name").textValue());
11      System.out.println("武器:" + weapon.get("name").textValue());
12    }
13  }
```

方法2 JSONの内容に対応したクラスを準備してアクセスする

JSONファイルの規模が大きくなると、1つ目の方法ではアクセスに手間がかかってしまいます。そこで本格的なアプリケーション開発で用いられるのが、「JSONのデータ構造と同じJavaクラスを作っておき、そこにデータを保存する」という手法です。

たとえば、hero.jsonを読み書きしたい場合、まずは、JSON内部の勇者情報や武器情報に対応するよう、次に示すコード7-11のようにJsonFileData・HeroData・WeaponDataの3つのクラスを作成します。このようなクラスの

準備ができている状態であれば、JacksonのreadValueメソッドを用いて、JSONファイルの内容を関連するそれぞれのインスタンスに紐付けて連鎖的に読み取ることが可能になります（データバインディング）。

コード7-11 データバインディングでHero.jsonを読み取る

JsonFileData.java
```java
public class JsonFileData {
  public HeroData hero;
}
```

HeroData.java
```java
public class HeroData {
  public String name;
  public int hp;
  public int mp;
  public WeaponData weapon;
}
```

WeaponData.java
```java
public class WeaponData {
  public String name;
  public int power;
}
```

Main.java
```java
import com.fasterxml.jackson.databind.*;
import java.io.*;

public class Main {
  public static void main(String[] args) throws Exception {
    ObjectMapper mapper = new ObjectMapper();
    JsonFileData file = mapper.readValue (new File("hero.json"),
        JsonFileData.class);
    System.out.println("名前:" + file.hero.name);
    System.out.println("武器:" + file.hero.weapon.name);
  }
}
```

Jacksonをはじめとする各種ライブラリには、より高度で便利な機能も豊富に含まれています。詳細な利用方法については、公式マニュアルやWeb上の解説を参考にしてみてください。

JSONに比較的似ている軽量のデータフォーマットとして、YAMLという形式もある。必要に応じて調べてみてほしい。

XMLへのさまざまなアクセスアプローチ

XMLファイルからデータを取り出すアプローチには、DOM（DataObject Model）、SAX（Simple API for XML）、StAX（Streaming API for XML）などが存在しています。コード7-9（p.243）はDOMによる例ですが、より本格的な利用が必要な場合はAPIリファレンスを調べてみてください。

書き込みもJAXPで行えるが、読み取りと同じく複雑だ。簡単な内容のXMLファイルであれば、XMLタグを含めた文字列を自分で組み立ててFileWriterで出力してもいいだろう。

7.6 オブジェクトの直列化

7.6.1 ファイル保存に関する不満

うーん、結局、セーブデータの形式は、CSV・XML・JSONの
どれにしたらいいのかしらね？　どれも一長一短だし…。

ぶっちゃけ、保存した勇者の情報を後から読んで復元できれば、
ファイルの形式は何でもいいんだよね。

　ここまでCSV形式やXML形式など、さまざまなデータフォーマットを紹介
してきました。どのフォーマットを使うにせよ、勇者に関する名前やHPな
どの情報を、どのような順番で、どのような形式でファイルに書き込むかを
決定し、共有し、管理する必要がありました。

　ですが、RPGのセーブデータのようなものは「ファイルに保存したら、次
にプログラムが読むまで人間が見たり編集したりする必要はないもの」です。
このようなケースでは、開発者は各データが具体的にどのような形式で格納
されるかなど気にする必要はありませんし、できれば気にしたくはありませ
ん（図7-6）。

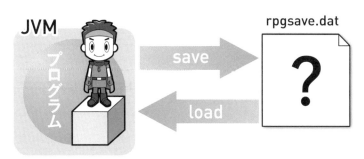

図7-6 保存した勇者の状態が元に戻りさえすれば、データの保存形式は何でもよい

それに実は別の不満もあるんだ。勇者の情報を保存するときに、いちいち各フィールドを指定しないといけないのがめんどうで…。

　これまでに紹介した方法では、勇者の情報を保存する際に、いちいち保存すべき各フィールドの情報を指定する必要がありました。また、保存した情報を読み取る場合も、コード7-12のようなプログラムを書く必要があり、「どの行が何のフィールドに相当するのか」を気にしなければならず、とてもめんどうです。

コード7-12 勇者の情報を読み取る処理

```
01  public Hero loadHeroFromFile() throws IOException {
02    BufferedReader br =
          new BufferedReader(new FileReader("rpgsave.dat"));
03    String name = br.readLine();     // 改行まで名前として読む
04    String hp = br.readLine();       // 改行までHPとして読む
05    String mp = br.readLine();       // 改行までMPとして読む
06    br.close();
07    return new Hero(
          name, Integer.parseInt(hp), Integer.parseInt(mp));
08  }
```

「形式はどうでもいいから、この勇者インスタンスの全フィールドを丸ごとファイルに保存しておいて」って命令できればいいんだけどなあ。

それじゃ、そんな湊くんのリクエストにお応えしよう。

7.6.2 Java直列化機構の概要

Javaには、1つの命令を呼び出すだけで、あるインスタンスの内容（全フィールド）を丸ごとそのままバイト列に変換したり、その逆にバイト列をインスタンスに戻したりすることができる直列化（serialization）と呼ばれるしくみが備わっています（図7-7）。

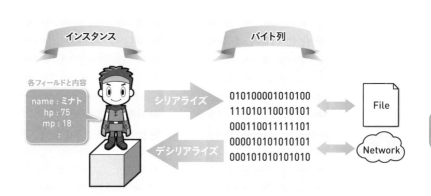

図7-7 Javaによる直列化のしくみ

直列化を使ってインスタンスの状態をバイト列に変換（シリアライズ）できさえすれば、ストリームを使ってファイルに保存したりネットワークで伝送したり、自由に行うことができます。

> 複雑なデータ構造を持っているインスタンス内の全データを、単純な0と1の羅列に「並ばせる」ことから、直列化と言われているんだ。

7.6.3 直列化の基本的な使い方

あるインスタンスを直列化してファイルに保存したり、直列化したものをインスタンスに復元したりするには、まず次のような準備作業が必要です。

直列化の準備作業

直列化されるクラスは、java.io.Serializable を実装しておく必要が
ある（メソッドのオーバーライドなどは行う必要はない）。

　たとえば、勇者インスタンスを直列化できるようにするには、コード7-13
のように Serializable を実装する必要があります。

`コード7-13` **直列化に対応した Hero クラス**

```
01  import java.io.*;
02
03  public class Hero implements Serializable {
04    private String name;  private int hp;  private int mp;
05      :
06  }
```

　あとは、java.io.ObjectOutputStream や java.io.ObjectInputStream を使え
ば、インスタンス自体をストリーム経由で保存、復元できるようになります
（図7-8、コード7-14）。

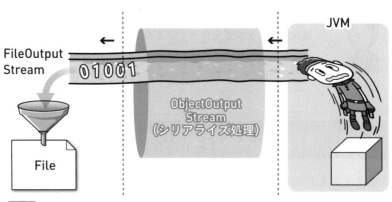

図7-8 ObjectOutputStream を使ったインスタンスの直列化と保存

コード7-14 勇者インスタンスを保存し、復元する

Main.java

```java
01  import java.io.*;
02
03  public class Main {
04    public static void main(String[] args) throws Exception {
05      Hero hero1 = new Hero("ミナト", 75, 18);
06      // ①インスタンスの直列化と保存
07      FileOutputStream fos =
            new FileOutputStream("rpgsave.dat");
08      ObjectOutputStream oos = new ObjectOutputStream(fos);
09      oos.writeObject(hero1);                 ── インスタンス→バイト列
10      oos.flush();
11      oos.close();
12      // ②ファイルからインスタンスを復元
13      FileInputStream fis = new FileInputStream("rpgsave.dat");
14      ObjectInputStream ois = new ObjectInputStream(fis);
15      Hero hero2 = (Hero)ois.readObject();    ── バイト列→インスタンス
16      ois.close();
17    }
18  }
```

7.6.4 直列化される対象

> writeObjectメソッド一発でインスタンスが丸ごと保存されちゃうなんて、すごい！ 自動的に全フィールドが対象になるんですね！

　Javaの直列化機構では、基本的にインスタンスが持つすべてのフィールドを直列化の対象とします。特に「クラス型のフィールドについても、もし直

列化が可能であれば連鎖的に直列化する」という動作はとても強力です。

たとえば、Heroクラスと Swordクラスが共に Serializable を実装しており、コード7-15のように Heroインスタンスのフィールドとして Swordインスタンスを持つような設計を考えます。このとき Heroインスタンスを直列化すれば、フィールドの内容である Swordインスタンスも連鎖して直列化されます（図7-9）。

コード7-15 連鎖的な直列化を可能にした Heroクラス

```java
01  import java.io.*;
02
03  public class Hero implements Serializable {
04    private int hp;              // 基本データ型のフィールド
05    private Sword sword;         // クラス型のフィールド
06      :
```

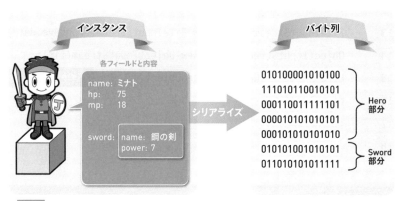

図7-9 Heroインスタンスと共に、Swordインスタンスも直列化される

ただし、次のようなフィールドは直列化の対象にならないため注意が必要です。

① Serializableを実装していないクラス型のフィールド
② staticが付いたフィールド
③ transientキーワードで修飾したフィールド

なお、図7-9の例で Swordクラスが Serializable を実装していなかった場

合、直列化の処理時にエラーは発生しませんが、出力されたバイト列には
swordインスタンス部分の情報は含まれませんので、これをObjectInput
Streamで復元すると sword フィールドが null の状態でインスタンスが復元
されてしまいます。

　直列化を利用する場合、フィールドとして保持する各クラスについても
Serializableを実装してあるかを十分に確認する必要があります。

7.6.5　シリアルバージョンUID

> 直列化は便利だけど、厳密に検討するとほかにもかなり落とし
> 穴が多い技術と言われているんだ。注意して使ってほしい。

　勇者インスタンスを直列化してファイルに保存した後、RPGのプログラム
が改良され、勇者クラス自体にもいくつかフィールドが追加されたり、削除
されたりしたとします。この状態で改良前に直列化で保存したファイルから
勇者インスタンスを復元しようとすると、矛盾した状態で復元されてしまう
ことがあります。

　そのような事故を未然に防ぐために、シリアルバージョンUIDというもの
をクラスフィールドとして宣言しておくことができます（コード7-16）。

コード7-16 シリアルバージョンUID を宣言したクラス

```
01  import java.io.*;
02
03  public class Hero implements Serializable {
04    private static final long serialVersionUID = 81923983183821L;
05      :
```

　シリアルバージョンUIDの数値はどんな値でもかまいませんが、クラス設
計が変化した場合には値を修正してください。こうしておくことで、矛盾し
た状態で復元されそうになった場合に、それをJVMが検知し例外が発生する
ようになります。

7.7 さまざまなフォーマット

7.7.1 より高度なフォーマットと操作ライブラリ

最後に、より高度で多様なファイルフォーマットについても紹介しておきましょう。高度なフォーマットの多くはバイナリ形式で複雑な構造をしているため、ライブラリなしでの操作は現実的ではありません。直接Javaプログラムから操作する機会は多くないかもしれませんが、「ライブラリを使えば操作できる」と知っておけば、いざというときに役立つでしょう。

7.7.2 Microsoft Office 形式

マイクロソフト社のWord、Excel、PowerPointは、ビジネスの世界で広く利用されているソフトウェアです。それらのファイル形式であるdocx、xlsx、pptxなどのファイルをJavaプログラムから操作するためのオープンソースライブラリとして、Apache POI（https://poi.apache.org）が広く知られています。公式サイトのガイドに従って複数のJARファイルをクラスパスに通すと、これらのファイルを読み書きすることが可能になります。

コード7-17 Excelファイルを新規作成して値を書き込む

```
01  import org.apache.poi.ss.usermodel.*;
02  import org.apache.poi.xssf.usermodel.*;
03  import java.io.*;
04
05  public class Main {
06    public static void main(String[] args) throws Exception {
07      Workbook book = new XSSFWorkbook();
08      Sheet sheet = book.createSheet("カート");
```

```
09      Row row = sheet.createRow(0);
10      row.createCell(0).setCellValue("ひのきのぼう");
11      row.createCell(1).setCellValue(5);          // 単価
12      row.createCell(2).setCellValue(22);         // 数量
13      row.createCell(3).setCellFormula("B1*C1");  // 合計金額
14      // Excelファイルとして保存
15      try (OutputStream file =
            new FileOutputStream("workbook.xlsx")) {
16        book.write(file);
17      }
18    }
19  }
```

7.7.3 アーカイブファイル形式

複数のファイルを1つにまとめるファイル形式をアーカイブファイルといい、代表的なものとしてZIP形式が知られています。Javaでは標準APIとしてZIP形式ファイルの読み書きを実現する命令をjava.util.zipパッケージに準備しています。次のコード7-18のように内部情報を表示するほか、新たにファイルを追加したり、内容を展開したりすることも可能です。

コード7-18 ZIPファイルの内容一覧を表示

BK47I
Main.java

```
01  import java.util.zip.*;
02  import java.util.*;
03  import java.io.*;
04
05  public class Main {
06    public static void main(String[] args) throws IOException {
07      try (ZipFile file = new ZipFile("rpg.jar")) {
08        for (ZipEntry e : Collections.list(file.entries())) {
```

> JARファイルも実体はZIPファイルなので開くことができる

```
09        System.out.println(e.getName() + "size="
              + e.getCompressedSize());
10      }
11    }
12  }
13 }
```

 GZIPやdeflateという形式を操作するためのAPIも同じパッケージに含まれているよ。TARやbzip2などの読み書きが必要な場合は、ライブラリ「apache-commons-compress」で実現できるだろう。

7.7.4 音声形式

　音の情報を格納したファイルも世の中には多数存在しますが、そのデータフォーマットは、サンプリング形式とシンセサイザ形式に大きく分かれます。

サンプリング形式
波としてすべての音情報を格納

声を含むあらゆる音を再生可能
ファイルサイズ：大

シンセサイザ形式
楽譜情報として格納

200程度の標準音色を使う音楽を再生可能
ファイルサイズ：小

図7-10　音情報のフォーマット

　私たちがPCやスマートフォンで音楽を楽しむために利用しているのはサ

ンプリング形式の音声ファイルです。WAVやMP3、近年ではAAC（Advanced Audio Coding）という形式が多く用いられています。音波をそのまま記録するため、人の声や特殊な楽器など、ほとんどの音を忠実に再生できます。

一方、シンセサイザ形式としてよく知られるのがMIDIファイルです。

> シンセサイザってあの、ライブとか音楽番組とかの演奏に登場する楽器のこと？

シンセサイザは、「楽譜のような情報に従って音を鳴らす機械」ですが、実はほとんどのPCも簡単なシンセサイザをCPUの内部や独自のICチップとして内蔵しています。それらの多くはMIDI（Music Instrumental Digital Interface）と呼ばれる世界標準の形式に則って、200種類程度の音色（ピアノ・バイオリン・バスドラムなど）を再生できるように作られています。世の中に流通しているシンセサイザは、製品によって、同時に発音できる音の数や再生する楽器の音色などに違いがあります。そのため、同じMIDIファイルを再生しても、使うPCや機材によって多少の違いが生じるのは避けられません。しかし、MIDIファイルは楽譜情報だけを記録しているのでファイルサイズを極めて小さくできる特徴があり、BGMなどに広く利用されています。

> Javaには、この2つの形式を扱う標準APIとして、Java Sound APIが準備されているんだ。

サンプリング形式に関するクラスはjavax.sound.sampledパッケージ、シンセサイザ形式はjavax.sound.midiパッケージのAPIドキュメントにその詳細が掲載されています。ここでは簡単な使い方の例を紹介しておきましょう。

コード7-19 オルゴールBGMとベル音声の再生

```
01  import javax.sound.midi.*;
02  import javax.sound.sampled.*;
03  import java.io.*;
04  import java.util.*;
05
```

```
06  public class Main {
07    public static void main(String[] args) throws Exception {
08      // MIDIでBGMを再生するシンセサイザ（シーケンサ）の準備
09      Sequencer seq = MidiSystem.getSequencer();
10      seq.open();
11      seq.setSequence(MidiSystem.getSequence(
              new File("xmas-bgm.mid")));
12      seq.setLoopCount(-1);    // ループ再生を行わない指示
13      seq.start();             // 演奏開始
14
15      // クリスマスのベルの音をWAVから読み取る準備
16      AudioInputStream ais = AudioSystem.getAudioInputStream(
              new File("xmas-bell.wav"));
17      Clip clip = AudioSystem.getClip();
18      clip.open(ais);
19
20      System.out.println("メリークリスマス！");
21      System.out.println("何か入力すると3回だけベルが鳴るよ");
22
23      for (int i = 0; i < 4; i++) {
24        new Scanner(System.in).nextLine();   // 任意の入力を待つ
25        clip.start();
26        clip.setFramePosition(0);
27      }
28
29      // サンプリング音声の終了
30      clip.stop();
31      ais.close();
32      // MIDIシンセサイザの終了
33      seq.stop();
```

```
34      seq.close();
35    }
36  }
```

自由に使用できる音素材のBGM用midiファイルとベル用mp3ファイルを準備し、プログラムと同じフォルダに配置して実行する（dokojavaでは再生不可）

おお！　これでボクのRPGにも、BGMと効果音を…むふふ…。

「音」ときたら、次は「画像」かな。

7.7.5 画像形式

　画像ファイルには、BMP、GIF、JPEG、PNGなど多様な形式が存在しています。通常はペイントソフトなど専用のアプリケーションを使って読み書きするこれらの画像も、Javaプログラムから操作可能です。オープンソースライブラリ「apache-commons-imaging」は多数の画像形式に対応しているほか、Java標準のAPIであるImageIOクラス（javax.imageioパッケージ）も豊富な機能を備えています。

コード7-20　JPGファイルをPNG形式に変換

```
01  import java.awt.image.*;
02  import javax.imageio.*;
03  import java.io.*;
04
05  public class Main {
06    public static void main(String[] args) throws Exception {
07      BufferedImage image = ImageIO.read(new File("minato.jpg"));
08      try (FileOutputStream fos = new FileOutputStream(
            "minato.png")) {
09        ImageIO.write(image, "png", fos);
10      }
```

```
11    }
12  }
```

※ 逆方向の変換（PNGからJPEG）やこれ以外の形式の場合、上記の処理だけでは失敗することがある（半透明情報を持つPNGをJPEGに変換する場合はその情報を除去する専用処理が別途必要になるなど）。

よーし、画像と音声をバリバリ使って、『スッキリ魔王征伐』をド派手なRPGに仕上げるぞ！　まずは勇者キャラの画像を画面中央に表示して…。

ちょっと湊、見た目ばっかり派手なゲームじゃ面白くないわよ。大事なのは中身なんだから。

ははは、大作の予感がしてきたね。でも、残念ながら画面に画像を出すのは、今はまだ難しいんだ。

　これまで私たちはJavaの基本機能だけを使っていたため、「人とコンピュータがキーボード入力と文字表示で対話をする世界」（CUI：character user interface）のプログラムしか作成できません。画面に画像やボタンなどの部品を表示したり、マウスなどで入力を受け付ける命令は、また後の章で学びましょう。

column

Javaプログラムでの印刷処理

　Javaには、画像やPDFなどをプリンタに送信して印刷するための各種機能を提供するJava Print Service APIが準備されています（javax.printパッケージ）。しかし、API自体の設計がやや独特であることに加え、印刷技術に関する前提知識が必要となるため、一般的な利用としては敷居が高いAPIです。実用上は、印刷用のライブラリや帳票ソリューションを利用するケースが多いでしょう。

7.8 この章のまとめ

CSV形式

- データをカンマで区切って格納する形式をCSV形式という。
- さまざまな種類のCSVに対応するため、ライブラリを用いることが多い。

プロパティファイル形式

- Propertiesクラスを用いて、キーと値のペアで読み書きできる。
- ResourceBundleクラスを用いて、クラスパスからファイルを検索し、ロケールに対応した値を取り出して利用できる。

XML形式とJSON形式

- XMLではタグを用いた記述により、ネストしたデータ構造を表現できる。
- JSONは、XMLより手軽な構文で、ネストしたデータ構造を表現できる。
- XMLやJSONは、各種のライブラリを用いて読み書きできる。

直列化機構

- 直列化のしくみを使うと、インスタンスを丸ごとバイト列と相互変換できる。
- 直列化に対応するためにはjava.io.Serializableインタフェースを実装する。
- 直列化が可能なクラス型のフィールドも連鎖的に直列化される。
- クラス設計の変化に備えるために、シリアルバージョンUIDの宣言を行う。

その他の形式

- 標準APIやライブラリを用いて、Microsoft Office・アーカイブ・音声・画像など、さまざまな形式のファイルをJavaから読み書きできる。

7.9 練習問題

練習7-1

次のような内容のプロパティファイル（pref.properties）があります。

```
tokyo.capital = 東京
tokyo.food = 寿司
aichi.capital = 名古屋
aichi.food = 味噌カツ
```

このファイルを読み取り、aichi.capitalとaichi.foodの内容を「名古屋：味噌カツ」の形式で画面に表示するプログラムを作成してください。

練習7-2

練習7-1を、ResourceBundleを用いて実現するプログラムを作成してください。なお、プロパティファイルはクラスパス直下に配置されているものとします。

練習7-3

次のような「社員クラス」と「部署クラス」があります。

```
class Employee {           Employee.java
  String name;
  int age;
}
```

```
class Department {         Department.java
  String name;
  Employee leader;
}
```

「総務部」のリーダー「田中太郎（41歳）」のインスタンスをJVM内に生成した

うえで、直列化機構を使ってファイルcompany.datに書き込むプログラムを作成
してください。なお、上記の2つのクラスを必要な範囲で修正してください。

chapter 8
ネットワーク
アクセス

オンラインゲームやSNSのような私たちが身近に使っている
サービスはもちろん、企業で利用される業務システムでも、
ネットワーク通信は欠かせないものとなっています。
この章でネットワークに関するAPIを学び、
Javaによる手軽なネットワーク通信の実現を体感してみましょう。

chapter
8

contents

この章のコードは、プロジェクト内に module-info.java というファイルが存在すると正しく動きません（詳細は 15.10 節にて解説）。開発ツールなどによってこのファイルが自動的に作成されている場合は削除して実行してください。

8.1 ネットワークAPIの全体像

8.1.1 高水準命令と低水準命令

> まずは、Javaが提供しているネットワークに関するAPIの全体
> 像から紹介しよう。

Javaではネットワーク通信を簡単に実現するためのクラス群をjava.net
パッケージで提供しています。たくさんのクラスが含まれていますが、大き
く分けると、図8-1のような2つのグループがあります。

本来ネットワーク通信を行うためには、IPアドレス、ポート、プロトコル
などさまざまな要素を細かく制御する必要があり、そのためにたくさんのク
ラスが準備されています（低水準API）。

一方で、「あるURLのWebページを取得したい」というようなよくあるニー
ズを手軽に実現するために、java.net.URLクラスのような高水準APIが提供
されています。

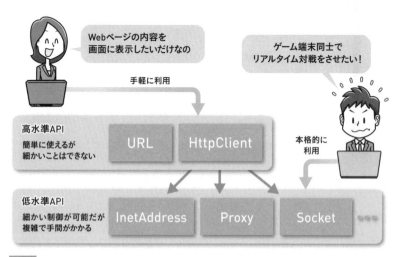

図8-1 java.netパッケージに含まれるクラス群

8.1.2 Webページを取得しよう

それではさっそく、代表的な高水準APIであるURLクラスを
使ってWebページを取得してみよう。

　私たちが普段Webブラウザを使って見ているWebページはHTML（Hyper
Text Markup Language）という専用の言葉で記述されたテキスト情報です。
ブラウザは、ユーザーが入力したURLに基づき、インターネット上からこの
テキスト情報を取得して、HTMLの指示どおりにテキストや画像を画面に表
示する役割を担っています（図8-2）。

　私たちは、java.net.URLクラスを使うと、Javaプログラムを介してイン
ターネット上にあるHTMLや画像ファイルなどを簡単に取得できます。

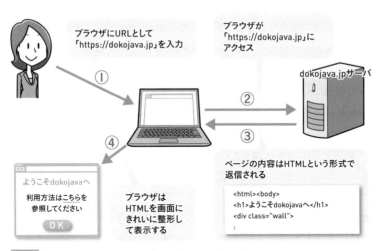

図8-2　伝送されたHTMLに従ってブラウザが画面に内容を表示する

java.net.URLクラスの利用

java.net.URLクラスを用いて、アクセスしたい情報のURLからイ
ンターネット上のWebサイトのデータを取得できる。

URL クラスを用いた Web コンテンツの取得は、次のような手順で行います。

① URL クラスをインスタンス化（new）する。

```
URL url = new URL("https://dokojava.jp");
```

② openStream() を呼び出して、データを取り出すストリームを取得する。

```
InputStream is = url.openStream();
```

③ read() を呼び出して、ストリームから1バイトずつ情報を取り出す。

```
int data = is.read();
```

ポイントは②です。呼び出しの戻り値として得られるのは第6章でバイトストリーム関連の親クラスとして紹介した InputStream インスタンス（p.214）ですが、InputStream の先は自分の PC 内のファイルではなくインターネット上の Web ページにつながっています。つながっている先がファイルか Web ページかの違いだけなので、ファイルを1バイトずつ読むのと同じように、ストリームとして処理することができます（図8-3）。

> データを取得するためにストリームを使うという考え方は、ファイルでも Web でも変わらないのね。

なお、実際に取得するデータが画像ファイルのようなバイナリデータではなく HTML のような文字データの場合、文字ストリームとして取得できたほうが便利です。そのため、データを1文字ずつ読むことができる InputStreamReader クラスと組み合わせて利用することもよくあります。

それでは実際に、https://dokojava.jp の HTML を取得して画面に表示するプログラム、コード8-1とその実行結果を見てみましょう。

Java プログラム

dokojava.jp サーバ

図8-3 Web ページにつながっているストリーム

コード8-1 https://dokojava.jp を取得する

```java
01  import java.io.*;
02  import java.net.*;
03
04  public class Main {
05    public static void main(String[] args) throws IOException {
06      URL url = new URL("https://dokojava.jp");
07      InputStream is = url.openStream();
08      InputStreamReader isr = new InputStreamReader(is);
09      int i = isr.read();
10      while (i != -1) {
11        System.out.print((char)i);
12        i = isr.read();
13      }
14      isr.close();
15    }
16  }
```

chapter 8

```
<!DOCTYPE html><html><head><base href=/ ><title>dokojava</title>
    :
```

取得できました！…けど、Webブラウザで見るようなデザインされた画面は表示できないんですか？

残念ながら難しいんだ。HTMLの中身を解析して、画面に絵として描いていく「レンダリング」という高度な処理をしなければならないからね。

column

さまざまなURL

　URLというと「http://～」や「https://～」という形のものが思い浮かびますが、ほかにもさまざまな形式のURLが存在します。URLクラスでは、次のようなURLを利用することもできます。

file URL（自分のPC内のファイル）

（例）file://c:¥Users¥minato¥Main.java
　　　file:///tmp/game.log

jar URL（JARファイル内のファイル）

（例）jar:file:///lib/game.jar!/jp/miyabilink/Main.class
　　　jar:http://example.com/app.jar!/start.txt

　たとえば、jar URLをURLクラスに指定すれば、「インターネット上からJARファイルをダウンロードして展開し、その中にあるファイルを開く」というようなことも可能です。

第Ⅱ部

8.2 | Socket を用いた低水準アクセス

8.2.1 | 低水準 API の特徴と理解の鍵

> 今度は低水準 API を見てみよう。業務システムや特殊なデバイスとの通信には欠かせないんだ。

　前節で紹介した URL クラスがたった1つで手軽に Web ページにアクセスできたことと比べると、低水準 API はクラスの種類が多く、使い方も複雑です。その理由は、「ネットワークの基本原理や概念」に従ってさまざまなクラスやメソッドが準備されていて、私たちがそれらを細かく制御できるようにしてあるためなのです。

　そこで、まずは低水準 API の理解に欠かせないネットワークの基礎知識から学んでいきましょう。

8.2.2 | TCP/IP の基礎

　複数のコンピュータをケーブルでつないだだけでは通信は成り立ちません。つながったコンピュータ同士が、定められた通信手順で正しく情報を送受信して初めて通信が行えます。

　このようなあらかじめ定められた通信手順のルールのことをプロトコル（protocol）と呼びます。そしてインターネットで使われているプロトコルが TCP/IP と呼ばれるものです。Web ページへのアクセスも、メールの送受信も、Twitter のつぶやきも、コンピュータが裏で TCP/IP の手順に従って通信を行っているからこそ実現できるのです。

　TCP/IP ではたくさんの手順を定めています。次ページの図8-4はそのうちの1つ、通信開始時の手順を表しています。①ではサーバに対して接続要求を行っていますが、このときには必ず次の2つの情報が必要です。

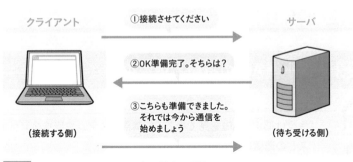

図8-4 TCP/IPで定められている通信開始時の手順

情報1　IPアドレス

IPアドレス（IP address）とは、ネットワークにつながっているコンピュータに割り振られる番号です。「127.0.0.1」のように4つの数字をピリオドで区切った形式で、基本的にはコンピュータごとに違う番号が振られます。通信を開始するときには、どのコンピュータに接続したいか（通信の相手）を指定するためにこのIPアドレスを指定します。

> java.net.URLクラスではIPアドレスではなくサーバのホスト名（「dokojava.jp」など）を渡しただけで通信できたね。あれはJavaが自動的にIPアドレスに変換してくれているからなんだ。

情報2　ポート番号

通信相手のサーバでは、いくつもの種類のプログラムが接続を待ちかまえています。たとえばメールの到着を待つプログラム、Webページの閲覧要求を待つプログラムなどがあり、それぞれのサービス（service）を提供しています。それらのサービスを区別するために、サーバ上のプログラムにはポート番号（port number）という番号が振られています。

たとえば、Webページの閲覧サービスプログラムは通常80番ポートで待機しているため、Webページの取得には80番を指定して接続する必要があります。

Webページを見るためには、「127.0.0.1のIPアドレスを持つサーバの80番ポートにつないでください」と申し込むんですね。

8.2.3 Socketを用いた接続と切断

それでは実際に、Javaプログラムからサーバへ接続する方法を紹介しよう。

TCP/IPを使って接続を行うには、java.netパッケージのSocketクラスを使います。Socketクラスを用いる一般的な手順は次のとおりです。

① IPアドレスまたはホスト名とポート番号を指定してSocketクラスをインスタンス化（new）する。

```
Socket sock = new Socket("dokojava.jp", 80);
```

② Socketから入力ストリームと出力ストリームを取得する。

```
InputStream is = sock.getInputStream();
OutputStream os = sock.getOutputStream();
```

③ 2つのストリームを読み書きする。

```
int i = is.read();
os.write("HELLO");
```

④ ソケットを閉じる。

```
sock.close();
```

ポイントは②で開いている2つのストリームです。これらはそれぞれ接続先サーバとの情報の送信と受信に使います。つまり、1つの接続で向きが異なる2つのストリームを同時に使うことになります（次ページの図8-5）。

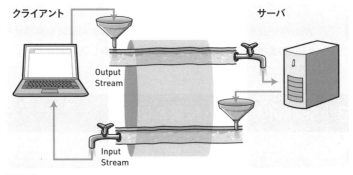

Output
Stream

Input
Stream

図8-5 1つのTCP/IPコネクション内に2つの「小川」が通っている

ちなみに、手順④のようにSocketのclose()を呼べば、入力と
出力の2つのストリームも自動的に閉じるよ。

8.2.4 上位プロトコルの利用

ストリームさえ取得できれば、読んだり書いたりするのはファイ
ルのときと同じですね。送信も受信も自由自在にできそうです。

そうね。でも、実際の通信の内容としてはどんな情報を送れば
いいのかしら？

　前項ではSocketクラスを使ってTCP/IPの接続を確立、切断する方法を紹
介しました。接続している間は接続先のサーバに対して情報を送信したり、
受信したりすることが可能です。

　しかし、「接続後にどのような情報を送ればよいか」は、TCP/IPプロトコ
ルでは規定されていません。それらは用途別にTCP/IPよりも上位のプロト
コルとして定義されています（表8-1）。

第Ⅱ部

表8-1 代表的な上位プロトコル

プロトコル名	標準ポート	用途	RFC 文書
HTTP	TCP 80	Web ページの取得	RFC2616 ほか
HTTPS	TCP 443	Web ページの取得 (暗号化)	RFC2818 ほか
SMTP	TCP 25	メールの送信	RFC5321 ほか
FTP	TCP 20/21	ファイルの伝送	RFC959 ほか
SSH	TCP 22	リモートログイン	RFC4250 ほか

　たとえば、HTTP 1.0仕様では次のような文字列をサーバに送れば、その
サーバの Web ページが取得できると定めています。

```
・GET /ファイル名 HTTP/1.0⏎

⏎
```

　この仕様に従い、Socket クラスを使って dokojava.jp サーバの index.html
を取得するプログラムが次のコード8-2です。

コード8-2 Socket を用いて Web ページを取得する

```
01  import java.net.*;
02  import java.io.*;
03
04  public class Main {
05    public static void main(String[] args) throws IOException {
06      Socket sock = new Socket("dokojava.jp", 80);        ①
07      InputStream is = sock.getInputStream();
                                                            ②
08      OutputStream os = sock.getOutputStream();
09      os.write("GET /index.html HTTP/1.0¥r¥n".getBytes());
10      os.write("¥r¥n".getBytes());
                                                   ③HTTP要求を送信
11      os.flush();
12      InputStreamReader isr = new InputStreamReader(is);
13      int i = isr.read();
14      while (i != -1) {              ③応答を受信
15        System.out.print((char) i);
```

丸数字の行はp.275の手順
①〜④に相当する

```
16      i = isr.read();
17    }
18    sock.close();                                    ④
19  }
20 }
```

URLクラスって、内部でこんな複雑なことをしてくれていたん
ですね。

そうなんだよ。ちなみに、環境によっては上記を実行すると400
Bad Requestや403 Forbiddenという応答が返ってくるかもしれ
ない。だが、そのようなHTTP応答が返ってくること自体、サー
バとのHTTP通信が成功している証拠だから、今回は心配しな
くていいよ。

ほかのプロトコルについても仕様で定められているとおりの形式、手順で
サーバに情報を送れば、通信を行うことは可能です。しかし、それらを初め
から開発するととても大変なので、第5章で紹介したApache Commonsプロ
ジェクトが提供するcommons-netライブラリなどを利用するとよいでしょう。

8.3 サーバ側ソフトウェアの開発

8.3.1 接続を待つプログラムを作る

　ここまで、「接続を行う側」であるクライアントのプログラム開発に用いるクラスを紹介しました。一方、サーバ上で「接続を待ち受ける側」のネットワークプログラムを開発する立場になることもあるかもしれません。

　たとえば、ショッピングサイトやインターネットバンキングなどは、顧客のブラウザから届くHTTPリクエストを受け付け、計算や保存を行い、その結果をHTMLとして返すプログラムです。これらはWebアプリケーション（web application）と総称されます。

　Javaを用いてWebアプリケーションを開発するには、サーブレットやJSPという専用の技術を利用します。

　Javaを用いたWebアプリ開発については、ぜひ『スッキリわかるサーブレット＆JSP入門』を参照してほしい。

　これとは別に、HTTPプロトコル以外のサーバプログラム（たとえばメールの送受信を受け付けるメールサーバ）や独自の通信プロトコルを用いるサーバを作成する場合には、低水準APIでサーバ機能を開発しなければなりません。

　しかし、本格的なサーバ側プログラムの作成方法はそれだけで一冊の本になるほど複雑で広範な内容であるため、他書に解説を譲り、ここでは次のようなシンプルな機能を持ったサーバプログラムを紹介します。

・ポート39648で通信を待ち受ける。
・接続を受け付けたら、"WELCOME" という文字列を送信し切断する。

　通信を待ち受けるには、java.netパッケージのServerSocketクラスを利用します。次のコード8-3のacceptメソッドに注目してください。

コード8-3 ServerSocket を使ったサーバプログラム

BK483
Main.java

```java
01  import java.net.*;
02
03  public class Main {
04    public static void main(String[] args) throws Exception {
05      System.out.println("起動完了");
06      ServerSocket svSock = new ServerSocket(39648);  待ち受けポート
07      Socket sock = svSock.accept();
08      System.out.println(sock.getInetAddress() + "から接続");
09      sock.getOutputStream().write("WELCOME".getBytes());
10      sock.getOutputStream().flush();
11      sock.close();  データを送信してすぐに切断
12    }
13  }
```

呼び出すと誰かから接続されるまで待ち続ける

※ 複数の相手から同時に接続を受け付けるサーバプログラムは、第16章で学ぶスレッドなどを駆使して実装する必要があります

---

column

RFC を読もう

　RFC（Request For Comment）とは、IETFという国際標準化団体がインターネット関連のさまざまな技術の標準を定め、一般に公開している文書のことです。それらの文書には番号が割り振られており、インターネットで自由に閲覧できます。私たちがネットワーク関連のプログラムを開発中に「厳密な仕様はどうなっているか」という疑問を感じた場合に、よりどころとすべき文書がRFCなのです。

　RFCではHTTP、TCP/IP、URLなどについて定められていて、現在もその数は増え続けています。

8.4 HTTP と WebAPI

8.4.1 HTTP の新たな用途

> HTTPを使ってWebページを見たいだけならURLクラス、通信を細かく制御したいならSocketクラス、と使い分ければいいんですね。

> ザックリ捉えるならそうだね。ただ、最近は、「HTTPを使ったシステム間連携」も急速に普及し始めているんだよ。

1991年に誕生して以来、Webは主に人とシステムが（ブラウザを使って）対話するための道具として使われてきました。その通信プロトコルであるHTTPは、「人がWebページを公開・閲覧するためのプロトコル」程度に考えられていて、Web上のシステム同士が複雑に連携する目的にはあまり活用されませんでした。

実際、高度なシステム間連携は「ある企業内」や「限られた企業間」など、ごく少数のシステムで行われることが一般的でしたから、システム間連携には低水準APIを活用した専用プロトコル通信を用いるのが合理的だったのです。

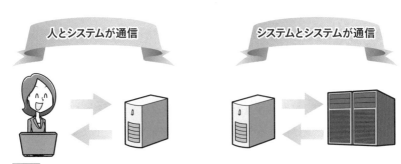

図8-6 人とシステムの通信、システム同士の通信

しかし、インターネットやスマートフォンの普及に伴い、2000年頃から
WebとHTTPの利用機会は爆発的に拡大します。そして、企業のシステムは
もちろん個人向けのアプリも、組織の枠を越えたシステム連携こそが社会の
イノベーションにとって極めて重要であることがわかってきました。そして
その実現に欠かせない「数多くの企業・個人・機材で利用できる、メジャー
でシンプルな安定したプロトコル」としてHTTPの新たな活用法が急速に広
まり始めたのです。

> その新たな活用法を理解するためにも、まずはHTTPの基礎に
> ついて学ぼう。

---

column
インターネットとWebの違い

インターネット（the Internet）とは、世界中のコンピュータがつながるネット
ワーク通信路です。その黎明期である1960〜1980年代、インターネット上を行き
来する通信は、電子メールや専用プロトコルでの通信が主でした。その後、1991
年にHTMLやHTTPが誕生すると、世界中のWebページがリンクで相互に蜘蛛の
巣のように結ばれ、ユーザーはブラウザを使ってそれぞれのサイトを辿れるよう
になりました。インターネットという通信路を使って実現されたそのしくみは
World Wide Web（または、単にWeb）と呼ばれるようになりましたが、Webと
いう用語は近年インターネット上のHTTP（HTTPS）通信を意味する言葉として
も使われています。

8.4.2　HTTPの基礎と全体像

ブラウザの裏側で行われている通信の中身について意識することはほとん
どありませんが、私たちがリンクやボタンをクリックするたびに、ブラウザ
はHTTP通信を受け付けるWebサーバと情報をやりとりしています。

ブラウザのようにクライアント側で通信を担当するソフトウェアのことを
ユーザーエージェント（UA: user agent）といいますが、近年ではその役目

を「ほかのシステムやプログラム」が担う場面が増えてきていることは前項で紹介したとおりです。

　HTTPの通信は、原則としてクライアントから始まるリクエスト（request）と、それに対するサーバからのレスポンス（response）という文字情報の1往復で完結するという特徴があります（図8-7）。

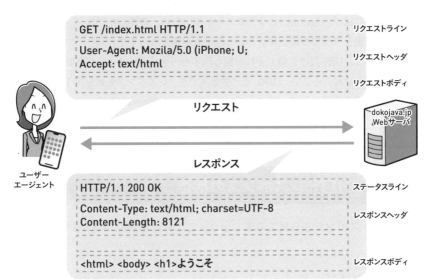

```
GET /index.html HTTP/1.1                          リクエストライン

User-Agent: Mozila/5.0 (iPhone; U;                リクエストヘッダ
Accept: text/html

                                                  リクエストボディ
```

リクエスト →

ユーザー
エージェント

← レスポンス

```
HTTP/1.1 200 OK                                   ステータスライン

Content-Type: text/html; charset=UTF-8            レスポンスヘッダ
Content-Length: 8121

<html> <body> <h1>ようこそ                        レスポンスボディ
```

dokojava.jp
Webサーバ

図8-7　HTTP通信の全体像

　このとき、Webサーバ上の何を要求するかを示すために、URL（uniform resource locator）が用いられます。たとえば、「http://dokojava.jp/test/index.html」というURLは、「HTTPプロトコルでアクセスできる、dokojava.jpサーバ上の、testフォルダ内のindex.html」を意味しています。

　私たちがリンクをクリックしたり、お買い物の実行ボタンを押したりするたびに、ブラウザはサーバにリクエストを送り、サーバは結果画面を表示するためのHTMLをレスポンスしているのね。

　そのとおり。あとは、「アドレスバーに直接URLを入力してアクセスするとき」もそうだね。実際に、どんな内容をやりとりしているのか、ちょっと中身をのぞいてみよう。

column

ファイルとリソースの違い

　「http://dokojava.jp/test/index.html」というURLにアクセスしたとき、index.htmlというファイルの中身が返ってきているとは限りません。なぜなら、Webサーバには「index.htmlにリクエストが届いたら、登録したプログラムを起動し、その結果をブラウザに返す」という設定も可能だからです。

　従って、URLだけを見てそれが指し示すものを「ファイル」だと断定することはできません。そこで、「URLでアクセスでき、レスポンスを返してくる『何か』」を意味する用語として、リソース（resource）が用いられます。

8.4.3 | HTTPレスポンスの構造

　まずはレスポンスから見てみましょう。ここには重要な情報が3つ含まれています。

1. ステータスコード（status code）

　レスポンスの1行目に含まれる3桁の数字が処理結果の概要を表すステータスコードです。アクセス先のリソースが存在しないことを意味する「404 Not Found」という表示を見たことがある人もいるでしょう。HTTPの仕様では、ほかにも次の表8-2のようなコードを定めています。

表8-2　HTTPの代表的なステータスコード

分類	コード	意味
成功 （200番台）	200	成功。レスポンスに内容を入れて返します。
転送 （300番台）	301	別のURLに引越しました。そちらを見てください。
	302	別のURLに一時移動中です。そちらを見てください。
UAが原因 のエラー （400番台）	400	リクエストの仕方が不正です。
	401	リソースへのアクセスには認証が必要です。
	403	リソースへのアクセスが禁止されています。
	404	リソースが見つかりません。

| サーバが原因のエラー
（500番台） | 500 | 処理中にサーバでエラーが起きました。 |
| | 503 | 過負荷や保守のためでサーバが応答できません。 |

2. レスポンスヘッダ（response header）

レスポンスの2行目以降に返される補助的な情報です。サーバが処理を行った時刻（Dateヘッダ）などのほか、次に続くレスポンスボディのデータ形式（HTML・画像・動画など）を表すContent-Typeヘッダも含んでいます。

3. レスポンスボディ（response body）

レスポンスヘッダの後に空の1行を挟んで送り返されてくる、レスポンスの本体情報です。たとえばWebサイトにアクセスした場合、HTMLの内容がレスポンスボディとして返されます。

8.4.4 HTTPリクエストの構造

一方のHTTPリクエストは、もう少し複雑なんだ。図8-7（p.283）の上の構造を確認しながら読み進めてほしい。

1. リソースパス（resource path）

リクエストの先頭行は、リクエストラインといいます。この行はスペースで3つに区切られますが、中央部分の「/index.html」などが、リクエストの宛先を表すリソースパスです。

あれ？　ここって「http://dokojava.jp/index.html」みたいなURL全体じゃないんですね？

たとえば、私たちが「http://dokojava.jp/index.html」というURLにアクセスしようとしたとき、ブラウザはまず先頭の「http://dokojava.jp」の部分を使ってdokojava.jpサーバの80番ポートにTCP/IP接続を確立します。その通信上で送られるリクエストラインでは、URLの残りの部分（パス以降）を使用する取り決めになっています。

2. リクエストメソッド（method）

リクエストラインの冒頭に書かれる「GET」などの英単語です。リソースに対してどのような依頼をするのかを指定するものであり、Javaのメソッドとは関係がありません。HTTPが仕様で定めるメソッドは約10種類ありますが、中でも代表的なものが表8-3に挙げた4つのメソッドです。

表8-3 HTTPの代表的なメソッド

メソッド	目的	安全性	冪等性
GET	リソースの内容を取得する	○	○
POST	リソースを追加する	×	×
PUT	リソースの内容を上書きする	×	○
DELETE	リソースを削除する	×	○

ちなみに、リンクをクリックしたとき、ブラウザはGETを送る決まりになっているんだ。アンケートフォームの「送信」ボタンを押したときはたいていPOSTのリクエストが飛んでるね。

それは「アンケートの回答をサーバに追加して！」っていうリクエストだからですね。

あれ？　表8-3ではGET以外の安全性は×になってますけど、使うと「危険」なんですか？

表8-3の安全性（safety）とは、「その操作がサーバの状態を変化させる性質がある」ことを意味する概念です。GET以外のメソッドは、サーバ上のデータを更新するために用いるものなので「更新系のメソッド」といわれることもあります。

もう1つの冪等性（idempotent）とは、同じ要求を複数回行ったとしても副作用が起きない性質のことです。たとえば購入決定ボタンの隣に、よく「2回クリックしないでください」と注意書きがあるのは、POSTメソッドが2回送られると、購入記録が二重に登録されてしまう懸念があるためです。

たとえばDELETEでは、副作用は生じない。2回目のリクエストでは、「すでに削除されています」とエラーの応答が返るだけだからね。

先輩！　そもそもDELETEのリクエストって、送信しちゃったら大変なことが起きるんじゃないですか!?

　もし「http://dokojava.jp/index.html」にDELETEリクエストを送ったら、dokojavaサーバ内のリソースを削除できるのではないかと、鋭い読者のみなさんは気づいてしまったかもしれません。事実、DELETEメソッドはそのような意味を持っています。

　実際には、勝手にWebページを書き換えたり消されたりすると困るため、世の中のWebサーバのほとんどは、DELETEやPUTメソッドを拒否するように設定されています。しかし、そのようなアクセスは「サイバー攻撃、不正アクセスと見なす行為」としてサーバ側の記録に残りますので、絶対に行わないでください。

3. クエリパラメータ（query parameter）

　GETメソッドでは、表示に関する補助的な情報としてクエリパラメータを付加できます。URLの末尾に「?」を付け、その右側に指定したものがリクエスト1行目のリソースパスにも記述されます。パラメータは「キー＝値」の形式で、複数指定する場合はそれぞれを「&」で区切るというルールになっています。

　たとえば、Googleで「スッキリJava」を検索したときにアドレスバーに表示されるURLは、おおむね図8-8のようになるでしょう。

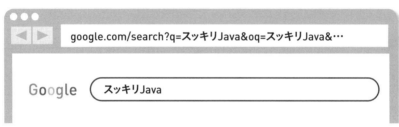

図8-8 「スッキリ Java」をGoogle検索したときのアドレスバー

非常に長いURLにアクセスしているように感じますが、検索語として「q=スッキリJava」というクエリパラメータが渡されているのが推測できます。

　「https://google.com/search」というURLは現在、ほかにも次のようなパラメータを受け付けるようです。

- 「tbm=isch」で画像、「tbm=nws」でニュース、「tbm=bks」で書籍を検索する。
- 「num＝数字」で最大表示件数を指定する。

> すごい！　アドレスバーに `https://google.com/search?q=Java&tbm=nws&num=3` って入力したら、本当にJavaに関するニュースが3件だけ表示されました！

　湊くんはブラウザでGoogleのURLにアクセスしましたが、もちろんこの章で学んだURLクラスやSocketクラスを使ったアクセスも可能です。

```
System.out.println("検索したい用語を入力してください");
String keyword = new Scanner(System.in).nextLine();
URL google = new URL("https://google.com/search?q=" + keyword);
InputStream is = google.openStream();
    :
```

4. リクエストヘッダ（request header）

　リクエスト通信自体に関する補足的な情報を記述します。リクエストボディのデータ形式を示すContent-Typeヘッダや、期待する応答形式を示すAcceptヘッダ、URLの先頭部分として入力された部分を示すHostヘッダなどが代表的です。

5. リクエストボディ（request body）

　主にPOSTやPUTメソッドで利用され、サーバに追加・上書きする内容を記述します。GETやDELETEの場合は送るべき情報がないため、通常は空で送信されます。

先輩、ふと思ったんですが、クエリパラメータを付けてリクエストを送るのって、なんだか Java のメソッド呼び出しに似てませんか？

さすが朝香さん。まさにその考え方が、「新時代の Web 活用」の鍵なんだ。

chapter 8

　自分の作成した Java プログラムから Google の検索 URL にさまざまなクエリパラメータを送ると結果が返ってくるという構図が、引数を渡す Java のメソッド呼び出しに似ていると感じた人もいるでしょう。捉え方によっては、「インターネット上に公開されている search というメソッドに q や tbm などの引数を指定して API として呼び出し、検索結果という戻り値を得ている」といえなくもありません。

　Google のほかにも、たとえば日本のすべての出版物の情報が収蔵される国立国会図書館では、「書籍の ISBN などを送信すると、その本の情報を検索してくれる」URL を一般に公開しています。

試しに、`https://iss.ndl.go.jp/api/sru?operation=searchRetrieve&query=isbn=4295017936` にアクセスしてみてごらん。

ええっと…あ、これ「スッキリわかる Java 入門 第4版」の情報が XML 形式（p.241）として返ってきてるんですね？

そっか、人じゃなくてシステムからアクセスする場合は、XML で返ってきたほうが、取り出して活用しやすいですものね。

　このように、人が見るための Web ページを返すだけでなく、主にシステムから届いたクエリパラメータに応じて、さまざまな処理をして結果を返す

Webシステムと URL の公開が近年増えてきました。これらは「HTTP でアクセスする Web 上に公開された API」という意味で、WebAPI と呼ばれています。

たとえば、Twitter や Facebook といった SNS サービスも WebAPI を公開しており、自分のプログラムから HTTP を送ってタイムラインを取得したり、メッセージを投稿したりすることも可能です。

WebAPI の活用

HTTP 経由で依頼された高度な処理を行って結果を返すしくみを WebAPI と呼び、これを活用したサービスやシステム間連携が増加している。Java プログラムからも HTTP リクエストを送信することでさまざまな WebAPI と連携するアプリケーションを手軽に開発することができる。

8.4.6 WebAPI 仕様と REST

WebAPI、超すごいじゃないですか！ URL クラスで気象庁の WebAPI からお天気情報をとってきて、バトルシーンにリアル世界の天気を反映するなんてこともできちゃうんですよね？

面白いアイデアだね。でも本格的に WebAPI の活用を考えるなら、URL クラスだけでは少し厳しいかもしれないよ。加えて、ある「哲学」を知っておくと有利なんだ。

現在、さまざまな WebAPI が提供されていますが、それぞれの開発元が定めた仕様を WebAPI リファレンスとして公開しているのが一般的です。

公開されるWebAPI仕様

① どのようなURLに（エンドポイントURL）
② どのようなメソッドで
③ どのようなパラメータを付けて送ると
④ どのような動きをして
⑤ どのようなレスポンスが返るか

　たとえば、「(サービス名) WebAPI リファレンス」などで検索すると、実際のWebAPIリファレンスを参照することができます（図8-9）。Twitterや YouTubeなどのほか、普段利用しているさまざまなサービスについて、WebAPI リファレンスが公開されていないか探してみるのもよいでしょう。

> WebAPIリファレンスには専門的な記述が含まれていることも多い。開発者登録をしないと利用できないものもあるから、今の段階では雰囲気を感じ取れれば十分だ。

chapter
8

NHK 番組表API

TOP　APIステータス　お知らせ　FAQ　新規登録　ログイン

ProgramList API (Ver. 2)

放送地域、サービス（放送波）を指定することで、現在放送している番組情報を取得することが可能です。

Resource URL

https://api.nhk.or.jp/v2/pg/list/{area}/{service}/{date}.json?key={apikey}

Resource Infomation

項目	説明
リクエスト制限	なし
認証	APIキーによる認証
HTTP メソッド	GET
レスポンスフォーマット	json

（出典：NHK 番組表APIリファレンス　https://api-portal.nhk.or.jp/doc-list-v2-con）

図8-9　WebAPIドキュメントの例

いろいろな会社のWebAPIを見てみましたが、結構作りがバラバラなんですね。URLの形式とか、レスポンスとか…。

　さまざまな企業や組織がWebAPIを公開し始めた当初、その設計は各社バラバラでした。今でも完全に統一はされていませんが、「優れたWebAPIの基本構造や設計ノウハウ」が幅広く蓄積され、活用されつつあります。中でも有名なのがREST（REpresentative State Transfer）と呼ばれる次のような設計哲学です。

RESTによるWebAPIの設計哲学

・システムが扱う現実世界の概念をURLとして表現する。
・URLに対して、HTTPが定めるGET・POST・PUT・DELETEのメソッドを本来の意味に基づいて用い、リソースを操作する。
・レスポンスには通常、JSON形式を使う（まれにXML形式）。

現実世界の概念をURLとして実現…？　どういうことですか？

文章で読むとわかりにくいけど、実例を見れば理解できるはずだよ。

　たとえば、ある映画館が新しいWebAPIを公開しようとした場合、RESTを意識しないと次のように設計されるかもしれません。

映画情報取得 [GET] 　http://example.com/getMovieInfo?title=○
座席予約 　　[POST] http://example.com/reserve?title=○&date=△
キャンセル 　[POST] http://example.com/cancel?reserveNo=□

　このような設計も1つの答えではあります。しかし、RESTの哲学に沿ってWebAPIを設計しようとすると、まずはオブジェクト指向と同様に、「映画予

約に登場する現実世界の概念」を URL とします。今回の場合、映画作品を意味する movie と、座席予約を意味する reservation の 2 つの概念を元に、4 つの URL を定めます。

A) すべての映画　　　　　　　　→ http://example.com/movies
B) ある映画（管理番号●番）　　→ http://example.com/movies/●
C) すべての座席予約　　　　　　→ http://example.com/reservations
D) ある座席予約（予約番号■番）→ http://example.com/reservations/■

> なるほど…。たとえば、「http://example.com/reservations/3810」なら、予約番号3810番の座席予約なんだね。

　次に、それぞれのリソースに対して、GET・POST・PUT・DELETEを送ったときの動作を、HTTPメソッド本来の意味を考えながら決めます（表8-4）。

表8-4 ある映画館の REST に基づいた WebAPI 設計

	GET （取得）	POST （追加）	PUT （上書き）	DELETE （削除）
movies （全映画）	全映画情報の取得	新作映画情報の追加	×	全映画情報の削除
movies/● （ある映画）	指定した映画情報の取得	×	指定した映画情報の修正	指定した映画情報の削除
reservations （全予約）	全予約情報の取得	新規予約の追加	×	全予約情報の削除
reservations/■ （ある予約）	指定した予約情報の取得	×	指定した予約情報の修正	指定した予約のキャンセル

　RESTに準じて設計されたWebAPIは、URLとメソッドの組み合わせが「何に対して」「どのようにするか」を表しており、体系がスッキリと整理されて全体を把握しやすい構造になっています。特に、近年公開されるWebAPIの多くがRESTの考え方に基づいて設計されています。

RESTは一種の哲学であり、1冊の本になるほど奥が深い。ただ、今回紹介した概念の基礎を知っておくだけで、多くのWebAPIリファレンスを読み解きやすくなるはずだよ。

菅原さん、さっそく試しにURLクラスを使ってWebAPIにアクセスしようと思ったんですが、うまくいかなくて…。

URLクラスは、GETリクエストを送るぶんには手軽な道具だけど、より詳細な指定をするには別の方法が適しているんだ。

URLクラスは、指定したURLにGETリクエストを送る用途に限れば、非常に手軽な道具です。しかし、PUTやPOSTなどの利用や、複雑にレスポンスを取り扱うには、java.net.http.HttpClientクラスが便利です。

HttpClientクラスを利用する大まかな手順は、次のとおりです。

1. HttpClientインスタンスを生成する

リクエスト送信の中心的役割を果たすHttpClientインスタンスを生成します。ただし、new演算子ではなく、HttpClientクラスの静的メソッドであるnewBuilder()および各種の設定メソッドを連鎖的に呼び出していき、最後にbuild()を呼ぶという特有の手順を踏みます。

```
HttpClient client = HttpClient.newBuilder()
    .version(Version.HTTP_1_1)          // HTTP1.1を使用
    .followRedirects(Redirect.NORMAL)    // 30X応答で転送先に自動訪問
    .build();
```

newBuilder()とbuild()の間では、上記の例以外にも、接続タイムアウト制限を指定するconnectTimeout()、中継サーバの設定を行うproxy()など、さ

第Ⅱ部

まざまなメソッドを利用することができます。

2. HttpRequest インスタンスを生成する

送信するリクエストの内容を含むHttpRequestインスタンスを生成します。
こちらも、newではなくnewBuilder()とbuild()の間で各種の設定用メソッ
ドを呼び出します。

```
HttpRequest request = HttpRequest.newBuilder()
    .uri(URI.create("http://example.com/movies"))      // URL設定
    .GET()                                             // メソッド指定
    .build();
```

POSTやPUTを送信する場合は、引数にHttpRequest.BodyPublisherとい
う特殊なクラスを用いて、HTTPリクエストボディに含めるパラメータを指
定します。たとえば、JSON形式の情報をPOST送信する場合、次のように
記述します。

```
HttpRequest request = HttpRequest.newBuilder()
    .uri(URI.create("http://example.com/movies"))   // URLの設定
    .header("Content-Type", "application/json")       //ヘッダの追加1
    .header("Accept", "application/json")             //ヘッダの追加2
    .POST(HttpRequest.BodyPublisher.ofString(
      "{¥"name¥": ¥"スッキリ魔王征伐THE MOVIE¥","
      + " ¥"director¥": ¥"minato¥"}"
    ))                                               // メソッドとボディの指定
    .build();
```

3. リクエストの実行と HttpResponse の取得

HttpClientでは、2通りのリクエストの送信方法があります。1つは送信し
てレスポンスが返ってくるまで待つ同期方式（synchronous）、もう1つはレ
スポンスを待たず送信のみ行う非同期方式（asynchronous）です。また、送
信時にレスポンスボディのデータ形式を指定する必要がありますが、今回は

最もシンプルな「同期方式でリクエストを送り、レスポンスはStringとして
扱う」例を紹介します。

```
HttpResponse<String> response = client.send(request,
    HttpResponse.BodyHandlers.ofString());  // 同期方式でリクエスト
String body = response.body();              // レスポンスボディ
int status = response.statusCode();  // レスポンスのステータスコード
```

　HTTPリクエストを送信するには、ほかにもさまざまな汎用ライブラリを
利用する方法があります。著名なWebAPIでは、WebAPIリクエストを送信
する機能を持つJavaライブラリを提供していることもあります。

> 実務ではさまざまなライブラリを使うだろうし、API自体も変
> 化していくだろう。だからこそ、枝葉である細かな文法より、
> HTTPやWebAPIそのものの本質的な理解を大切にしてほしい。

column

HTTPのバージョン

　通信プロトコルHTTPは、時代とともに進化してきました。本書では、世の中
に最も普及し、入門学習にも適しているHTTP 1.1をベースに解説しています（一
部ではHTTP1.0）。近年では通信効率や機能をより高めたHTTP/2やHTTP/3の利
用も広がり始めていますが、基本原理は1.1と同様です。

column

GraphQL

　WebAPIの代表的な設計手法として紹介したRESTですが、複雑な情報を扱う
場合はリクエスト回数が増えるなどの考慮点も指摘されています。開発現場では、
RESTによる通信効率の低下を避けるための工夫が実践されるほか、GraphQLな
ど新たなWebAPI設計手法の活用も広がりつつあります。

8.5 この章のまとめ

URLクラスを用いた高水準アクセス

- URLクラスを用いることで手軽にWebページを取得できる。
- openStreamメソッドによって、サーバ側のWebページの内容を取り出すストリームを取得できる。

Socketクラスを用いた低水準アクセス

- Socketクラスを使ってTCP/IP接続を行うことができる。
- 接続に際しては、IPアドレスまたはホスト名とポート番号を指定する。
- 接続後のデータ書式や通信手順は、上位プロトコルで定められている。
- ServerSocketクラスを使うと、指定したポート番号で接続を待ち受けるサーバプログラムを作成できる。

WebとHTTP

- インターネット上のWebサーバにアクセスしてページを取得し、リンクでほかのページを辿れるしくみをWebという。
- Webでは、HTTPというプロトコルが利用され、1往復のリクエストとレスポンスで完結する。
- リクエストやレスポンスの内部構造の詳細はRFCで定められている。

HttpClientクラスを用いた高水準アクセス

- 別のシステムからHTTPで接続を受け付け、連携して動作するWebAPIが普及している。
- HttpClientクラスを用いると、メソッド・パラメータ・本文などを細かく指定してHTTP通信を行える。
- 代表的なWebAPIの設計哲学として、RESTがある。

8.6 練習問題

練習8-1

URLクラスを用いて、以下のURLにある画像ファイルを取得し、所定の名前で自分のPCに保存するプログラムを作成してください。

- **画像ファイルのアドレス**　　https://dokojava.jp/favicon.ico
- **保存先のフォルダ**　　　　（どこでもよい）
- **保存する際のファイル名**　　dj.ico

練習8-2

以下のような形式のデータを送ると、メールを送信してくれるサービスが「smtp.example.com」の60025番ポートで動作しているとします。

上記のデータをサーバに送り、メールを発信するプログラムを作成してください。ただし、サーバに送るデータの改行コードには¥r¥nを使うものとします。

練習8-3

　GitHubというWeb上のサービスがあります。このサービスでは、登録ユーザーの情報などをWebAPIから操作でき、その仕様は以下の場所に公開されています。

https://docs.github.com/ja/rest/reference

　HttpClientとJacksonを用いて、ユーザー「miyabilink」の情報を取得し、そのブログサイトのURLを画面表示するプログラムを作成してください。

（練習8-3のヒント）

1. 上記URLのWebAPI仕様にアクセスできることを確認します。WebAPIリファレンスのURLが変更になるなどしてアクセスできない場合は、「GitHub WebAPIリファレンス」などで検索してみてください。
2. このWebAPI仕様では、「現実世界のGitHubユーザーを意味するURL」がRESTの哲学に沿って定められていますので、それに関する解説を探します（一部は英語表記となっている場合があります）。
3. 「全ユーザー」ではなく、「miyabilink」という1ユーザーを意味するURLの姿を考えます。
4. 「miyabilinkユーザー」を意味するURLに、どの種類のHTTPメソッドを用いてリクエストを送れば、そのユーザーの情報（ブログURLを含む）を得られるかを考え、リファレンスの表記を確認します。
5. 「miyabilinkユーザー」の情報を取得するリクエストを送ったときにサーバから返されるレスポンスボディの形式がどのようなもので、特にブログURLの情報はどのようにして抽出すればよいかを検討します。
6. 「miyabilinkユーザー」の情報を取得するWebAPIの呼び出しには、特別な認証情報の追加は不要です。WebAPIリファレンスで定められているリクエストヘッダを確認し、JavaプログラムからHTTPリクエストを送信してみましょう。

chapter 8

chapter 9
データベース
アクセス

より大量のデータを正確に、安全に、そして効率的に
保存したり検索したりする必要があるプログラムでは、
前章で学んだファイルではなく「データベース」が利用されます。
この章では、Java でデータベースを操作する方法について紹介します。

contents

この章のコードは、プロジェクト内に module-info.java というファイルが存在すると正しく動きません（詳細は 15.10 節にて解説）。開発ツールなどによってこのファイルが自動的に作成されている場合は削除して実行してください。

9.1 データベースとは

9.1.1 データベースとは

おはよう。昨夜は、来月から2人を受け入れるプロジェクトチームのリーダーさんと一杯飲んできたよ。すごく期待してるってさ。

いよいよ私たちも、実際のシステム開発に携わるんですね。あとは何を勉強しておけばよいですか？

そういえば、データベースまわりを手伝ってもらうとか言ってたから、そのためのAPIを紹介しておこう。

　プログラムのデータ保存先として最も基本的なものが、第6章で学んだファイルです。しかし、業務で開発するような本格的なプログラムの場合、ファイルではなく**データベース**（DB: database）がよく使われます。

　データベースの実体は、**常時稼働してデータの格納や検索に関する要求を待ち受けるプログラム**です。このプログラムは**データベース管理システム**（DBMS: DataBase Management System）と呼ばれます。DBMSもその裏ではファイルを使ってデータを保存しています（図9-1）。

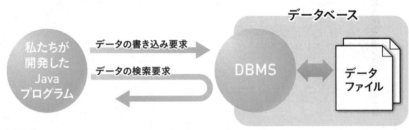

図9-1　データベースは、外部からの要求を受け付けてデータを処理する

特に、データを複数の表の形で整理して保存、管理する**リレーショナルデータベース**（RDB: Relational DataBase）という種類のデータベースが広く用いられています。単に「データベース」という言葉が使われる場合はRDBのことを指していると考えればよいでしょう。

　私たちが開発するJavaプログラムからRDBに対してデータの書き込みや読み取りを行うためには、ファイルのときのようなストリームは使いません。その代わり、SQLというデータベースを操作する専用の言語で書かれた命令をRDBに送ります（図9-2）。

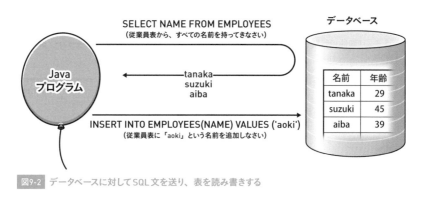

図9-2 データベースに対してSQL文を送り、表を読み書きする

9.1.2 データベースの特長

えぇ～、また新しいことを覚えなきゃいけないんですか…。データを保存できればいいんですから、ファイルを使えばいいじゃないですか？

もちろんファイルを使ってもいいよ。でも最終的にはデータベースを使ったほうがラクなことも多いんだ。

　湊くんが作成しているRPGを例に、ファイルよりもデータベースが優れている点をいくつか紹介しましょう。

　仮に、c:¥monsters.csvというファイルに80種のモンスターに関する情報（名前、HP、MP、経験値など）が格納されているとします。もし勇者が「ゴ

ブリン」に遭遇して戦闘が始まったら、RPGのプログラムはmonsters.csv内の「ゴブリン」に関する行を読み込んで、ゴブリンのHPやMPを準備しなければなりません。このときのプログラムは図9-3のように比較的複雑なものになるでしょう。

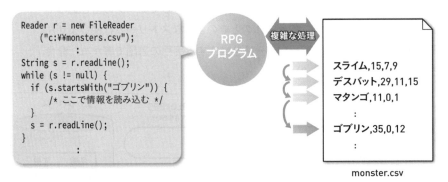

```java
Reader r = new FileReader
    ("c:\\monsters.csv");
         :
String s = r.readLine();
while (s != null) {
  if (s.startsWith("ゴブリン")) {
     /* ここで情報を読み込む */
  }
  s = r.readLine();
}
         :
```

RPG
プログラム

複雑な処理

スライム,15,7,9
デスバット,29,11,15
マタンゴ,11,0,1
   :
ゴブリン,35,0,12
   :

monster.csv

図9-3 大きなCSVファイルを1行ずつ読んで、目的のデータを探さなければならない

目的の行が見つかるまで、1行ずつ読んでいかなければならないのね。

この例は、データ検索の中でもまだ単純な部類です。RPGをより高度に発展させようとすると「すべてのモンスターの中から、HPが30以上かつMPが5以上のものを全部探し出す」という複雑な検索が必要になるかもしれません。このような複雑な検索の処理をJavaで記述することも不可能ではありませんが、とても大変ですし、処理に時間もかかるでしょう。

しかし、同じことをRDBで行う場合は、SQLを使って「たった1行の検索の指示」を出すだけで済みます。実際にファイルに記録されているデータを検索するめんどうな仕事は、DBMSが行ってくれるからです（図9-4）。

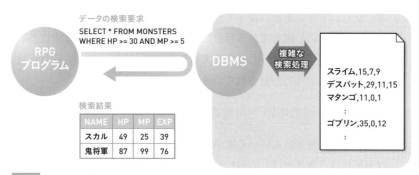

データの検索要求
SELECT * FROM MONSTERS
WHERE HP >= 30 AND MP >= 5

RPG
プログラム

DBMS

複雑な
検索処理

スライム,15,7,9
デスバット,29,11,15
マタンゴ,11,0,1
　　　：
ゴブリン,35,0,12
　　　：

検索結果

NAME	HP	MP	EXP
スカル	49	25	39
鬼将軍	87	99	76

図9-4 DBMSに検索の依頼をするだけでよい

データベースのメリット

- 複雑なデータ検索や書き込みも簡単に行える。
- Javaプログラムの中で複雑なデータ処理を記述する必要がない。

データベースにデータの検索や書き込みの処理を任せると、自分の開発が
ラクになる以外にも次のようなメリットがあります。

メリット①　高速に処理できる

データベースは、大量のデータの記録と検索に特化したソフトウェアです。
どうすれば高速に検索や更新ができるか、専門家による長年の研究に基づい
たさまざまな手法やアイデアが盛り込まれています。

そのため、データベースによるデータの記録と検索処理は、私たちがJava
で独自に開発するファイルを用いた処理よりも圧倒的に高速であることがほ
とんどです。たとえば図9-3のように、たった1行を探す場合でも、データ
ベースは上から順に探すような単純で遅い方法ではなく、何倍も高速な手法
を使います。

メリット②　同時に複数のプログラムから利用できる

ファイルは複数のプログラムから同時に読み書きされると、中身が壊れた
り正しくないデータを保存してしまう恐れがあります。一方、データベース
は、複数のプログラムから同時にアクセスされてもデータが壊れることはな

く、常に正しいデータを読み書きできる機構を備えています。

　たとえば、銀行の心臓部である預金口座データベースには、日本中にある支店とATMから絶え間なく、しかも膨大な処理要求が届きますが、それらを正確に処理できるように設計されています。

メリット③　処理の中断や異常事態に強い

　もしファイルを書き込んでいる途中でプログラムが強制終了してしまったら、ファイルは「書きかけ」の壊れた状態になってしまいます。次にプログラムを起動しても正常に処理を継続することはできないでしょう。

　一方、データベースには、「書き込みの途中で異常が起きたら、書き込み前の状態に戻す」というデータを保護する機能が備わっています。そのほか、あらかじめ設定された検査ルールに従っていないデータが格納されそうになったらエラーを出す「格納データの自動チェック機能」など、データを保護し異常事態に備えるしくみが充実しています。

> データベースって、上手に使えばファイルより速くて便利なんですね。

9.1.3　代表的なデータベース製品

　この章の冒頭で紹介したとおり、データベースの実体はプログラムです。購入または入手したDBMSをコンピュータにインストールすることによって利用が可能になります。商用のDBMSは各社から提供されていますが、特に次の3つの製品が世界的に有名です。

- Oracle Database　（オラクル社）
- Db2　（IBM社）
- SQL Server　（マイクロソフト社）

　また、近年では次のようなオープンソースのDBMSも広く使われています。無保証ですが多くは無料で利用できますので、学習目的にも適しています。

- MySQL （https://www.mysql.com）
- MariaDB （https://mariadb.com）
- PostgreSQL （https://www.postgresql.org）
- SQLite （https://www.sqlite.org）
- H2 Database （https://www.h2database.com）

　これからデータベースについて学習を進めていくためには、何らかのDBMSを入手してインストールする必要があります。

　今回は、比較的手軽に導入できるH2 Databaseを用いた例で解説を進めていきます。下記の利用手順を紹介したWebサイトを参考にH2 Databaseのセットアップを行い、JARファイルを適当なフォルダに配置してください。この章に掲載したプログラムは、このJARファイルにクラスパスが通っていることを前提としています。

H2 Databaseの利用手順
https://devnote.jp/h2

column

JVM内部でプログラムと同居するDBMS

　多くのDBMSは、アプリケーションプログラムとは完全に独立して動作しています。そのため、データベースを利用するには、プログラムの開発とは別に、DBMSのインストールや設定作業が必要になりますが、初心者には荷の重い作業です。

　今回紹介するH2 DatabaseはJVMの内部で動作するDBMSであるため、H2 DatabaseのJARファイルをクラスパスに追加するだけで利用可能になります。ほかのDBMSに比べて導入が簡単であることから、本書ではH2 Databaseを使用しています。

9.2 データベースの基本操作

9.2.1 データベースの基本構造

Javaからデータベースにアクセスする前に、データベースの基本構造を知っておこう。

前節で紹介したように、データベースはデータを管理するために、複数の表（table）を内部に保持しています。表は列（column）と行（row）で構成され、1つの行が1件のデータに相当し、列はデータの要素に相当します。

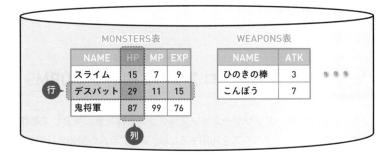

図9-5 データベースは複数の表を使用してデータを格納する

データベース内の表は、必要に応じていくつも作ることができます。それぞれの表がどのような列を持つのかは、事前に設計して決めておきます。

表でデータを管理するなんて、表計算ソフトみたいですね！

そうだね。でも、表計算ソフトと違うのは、SQLを使ってデータを読み書きするところだよ。

9.2.2 4つの基本操作

　私たちはJavaのプログラムからデータベースに対して、さまざまなデータ操作の要求を行うことができます。なかでも最も重要かつひんぱんに利用されるのが、検索、挿入、更新、削除の4つの基本的な操作です。

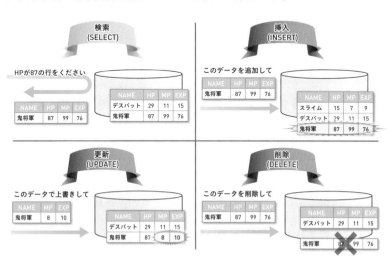

図9-6 データベースの表に対する4つの基本操作

　これら4つの操作を行うためには、データベースに対してSELECT、INSERT、UPDATE、DELETEそれぞれのSQL文をDBMSに送信する必要があります。4つの操作のうち、SELECT以外の3つはデータベース内のデータを書き換えるものであり、「更新系の操作」と総称されることがあります。

　なお、SQLの詳細な文法や具体的な書き方については、『スッキリわかるSQL入門』などの書籍やWebの記事を参照してください。

　ここからは、「JavaプログラムからSQL文をどのようにデータベースに送信するか」に焦点を当てて解説を進めます。

9.2.3 データベースとの接続

　本格的なデータベースシステムの多くは、Javaプログラムが動くコンピュータとは別のサーバにDBMSをインストールします。そのため、データベース

にはネットワーク経由でアクセスします。

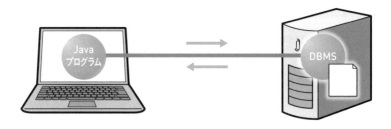

図9-7 多くの本格的なシステムでは、JavaプログラムとDBMSは別のマシンで動く

学習やテストの目的では、この2つを1台のPCに導入することもある。1台のマシンに同居しているけれど、「プログラムとDBMSが通信して動作する」ことに違いはないよ。

私たちのJavaプログラムがDBMSにSQL文を送信するためには、事前にDBMSとの接続を確立しなければなりません。その後、処理に必要となるSQL文を必要な回数だけDBMSに送信してデータの読み書きを行います。そして、SQL文の送信が終わったら、忘れずに接続を切断することが重要です。

一般的なデータベースへのアクセス手順は、図9-8のようになります。

STEP 1 最初に1回 DBMSに接続する

STEP 2 必要な回数 DBMSにSQL文を送信し、データの読み書きを行う

STEP 3 最後に1回 DB接続を切断する

図9-8 データベース操作の基本的な手順

ファイル操作の手順とそっくりですね。…ってことは、STEP3の操作は必ずfinallyの利用が必要になりますね！

9.2.4 データベース利用のためのAPI

先輩。DBMSに接続してSQL文を送るために、ひょっとして第8章で学んだSocketクラスとかを使うんですか？

いや、その必要はないよ。データベースアクセス専用のAPIがJavaには準備されているんだ。

Javaでは、JDBC（Java DataBase Connectivity）というデータベース操作専用のAPIが提供されています。具体的には、次の表9-1のようなクラスがjava.sqlパッケージに含まれています。

表9-1 java.sqlに含まれる主なJDBC API

名称	用途
DriverManager	DBMS への接続準備のために利用する
Connection	DBMS への接続や切断の際に利用する
PreparedStatement	SQL 文を送信する際に利用する
ResultSet	DBMS から検索結果を受け取る際に利用する

へっ？…たった4つですか？

よく使うのはこの4つだよ。しかも、この4つを覚えれば、ほとんどのデータベースは同じようにJavaから操作できるんだ。

すでに紹介したように、世の中にはたくさんの種類のDBMSがあります。各DBMSは基本的に互換性がないので、従来は利用するDBMSごとに用意された専用のAPIを使ってJavaからDBMSを操作していました。そのため、もし利用するDBMSの種類を変更しようとした場合、呼び出すべきクラス名もメソッド名もまったく違うものに変更する必要があり、プログラムにはたくさんの修正が必要だったのです。

そこでJDBCは、ドライバ（driver）と呼ばれるDBアクセス用ライブラリを各DBMSごとに準備して、この課題を上手に解決しています。

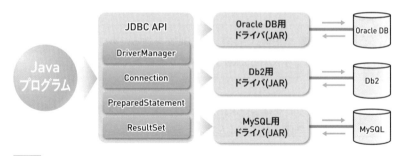

JDBCドライバがあることで、共通の方法で操作できる

　たとえば、私たちのJavaプログラムからDb2を利用したい場合、Db2用のJDBCドライバを準備します。JavaプログラムでJDBC APIを利用すれば、その裏方としてJDBCドライバが動き、Db2データベースとのネットワーク接続やSQL文のやりとりを行ってくれます。将来もしも利用するDBMSを変更することになったとしても、利用するJDBCドライバを変更するだけでよく、Javaプログラムへの修正は最小限に抑えられます（図9-9）。

　各DBMSのJDBCドライバはJARファイルとして提供されていますので、それぞれのDBMSの開発元より入手してください。なお、プログラム実行時には、JDBCドライバのJARファイルにクラスパスを通すことを忘れないようにしてください。

実はJDBCドライバにはいくつかの種類（TYPE）がある。種類によってはJARファイルの配置以外にも準備が必要なこともあるから、それぞれのDBMS製品のマニュアルを参照してほしい。

9.3 ＼ データベースの接続と切断

9.3.1 JDBCをマスターするコツ

それじゃ、いよいよ JDBC を使ったプログラミングの開始ですね。

そうしよう。データベースを使ったプログラムは、「パターン」で覚えていくことがコツだよ。

　実は、JDBCを使ったプログラムの書き方には、あまりバリエーションはありません。一部のケースを除けば、ある程度パターンが決まっており、その組み合わせで対応できることも多いでしょう。

　ですから、まずは理屈抜きでパターンを丸暗記してマネするのが上達への早道です。そして、それぞれの命令の意味を理解し、最終的には自由に命令を組み合わせることができるようになることを目指してください。

9.3.2 基本パターン

データベースを使うすべてのプログラムで共通するのが、「接続」→「SQL送信」→「切断」というパターンだ。まずはこれをしっかり覚えよう。

　ゲームであれ、金融システムであれ、JDBCを使うほぼすべてのプログラムに共通するのが図9-8（p.310）で示した3ステップの手順です。まずはこの基本の手順について、Javaでどのように記述すればよいのかを見ていきましょう。

　図9-8の3ステップに事前準備のステップ（STEP 0）を加えて、Javaで記述したものが次ページのコード9-1です。

コード9-1 JDBCを操作する基本パターン

BK491
Main.java

```java
01  import java.sql.*;          java.sqlをインポートしておく
02    :
03    // STEP 0: 事前準備 (JAR配置を含む)
04    try {
05      Class.forName("org.h2.Driver");
06    } catch (ClassNotFoundException e) {
07      throw new IllegalStateException("ドライバのロードに失敗しました");
08    }
                    JDBCドライバJARが見つからない場合の処理 (※)
09    :
10    Connection con = null;
11    try {
12      // STEP 1: データベースの接続
13      con = DriverManager.getConnection("jdbc:h2:~/rpgdb");
14      // STEP 2: SQL送信処理          JDBC URLを指定
15      /* **********************************
16        メインのDB操作処理   (後述します)
17      ********************************** */
18    } catch (SQLException e) {
19      e.printStackTrace();          接続やSQL処理の失敗時の処理 (※)
20    } finally {
21      // STEP 3: データベース接続の切断
22      if (con != null) {
23        try {
24          con.close();
25        } catch (SQLException e) {
26          e.printStackTrace();       切断失敗時の処理 (※)
27        }
28      }
29    }
```

※の箇所には必要に応じて適切なエラー処理を記述する

それでは、ステップごとに見ていきましょう。

9.3.3 STEP0 事前準備

データベースへ接続する前に、準備作業として、JDBCドライバの配置と有効化を行います。

STEP0-1 JDBCドライバの準備

まず、DBMSごとに用意されているJDBCドライバのJARファイルを入手し、適切なディレクトリに配置します。もちろん、プログラム実行時にはこのJARファイルにクラスパスが通った状態にしておく必要があります。

STEP0-2 JDBCドライバのロード

JDBCドライバのJARファイル内にあるドライバクラスをJVMに読み込み、それを有効化します。いくつか方法はありますが、一般的には次のような書き方をします。

A JDBCドライバの有効化

```
Class.forName(JDBCドライバの完全限定名);
```

JDBCドライバの完全限定名として指定すべき文字列は、H2 Databaseなら `"org.h2.Driver"`、MySQLなら `"com.mysql.jdbc.Driver"` というように製品ごとにあらかじめ決まっています。代表的なDBMSの完全限定名は次ページの表9-2に載せていますが、詳細はそれぞれのDBMSのマニュアルを参照してください。

9.3.4 STEP1 接続の確立

Javaプログラムからデータベースへの接続を確立するには、次の構文を利用して java.sql.Connection のインスタンスを取得します。

データベース接続の確立

```
con = DriverManager.getConnection(JDBC URL);
con = DriverManager.getConnection(JDBC URL, ID, PW);
```

※ データベースへの接続に認証が不要な場合は前者、必要な場合は後者を利用。

JDBC URLとは、「データベース接続先を指定する文字列」です。URLという名前がついていますが、インターネットとは関係ありません。具体的にどのような文字列をJDBC URLに記述すればよいかは、それぞれのDBMSが定めています。

たとえばH2 Databaseの場合、 `jdbc:h2:(データベース名)` と記述します。先ほどのコード9-1では、自分のユーザーフォルダ（ `~/` と表現します）にある rpgdb という名前のデータベースに接続せよと指定しています。もし、存在しないデータベースを指定した場合は、H2 Databaseでは新規作成されます。

ほかの製品でも、 `jdbc:（製品名）:（データベース名）` という形式で指定を要求する場合が多いようです（表9-2）。

表9-2 ドライバクラスの完全限定名とURL

DBMS	ドライバクラスの FQCN	JDBC URL
Oracle Database	oracle.jdbc.driver.OracleDriver	jdbc:oracle:*
Db2	com.ibm.db2.jcc.DB2Driver	jdbc:db2:*
SQL Server	com.microsoft.sqlserver.jdbc.SQL ServerDriver	jdbc:sqlserver:*
MySQL	com.mysql.jdbc.Driver（7 系） com.mysql.cj.jdbc.Driver（8.x 系以降）	jdbc:mysql:*
MariaDB	org.mariadb.jdbc.Driver	jdbc:mariadb:*
PostgreSQL	org.postgresql.Driver	jdbc:postgresql:*
SQLite	org.sqlite.JDBC	jdbc:sqlite:*
H2 Database	org.h2.Driver	jdbc:h2:*

※ *の箇所にはデータベース固有の記述を指定する。
※ データベース固有の記述は、各DBMSによって指定方法が定められているため詳細はマニュアルを参照。

代表的なDBMSについては表9-2に紹介したけれど、開発プロジェクトで使う固有の情報についてはチームに確認しよう。

9.3.5 STEP3 接続の切断

　データベースの切断は、Connectionのclose()を呼ぶだけです。データベースに接続できるプログラム数は制限があるため、close()を確実に呼び出さなければ接続されたままとなり、ほかのプログラムがデータベースを利用できなくなる恐れがあります。よってclose()はfinallyブロックに記述します。

開いたものを必ず閉じなくちゃいけないのは、ファイルもデータベースも同じなんですね。

9.3.6 SQL送信に関する各種パターン

よし、STEP0、1、3がわかったから、「接続してすぐ切断するだけ」のプログラムは書けました。残るはSTEP2だけです。

STEP2の書き方も、いくつかのパターンに分類できるんだ。図9-6（p.309）で紹介した4つの操作に対応しているから、まずはそれを理解しよう。

　データベースを接続してから切断するまでの間に、データベースを操作するためのSQL文を送信するSTEP2の部分を記述します。このSTEP2の書き方としては、次ページの図9-10に挙げたパターンが代表的です。

　STEP2の処理は、まず大きく更新系のSQL文（INSERT、UPDATE、DELETE）を送るか、検索系のSQL文（SELECT）を送るかによって違ってきます。また、検索系のSQL文については、検索結果の件数によって2つのパターンがあります。次節からはそれぞれの操作方法を紹介します。

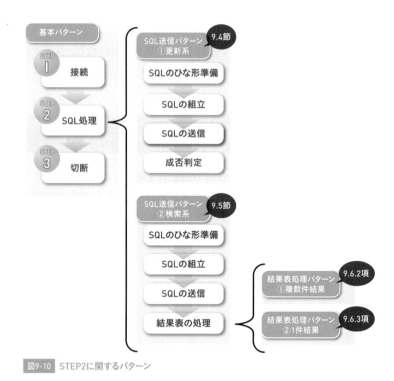

図9-10 STEP2に関するパターン

column

DriverManager 以外の方法による Connection の取得

　今回はDriverManagerのgetConnection()を使ってConnectionを取得する方法を紹介しました。ほかにもDataSourceというクラスを利用したり、DIコンテナと呼ばれるフレームワークの命令を使ってConnectionを取得する方法が採られることもあります。

　どの手法を使うべきか開発プロジェクトによって定められていることも多いので、迷ったときはプロジェクトの先輩に尋ねてみましょう。

9.4 更新系SQL文の送信

9.4.1 更新系SQL文送信の流れ

> まずは更新系のSQL文を送る場合のパターンを紹介しよう。検索系よりずっと簡単なんだ。

　データベースに対してSELECT文を送ると、結果表が返ってきます（図9-6左上を参照）。しかし、INSERT文、UPDATE文、DELETE文のような更新系のSQL文には、「何行分の処理に成功したか」を表す単純な数だけがデータベースから返されるという共通の特徴があります。

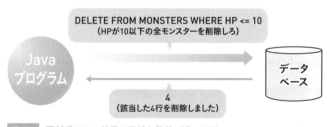

DELETE FROM MONSTERS WHERE HP <= 10
（HPが10以下の全モンスターを削除しろ）

Java
プログラム

データ
ベース

4
（該当した4行を削除しました）

図9-11 更新系SQLの結果は単純な数値で返ってくる

　そのため、更新系SQL文の送信処理は、検索系に比べて比較的簡単です。具体的には、以下の4つの手順で処理を行います。

1. 送信すべきSQL文のひな形を準備する。
2. ひな形に値を流し込んでSQL文を組み立てる。
3. 組み立て終えたSQL文をDMBSに送信する。
4. 処理結果を判定する。

　結果的に、更新系SQL文を送るコードは、おおむね次ページのコード9-2のようになります。

コード9-2 SQL文の送信パターン①更新系（STEP2部のみ）　　Main.java

```java
01  // STEP2-①-1 送信すべきSQL文のひな形を準備
02  PreparedStatement pstmt = con.prepareStatement
        ("DELETE FROM MONSTERS WHERE HP <= ? OR NAME = ?");
03  // STEP2-①-2　ひな形に値を流し込みSQL文を組み立てる
04  pstmt.setInt(1, 10);              // 1番目の?に10を流し込む
05  pstmt.setString(2, "ゾンビ");      // 2番目の?に"ゾンビ"を流し込む
06  // STEP2-①-3　組み立て終えたSQL文をDBMSに送信する
07  int r = pstmt.executeUpdate();
08  // STEP2-①-4　処理結果を判定する
09  if (r != 0) {
10    System.out.println(r + "件のモンスターを削除しました");
11  } else {
12    System.out.println( "該当するモンスターはありませんでした");
13  }
14  pstmt.close();                    // 後片付け
```

STEP2の手順を1つずつ見ていきましょう。

9.4.2 STEP2-①-1 SQL文のひな形の準備

内容はほぼ同じだが、一部分だけが異なるSQL文をプログラムからデータベースへいくつも送信するということがよくあります。そのため、PreparedStatement を使い、SQL文のひな形を準備することから始めます。

　SQL文のひな形を準備する

```java
PreparedStatement pstmt =
    con.prepareStatement(SQL文のひな形);
```

SQL文のひな形として、後で値が入る部分を？に置き換えたSQL文を "で囲んで記述します。この？の部分はパラメータ（parameter）と呼ばれます。この部分に次項で説明する方法で具体的な値を流し込んでSQL文を組み立ててから、完成したSQL文をデータベースに送ります。

9.4.3 | STEP2-①-2 ひな形に値を流し込む

次の構文を使って、前項で準備したSQL文のひな形の中にある？の部分に具体的な値を流し込みます。

- -

 SQL文のひな形に値を流し込む

pstmt.setInt(パラメータ番号, 数値);

pstmt.setString(パラメータ番号, 文字列);

※ ほかにも、setDouble()やsetDate()、setTimestamp()などがある。
※ パラメータ番号は1から始まることに注意。

- -

パラメータ番号には、ひな形の前から数えて何番目の？の部分に値を流し込むかを指定します（図9-12）。このとき、**最初の？のパラメータ番号は0ではなく、1である点**に注意してください。なお、文字列を流し込む場合、その両端には自動的にシングルクォーテーションが付けられます。

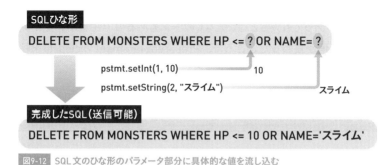

図9-12 SQL文のひな形のパラメータ部分に具体的な値を流し込む

なお、PreparedStatementと似たものにStatementがあります。比較的手軽にSQL文を送れますが、性能やセキュリティの面で懸念があるため、特別

な理由がない限りはPreparedStatementを使いましょう。

9.4.4 | STEP2-①-3 SQL文をDBMSに送信する

作成したSQL文の送信には、PreparedStatementのexecuteUpdateメソッドを使います。このメソッドは、すべての更新系SQL文の送信に用いることができ、int型の戻り値は「処理の結果、データベース内で変更された行数」を表します。

更新系SQL文の送信

```
int r = pstmt.executeUpdate();
```

なお、SQL文を送信する前までに、すべての？の部分に適切な値を流し込んでおかなければなりません。まだ具体的な値が流し込まれていない状態のパラメータが1つでも残った状態でSQL文を送信しようとすると、SQLExceptionという例外が発生します。

9.4.5 | STEP2-①-4 成否判定を行う

executeUpdate()の戻り値が、想定された数値であれば成功とみなします。0以外の値であれば成功とみなすことも多くありますが、条件に一致する行がないなど、0であっても失敗とはいえないケースもあるので注意が必要です。

すべての処理が終わったところで、PreparedStatementのclose()を呼んで忘れずに後片付けをしておきましょう。

9.4.6 | パラメータの異なるSQL文を何度も送る

STEP2-①-1でひな形を準備した後であれば、次のようにそのひな形を何度も使い回して似たようなSQL文をいくつも送信することができます。

```
PreparedStatement pstmt =
    con.prepareStatement("DELETE FROM BIRDS WHERE NAME=?");
pstmt.setString(1, "すずめ");
pstmt.executeUpdate();    1回目の送信
pstmt.setString(1, "わし");
pstmt.executeUpdate();    パラメータを変えて2回目の送信
pstmt.close();
```

PreparedStatement で同じひな形を使って送れば、単発で送る
よりずっと高速に処理されるよ。

column

クラスロード時に動作する static ブロック

9.3.3項で紹介したJDBCドライバのロード（Class.forName()呼び出し）は、
データベースにアクセスする前に一度だけやっておけばよい処理です。そのため、
この記述は次のような場所に書かれることがあります。

```
public class Account {
  String name;
  static {
    // ここにClass.forName()を記述
  }
    :
```

クラスブロックのすぐ内側に記述された static で始まるブロックは静的初期化
ブロックと呼ばれ、クラスが JVM 内にロードされたとき（初めてクラスが利用さ
れる瞬間）に一度だけ自動的に実行されます。コンストラクタと似ていますが、
newのたびに実行されるものではありません。

9.5 〉検索系SQL文の送信

9.5.1 検索系SQL文送信の流れ

検索系SQL文の送信処理は、次のような流れになります。

1. **送信すべきSQL文のひな形を準備する。**
2. **ひな形に値を流し込んでSQL文を組み立てる。**
3. **組み立て終えたSQL文をDMBSに送信する。**
4. **ResultSetを使い、結果表からデータを取り出す。**

データベースに対してSELECT文を送ると、条件に一致するデーター式が表の形で返ってきます（図9-13）。この結果表の中身のデータは、ResultSetを使って取り出せます。

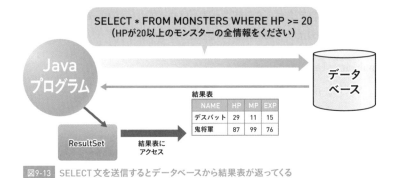

図9-13 SELECT文を送信するとデータベースから結果表が返ってくる

検索系のSQL文を送るコードは、おおむね次のようなパターンになります。

コード9-3 SQL文の送信パターン②検索系（STEP2部のみ）

```
01   // STEP2-②-1 送信すべきSQL文のひな形を準備
02   PreparedStatement pstmt = con.prepareStatement
```

```
                ("SELECT * FROM MONSTERS WHERE HP >= ?");
03   // STEP2-②-2   ひな形に値を流し込みSQL文を組み立てる
04   pstmt.setInt(1,10);                     // 1番目の?に10を流し込む
05   // STEP2-②-3   組み立て終えたSQL文をDBMSに送信する
06   ResultSet rs = pstmt.executeQuery();
07   // STEP2-②-4   結果表を処理する
08   /* *******************************************
09       結果表の処理（記述する内容は、後述します）
10       ******************************************* */
11   rs.close();
12   pstmt.close();                          // 後片付け
```

　SQL文のひな形を作り、値を流し込んで組み立てるまでは更新系SQL文と
まったく同じ内容です。それ以降の手順を1つずつ見ていきましょう。

9.5.2 | STEP2-②-3　検索系SQL文の送信

　更新系と検索系のSQL文送信で異なるのは、executeQuery( )を使う点です。

- -

 検索系SQL文の送信

```
    ResultSet rs = pstmt.executeQuery();
```

- -

　executeQuery()を呼び出すと、すぐにSELECT文がデータベースに送られ、
データベースからは結果表が返されます。そしてこの結果表に関連付けられ
たResultSetが戻り値として返されるため、これを使って検索結果のデータ
を取り出せます。

> ResultSetの使い方は独特なんだ。JDBC利用の最重要ポイント
> だから、次の節で詳しく紹介しよう。しっかり覚えてほしい。

9.6 結果表の処理

9.6.1 ResultSetの操作

 ResultSetを使って結果表の中身を取り出すんですね。「3行4列目のデータを取り出せ」のように指示するんですか？

いや、ResultSetにはそういう指定はできないんだ。

　次の表9-3は、ResultSetが備える主なメソッドの一覧です。この表を見てわかるとおり、「○行△列目」のような指定をして結果表からデータを取り出すメソッドはありません。

表9-3 ResultSetが備える主なメソッド

メソッド名	引数	戻り値	説明
next()	なし	boolean	注目する行を1つ進める。成功したら true、現在注目している行が最終行なら false を返す
getInt()	int	int	現在注目している行について、指定した列（※）の整数値を取り出す
	String		
getString()	int	String	現在注目している行について、指定した列（※）の文字列を取り出す
	String		

※ 列は、1から始まる列番号または列名で指定できる。

　実はResultSetは、結果表の中で注目している特定の1行の情報しか取り出すことができません。これはイテレータとよく似ています。イテレータは、コレクションのある1つの要素にしか注目できませんが、注目する要素を次々と先に進めていくことができました。JDBCにおけるResultSetもこれと同様に、次の手順で利用します（図9-14）。

①next()で注目行を1つずつ先に進める。
②get〜()で必要な列の情報を取り出す。

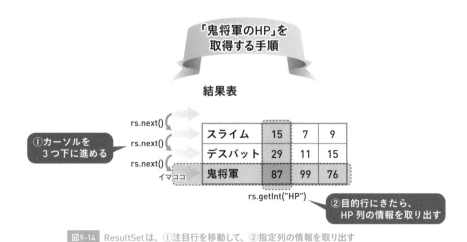

「鬼将軍のHP」を
取得する手順

結果表

スライム	15	7	9
デスバット	29	11	15
鬼将軍	87	99	76

rs.next()
rs.next()
rs.next()
イマココ

①カーソルを
3つ下に進める

rs.getInt("HP")

②目的行にきたら、
HP列の情報を取り出す

図9-14 ResultSetは、①注目行を移動して、②指定列の情報を取り出す

イテレータ同様、ResultSetは最初、結果表の1行目のさらに前
を指している点に注意してほしい。

なるほど。そういえば、結果表の処理には2つのパターンがあ
るんでしたよね（図9-10、p.318）。

9.6.2 複数行の結果表処理パターン

2行以上（複数行）の結果表が返される可能性があるSELECT文をデータ
ベースに送信することがよくあります。たとえば、すべてのモンスターの一
覧を表示するために、SELECT * FROM MONSTERS というSQL文を送信する
場合などです。

この場合、次ページにあるコード9-4のように、next()が成功したらtrue
が返るのを利用して、多くはwhile文で結果表を処理していくでしょう。

コード9-4 結果表処理パターン① （複数行）

```
01  while (rs.next()) {        結果行の最後まで繰り返す
02      System.out.println(rs.getString("NAME"));
03  }
```

9.6.3 単一行の結果表処理パターン

0行か1行（単一行）の結果表が返される可能性があるSELECT文も、利用することが多いSQL文です。たとえば、名前が「ゴブリン」であるモンスターの1行のみを取得するために、**SELECT * FROM MONSTERS WHERE NAME = 'ゴブリン'** というSQL文を送信するような場合です（MONSTERSテーブルに格納されているモンスターは、名前の重複がないものとします）。

この場合、検索結果は目的の行が見つかったか見つからなかったかの二択になりますので、多くはコード9-5のようなパターンになるでしょう。

コード9-5 結果表処理パターン② （単一行）

```
01  if (rs.next()) {        行が見つかればtrueが返る
02      System.out.println("ゴブリンのHPは" + rs.getInt("HP"));
03  } else {
04      System.out.println("ゴブリンはありませんでした");
05  }
```

[A] **ResultSet利用のイディオム**

```
while (rs.next())     検索結果の全行を順に処理
if (rs.next())        検索結果があるかないかを判定
```

9.7 Java と DB のデータ型

9.7.1 データ型の対応と注意すべき型

> ここまでで、更新と検索の両方をひととおりマスターしたね。ただ、少し注意すべきポイントがあるから、整理と補足をしておこう。

　この章でここまで学んできたことを使えば、文字列や数値の情報をデータベースに格納したり取り出したりすることができます。格納する際にはPreparedStatement の setString() や setInt()、取り出す際には ResultSet の getString() や getInt() を用いればよいのでしたね。

　これらのメソッドを使うとき、私たちは Java とデータベースという2つの異なる世界における型を意識することになります。たとえば、文字列情報の場合、Java の世界では String 型、データベースの世界では VARCHAR 型といわれる型を用いるのが一般的ですが、特に注意を要するのが日付や時間に関する情報の取り扱いです。

　この節では、それぞれの注意点に触れながら、日時情報のデータベースへの格納や取り出し方について具体的に紹介していきます。

9.7.2 日時情報の格納と取り出し

　Java では、日時情報はさまざまな型で扱われます。エポックからの経過ミリ秒数を示す long 型、java.util.Calendar 型、java.time.LocalDateTime 型などがありますが、最もよく使われるのは、java.util.Date 型でしょう。

　データベースでも日時情報を取り扱うことができますが、こちらの世界における DATE 型は、その名のとおり日付情報、つまり年・月・日の情報だけを持ち、時刻情報は保持しません。

chapter
9

そのため、java.util.Date型の情報は、データベースの世界では、日時と時刻の両方を保持するTIMESTAMP型を利用します。

日時情報を扱う型の違いに注意

java.util.Date型のような日時情報をデータベースに格納するには、TIMESTAMP型の列を準備する。

> Javaとデータベースでは、同じ「Date型」という名前でも中身が違うんですね。ややこしいなぁ。

PreparedStatementでパラメータとして日時情報を指定するには、次のようにjava.sql.TimestampクラスとsetTimestamp()を利用します。

```java
java.util.Date d = new java.util.Date();
long l = d.getTime();                 // いったんlong値に変換する
Timestamp ts = new Timestamp(l);      // Timestamp型としてnewする
pstmt.setTimestamp(1, ts);
```

　一方、SELECT文の結果表に含まれるTIMESTAMP型の列の情報を取り出したい場合には、次のようにResultSetのgetTimestamp()を用います。

```java
java.sql.Timestamp ts = rs.getTimestamp(1);
long l = ts.getTime();                // いったんlong値に変換する
java.util.Date d = new Date(l);       // Data型としてnewする
```

> TimestampとDateとを変換するには、一度long値を経由させるんですね。

> そのとおり。LocalDateTimeやInstantなどは直接変換もできるから、詳細はAPIリファレンスを参照してほしい。

9.7.3 | java.sqlパッケージの日時関連クラス

　前項で紹介したTimestampクラスは、データベースにおけるTIMESTAMP型と対応してデータを保持するために、JDBCがjava.sqlパッケージに準備しているクラスです。このパッケージには、ほかにもデータベースのDATE型に対応したjava.sql.Dateクラス、TIME型に対応したjava.sql.Timeクラスが準備されています。

　入門者が特に取り違えやすいのが、java.util.Dateとjava.sql.Dateです。前述したように、後者は時・分・秒・ミリ秒の時刻情報を含まないため、これらは単純に相互変換できる関係にありません。

表9-4　データベースとJavaで利用する型の関係

DBの型	DBに対応するJDBC型	Javaで主に利用する型
DATE型	java.sql.Date	3つのint、java.time.LocalDate
TIME型	java.sql.Time	4つのint、java.time.LocalTime
TIMESTAMP型	java.sql.Timestamp	7つのint、java.util.Date、java.time.LocalDateTimeなど

> 歴史的経緯によってjava.sql.Dateはjava.util.Dateを継承してしまっているが、概念的には「よくない継承」だ。混乱や不具合の原因となるから、まったく別クラスとして捉えるようにしよう。

　なお、同じソースファイル内でjava.util.Dateとjava.sql.Dateを用いる場合、import文による記述の省略が混乱を招くことがあるため、両者ともFQCNで記述することをおすすめします。

chapter
9

9.8 トランザクション処理

9.8.1 トランザクションとは

これでSELECT、INSERT、UPDATE、DELETEの4つの操作ができるようになりました。後はこれを組み合わせるだけですね。

そうだね。それでは章の最後に、データベース特有の機能を利用する方法についても紹介しておこう。

9.1.2項で簡単に紹介したように、データベースはファイルにはないいくつかの特長を備えています。なかでも代表的な機能が**トランザクション**（transaction）の制御機能です。

トランザクションとは、プログラムからデータベースに送信する**1つ以上のSQL文の要求を1つのグループとして扱う**考え方です。

複数のSQL文の要求をグループにまとめる？　そんなことをして、何が嬉しいんですか？

たとえば、銀行のATMプログラムを考えてみましょう。Aさんが自分の口座からBさんに10,000円の振り込みを行う場合、次ページの図9-15のように2つのUPDATE文が実行されることでしょう。

この2つのUPDATE文は、この**2つが揃って初めて1つの振り込み処理となるのであり、どちらか片方の処理だけでは成り立ちません。**これがトランザクションの基本的な考え方です。

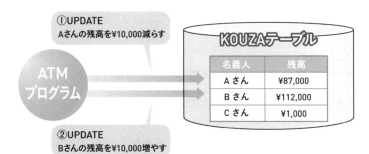

図9-15　振り込み処理はUPDATE文を2回送信する

では朝香さんに質問だ。もし①のUPDATE文を実行した直後に
ATMプログラムがダウンしたら、どうなってしまうだろう？

Aさんの残高は減ったのに、Bさんの残高は増えてない…10,000
円が消えてしまいます！

もしも2つのUPDATE文のうち片方が何らかの理由で実行されないことが
あると、データベースの中のデータに不整合が生じてしまうという致命的な
状況に陥ります。

chapter 9

しかし、事前にデータベースに対して「この2つのUPDATE文は1つのトラ
ンザクションであること」を伝えておくと、データベースは図9-16のように
その意図にしっかりと応えて、すべて「なかったこと」にしてくれます。

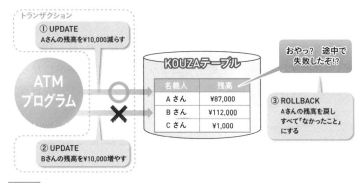

図9-16　途中で失敗するとそれまでの処理を「なかったこと」に

具体的には、DBMSは以下のようなトランザクション制御を行います。

データベースのトランザクション制御

同一トランザクションに属するSQL文の処理要求が複数ある場合、
・すべてが成功したら、処理結果を確定する（コミット）。
・途中で失敗したら、トランザクション実行前の状態に戻す（ロールバック）。

データベースの処理結果を確定させることをコミット（commit）、実行前の状態に戻すことをロールバック（rollback）といいます。

9.8.2　トランザクションの利用

JDBCを使えば、複数のSQL文の要求を単一トランザクションとして送信できるよ。

JDBCを用いてトランザクション制御を指示するには、データベース接続時に取得したConnectionを使います。具体的には、次の3つのメソッドを適切なタイミングで呼び出します。

setAutoCommit() ── 接続が確立した直後

JDBCの初期状態では、トランザクション制御がなされない（正確には、SQL文が1つ送信されるたびに自動的にコミットされる）モードになっています。そこで、次の構文によって明示的にトランザクション制御を行うことを宣言します。

自動コミットモードの解除

```
con.setAutoCommit(false);
```

第II部

commit () ― 一連のSQL文をすべて送信し終わったとき

一連のトランザクションに必要なSQL文をすべて送ったら、commit()を呼び出してコミットします。

 送信済みの処理要求の確定（コミット）

```
con.commit();
```

この呼び出しにより、前回のcommit()呼び出し以降に送られたすべてのSQL文の要求が1つのトランザクションとみなされ、実行結果が確定されます。

rollback () ― 途中で異常を検知したとき

複数のSQL文の要求を送信している途中で異常を検知したり、何らかの理由で処理をキャンセルしたい場合、rollback()を呼び出します。

 送信済みの処理要求のキャンセル（ロールバック）

```
con.rollback();
```

この呼び出しにより、前回のcommit()呼び出し以降に送られたすべてのSQL文の要求がロールバックされます。また、プログラム中で明示的にrollback()を呼び出さなくても、データベースの接続が途中で切断された場合や、Javaプログラムまたはデータベースの強制終了によって最終的にcommit()が実行されない場合、データベースは自動的にロールバックを行います。

ここまでの内容を基本パターン（コード9-1）に盛りこんだものが、次ページのコード9-6です。

コード9-6 基本パターンコード（トランザクション利用時）

```java
01  import java.sql.*;      java.sqlをインポートしておく
02    :
03    // STEP 0: 事前準備（JAR配置を含む）
04    try {
05      Class.forName("org.h2.Driver");
06    } catch (ClassNotFoundException e) {
07      throw new IllegalStateException("ドライバのロードに失敗しました");
08    }
                  ドライバJARが見つからない場合の処理（※）
09    :
10    Connection con = null;
11    try {
12      // STEP 1: データベースの接続            JDBC URLを指定
13      con = DriverManager.getConnection("jdbc:h2:~/rpgdb");
14      con.setAutoCommit(false);      手動コミットモードに切替
15      // STEP 2: SQL送信処理
16      /* *****メインのDB処理***** */
17      con.commit();          コミット
18    } catch (SQLException e) {
19      try {
20        con.rollback();        ロールバック
21      } catch (SQLException e2) {
22        e2.printStackTrace();      接続やSQL処理の失敗時の処理（※）
23      }
24    } finally {
25      // STEP 3: データベース接続の切断
26      if (con != null) {
27        try {
28          con.close();
29        } catch (SQLException e3) {
```

```
30          e3.printStackTrace();          切断失敗時の処理（※）
31        }
32      }
33    }
```

※の箇所は必要に応じて適切なエラー処理を記述します

2人ともこれまでよく頑張ったね。実際の開発プロジェクトを
経験して、どんどん成長していくのが楽しみだよ。

ありがとうございました。頑張ります！

column

RDBMS以外のストレージ

　近年、RDB以外のデータベースの利用も少しずつ増えてきました。たとえば、
memcachedに代表されるKVS（Key-Value Store）という種類のデータベースは、
キーと値をペアで格納する高速なDBMSであり、大量のデータを分散して保存し、
かつ高速に処理する目的で使われています。

　また1台のコンピュータには到底格納しきれないような数ペタバイトを超える
巨大なデータをネットワーク上に分散して格納、処理するようなストレージも登
場しています。

　これらのデータベースの多くはSQLで制御することはできません。Javaプログ
ラムからのアクセスもJDBCではなく、それら専用のAPIで行う必要があります。
そのほか、RDBには当然備わっている機能が使えないなどさまざまな制約も存在
します。

　しかし、RDBが持ちえない強力な特性を備えていることから、さまざまな種類
のストレージの長所をうまく組み合わせたシステムを実現できれば、ITによる新
しい可能性を拓くことができるでしょう。

9.9 この章のまとめ

データベースとSQL

- データベースは検索性能、並列実行、トランザクション制御など、ファイルにはない特長を持つ。
- リレーショナルデータベース（RDB）は、データを表形式で管理する。
- RDBはSQLという専用の言語で書かれた命令を使って操作する。
- SQLを用いて検索（SELECT）、挿入（INSERT）、更新（UPDATE）、削除（DELETE）の4つの基本的な操作を行うことができる。

JDBCによるデータベースの操作

- データベースにSQL文を送信するにはJDBCというAPIを利用する。
- 利用するDBMSのドライバ（JARファイル）にクラスパスを通しておく。
- DriverManagerとConnectionでデータベースに接続し、切断する。
- PreparedStatementを使ってSQL文を組み立て、送信する。
- ResultSetを使ってデータベースから返された結果表のデータを取得する。
- データベースを利用したプログラムでは、パターンを活用できることが多い。

データ型

- java.util.Data型の情報は、TIMESTAMP型の列に格納する。
- java.sql.Timestampを使ってパラメータに日時情報を指定する。
- ResultSetのgetTimestamp()を使って、結果表から日時情報を取り出す。
- java.util.Dateとjava.sql.Dateはまったく別のクラスと捉える。

9.10 練習問題

練習9-1

H2 Databaseのrpgdbデータベースに、右のようなITEMSテーブルがあります。このITEMSテーブルのある行に含まれるすべての列の内容をprivateフィールドとして格納するクラスItemを作ってください（1つのItemインスタンスは、1つのアイテムに関する情報を保持します）。

ITEMSテーブル

NAME	PRICE	WEIGHT
やくそう	5	2
どくけしそう	7	2

なお、Itemクラスの全フィールドにはgetter／setterを準備し、その名前はテーブルの列名に準じたものにしてください。

練習9-2

次のようなMainクラスがあります。このクラスが呼び出しているItemsDAOクラスを作成してください。なお、トランザクション制御は行わないものとします。

```java
01  import java.util.*;                                    Main.java
02
03  public class Main {
04    public static void main(String[] args) {
05      System.out.println("1円以上のアイテム一覧表を表示します");
06      ArrayList<Item> items = ItemsDAO.findByMinimumPrice(1);
07      for (Item item : items) {
08        System.out.printf('%10s%4d%4d',
              item.getName(), item.getPrice(), item.getWeight());
09      }
10    }
11  }
```

> 指定価格以上のアイテムをItemのArrayListとして得る

> ※ 送信するSQL文は「SELECT * FROM ITEMS WHERE PRICE >= 1」

DTO と DAO

column

練習9-1で作ったItemクラスのように、1行のデータを格納するクラスを DTO（Data Transfer Object）と呼びます。また、練習9-2で作ったデータベースアクセス処理を専門に行うクラスを DAO（Data Access Object）と呼びます。

Main クラスの中に全部の処理を書き込まず、データベースアクセスに関する部分だけを ItemsDAO として切り出しているため、Main クラスの中身はとてもスッキリとして処理の流れが把握しやすくなっています。

column

try-with-resources文を使わない理由

close()などの「後片付け」を自動的に行ってくれる try-with-resources 文ですが、次の3つの理由から本章では採用しませんでした。

① try ブロックから抜ける際、catch ブロックの実行より前に自動的に close 処理が動作してしまうため、明示的なロールバックを記述できない。

② OracleDBなどの一部の JDBC ドライバでは、明示的なロールバックがないまま DB を切断すると、暗黙的にコミットされてしまう。

③ 上記の①②を考慮したプログラムでは、try-with-resources 文を採用しても try-catch-finally構文と同等の複雑なコードになってしまう。

column

PreparedStatement や ResultSet の close メソッド

PreparedStatement や ResultSet も、Connection と同様に、使い終わったら close()による後片付けが必要です（コード9-3の11・12行目）。JDBCの仕様では、Connection を閉じればこれらの close() も連鎖的に実行されると定めています。

本書では、学習の敷居を下げる目的で、これらの呼び出しに対する例外処理を省略していますが、正式には「finallyブロックでnullチェックをした上でclose()を明示的に呼ぶ」書き方が推奨されています。

第 **III** 部

効率的な
開発の実現

ようこそ、プロジェクトルームへ

うわぁ、たくさんの人。みんなで協力して、1つのプログラムを作っているんだなぁ。

でも大変そう…。私たち、この中に入って足手まといにならないかしら…。

ははは。大丈夫、大丈夫。そのために俺がいるんだしな。

え？　あ、えっと。は、初めまして。私、このたびプロジェクトに参加することになりました、朝香あゆみです。

ふーん。君が朝香さんか。菅原から期待のルーキーって話は聞いてたけど、なるほどね。

…あ、ひょっとして菅原さんの同期の…。

大江だ、よろしくな。そしてようこそ、俺たちのプロジェクトルームへ。

第Ⅰ部と第Ⅱ部でJavaに関するさまざまな知識を学んだ2人は、いよいよプロジェクトチームに配属されました。しかし現場では、Javaの知識以外のものも多く求められます。第Ⅲ部では、たくさんの人と協力し、より効率的にプログラム開発を行うために役立つ、さまざまな道具や方法について学んでいきましょう。

chapter 10
基本的な
開発ツール

JDKには、javacをはじめとした
たくさんの開発ツールが標準で添付されています。
これらの使い方を知り、上手に使いこなせるか否かが、
開発効率に大きな影響を及ぼします。
この章では、JDKに付属するさまざまなツールと、
それに関連する機能について学んでいきましょう。

chapter
10

contents

10.1 Javaが備える基本ツール

10.1.1 実践の難しさ

これがプロジェクトルーム！　今までJavaを勉強していた部屋とは雰囲気が違いますね。みんな一生懸命で、大変そう…。

もちろん勉強も大変だっただろうけど、本格的な開発にはお勉強とは違った大変さがあるからな。

　システムやプログラムを実務で開発する環境には、特有の緊張感や真剣さがあります。これまで授業や研修などでJavaを学んできた人の中には、そのような新しい環境に飛び込むのを不安に思う人もいるかもしれません。
　しかし、心配しすぎる必要はありません。今までの「学習」とこれからの「実践」との違いを意識し、その違いに1つずつ対処していけばよいのです。
　Javaのさまざまな機能を学習してきた私たちは、理論上、どんなコードでも書けるはずです。極めて高機能で大規模なプログラムも、時間さえかければいつかは作れるでしょう。しかし、業務でのプロジェクトには予算や期限などの制約があります。みなさんが日頃の買い物で「できるだけいいものを、早く、安く手に入れたい」ように、みなさんにプログラム開発を依頼する人も「できるだけいいものを、早く、安く手に入れたい」と考えています。実践的な開発の現場で求められるのは、「良いものを作ること」ではありません。「限られた予算と時間内で相手にとって最高のものを作ること」です。

Javaのプロフェッショナルとして

制約の中で、最高のソフトウェアをお客様に届けよう。

10.1.2 開発効率を高める3つの方法

「限られた予算と時間で、最高のものを作る」かぁ…。

つまり、「効率」が大事ってことかしら。

　朝香さんが言うとおり、実践的な開発で特に意識が必要なのは開発効率です。そして開発効率を高める方法は、基本的に図10-1にある3つの方法しかありません。

図10-1　開発効率を上げる3つの方法

　これまでの学習で個人技を身につけた私たちは、さまざまな道具を学び、活用することで、さらなる開発効率を獲得する準備ができました。

　この第10章では、道具を使って効率を上げる方法──特に、Javaに標準で備わっている、開発効率を高めるためのさまざまな基本ツールの使い方を紹介していきます。まずは、Java開発ツールの核ともいえるJDKをあらためて見ていきましょう。

10.2 { JDK

10.2.1 JavaとJDKの関係

　Javaというプログラミング言語は、当初、サン・マイクロシステムズ社の手によって生み出され、その後オラクル社に引き継がれました。大きな柱である「ソースコードの文法」「バイトコードの種類」「JVMの構造」「標準で備えるべきAPI群」「標準で提供されるべき開発ツール」などの標準仕様については、JCP（java community process）と呼ばれる手続きを経て定める決まりであり、現在では、新たな標準仕様を半年ごとに取りまとめ、新しいバージョンを公開することになっています。

> 一般に「Java21」や「Java11」と呼んでいるものは「標準仕様のバージョン」なんだ。

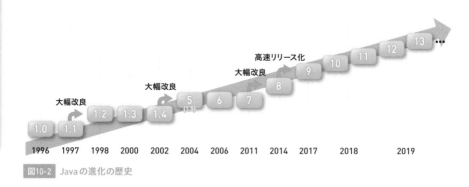

図10-2　Javaの進化の歴史

　リリースされたJava標準仕様を元に、さまざまな企業がその仕様に沿って動作するJVMやコンパイラ、APIクラスなどを開発します。そして、それらを詰め合わせた開発者向け提供パッケージがJDK（java development kit）です。収録される代表的なツールを表10-1に示します。

表10-1 JDKに含まれる主なツール類

ツール名	主な機能	解説
Javadoc	ドキュメントの自動生成	10.3 節
javac	Java ソースコードのコンパイル	10.4 節
jar	JAR ファイルの作成・展開	10.5 節
java	Java プログラムの実行	10.6 節
JShell	Java コードの対話的実行	10.7 節

　なお、JDKからjavacなどの開発用途のツールを除き、実行専用のツールのみを含んだJRE（java runtime environment）というパッケージも従来から併せて公開されてきましたが、近年ではJDKのみの提供も増えています。

10.2.2 JDKとライセンス

> あれ？　JDKを作っているのはオラクル社じゃないんですか？

> 鋭いね。「Java＝オラクル」というイメージがあるかもしれないが、こと JDK に関しては少し事情が異なるのさ。

　公式のJava標準仕様は世界にただ1つですが、その標準仕様に従って個人や企業がJDKを開発することは許されています。とはいえJDKの開発には大変な労力がかかるため、2010年頃までは、Javaの生みの親であるサン・マイクロシステムズ社（後にオラクル社に買収）やIBM社など、極めて少数の大企業のみがJDKを提供していました。

　現実には、無料で公開され、自由に利用でき、個人のPCでも手軽に導入できるなどの理由で、「JDKといえばオラクル（またはサン・マイクロシステムズ）のJDK」という認識が一般的でした。また、公開からおおむね5年間はサポートを受けられ、仮にJDKに含まれるツールやAPIにセキュリティホールがあっても修正プログラムが提供されるため、ビジネスの現場でも広く利用されてきました。

　しかし、2006年から2019年にかけて、JDKの供給に大きな変化が訪れます。

変化1　Sun JDKがオープンソース化される（2006年）

　それまでサン・マイクロシステムズ社が開発してきたJDKは、無料で公開されてきたものの、JDK自体のソースコードは社外秘でした。しかし、同社は2006年にそのソースコード一式を一部例外付きGPL（p.182）のもとでオープンソース化することとし、OpenJDKと名付けます（表10-2のa）。

> JDKのオープンソース化は、誰でも「OpenJDKを修正したり改良したりしてオリジナルのJDKを作り、手軽に発表できるようになった」ってことを意味するんだ。

> オリジナルのJDK!?　JDKってボクたちでも作れるものなんですか？

　しかし、公開されたのはソースコードだけであり、私たち一般の開発者が「プログラミング言語Java」として利用できるようにするためには、それをコンパイルやパッケージ化してJDKという1つのソフトウェアの形にしなければなりません。それには膨大な時間と労力がかかりますから、あえてオリジナルのJDKを作ろうという企業や団体も多くは出現しませんでした。

　その後もサン・マイクロシステムズ社（後にオラクル社）は自社名でのJDK公開を継続します。その内容はおおむね、「ソースコードの形態で提供されるOpenJDK（表10-2のa）をコンパイルし、独自のインストーラーやサポートサービスを付加してパッケージ化したもの」でした。利用者にとっては、オープンソース化される前との違いは小さく、特に困ることもなかったため、OpenJDKをコアとするSun JDK（Oracle JDK）はデファクトスタンダードとして世界中で使われ続けます（表10-2のb）。

変化2　オラクル社の提供形態が変化して一部が有償となる（2019年）

　その後、オラクル社は2019年4月からJDKのライセンスを変更し、新たに「OracleJDK」と「Oracle OpenJDK」という2種類のJDKの提供を開始しました（表10-2のcおよびd）。

表10-2 オラクル社が提供するJDK

	JDK の名称と概要	提供元	形態	サポート期間	費用
a	**OpenJDK** 2006年から提供されるオープンソースのJDK。ソースコードのみ。	OSS	△ コードのみ	× なし	○ 無償
b	**OracleJDK (〜 Java16/〜 2019.3)** OpenJDK を実行形式化し、独自インストーラーや延長サポートを付加。	Oracle	○ 実行形式	○ 約5年	○ 無償
c	**OracleJDK (〜 Java16/2019.4 〜)** (旧) OracleJDK をライセンス変更したもの。別名 Oracle JavaSE。	Oracle	○ 実行形式	○ 約5年 (LTS)	△ 基本有償
d	**Oracle OpenJDK** Oracle 社が OpenJDK を実行形式化して提供。	Oracle	○ 実行形式	△ 6か月	○ 無償
e	**OracleJDK (Java17 〜)** 適用ライセンスが変更となった OracleJDK。	Oracle	○ 実行形式	○ 約5年 (LTS)	○ 無償

実行形式・用途不問・無償・長期サポートという4拍子が揃った旧OracleJDK（表10-2のb）が提供されなくなり、利用目的によっては注意が必要になったんだ。

　ライセンスの変更によって、新たなOracleJDK（表10-2のc）は個人利用や開発・デモなどの目的以外での利用は有償となりました。本番システムでの利用のほか、教育研修目的での利用も無償利用の範囲外となる可能性があり、十分な注意が必要です。しかし、2年毎に提供される長期サポート版（LTS: long term support）については従来どおり長期間のサポートが受けられるため、商用利用には安心です。

　オラクル社が新たに提供する「Oracle OpenJDK」（表10-2のd）は、ソースコード提供のみの純粋なOpenJDK（表10-2のa）をオラクル社でパッケージ化して提供しているもので、無償かつ利用制限がない代わりにサポート期間は6か月となっています。

　なお、新しいOracleJDK（表10-2のc）もOracle OpenJDK（表10-2のd）も、Java標準仕様に合わせて、6か月ごとに最新版が提供されます。

　このような背景もあってか、近年ではEclipse Temurin、Amazon Coretto、RedHat OpenJDKなどのJDKが各社から提供されています。いずれも基本的

にはOpenJDKをコアとしていますが、用途制限が小さく、有償または無償で長期サポートを提供するなどの特徴があります。

　なお、その後Oracle社は新たなライセンスをJava17以降のOracleJDKに適用すると発表し、再び「無償で商用利用可能かつ長期利用可能」となっています（表10-2のe）。特にJava9以降16以前について、ライセンスに関して注意が必要であることを頭の片隅に置いておきましょう。

> どんなに有名な製品やライセンスでも変更されることがある。必ず最新のライセンス原文を確認するようにしよう。特に業務で使うときは、プロジェクトや法務部門の指示に従うことが重要だ。

column

JDKを開発するプログラミング言語

　JDKの内容は、java.lang.SystemクラスなどのAPIクラス群と、javacコマンドなどのツール類に分かれます。APIクラス群のほとんどはJavaを使って開発されていますが、後者は多くの部分がC言語やC++というプログラミング言語で開発されています。

　CやC++は、Javaをはじめ現在普及しているほとんどのプログラミング言語の祖先にあたる歴史ある言語です。JavaやPythonの登場により黄金期に比べてシェアは減りましたが、自動車や家電などの機器制御のほか、OSなど、社会インフラを支える言語として重要な役割を果たしています。近年流行のIoTやAI、機械学習の心臓部にも欠かせない言語としても知られています。

> 「King of プログラミング言語」と言われるC言語だが、Javaと似た部分も多い。ここまでJavaを学んだなら、『スッキリわかるC言語入門』もスラスラ読めるはずだ。

10.3 { javadoc ──仕様書の自動生成

10.3.1 仕様書とは

> ここからはJDKに含まれるツールについて見ていこう。まずは
> 仕様書作成の手間を軽減してくれる、とても便利なツールを紹
> 介しよう。

複数の人が協力してプログラムを作る一般的なプロジェクトでは、プログラムに関する設計情報などを記述した仕様書を必ず作ります。一口に仕様書といっても、システム全体の概要を説明したものから、あるクラスの構造について詳細に説明したものまで、とてもたくさんの種類があり、その呼び名も組織やプロジェクトによって異なります。

仕様書の中でも特に作成の手間がかかるのは、一般にプログラム仕様書と呼ばれるものです（図10-3）。この書類には、プログラムに含まれるすべてのクラスの一覧やそれぞれのクラスの中で利用されているフィールドやメソッドの一覧およびそれらの解説をすべて記述するため、膨大な量になることもしばしばです。

クラス仕様書	システム名	機能名	クラス名
	ATM システム	ログイン機能	Bank

1. クラス属性

パッケージ名	jp.miyabilink.atm
アクセス修飾	public
スーパークラス	なし
インタフェース	なし

2. フィールド定義

フィールド名	アクセス修飾	型	初期値	
name	private	String	なし	銀行の名称
address	private	String	なし	銀行の住所
bankcode	private	int	なし	金融機関コード
accounts	private	ArrayList<Account>	なし	保有する口座

図10-3 ワープロソフトで作ったプログラム仕様書の例

10.3.2 仕様書の自動生成

これを Word や Excel でいちいち書いていたら大変ですね。

しかもプログラムを修正したら、仕様書も併せて修正しなくちゃならないからな。手間がかかるったらありゃしない。

　仕様書はワープロソフトや表計算ソフトで作成することが多いですが、2人が言うように手間のかかる作業です。しかし、JDK に付属している Javadoc を使うと、作成済みのプログラムのソースコードから、簡単にプログラム仕様書を自動で生成することができます（図10-4）。

図10-4 Javadoc の動作

　javadoc コマンドで出力されるプログラム仕様書は、ワープロソフトなどの形式ではなく HTML 形式ですので、Web ブラウザで閲覧するほか、イン

図10-5 Javadoc で出力されたプログラム仕様書の例

352

ターネット上に公開することもできます。実際に出力されたプログラム仕様書をWebブラウザで表示したものが前ページの図10-5です。

これって…。JavaのAPIリファレンスと見た目が同じですね！

私たちが今まで活用してきたJavaのAPIリファレンスも、実は、標準クラス群に対してJavadocを使って自動生成されたものです。Javadocを使えば、私たちも簡単に自分が開発したクラスのAPIリファレンスを生成できます。

10.3.3 Javadocの基本的な使い方

javadocコマンドは、コマンドプロンプトから次のように利用します。

```
>javadoc ［各種オプション］ ソースファイルなど
```

［］で囲んで記述した部分は、省略可能という意味です。各種オプション指定については次項で紹介します。

たとえば、C:¥work¥javaフォルダ以下に複数のソースコードが入っている場合、そのフォルダに移動してjavadocコマンドを実行すると、同じフォルダにたくさんのHTMLファイルが生成されます。それらのHTMLファイルが自動生成されたプログラム仕様書です。

プログラム仕様書を閲覧するには、フォルダ内のindex.htmlをWebブラウザで表示します。

10.3.4 Javadocでよく使うオプション指定

でも、できあがった仕様書を見てもprivateフィールドが掲載されてないぞ？　確かにプログラムにはあるんだけどなぁ…。

Javadocは、特に指定しない限りprotected以上（protectedかpublic）のアクセス修飾がなされたメンバしか仕様書に出力しません。privateを含むす

べてのメンバを出力するには、-private オプションを指定します。

```
>javadoc -private *.java
```

　ほかによく利用されるのが-dオプションです。-dに続けてフォルダ名を指定すると、現在のフォルダではなく指定されたフォルダの中にプログラム仕様書が出力されます。

```
>javadoc -d c:¥work¥doc  *.java
```

　最後に、生成したプログラム仕様書が文字化けしてうまく読めないような場合に用いる4つのオプションの存在も知っておきましょう（表10-3）。

表10-3　ロケールやエンコーディングを指定するjavadocコマンドのオプション

オプション	内容
-locale	言語の指定（日本語の場合、ja）
-docencoding	出力するHTMLの文字コード（utf-8など）
-charset	HTMLでの明示的な文字コード宣言。-docencodingで指定したものと同じにする
-encoding	ソースコードの文字コード（utf-8など）

　たとえば、Shift_JISで記述されたソースコードから、UTF-8の日本語仕様書を出力したい場合、次のように記述します。

```
>javadoc -locale ja -encoding Shift_JIS -docencoding utf-8 -
charset utf-8 *.java
```

　そのほかのオプションについても、次のように-helpオプションを付けて実行すれば調べることができます。ぜひ、参照してみてください。

```
>javadoc -help
使用方法: javadoc [options] [packagenames] [sourcefiles] [@files]
オプションは次のとおりです:
    ：
```

10.3.5 詳細な解説文を出力する

先輩、JavaのAPIリファレンスには各メンバに解説文が付いていますが、先ほど生成したものには付いていませんね。

もちろん、2人がJavadocで作る仕様書にも、解説文を付け加えることができるよ。

　前項までの方法で出力したプログラム仕様書には、クラスやメンバの一覧は出力されていますが、解説文はいっさい書かれていません。これは、解説文を出力するための情報がソースコードに含まれていないためです。仕様書に解説文を含めたい場合は、ソースコード内にその解説文を /** と */ で囲まれた特殊なコメント（Javadocコメント）として記述します（コード10-1）。

コード10-1 Javadocコメントを加えたソースコード

Account.java

```
01  package jp.miyabilink.atm;
02
03  /**
04   * 口座クラス。
05   * このクラスは、1つの銀行口座を表します。
06   */
07  public class Account {
08      /** 残高 */
09      private int zandaka;
10      /** 口座名義人 */
11      private String owner;
12      /**
13       * 送金を行うメソッド。
14       * このメソッドを呼び出すと、<b>他の</b>口座に送金します。
15       */
```

クラス宣言の直前に書いたJavadocコメントは、そのクラスの解説文になる

フィールドの直前に書いたJavadocコメントは、そのフィールドの解説になる

メソッド宣言の直前に書いたJavadocコメントはそのメソッドの解説になる

HTMLのタグも利用可能

chapter
10

```
16    public void transfer(Account dest, int amount) {
17        :
```

14行目にあるように、クラスやメンバの宣言の直前に付けるJavadocコメントにはHTMLタグを利用することもできます。

コード10-1の仕様書をJavadocで生成すると、図10-6のような仕様書が出力されます。

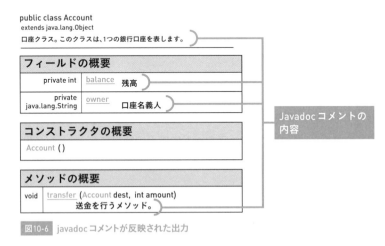

図10-6 javadocコメントが反映された出力

なお、コメントの最初の一文（「。」や「.」までの部分）のみが、「フィールドの概要」欄や「メソッドの概要」欄に表示されますが、メンバの詳細解説部分にはすべての解説文が出力されます。

10.3.6 | Javadocタグの利用

ボクが生成したJavadocも、本物っぽくなってきました！ でも、何か物足りないなぁ…。

そうだな。さらにJavadocを充実させるための記法を活用してみようか。

ところで、JavaのAPIリファレンスには図10-7のようなメソッドのパラメータや戻り値の記述が含まれていますね。

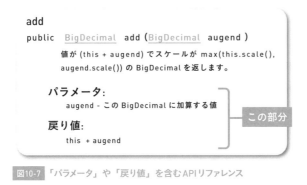

図10-7 「パラメータ」や「戻り値」を含むAPIリファレンス

　自分のコードに対して同様の出力を行うには、Javadocコメント内に@で始まる専用のタグ（Javadocタグ）を記述します（表10-4）。

表10-4 よく利用されるJavadocタグ

コメントの書式	意味	利用可能な場所		
		C	F	M
@author　作者名 (–author オプション[※1])	クラスの作者名	●	−	−
@version　バージョン (–version オプション[※1])	バージョン情報	●	−	−
@param　引数名　解説	引数とその解説	−	−	●
@return　解説	戻り値の解説	−	−	●
@exception　FQCN　解説	出力する可能性がある例外	−	−	●[※2]
@see　クラス名	参考にしてほしいほかのクラス	●	●	●
@since　バージョン	実装されたバージョン	●	●	●
@deprecated　解説	非推奨として表示する場合に使う	●	●	●

C=クラス/インタフェース宣言　F=フィールド宣言　M=メソッド宣言
※1　javadocコマンド実行時にオプション指定が必要。
※2　コンストラクタには利用できない。

　たとえば、次のコード10-2のように利用します。

Account.java

```
01  package jp.miyabilink.atm;
02
03  /**
04   * 口座クラス。
05   * @author 湊
06   * @deprecated 　代わりにNewAccountクラスを利用してください。
07   * @see NewAccount
08   */
09  public class Account implements java.io.Serializable {
10     :
11    /**
12     * 他行への振り込みを行うメソッド。
13     * @param bank 送金先銀行
14     * @param dest 送金先口座
15     * @param amount 送金する金額
16     * @return 送金手数料
17     * @exception java.lang.IllegalArgumentException
18                  残高不足のとき
19     */
20    public int transfer(Bank bank, Account dest, int amount) {
21       :
22    }
23  }
```

かなり本格的な仕様書を作れるようになりました！　コメント
を書くのが楽しくなりそうです！

10.4 { javac ── コンパイル

10.4.1 javacコマンドとは

javacコマンドは、javaコマンドと並んで頻繁に利用するツールです。Java言語で記述されたソースコード（.javaファイル）をバイトコードを含むクラスファイル(.classファイル)に変換するコンパイラであり、Javaプログラムの開発には欠かせません。

図10-8 Javaコンパイラによるクラスファイルの生成

javacコマンドの基本的な利用方法は次のとおりです。

> `>javac [各種オプション] ソースファイルなど`

さまざまなオプションの指定が可能ですが、指定可能なオプションは「javac -help」で調べることができます。

> ところで、コンパイラには「変換」以外にも大事な役割があるんだ。わかるかな？

コンパイラには、ソースコードからバイトコードへの変換に先立ち、ソースコードの文法をチェックして、異常な記述や懸念がある部分を開発者に伝えるという重要な仕事もあります。プログラムをコンパイルする際、-Xlintオプション（javac）を付けると、通常より入念に、不適切な記述がないかをチェックして警告してくれます。

```
>javac Account.java ) ──── 問題なくコンパイル成功                          [>_]
>javac -Xlint Account.java ) ──── Xlintオプションを指定すると警告を出してくれる
Account.java:7: 警告:[serial] 直列化可能なクラスAccountには、
serialVersionUIDが定義されていません
```

警告で指摘されている serialVersionUID は、7.6.5項で紹介した
ものだな。

10.4.2　アノテーション

うーん。でも今回の場合、serialVersionUID はあえて宣言して
いないだけだから、警告は不要なんだけどな…。

　ソースコードのある部分について、警告は不要など開発者の意図をコンパ
イラに伝えることもできます。それがアノテーション（annotation）です。
　アノテーションは@から始まる記述で、前節で学んだJavadocタグとそっ
くりですが、コメント内ではなく対象となるクラスやメンバの直前にそのま
ま記述するのが特徴です。

コード10-3　アノテーションを利用したコード

NewAccount.java

```
01  package jp.miyabilink.atm;
02
03  @SuppressWarnings("serial") )        NewAccount では
                                         serialVersionUID に
                                         関する警告を出さない
04  public class NewAccount extends Account {
05    @Override )   transfer()はオーバーライドであることを宣言
06    public int transfer(Bank bank, Account dest, int amount) {
07      :
08    }
09    @Deprecated )   transfer()は非推奨であることを宣言
```

```
10     public void transfer(Account dest, int amount) {
11       :
12     }
13   }
```

ここからは、標準で準備されている代表的な3つのアノテーションについて紹介します。

10.4.3 @SuppressWarnings - 警告を抑制する

あるクラス、メソッド、フィールドなどに対して、一定の種類の警告を行わないよう指示するのが@SuppressWarningsアノテーションです。

このアノテーションは、パラメータとして「抑制したい警告の種類」を指定します。たとえば、@SuppressWarnings("serial") は、serialVersionUID を宣言していないことに対する警告を抑制します。そのほか、このアノテーションには表10-5のようなパラメータがあります。

表10-5 @SuppressWarnings で指定可能な代表的パラメータ

パラメータの記述	抑制される警告
all	すべての警告
serial	serialVersionUID の宣言なし
cast	不要なキャスト
unchecked	代入チェックがないキャスト

10.4.4 @Override - オーバーライド宣言

メソッド宣言の先頭に@Overrideアノテーションを記述すると、親クラスの同名メソッドをオーバーライドすることを明示的に宣言できます。

でも、そんな宣言して何が嬉しいんですか？

たとえば、親クラスで宣言されたメソッドtransfer()をオーバーライドす

るつもりで、子クラスで誤ったスペルのメソッドtransfar()を宣言してしまったとしましょう。これではオーバーライドになっていないため、何度transfer()を呼び出しても親クラスのtransfer()が動作してしまい、子クラスのtransfar()は動作しません。そのため「メソッドは呼び出せて一応動くが、動作内容がおかしい」という原因の特定が難しい不具合が発生してしまいます。

そこで、オーバーライドを行うことを前提としているメソッド宣言の先頭には@Overrideアノテーションを付けておきましょう。もし上記のようなミスをした場合、コンパイラが次のような警告を出してくれます。

```
>javac -Xlint *.java
NewAccount.java:5: エラー: メソッドはスーパータイプのメソッドを
オーバーライドまたは実装しません
```

> 3章に登場した@FunctionalInterfaceも、万が一のミスで関数インタフェースの要件（3.2.3項）を満たしていない場合に、そのことに気づくためのアノテーションなんだ。

10.4.5 | @Deprecated - 非推奨の宣言

クラス、フィールド、メソッドなどの宣言の先頭に@Deprecatedアノテーションを付けると、それが非推奨であることをコンパイラに伝えることができます。たとえば、あるクラスに手を加えてより良いクラスを作成した結果、古いほうのクラスを使ってほしくないときなどに記述します。

実は、Javadocコメントの@deprecatedも単独で@Deprecatedアノテーションと同じ効果を発揮しますが、非推奨な宣言には@deprecatedコメントと@Deprecatedアノテーションの両方を指定することが推奨されています。

> ちなみに、この3種の他にもアノテーションを独自に定義し利用可能だ。自作する機会は多くないだろうが、他人が定義したアノテーションはよく使うから、簡単に紹介しておこう。

アノテーションインタフェース (annotation interface) と呼ばれる、少し特殊なインタフェースを作成することで、新たなアノテーションを定義できます。詳細な定義方法については本書では割愛しますが、たとえば@Deprecatedも、その実体がjava.langパッケージに定義されたDeprecatedインタフェースに過ぎないことを、Java APIリファレンスで確認できるでしょう（図10-9）。

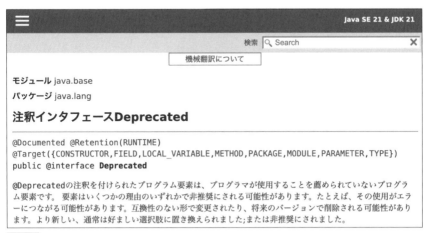

図10-9 APIリファレンス掲載の java.lang.Deprecated

なお、ライブラリによっては独自のアノテーションインタフェースを定義し、提供していることがあります。それらはjava.langパッケージには属していないため、import文を記述したうえで利用します。

たとえば、第11章で紹介するJUnitというライブラリでは、org.junit.jupiter.apiパッケージでTestというアノテーションインタフェースを定めています。そのため、`import org.junit.jupiter.api.Test;` などとすることで、@Testアノテーションが利用可能になります（例としてコード11-3〔p.416〕）。

非標準アノテーションの使用

アノテーションインタフェースをimportすることで、アノテーションは利用可能になる。

Lombok

第1章で紹介したequals()やtoString()などのオーバーライドを手軽に実現できるのが、Lombokという少し特殊なライブラリです。Lombokが独自に定めるアノテーションをコードに付与すると、自動的にgetter／setter、コンストラクタ、equals()やtoString()がコンパイル時に生成されます。

```
@Getter            ─────  getXxxxx()を生成
@Setter            ─────  setXxxxx()を生成
@ToString          ─────  toString()を生成
@EqualsAndHashCode ─────  equals()とhashCode()を生成
@AllArgsConstructor ────  全フィールドを引数に持つコンストラクタを生成
public class LoginHistory {
    private String user;
    private int retry;
    private boolean result;
}
```

なお、Lombok自体はJavaの標準機能ではないため、別途ダウンロードとインストール、コンパイル時の指定などが必要になります。また、ここで紹介した以外にも強力なコード置換機能を備えているため、副作用などの懸念から、利用を禁止しているプロジェクトもあります。業務で利用する場合は、現場のルールに従いましょう。

詳細は公式サイトなどを参考にしてください（https://projectlombok.org）。

10.5 { jar ──アーカイブの操作

10.5.1 | jar コマンドとは

　Windows の実行可能プログラムは、通常、exe の拡張子を持った単一の
ファイルです。一方、java で開発された実行可能プログラムは、class の拡
張子を持った複数のクラスファイルの集合です。このような「複数ファイル
の集合」という形式では、別の開発者に渡すときにファイルが抜け落ちるな
どの事故が発生する可能性があります。そこで、ファイル一式を1つにまと
めるアーカイブ形式として、JAR（Java Archive）が定められています。

　JDK に標準添付されている jar コマンドを使えば、複数のクラスファイル
やプロパティファイルなどをまとめて1つの JAR ファイルにしたり、逆に JAR
ファイルの中身を元のクラスファイルなどに展開したりできます（図10-10）。

図10-10 jar ツールの動作

10.5.2 | jar コマンドの基本的な利用方法

jar コマンドにも、いっぱいオプションがあるんですよね。覚え
るのはめんどうそうだなぁ〜。

大丈夫、3パターンぐらい丸暗記すれば、たいていは事足りるさ。

通常、jarコマンドで行うのは「アーカイブの作成」「アーカイブの展開」「アーカイブ内容の閲覧」です。それぞれ次のコマンドで実行します。

アーカイブの作成

```
>jar -cvf JARファイル名 ファイルやフォルダ…
```

アーカイブの展開

```
>jar -xvf JARファイル名
```

アーカイブ内容の閲覧

```
>jar -tvf JARファイル名
```

たとえば、Test1.class と Test2.class をまとめて Test.jar を作りたい場合、次のようなコマンドを実行します。

```
>jar -cvf Test.jar Test1.class Test2.class
```

JAR ファイルを作成すると、Java 実行時にその JAR ファイルをクラスパスに追加できます。たとえば、Test.jar をクラスパスに追加し、それに含まれる Test1 クラスを実行する場合は、次のように起動します。

```
>java -cp Test.jar Test1
```

10.5.3 マニフェストファイル

ZIP や LHA といったアーカイブ形式の圧縮ファイルを利用したことがある人もいるでしょう。実は JAR 形式は ZIP 形式とほぼ同じものです（JAR ファイルの拡張子を zip に書き換えると、ZIP ファイルの展開ソフトで問題なく展開することができます）。JAR 形式は、ZIP 形式に一部特殊な約束事を加えたものにすぎず、ZIP の一種と考えて差し支えありません（JAR is-a ZIP の関係）。

ただし JAR ファイルには、アーカイブ内に含まれるさまざまなファイルに関する追加情報を記述したマニフェストファイルを含めることが一般的です。

マニフェストは、テキストファイル形式でアーカイブ中のMETA-INFフォルダにMANIFEST.MFという名前で格納する決まりになっています。

試しに、10.5.2項で `jar -cvf` コマンドにより作成したTest.jarの中身を、`jar -tvf` コマンドで閲覧すると、マニフェストファイルが自動的に生成されていることがわかります。この内容は、次のようなものになっています。

```
Manifest-Version: 1.0
    :
```

マニフェストファイルの中には ～:～ という形式のエントリを記述することになっています。Manifest-Versionというエントリは、必ず含めなければならない必須のエントリであり、常に1.0を指定します。

なお、マニフェストファイルは、`jar -cvf` コマンドによりJARファイルが作成される際に自動的に生成されます。自分が準備したマニフェストファイルの内容をアーカイブに含めることも可能で、その際には次のように指定します。

```
>jar –cvfm JARファイル名 マニフェストファイル名 ファイルやフォルダ…
```

たとえば、マニフェストの内容を記述したmanifest.txtというファイルを準備した上で、Test1.classとTest2.classを含むTest.jarを作りたい場合は、次のようなコマンドを実行します。

```
>jar –cvfm Test.jar manifest.txt Test1.class Test2.class
```

10.5.4 | Main-Classエントリ

マニフェストファイルには、ほかにどんな種類のエントリがあるんですか？

たくさんあるが、まずはMain-Classを知っておけばいいだろう。

マニフェストファイル中のMain-Classエントリに完全限定クラス名(FQCN)を記述すると、そのJARにおけるメインクラスを指定できます。たとえばFQCNが`jp.miyabilink.atm.Test1`だとすると次のようになります。

```
Manifest-Version: 1.0
Main-Class: jp.miyabilink.atm.Test1
  :
```

メインクラスを指定すると、次の2つが可能になります。

(1) javaコマンドでの起動時にメインクラスの指定が不要になる

アプリケーションをJARファイルとして受け取った場合、通常はメインクラスのFQCNも併せて教えてもらわなければ起動できません。なぜなら次のようにFQCNを指定して起動する必要があるからです。

```
>java -cp JARファイル名 JARファイルに含まれるメインクラスのFQCN
```

しかしMain-Classを指定したマニフェストファイルを含むJARファイルを実行する場合、次のコマンドだけで簡単に実行できます。

```
java -jar JARファイル名
```

javaコマンドは、指定されたJARファイルに含まれるマニフェストファイルの中身を見て、どのクラスをメインクラスとして起動すべきかを判断します。そのため、プログラムを実行する人が起動すべきクラスのFQCNを知らなくても実行可能になるのです。

(2) JARファイルをダブルクリックするだけでプログラムを起動できる

Windowsなど一部のOSでは、拡張子がJARのファイルをダブルクリックすると、通常の実行可能ファイル（拡張子exeのファイルなど）の起動と同じようにJARファイルが実行できるため、めんどうなコマンド入力が不要となります。

10.6 { java —— JVMの起動と実行

10.6.1 javaコマンドとは

javaコマンドの心臓部には、JVM（Java Virtual Machine）と呼ばれる機構が備わっており、これがクラスファイルに含まれるバイトコードをCPUが実行できるマシン語に逐次変換することで、プログラムは実行されます。Javaで動くプログラムは、第II部で学んだストリームなどを介してJVM外部とのやりとりを行います（図10-11）。

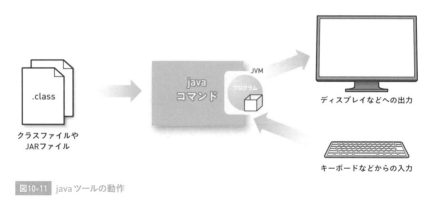

図10-11 java ツールの動作

javaコマンドの基本的な使い方は、次のとおりです。

```
>java [各種オプション] メインクラスのFQCN
```

javaコマンドの後ろに指定するメインクラスは、パッケージ名を含んだ完全限定名（FQCN）を指定する必要があります。また、JVMは、指定されたメインクラスからmainメソッドを探して実行を試みます。従って、mainメソッドを持たないクラスはメインクラスとして指定できません。

なお、オプションとしてよく利用されるものを、次ページの表10-6にまとめました。

表10-6　javaコマンドに指定可能な主なオプション

-cp クラスパス指定 または -classpath クラスパス指定	実行時にクラスファイルを検索するクラスパスの指定 (例)java -cp c:¥sukkiri_rpg.jar
-jar JAR ファイル名	実行する JAR ファイル。Main-Class エントリを含むマニフェストが含まれた JAR であること (例)java -jar sukkiri_rpg.jar
-verbose:gc	ガベージコレクションが発生する度に情報が表示される (例)java -verbose:gc sukkiri
-Xms 最小割当量 および -Xmx 最大割当量	JVM に割り当てるヒープ(メモリ)の量を指定する (例)java -Xmx1G -Xms512M

column

java コマンドにおける簡易コンパイル

　コンパイル未済の状態にもかかわらず、実行を急ぐあまり、javacと取り違えてjavaコマンドを実行してしまうのは、代表的な「Javaあるある」でしょう。そのような人が後を絶たないためか、Java11からはmainメソッドを含む単一ソースファイルに限って、たとえば、 `java Main.java` でコンパイルと実行の両方を実施してくれるようになりました。

10.6.2 ヒープとスタック

> 表10-6にある -Xms や -Xmx はメモリ関連のオプションですが、どんなときに使うんですか?

> 小さなJavaプログラムの場合は、指定しなくても問題ないよ。だが、今後開発する大規模なJavaプログラムを実行するときに必要なんだ。

　JVMはOSから割り当ててもらったメモリ領域をやりくりしながらJavaプログラムを実行します。このメモリ領域は、さらに用途の違いにより、ヒープ(Heap)とスタック(Stack)と呼ばれる2種類の領域に分けてJVMが管

理します。

　通常、プログラムが頻繁かつ大量に利用するのはヒープ領域のほうです。たとえば、new演算子を使ってインスタンスを生み出す度に、ヒープ領域の一部が割り当てられ（消費され）ます。そのため莫大な量のメモリを消費するアプリケーションの場合、ヒープ容量が不足することがあります。もしもヒープの空き領域がなくなった状態でnewをしようとすると、OutOfMemoryErrorという例外が発生して、JVMはJavaプログラムを強制的に停止してしまいます。

> ヒープ領域がなくならないようにすることが大事なんですね。

> そうだ。Javaプログラムの実行にあたっては適切な量のヒープを割り当てる必要があるんだ。

　通常はJVMが起動時に適切と思われるヒープ容量を推測して自動的にメモリを確保してくれます。そのため、Webアプリケーションのように長時間連続稼働を続けるものをのぞき、明示的にヒープの容量を指定せずとも動作に支障がないことがほとんどです。もしもJavaプログラムの実行時にOutOfMemoryErrorで停止してしまう場合には、-Xmxで明示的に大きめのヒープサイズを確保してください。

10.6.3　ガベージコレクション（GC）

> じゃあ、かなり大きめのヒープ容量を-Xmxで最初から割り当てておけば安心ね。

> ところがそんなに簡単じゃないんだよ。デカすぎても都合が悪いんだ。

Javaプログラムの動作中は、どんどんヒープが消費されていきます。使用

中のインスタンスはもちろん、使い終わってすでに不要となったインスタンスもゴミとしてヒープに溜まっていきます。そのままではいつかはヒープ領域を使い尽くしてしまうため、ある程度残りの容量が少なくなると自動的にガベージコレクタというJVM内部の機構が作動して、不要なインスタンスを解放し、ヒープの残り容量を回復させます。このしくみを、ガベージコレクション（GC：Garbage Collection）といいます。

部屋が汚くなったら自動的に掃除してくれるなんて便利ですね！

　たとえば、C言語のようにGCのしくみがないプログラミング言語では、インスタンスを生成、利用した後に「ヒープを解放する」命令を明示的に呼び出す必要があります。しかしJavaでは、後片付けはGCに任せることができるため、そのような命令を呼び出す必要はありません。GCのおかげで、私たちJavaプログラムの開発者はヒープの解放というめんどうなことを気にせずにプログラムを書けるのです。

　しかし、ガベージコレクタの立場に立って考えると、これは大変な仕事です。なぜなら数GBもある広いヒープ領域の中から「使われていないゴミ」だけを探し出して解放するという作業だからです。もちろん、ヒープ領域が広ければ広いほど、その広い領域からゴミを探すのには時間がかかるわけですから、GC処理が長時間におよぶと、結果として実行速度の低下などにつながります。ですからヒープ容量はムダに大きすぎるのもよくないのです。

確かに、自分の部屋が広いとたくさん物が置けて便利だけど、掃除が大変だもんなぁ。

10.6.4　GCの落とし穴

　GCは大変便利な機構です。しかし、注意しなければならない落とし穴が3つありますから、必ず覚えておきましょう。

……

注意点1　GCの動作は制御できない

　GCによるお掃除がいつ開始されるかは、JVMに委ねられています。開発者が明示的にその実行タイミングを指定することは基本的にはできません。

> えっ？　でもAPIリファレンスにはRuntimeクラスのgcメソッドを呼べば実行されるように書いてありますが？

> よく調べたね。でもそのAPIも、GCの実行をJVMに依頼するだけで、JVMが必ず実行してくれるとは限らないんだ。

---

column

ファイナライザは使用しない

　Javaのあらゆるクラスでは、Objectクラスが備えるfinalizeメソッドをオーバーライドすることができます。ファイナライザ（finalizer）と呼ばれるこのメソッドは、GCが動作する際に自動的に呼び出されるという特性から、ファイルのクローズや通信の切断など、「後片付け」のために利用されようとすることが後を絶ちませんでした。

　しかし、残念ながらファイナライザを後片付けに使うことはできません。なぜなら注意点1で紹介したように、GCがいつ行われるかは誰にもわからないからです。GCが行われなければいつまでも後片付けが実行されないままになる可能性があるほか、さまざまな副作用もあるため、古くからその使用が忌避されてきた道具です。ファイルだけでなく、第II部で学んだネットワークやデータベースも、利用後にはclose()を明示的に呼び出す必要があります。

　Javaの資格試験などでは出題される可能性があるファイナライザですが、実際にはほとんど使う状況はなく、Java18以降では非推奨、将来的には廃止予定となっているため、利用は避けましょう。

　一度GCが動作し始めると、ヒープの解放処理が完了するまで、GC以外のすべての実行中の処理は完全に一時停止します。通常、1回のGCは数ミリ秒以下で終了するため気づくことは少ないのですが、瞬間的に計算も表示も通信もできなくなる「フリーズ状態」が存在するのです。

図10-12 GCによるフリーズ状態の発生

　最近はフリーズ状態が発生しにくいGCアルゴリズムも研究され実用化も進んでいます。しかし多くの場合は、ヒープを不要に大きくしすぎると1回のGC所要時間（フリーズ時間）が延びて、プログラムの実行速度が低下してしまいます。

　このようにヒープの割当量は、大きすぎても小さすぎても好ましくないのです。

10.6.5　メモリリークに注意しよう

　数日から数か月の間、連続稼働を続けるプログラムの中には、長期間の稼働中、徐々にパフォーマンスが悪くなり、ついにはフリーズ状態に陥ってしまうというトラブルを起こすものがあります。

　Javaプログラムでこのようなトラブルに見舞われた場合、JVMの中で**メモリリーク**（memory leak）と呼ばれる現象が発生していないか確認する必要があります。メモリリークとは、「new演算子を用いてインスタンスを生成しヒープを消費しておきながら、インスタンス利用の終了後も何らかのプログラムミスでヒープが解放されず、どんどんヒープの空き容量が減っていく

現象」です。JVMは何とかヒープの空き容量を確保しようとGCを繰り返し実行するため、フリーズ状態が頻発します。

　GCは、どの変数にも格納されていない（参照されていない）インスタンスを解放すべき対象とみなします。よって、インスタンスを生成後、使い終わってもコレクションなどにインスタンスを格納したままにしておくと、GCが解放を行わず、メモリリークにつながることがよくあります。

　メモリリークの原因箇所の特定はとても難しいので、不要なインスタンスを保持し続けるようなプログラムを書かないよう注意しましょう。

column さまざまなGCアルゴリズム

　メモリを自動的に解放するGCのしくみについては、より質の高いアルゴリズムを求めて長い間研究されてきました。

　初期の原始的なGCとして代表的なのが参照カウンタ方式です。この方式では、各インスタンスは自分自身への参照の数を管理し、ゼロになると自分自身を解放するという手続きでGCを実現します。しかし、循環依存や相互依存（p.563）がある場合、正しくゼロにならずメモリが解放されない弱点を抱えていました。

　その弱点を克服して広く採用されたのが、本節でも紹介した手法です。この手法はMark-Sweep方式といい、一時的に時を止めて使用しなくなったインスタンスに印を付け（mark）、その後でそれらを掃除（sweep）します。

　現在のJVMでは、各インスタンスを生成からの経過時間で分類管理したり、複数のGCを並列動作させるなど、より改善されたGCが実装されています。また、数TBという大容量のヒープ空間であっても、極めて短い停止時間で動作するZGCなどの新方式も続々と登場し、採用されています。

10.7 jshell —— Java の対話的実行

10.7.1 Java のための REPL

近年利用が広がる Python や JavaScript などのプログラミング言語は、**インタプリタ言語**といわれ、基本的にはソースコードの命令が1行ずつ変換・実行されるという特徴があります。また、この特徴を活かした **REPL**（read-eval-print loop）ツールが付属することも一般的です。このツールを利用すると、ユーザーがソースコードを1行ずつ入力し、その場ですぐ実行して結果を見ることができます。REPLは、小さなコードの動作検証を手軽にするだけでなく、そのプログラミング言語の入門の敷居を下げ、利用人口を増やすという観点でも重要な役割を果たしています。

一方、ソースファイル全体を翻訳してから動作する**コンパイル言語**であるJavaにおいては、原則としてREPLは長らく提供されてきませんでした。しかし、Javaにおいても REPLを求める声は強く、Java9以降 **JShell** として実装され、JDKに同梱されるようになりました。

10.7.2 JShell の基本的な使い方

コマンドプロンプトに `jshell` と入力すると JShell が起動します。

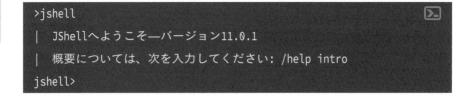

```
>jshell
|   JShellへようこそ——バージョン11.0.1
|   概要については、次を入力してください: /help intro
jshell>
```

プロンプトが `jshell>` に変化しますので、以降、次のような行を入力すると即時結果が表示されます。文末に付けるセミコロンは省略可能となり、Mainクラスやmainメソッドの宣言も不要です。

```
jshell> int a = 10
a ==> 10                         ─── 変数宣言の文
jshell> 3 + 5
$2 ==> 8                         ─── 計算の文
jshell> if (a >= 10) {
   ...> a++;                     ─── 分岐や繰り返し
   ...> }
jshell> int greet(String name) {
   ...> System.out.println("Hello, " + name);
   ...> return name.length();    ─── メソッド定義
   ...> }
|   次を作成しました: メソッド greet(String)
jshell> greet("minato")
Hello, minato                    ─── メソッド呼び出し
$5 ==> 6
jshell>
```

`/exit` でjshellの終了、`/help`」や `/?` で簡易ヘルプを見ることができます。実は非常に高機能であり、import宣言・クラス定義・メソッド定義などが可能なほか、外部のソースファイルを読み込むこともできます。

> 分量のあるコードを動かすには向かなそうだけど、手元でちょっと試したいときには、きっと便利ね。

> あとは、セキュリティの理由などでネットに接続できず、dokojavaが使えないときにも役立つだろう。

10.8 統合開発環境

10.8.1 統合開発環境と代表的な製品

この章ではここまで、JDKに含まれるツールの数々を紹介してきました。しかし、実際の開発現場では、JDKのツールを直接コマンドプロンプトで呼び出すのではなく、エディタと開発に関連するツールが統合された、統合開発環境（IDE: Integrated Development Environment）と呼ばれるソフトウェアを用いるのが一般的です（図10-13）。

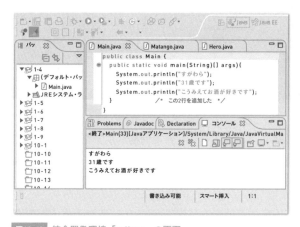

図10-13 統合開発環境「eclipse」の画面

代表的なIDEとしては、eclipse（https://eclipse.org）とIntelliJ IDEA（https://www.jetbrains.com/ja-jp/idea/）の2つが知られています。いずれもWebサイトからダウンロードが可能で、無償で利用できます。

次のWebサイトにてeclipseとIntelliJ IDEAの導入手順を解説していますので、参照してください。

eclipseの導入手順
https://devnote.jp/eclipse

IntelliJ IDEAの導入手順
https://devnote.jp/intellij

10.9 { Ant

10.9.1 | ビルドの自動化

> ここまでいろいろなツールを紹介してきたが、プロジェクト現場ではこれらのツールを使って、コンパイル・仕様書生成・JAR作成などを頻繁に行っていくんだ。

　ソースコードに基づいて、実行可能プログラムなどの一連の最終成果物を生成する工程を**ビルド**（build）といいます。本格的な開発プロジェクトでは、単にコンパイルするだけではなく、JARファイルへのパッケージング、Javadocの生成、専用ツールを使った品質試験、完成品の専用環境へのアップロードなど、たくさんの工程を1つずつ進めていきます。

> ええっ、そんなにたくさん？　javacでさえときどき忘れて、「修正したのに動きが変わらない」って悩むのに…。

　ビルドは、開発現場によっては毎日行う場合もありますし、開発者個人が必要に応じて手元で行う場合もあります。しかし、この一連の作業を人が手動で行うのは非効率ですし、ミスも起きやすくなりますから、通常、ビルド作業は自動化されます。

> 先輩！　私、実は自分でもう自動化してました！　大学時代の授業で、「バッチファイル」を習ったんです。

```
del *.class      ) ── すでにあるクラスファイルを削除      build.bat
javac *.java     ) ── コンパイル
```

chapter
10

```
javadoc *.java ) ── Javadoc の生成
java Main ) ────── Main クラスの実行
```

　朝香さんが作成したbuild.batは、「コマンドプロンプトに1つひとつ入力していたコマンドを順に並べたもの」で、**バッチファイル**（batch file）と呼ばれています。Windowsでは、コマンドプロンプトでバッチファイル名（この場合は「build.bat」）を入力すると、ファイル内の4つのコマンドが順に実行されるため、いちいち各コマンドを入力せずに済むのです。

　なお、バッチファイルはWindows特有のしくみであるため、macOSやLinuxでは動作しません。それらのOSでは、**シェルスクリプト**（shell script）という似たしくみを用います。

> バッチを使っていたとはさすがだね。ただ、Javaのビルドに関しては、さらに便利なツールがあるよ。しかもOSを問わずどれでも同じように使えるんだ。

10.9.2 | Antとは

　Apache Ant（https://ant.apache.org）は、Javaにおけるビルド工程の自動化に長く用いられてきた著名なツールです。build.xmlというXMLファイルを作り、その中にAntが定める構文でビルド手順を記述しておくことで、バッチファイルのように各作業を連続実行することができます。

　Apache Antの導入手順は、次のWebサイトで解説しています。

 Apache Antの導入手順
https://devnote.jp/ant

コード10-4 build.xml の例

```
01  <project name="RPG: スッキリ魔王征伐" basedir=".">
02    <target name="full_build">
03      <echo message="ビルドを開始します…" />  ) ── 表示タスク
```

```
04    <javac srcdir="." destdir="." />
05    <junit />
06    <javadoc><fileset dir=".">
07      <include name="**/*.java" />
08      <exclude name="**/*Test.java" />
09    </fileset></javadoc>
10   </target>
11 </project>
```

コンパイルタスク

JUnit実行タスク
（第11章で解説）

Javadoc生成タスク

テストクラスは対象外とする

```
>ant full_build
```

実行するtargetを指定

　コード10-4を例に、build.xmlの全体構造を見ていきましょう。まず、全体をprojectタグで囲むというルールがあります。その中にtargetタグを記述しますが、このタグが1つの自動化処理のまとまりを表しています。そして、その中にコンパイルやJavadoc生成など、さまざまな処理を指示するためのタグ（タスクといいます）を記述していきます。

　なお、1つのファイル中に複数のtargetタグを記述することもできますが、ターゲットを識別するためにname属性の重複は許されません。

chapter
10

Antにはたくさんの便利なタスクが準備されている（表10-7）。build.xmlの記述ルールやそのほかのタスクについては、Antのマニュアルページに載っているので、ぜひ参考にしてほしい。

表10-7　主なAntタスク

タスク名	内容	タスク名	内容
javac	コンパイルの実施	echo	文字列の表示
java	Javaプログラムの起動	jar	JARファイルの作成
javadoc	Javadocの生成	copy	ファイルのコピー
junit	試験の実施	sleep	指定秒数停止する
junitreport	試験レポートの生成	mail	メールの送信

10.10 { Maven

10.10.1 より高度な自由化

Antも結局、タスクのタグを1つずつ書かなきゃダメなのか…。
何かこう、ひとこと指示するだけで「いい感じ」にビルドして
くれたりしないんですか？

「いい感じ」ねぇ。湊のお眼鏡にかなうかはわからんが、一応
あるぜ。もう少し気の利くやつが。

Antを本格的に活用していくと、build.xmlも長く複雑になっていくことが
一般的です。javacやjavadocなどの各種タスクを記述する際、かなり細かな
指定が必要になってしまうことも少なくありません。そのような負担を低減
するために、高度な自動化を実現するツールとしてApache Maven（https://
maven.apache.org）が広く利用されています。

Apache Mavenの導入手順
https://devnote.jp/maven

Mavenには、Antと比べて次のような違いと特徴があります。

特徴1　pom.xmlという構成ファイルを用いる

build.xmlの代わりに、pom.xmlという構成ファイルを用い、ビルドの手
順ではなく製品に関する各種情報を宣言的に記述する。

特徴2　ルールに従ってファイルを配置する

Mavenが定めるルールに従ったフォルダ構造にソースファイルなどを配置
する。

特徴3　Maven標準コマンドでビルドを実行する

コンパイルやJAR作成など、ビルドで行う一般的なコマンドはあらかじめ準備されており、特徴1と2に基づいてMavenが推測しながら動作する。

> これらの特徴は、Maven特有の世界観に基づいているから、実例を見たほうがわかりやすいと思う。1つずつ紹介していこう。

10.10.2 | POM

Mavenの1つ目の特徴は、開発対象であるJavaアプリケーションをプロジェクトとみなし、それに関する各種情報（ソフトウェア名、バージョン番号、開発者、最終成果物の形態など）をPOM（project object model）と呼び、pom.xmlに記述していくという点です。

POMの詳細な記述ルールはMaven公式サイトに公表されていますが、必要最小限のPOMは次のようなものとなります。

コード10-5 **必要最低限のPOM**

```
01  <project>
02    <modelVersion>4.0.0</modelVersion>
03
04    <groupId>jp.miyabilink.sukkiri</groupId>
05    <artifactId>sukkiri-quest</artifactId>
06    <version>1.0.0</version>
07
08    <properties>
09      <maven.compiler.target>11</maven.compiler.target>
10      <maven.compiler.source>11</maven.compiler.source>
11    </properties>
12  </project>
```

> 使用中のJavaバージョンを指定する

最初のprojectタグとmodelVersionタグは定型文だから、実質的に重要なのは4〜6行目だな。

Mavenには、すべてのプロジェクト（JARファイルなどの成果物を含む）は、他プロジェクトと重複しない独自のIDを持つべきという思想があります。そのため、グループID・アーティファクトID・バージョン番号の3つを定め、POMに表明することが義務付けられています。

① グループID（groupId）

Mavenでは、プロジェクトをグループに所属するものとして考え、そのIDを指定します。基本的に自由に設定できますが、ほかとの衝突を避けるために、保有ドメイン名を逆順にした文字列から始めることが推奨されています。

なるほど。Javaで推奨されているパッケージ名と同じね。

② アーティファクトID（artifactId）

プロジェクトを識別するためのIDです。プロジェクト名のようなイメージで捉えてもかまいませんが、全角文字の利用は推奨されません。

③ バージョン番号（version）

プロジェクトのバージョンを識別するためのIDです。新旧を明らかにするため、「1」や「2.2」などのドット区切りの数字を利用することが一般的ですが、「3.0-SNAPSHOT」や「1.11.8b」などの表記も可能です。

これら3つの情報をコロン（:）で連結したものが、完全限定成果物名（FQAN: fully qualified artifact name）です。FQANは、世界に存在するほかのあらゆる成果物と重複しない識別子として利用されます。たとえば、コード10-5に示したPOMのFQANは、`jp.miyabilink.sukkiri:sukkiri-quest:1.0.0`となります。

10.10.3 標準フォルダ構造

2つ目の特徴は、「ルールに従ったフォルダ構造にファイルを置く」でしたよね。

Antと異なり、構成ファイル（pom.xml）を作成しただけではMavenによるビルドは実行できません。Mavenが定める標準的な構造に従ってフォルダを作り、適切な場所にpom.xmlやソースファイルを配置しておく必要があるためです。

厳密な標準フォルダ構造は初めて使う私たちには多少複雑なので、ここでは簡略化したものを以下に紹介します。

Ａ Maven標準フォルダ構造（簡易版）

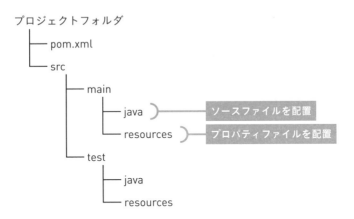

chapter
10

このルールに従って、開発プロジェクト用のフォルダを作り、その中にコード10-5のpom.xmlを配置しましょう。さらにsrc、main、javaと順にフォルダを作って、その中に次のコード10-6のようなソースコードを配置します。resourcesやtestフォルダ以下はまだ作成しなくても問題ありませんが、空のフォルダとして準備しておいてもよいでしょう。

コード10-6 Maven ビルド対象となる Java プログラム

Main.java

```
01  public class Main {
02    public static void main(String[] args) throws Exception {
03      System.out.println("スッキリ魔王征伐 ver1.0.0 by minato");
04      System.out.println("Mavenで鋭意開発中！待て次号！");
05    }
06  }
```

10.10.4 Maven標準コマンドの実行

　ここまで、多少の手間と時間がかかりましたが、Mavenを使う準備が整いました。プロジェクトフォルダに移動して、3つ目の特徴であるMaven標準コマンドを実行してみましょう。

　コマンドは `mvn ゴール名` という書式になっています。代表的なゴールには、表10-8のものが用意されています。Mavenは指定されたゴールに従い、POMの情報とフォルダ構造を使って「いい感じ」に処理してくれます。

表10-8 Maven の代表的ゴール

起動方法 (mvn ゴール名)	動作内容
mvn compile	ソースコード一式をコンパイル
mvn package	（必要ならソースコード一式をコンパイルし）、プロパティファイルなどとともに JAR ファイルを生成
mvn javadoc:javadoc	ソースコード一式から Javadoc 仕様書を生成
mvn site	ソースコード一式からプロジェクト情報公開用の Web サイトを生成
mvn clean	コンパイル結果などの一時ファイルをすべて削除

　たとえば、プロジェクトフォルダで `mvn package` と入力したときの様子を次ページの図10-14に示します。

```
[INFO] Scanning for projects...
[INFO]
[INFO] ----------------< jp.miyabilink.sukkiri:sukkiri-quest >----------------
[INFO] Building sukkiri-quest 1.0.0
[INFO] ----------------------------[ jar ]----------------------------
[INFO]
[INFO] --- maven-resources-plugin:2.6:resources (default-resources) @ sukkiri-quest -
[WARNING] Using platform encoding (UTF-8 actually) to copy filtered resources, i.e. b
 platform dependent!
[INFO] Copying 0 resource
[INFO]
[INFO] --- maven-compiler-plugin:3.1:compile (default-compile) @ sukkiri-quest ---
[INFO] Changes detected - recompiling the module!
[WARNING] File encoding has not been set, using platform encoding UTF-8, i.e. build i
orm dependent!
[INFO] Compiling 1 source file to /private/tmp/sjavap3/target/classes
[INFO]
[INFO] --- maven-resources-plugin:2.6:testResources (default-testResources) @ sukkiri
---
[WARNING] Using platform encoding (UTF-8 actually) to copy filtered resources, i.e. b
 platform dependent!
[INFO] skip non existing resourceDirectory /private/tmp/sjavap3/src/test/resources
[INFO]
[INFO] --- maven-compiler-plugin:3.1:testCompile (default-testCompile) @ sukkiri-ques
[INFO] No sources to compile
[INFO]
[INFO] --- maven-surefire-plugin:2.12.4:test (default-test) @ sukkiri-quest ---
[INFO] No tests to run.
[INFO]
[INFO] --- maven-jar-plugin:2.4:jar (default-jar) @ sukkiri-quest ---
[INFO] Building jar: /private/tmp/sjavap3/target/sukkiri-quest-1.0.0.jar
[INFO] ----------------------------------------------------------------
[INFO] BUILD SUCCESS
[INFO] ----------------------------------------------------------------
[INFO] Total time:  1.053 s
[INFO] Finished at: 2021-01-03T10:21:21+09:00
[INFO] ----------------------------------------------------------------
```

図10-14 「mvn package」の実行結果

無事に実行が終わると、srcフォルダと同じ階層にtargetとい
うフォルダができて、その中にsukkiri-quest.1.0.0.jarが作成さ
れているはずだ。

10.10.5 プロジェクトサイトの生成

Mavenには、POMに記述されたプロジェクトに関するさまざまな情報を
Webサイト形式で出力する機能としてプラグインを追加できる機構が備わっ
ています。POMにプロジェクト情報とプラグインの使用を書き加え、体験し
てみましょう。

```
01  <project
02    xmlns="http://maven.apache.org/POM/4.0.0"
03    xmlns:xsi="http://www.w3.org/2001/XMLSchema-instance"
04    xsi:schemaLocation="http://maven.apache.org/POM/4.0.0
05        https://maven.apache.org/xsd/maven-4.0.0.xsd">
06    <modelVersion>4.0.0</modelVersion>
07
08    <groupId>jp.miyabilink.sukkiri</groupId>
09    <artifactId>sukkiri-quest</artifactId>
10    <version>1.0.0</version>
11
12    <name>スッキリ魔王征伐</name>
13    <description>
14        勇者ミナトが仲間たちと冒険する愛と勇気のファンタジーRPG。
15    </description>
16    <inceptionYear>2011</inceptionYear>
17    <organization>
18      <name>株式会社ミヤビリンク</name>
19      <url>https://miyabilink.jp</url>
20    </organization>
21    <developers>
22      <developer><id>minato</id><name>湊 雄輔</name></developer>
23      <developer><id>asaka</id><name>朝香 あゆみ</name></developer>
24    </developers>
25    <build>
26      <plugins>
27        <plugin>
28          <groupId>org.apache.maven.plugins</groupId>
29          <artifactId>maven-site-plugin</artifactId>
```

POMの正式なルールでは、project
タグにこれらの属性を記載する

第Ⅲ部

388

```
30          <version>3.9.1</version>
31        </plugin>
32        <plugin>
33          <groupId>org.apache.maven.plugins</groupId>
34          <artifactId>maven-project-info-reports-plugin</artifactId>
35          <version>3.1.1</version>
36        </plugin>
37      </plugins>
38    </build>
39    <properties>
40      <maven.compiler.target>11</maven.compiler.target>
41      <maven.compiler.source>11</maven.compiler.source>
42    </properties>
43  </project>
```

　より詳細な構文については、Mavenの公式サイトPOM Reference（https://maven.apache.org/pom.html）を参照してください。

　pom.xmlの修正が完了したら、`mvn site` を実行してみてください。targetフォルダ内にsiteというフォルダが生成されますので、その中のindex.htmlをブラウザで開いてみましょう。

chapter
10

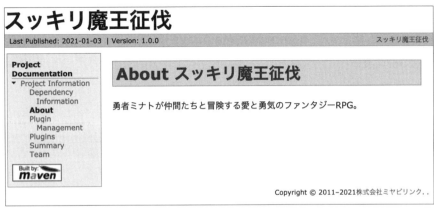

図10-15 Mavenが生成したプロジェクトサイト

POMに記述した各種の情報を閲覧できる本格的なWebサイトが表示されましたね。このページをWebサーバにアップロードすれば、湊くんもすぐに「スッキリ魔王征伐プロジェクト公式Webサイト」を世界に公開できるわけです。

　このWebサイトに似たようなものをどこかで見たような…。

　わかった、commons-langの公式サイトだ！　ちょっとデザインの雰囲気は違うけど、左端のメニューがそっくりだ！　そうか、Apache財団の人もMavenで開発してたんですね！

　ああ。だがMavenが本当にスゴいのはここからなんだ。

10.10.6 依存アーティファクトの宣言と自動取得

　ここで、スッキリ魔王征伐プロジェクト（sukkiri-quest）のpom.xml（コード10-5、p.383）とMain.java（コード10-6、p.386）を修正してみましょう。次のコード10-8に示した部分を各コードの該当の箇所に追加します。一体何をしようとしているかを想像しながら作業を進めてみてください。

コード10-8 修正したpom.xmlとMain.java

```
01  <project>
02    <modelVersion>4.0.0</modelVersion>
03      :
04    <dependencies>
05      <dependency>
06        <groupId>com.opencsv</groupId>
07        <artifactId>opencsv</artifactId>      この部分を追加
08        <version>5.3</version>
```

```
09      </dependency>
10    </dependencies>
11  </project>
```

```
                                        Main.java
01  import com.opencsv.*;      ── この部分を追加
02
03  public class Main {
04    public static void main(String[] args) throws Exception {
05      System.out.println("スッキリ魔王征伐 ver1.0.0 by minato");
06      System.out.println("Mavenで鋭意開発中！待て次号！");
07
08      CSVWriter writer =
            new CSVWriter(new FileWriter("rpgdata.csv"), ',');
09      String[] data = {"sukkiri-quest", "1.0.0"};
10      writer.writeNext(data);
11      writer.close();
12    }
13  }
                                        この部分を追加
```

chapter
10

あ、7章で紹介されたopencsvを使うんですね。じゃあ実行する前に、公式サイトからJARをダウンロードして…。

まあまあ、その前に `mvn package` を実行してみてごらん。

あれ、`Downloading from central:` ～opencsv～ って言ってますね。…これ、ひょっとして！

　私たちがPOM内に「sukkiri-questには、com.opencsv:opencsv:5.3が必要」という依存情報（dependency）を表明したため、Mavenは自動的にopencsvのJARファイルをダウンロードし、さらにクラスパスに設定した上

でコンパイルを実行してくれたわけです。

opencsvは内部でcommons-langやcommons-collectionsを利用しているから単独では動かない。だがMavenは、それらの間接依存するJARたちも一緒に持ってきてくれるんだ。

何これすごい便利！　でも、Mavenはどうやってopencsvやcommons-langをダウンロードしてきているのかしら？

　Apache財団では、よく利用されているさまざまなJARファイルなどをインターネット上の中央サーバに登録、保管しています。この中央サーバは、中央レポジトリやMavenセントラルといわれており、Mavenは必要に応じてここからJARファイルをダウンロードしてくるのです。

　なお、どのようなJARファイルが中央レポジトリに登録されているのかは、次のサイトで調べたり検索したりすることが可能です。

MVN Repository　　　　　　　　　https://mvnrepository.com
Maven Central Repository Search　https://search.maven.org

　たとえば、MVN Repositoryにアクセスし、画面上部の検索ボックスで「commons-net」を検索すると表示される「Apache Commons Net」をクリックしてみましょう。複数のバージョンが表示されますが、たとえば「3.7.2」をクリックすると、各種情報に加え、Mavenで利用したい場合にpom.xmlに書くべきdependencyタグの内容も知ることができます。

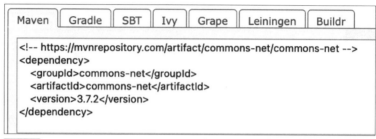

図10-16　MVN Repositoryでdependencyタグの記述方法を調査する

なるほど、これを自分のpom.xmlにコピペすれば、すぐに使えるんですね！

やろうと思えば自分が作ったJARファイルをMavenセントラルにアップロードして、全世界に公開もできるんだ。

　Mavenは非常に高機能なツールですから、本書ではその入口までしか紹介することができません。しかし、本格的なJava開発プロジェクトではインフラとして活用されていることも少なくないため、業務に携わる予定がある人は、POMやJARファイルの依存関係の記述について、本章の練習問題を通して体験をしておくことをおすすめします。

column 統合開発環境におけるAntやMavenの利用

　Eclipseなどの統合開発環境にはAntやMavenも統合されており、フォルダ構造やPOMの自動生成などを支援する機能が含まれています。詳細は、各統合開発環境のマニュアルやWebサイトを確認してください。

column その他のビルドツール

　図10-16（p.392）のMavenとともにタブで並ぶGradleやSBT、Ivyなどもビルドツールです。中でもGradleは、Android開発などでよく利用されるツールとして有名です。基本的な考え方はMavenに似ているため、本章を学び終えた後は、必要に応じて調べながら活用していくことができるでしょう。

バージョン番号の標準ルール

　Mavenで利用するプロジェクトのバージョン番号をはじめ、バージョン番号の採番方法にはさまざまなバリエーションがあり、古くから混乱の原因となることがありました。そこで、シンプルで統一感のある採番方法として広く利用されているのがセマンティックバージョニング（semantic versioning）です。

(1)「X.Y.Z」という3つの数字を用い、Xをメジャーバージョン、Yをマイナーバージョン、Zをパッチバージョンとする。

(2) 外部利用者から見て後方互換性のない変更を行う場合は、メジャーバージョン（X）を上げる。

(3) 外部利用者から見て後方互換性はあるが、機能が追加された場合にはマイナーバージョン（Y）を上げる。

(4) 外部利用者から見て後方互換性があり、既存機能の修正や改良を行った場合はパッチバージョン（Z）を上げる。

　より詳細な内容については、公式の仕様（https://semver.org/lang/ja）を参照してください。

10.11 この章のまとめ

開発効率とツールの活用

- 本格的、実践的な開発では、開発効率を意識することも重要となる。
- JDKに標準添付されているさまざまなツールを上手に使って、最低限の開発効率を確保する。

さまざまな開発ツール

- Javadocは、javadocタグやjavadocコメントを解釈してプログラム仕様書を自動的に生成する。
- javacコマンドは、アノテーションを解釈しながらコンパイルを行う。
- jarコマンドは、クラスファイルやプロパティファイルを1つのアーカイブファイルにまとめることができる。
- javaコマンドは、JVMを起動しバイトコードをマシン語に変換しながらプログラムを実行する。
- ヒープ不足を防ぐため、JVM内ではガベージコレクション（GC）と呼ばれるしくみが動作し、不要なインスタンスを解放する。
- GCの動作中は処理性能が著しく低下するうえ、その発生タイミングを制御することは基本的にできない。

ビルドの自動化

- AntやMavenを利用することによって、効率的にビルド工程を自動化できる。
- Mavenでは、pom.xmlに必要な情報を記述し、標準フォルダ構成に従ってファイルを配置したうえで独自のコマンドを実行する。
- pom.xmlに依存情報を明示すれば、必要なライブラリのダウンロードをMavenが自動的に行ってくれる。

10.12 練習問題

練習10-1

以下のJavaソースファイルを作成し、変数名からクラスやメンバの意味を推測して、適切なJavadocコメントとタグを書き加え、Javadocでプログラム仕様書を生成してください。

```java
01  package jp.miyabilink.atm;            Bank.java
02
03  public class Bank {
04      String name;
05      String address;
06      public void addAccount(String owner, int initZandaka) { }
07      public static void main(String[] args){
08          System.out.println("試験用のメインメソッドです");
09      }
10  }
```

練習10-2

練習10-1で作成したソースファイルをコンパイルし、atm.jarを生成してください。このとき、マニフェストファイルにMain-ClassとしてBankクラスを指定してください。

第Ⅲ部

練習10-3

練習10-2で作成したJARファイルをjavaコマンドにて実行してください。ただし実行の際に-jarオプションを利用してください。

練習10-4

第5章の練習5-2で、commons-langを利用して作成したプログラム（p.187）をMavenを用いてビルドするとき、次について答えてください。

① 作成すべきフォルダ構造、pom.xml と Book.java の配置場所
② pom.xml の内容

ただし、groupIdは「jp.miyabilink」、artifactIdは「javapbooks」、versionは「1.0」とし、利用するcommons-langのバージョンは3.11とします（ヒント：Apache Commons Langの公式サイトには、Mavenのpom.xmlに記述する依存情報dependencyタグの指定方法が紹介されています）。

練習10-5

練習10-4で作成したMavenプロジェクトについて、次の4つを順に実行するためのコマンドをそれぞれ答えてください。

① 過去にコンパイル済みのクラスファイルなどを削除する。
② コンパイルする。
③ Javadoc 仕様書を生成する。
④ プロジェクトWebサイトを生成する。

chapter 11
単体テストと
アサーション

人間は必ずミスをします。そのため、どれだけ注意しても
プログラミングの誤りを完全になくすことはできません。
しかし、業務としてプログラムを開発する以上、不良品を納めるわけ
にもいきません。限られた時間でいかに不具合 (バグ) を取り除くか
という品質への配慮も、実際の開発現場では常に課題となります。
この章では、品質を意識しながら効率的に開発を行うための
手法・機能・ツールについて紹介します。

contents

11.1.1 「完成」の基準

> よっしゃあっ！　口座クラス、あっという間に完成だっ！

> コラっ！　これのどこが完成よっ！　ボロボロじゃない。

　第10章の冒頭では、業務としての開発においては時間が有限であることを学びました。しかし、いくら急いで全機能を作り終えたとしても、バグだらけだったり、仕様とは異なる動きや意図しない動きをするような品質の悪いコードでは完成とはいえません。

> 厳しく聞こえるかもしれないけど、今、湊が「完成」だと言ったコードのようなものを俺たちは「完成」とは言わないのさ。

　開発の進み具合のことを進捗といいます。この進捗を「0〜100%の1本の数直線」のように捉えていると、つい品質のことを忘れてしまいがちです。慣れるまでは進捗を「面」で考え、すべてが塗りつぶされたら完了だというイメージを持つとよいでしょう（次ページの図11-1）。

　開発すべき機能の範囲（すべてのクラス）のことを、プロジェクトの専門用語でスコープ（scope）といいます（変数の有効範囲も「スコープ」と呼びますが、それとは異なるものです）。スコープと品質の両面に関して進捗度100%を達成して初めて完成といえます。しかも、目標とする期間内でその完成にこぎつけなければなりません。

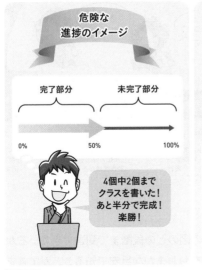

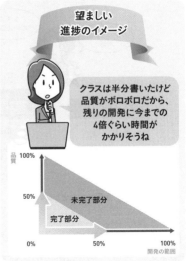

まったく同じ開発状況であっても…

危険な進捗のイメージ

完了部分　　未完了部分

0%　　　50%　　　100%

4個中2個まで
クラスを書いた！
あと半分で完成！
楽勝！

望ましい進捗のイメージ

クラスは半分書いたけど
品質がボロボロだから、
残りの開発に今までの
4倍ぐらい時間が
かかりそうね

品質 100%

50%

未完了部分

完了部分

0%　　　50%　　　100%
開発の範囲

図11-1　線で捉える進捗と、面で捉える進捗

期待される「スコープ」と「品質」の両方を満たして、初めて完成。
期待される「時間」内に完成して、初めて成功。

11.1.2　品質の高さの度合い

これからは品質についても意識して開発します！

でも…自分のプログラムの品質が高いか低いかって、そもそも
どうやって判断すればいいのかしら？

　品質の高さを評価するアプローチは無数に存在します。しかし、本格的な
Java開発を始めたばかりの私たちの場合、まずは次の4段階で考えると直感
的でわかりやすいでしょう（次ページの図11-2）。

図11-2 品質のおおまかな4段階

第1段階	第2段階	第3段階	第4段階
起動不能	強制終了	仕様非準拠	完成
文法に誤りがありコンパイルすら通らない	コンパイルと実行はできるが、特殊データの入力などで実行中に異常終了する	正常終了するが仕様と異なる動作箇所がある	すべての機能が仕様のとおりに正常終了する

　開発中のプログラムについて、この図のどの段階まで到達できているかを判定することで、その時点での品質をおおまかな目安で知ることができます。

　たとえば、第1段階を脱しているかどうかは、コンパイルをしてみればすぐにわかることでしょう。しかし、第2段階や第3段階をクリアしているかどうかは、実際に動かしてテストをしてみて、確認しなければわかりません。

テストによる品質の確認

テストを行わなければ、品質が高いか、完成しているかを判断できない。

　テストまで終わってはじめて完成なのさ。仮に間違いが1つも含まれていないプログラムであっても、そのことがテストで検証されていなければ完成とは言えないんだ。

11.1.3 　部品化とテスト

　自分1人で開発している単一クラスの小さなプログラムなら、テストはとても簡単です。javaコマンドで何度か動かせば問題の有無はわかるでしょう。

一方、数十～数百のクラスで構成されるような大きなプログラムの場合、テストは格段に難しくなります。実行してみてエラーが発生した場合、巨大なプログラムのいったいどこに問題があるのかを判別するのはとても難しいことです。

図11-3 大きなプログラムを一度にテストしようとすると大変だ

このように、複数のクラスから構成されるプログラム全体を一度にテストしようとすると大変です。そこで、実際の開発現場では、単体テスト、結合テスト、総合テストという段階を踏んで少しずつテストを進めます。

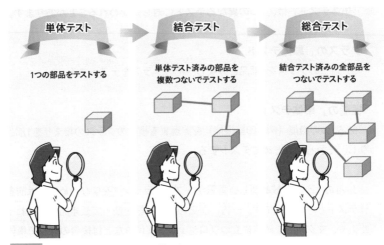

図11-4 実際の開発現場でのテストの進め方

それぞれのテストについて、少し詳しく紹介しましょう。

単体テスト

　単体テスト（UT：Unit Test）では、ある1つの部品について詳細なテストを行い、その部品単体としての完成状況を検証します。たとえば、AccountクラスやBankクラスのそれぞれについて、すべてのメソッドを呼び出して動作が正常かを確認していきます。単体テストはクラスの開発者自身が担当することも多く、ほとんどの不具合は、この段階で修正されます。

結合テスト

　単体テストが完了している完成部品をいくつかつないで動作させ、うまく連携して動作するかを確認するのが結合テスト（IT：Integration Test）です。たとえば、単体テスト済みのAccountクラス、Bankクラス、Ownerクラスの3つをつないで口座開設の流れを実行してみる、などが相当します。

column

2種類の「単体テスト」

　「単体テスト」は、2つの異なるテストに対して使われることがあります。

「クラスの」単体テスト
　ある1つのクラスを1部品とみなし、そのクラスをテストする。

「機能の」単体テスト
　ある1つの機能（例：印刷機能）を実現する複数のクラスの集まりを1部品とみなし、それらをまとめてテストする。

　Javaのような比較的新しい言語からプログラミングを学び始めた人は前者を単体テストと呼ぶようです。一方、歴史のある言語を使って長年開発に携わってきた人や、マクロ的な観点に立つプロジェクト管理者などは後者の意図で単体テストという言葉を使うことが多いようです。どちらの意図であるか判断できないときは、きちんと確認しましょう。本書では以降、特に断りがない限り「クラスの単体テスト」という意味でこの用語を使います。

総合テスト（システムテスト）

　総合テスト（ST：System Test）は、すべての部品を結合して行う最後の
テストです。最終成果物がプログラムだけではなく、ハードウェアやネット
ワークも含めたシステム一式の場合、本番機材の上でテストを行うのが一般
的です。また、発注者自身の責任による最終確認として、受け入れテスト
（UAT: user acceptance test）や検収の手続きも行われます。

> ITやSTは専門の担当者が設計して実施することもあるが、UT
> は2人にもやってもらうからヨロシクな。

> はい。しっかり単体テストをマスターします！

　この章では、以降、湊くんと朝香さんのように開発者が自分で作成したク
ラスについて単体テストを実施する方法について詳しく見ていきます。

---

column

目的の違いによるテストの分類方法

　UT、IT、STなどの分類のほかに、目的別（誰が何のためにテストを行うのか）
による分類を意識すると、テストに対する理解がより深まります。

テストの種類	誰が	何のために
顧客要件テスト	顧客※1	要望どおりに機能が完成していることを確認するため
品質保証テスト	プロジェクト	性能や信頼性を改善・保証するため
開発者テスト※2	開発者自身	要件を明確化して設計・開発作業を促進するため

※1　顧客と合意した要件一覧に基づき顧客に代わってプロジェクトで実施することが多い。
※2　開発者テストについては、14.5.3項（テスト駆動開発）を参照。

　この章で解説しているのは顧客要件テストです。品質保証テストは本書では触
れませんが、開発者テストについては第14章で簡単に紹介します。

11.2 単体テストの方法

11.2.1 テストクラスとは

単体テストもがんばるって言ってはみたものの…。よく考えたらAccountクラスって単体じゃテストできないのよね…。

なんで？ javaコマンドで動かせばいいじゃん。

　湊くんと朝香さんは、担当することになったAccountクラスの単体テストの方法について悩んでいるようです。まずは、テストの対象となるAccountクラスを見てみましょう（コード11-1）。

コード11-1 テスト対象のAccountクラス

Account.java

```java
01 public class Account {
02   String owner;            // 口座名義人
03   int zandaka;             // 口座残高
04   public void Account(String owner, int zandaka) {
05     owner = owner;
06     zandaka = zandaka;
07   }
08   public void transfer(Account dest, int amount) {
09     dest.zandaka += amount;
10     zandaka -= amount;
11   }
12 }
```

引数を2つ持つコンストラクタ

送金を行うメソッド

Accountクラスをテストするには、実際に動かしてみる必要があります。しかしmainメソッドのないこのクラスをjavaコマンドで実行すると次のようにエラーとなってしまい、テストできません。

```
>java Account
  エラー: メイン・メソッドがクラスAccountで見つかりません。
  :
```

> あ、そっか…。Accountクラスだけを単体テストするなんて、無理なのかな？

> 諦めるのはまだ早いぞ。Accountクラスを直接実行できないならば、間接的に実行してやればいいじゃないか。

mainメソッドを持たないAccountクラスを直接実行することはできません。それならば、Accountクラスのメソッドを呼び出す、mainメソッドを持ったテスト用のクラスを別途作ればよいのです（図11-5）。

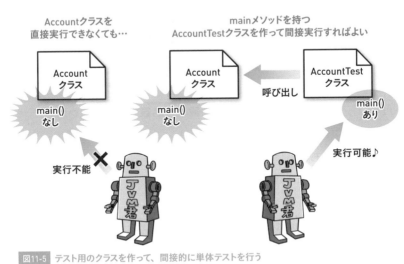

図11-5 テスト用のクラスを作って、間接的に単体テストを行う

図11-5におけるAccountTestクラスのように、テストしたい対象のクラス

を動かすためだけに作るクラスを**テストクラス**や**テストドライバ**といいます。テストクラスは、テストのときにだけ利用されるもので、プログラムの本番稼働時にはいっさい利用されません。なお、本書では以後、Accountクラスのようにテスト対象となるクラスを、**テスト対象クラス**または**稼働クラス**と表記します。

11.2.2 テストクラスを作成する

それではさっそく、AccountクラスのテストクラスであるAccountTestクラスを作成してみましょう（コード11-2）。

コード11-2 初めてのテストクラス

```java
01  public class AccountTest {
02    public static void main(String[] args) {
03      testInstantiate();      // （1）インスタンス化テスト
04      testTransfer();          // （2）送金テスト
05    }
06    // 実際にAccountをnewして使ってみるテスト
07    private static void testInstantiate() {
08      System.out.println("Accountをnewできるかテストします");
09      Account a = new Account("ミナト", 30000);
10      if (!"ミナト".equals(a.owner)) {        Stringオブジェクトに化ける
11        System.out.println("失敗！　名義人がおかしい");
12      }
13      if (30000 != a.zandaka) {
14        System.out.println("失敗！　残高がおかしい");
15      }
16      System.out.println("テストを終了します");
17    }
18    private static void testTransfer() {
19        :
```

```
20     }
21   }
```

10行目の条件式、変な形だと思ったけど…文字列リテラルで直接equalsを呼べるんですね！

ああ。!(a.owner.equals("ミナト")) とするのと違って、万が一aがnullでも例外が起きないメリットがあるんだ。

このテストクラスでは、2つの項目についてテストをしています。1つめはAccountクラスがきちんとインスタンス化できるかどうか、2つめは送金が正しく行われるかどうかです。このような1つひとつのテスト項目のことを、テストケース（test case）と呼びます。

11.2.3 テストクラスで稼働クラスをテストする

それでは、完成したAccountTestをコンパイルして実行してみましょう。

```
>javac Account.java      まずは稼働クラスをコンパイル
>javac AccountTest.java   次にテストクラスもコンパイル
AccountTest.java:9: エラー: クラス Accountのコンストラクタ Account
は指定された型に適用できません。
    Account a = new Account("ミナト", 30000);
                ^
  期待値: 引数がありません
  検出値: String,int
  理由: 実引数リストと仮引数リストの長さが異なります
```

残念ながら、テストクラスの実行には至りませんでした。コンパイル結果によれば、AccountTest.javaの9行目に誤りがあると指摘されていますが、この行の記述自体には間違いは特にないようです。

エラーメッセージをちゃんと読めって菅原さんに言われてたっけ。コンストラクタに渡す引数が間違っているのかしら…。

「Accountクラスには引数を2つ受け取るコンストラクタなんて存在しないのに、AccountTestの9行目でそれを使おうとしている」とコンパイラは主張しています。本当にコンストラクタが宣言されていないのか、コード11-1（p.406）の4行目を確認してみましょう。

```
public void Account(String owner, int zandaka) {
```

コンストラクタの宣言では戻り値の型は記述してはいけません。今回の場合、voidという戻り値を記述しているため、コンストラクタではなく通常のメソッド宣言になってしまっています。不具合が1つ見つかりましたね。Account.javaの4行目のvoidを削除すれば、コンパイルは成功します。

11.2.4 2度目のテスト実行

それでは、今度こそAccountTestの実行です。

```
>java AccountTest
Accountをnewできるかテストします
失敗！　名義人がおかしい
失敗！　残高がおかしい
テストを終了します
```

テストを実行することはできましたが、失敗してしまいました。きちんと名義人（ミナト）と初期の残高（30000）を指定してnewしているのに、その値がフィールドにセットされていないようです。

えぇ〜…コンストラクタのどこかが間違ってるのかなぁ…。

不具合を修正するには、コンストラクタの処理を次のように修正します。

```
04    public Account(String owner, int zandaka) {     Account.java
05      this.owner = owner;
06      this.zandaka = zandaka;
07    }
```

　thisを伴わない変数は、フィールドの変数ではなく引数の変数を意味してしまいます。この不具合を修正すれば、無事テストも正常終了することでしょう。

11.2.5 | テストクラスを使う理由

 ふぅ、やっと動いた。でも、別にテストクラスを作らなくても、Accountクラス自体にmainメソッドを追加してしまえばいいんじゃないかなあ？

　テスト対象クラスとは別にわざわざテストクラスを準備することに対して、湊くんのように疑問を感じる人もいるかもしれません。確かにAccount.javaとAccountTest.javaの両方を行ったり来たりして編集するのはめんどうです。

　しかし、Account.javaの中にテスト用のmainメソッドを追加せず、わざわざ別のクラスを準備するのにはちゃんと理由があります。テストや納品に関する次の2つの原則を、ぜひ覚えておいてください。

原則1　1文字でも少ない稼働コードが理想

　「0行のプログラムにバグはない」という言葉があります。ミスをする可能性のある人間が1文字でもコードを書けば、必ずバグ混入のリスクが増えるのです。本番では使用しないはずのmainメソッドであっても、利用者が誤って起動してしまうなど、本番稼働時の不具合やセキュリティホールにつながる可能性はゼロではありません。そのため本番稼働に不要なものは、本番稼働用のクラスの中に含めるべきではありません。

原則2　1文字でも修正したら再検証

　テストの時だけmainメソッドを追加し、テストが終わったらその部分だけを削除すればよいという発想もあるかもしれません。しかし、mainメソッ

ドを削除する際に「削除してはならない部分」も一緒に削除してしまう可能性もゼロではありません。テスト完了後、1文字でも修正されたクラスは「検証済み」と信用してはいけません。

この2つの原則に従い、テスト対象クラス自体に手を入れることなく、その外部からテストする必要があるのです。

11.2.6 │ 良いテストケースとは

よし、じゃあテストケースをどんどん書くぞ！　目標100個だ！

ちょっと！　そんなに作ってるヒマないわよ。書けても10個ぐらいって考えると、どんなテストケースを作ったらいいのかしら…。

テストケースは多ければ多いほど、より品質が確かであることが検証できます。しかし私たちの時間が有限であることを忘れてはなりません。

たとえば、コード11-2のAccountTestクラスに、「名義人は"ミナト"、残高は1でインスタンス化できるか」というテストケースを追加してもあまり意味がありません。もちろん、まったく意味がないわけではありませんが、同じ理屈で考えれば、残高が2や3のときなど、試すべきテストケースは無限に出てきてしまい、いくら時間があっても足りません。

そこでテストケースを追加する際には、「残高30000で正常に動作すれば、残高1の場合も、2の場合も、常識的な範囲の整数ならおそらく大丈夫」と考えるべきです。たった1つのテストケースを確認できれば、それと似た場合については「確認はしてないけれども、たぶん大丈夫なケース」としてカバーできるのです（図11-6）。

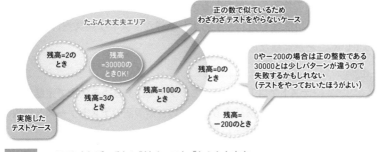

図11-6　1つテストすれば、それに似たケースも「たぶん大丈夫」

　似たようなテストケースばかりを大量に作っても、時間がかかるだけで、テストとして本来やるべき「さまざまな可能性について試し、不具合がないか探す」という目的を達成することにはなりません。

　追加すべきは、検証済みのテストケースとは似ていない「名義人＝"ミナト"、残高＝－200」や、「名義人＝null、残高＝30000」のようなテストケースです。名義人として誤ってnullが渡されてきたり、残高として不正な－200が指定されるようなことがあっても、そこで異常終了することなく正しくエラー処理がなされるかをチェックすることはとても重要だからです（図11-7）。

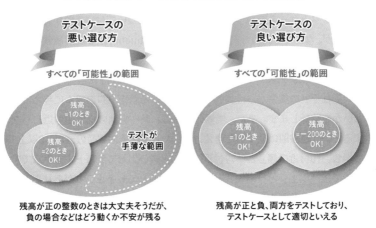

図11-7　テストケースの良い選び方、悪い選び方

限られた時間で作ることができるテストケースの数は有限です。ですから、できるだけ広い可能性をカバーするより多様なテストケースだけを効率よく作っていくことが大事なのです。

> テストでは完璧を求めちゃダメだ。あらゆる状況で完璧に動作することを検証するためには、無限個のテストケースと無限の時間が必要だからな。

なお、テストケースの作り方に迷ったときに便利なのが正常系と異常系というテストケースの分類です。前者はAccountTestのtestInstantiate()のように「正常に動作することを確認する」もので、後者は引数がnullの場合やファイルが見つからない場合のように「想定される異常時に、きちんとエラー処理がなされるかを確認する」ものです。

あるクラスのある処理についてテストケースを考える場合、最低限1つの正常系と、主に想定される異常系を複数作ってみましょう。

---

column

 優れたテストケースを見つけるための方法論

　良いテストケースを見つけるための方法論についてはいくつか有名なものがありますが、なかでも同値分割 (equivalence partitioning) と境界値分析 (boundary value analysis) は代表的な手法です。

　同値分割は、テストで入力する値を「有効値の集合」と「無効値の集合」に分け、それぞれの集合から代表的な値を選び、それをプログラムに与えて動作が正しいかを確認します。また、境界値分析は、条件判断の境界値付近にバグが集中するという経験則に基づいた考え方で、たとえば条件判断の式が「0以上99未満」の場合、「0付近の値」と「99付近の値」を選び出してテストする手法です。条件判断では「以上」と「未満」を間違えて記述してしまうことがありますが、このようなミスを発見するのに役立ちます。

11.3 { JUnit を用いたテスト

湊ったらBankTestにmainメソッド1つだけ作って、その中にいくつもテスト処理を書いちゃうからプログラムがぐっちゃぐちゃになっちゃったじゃない！

いいじゃないか別に。朝香のテストケースみたいに、テストケースごとにメソッドを分けなきゃいけないっていう決まりはないだろ？

確かに決まりはないが、整理されていればメリットもある。湊や俺みたいなサボリ大好き人間にうってつけのツールがあるぞ。

　11.2節ではmainメソッドを持つテストクラスの書き方を学びました。コード11-2（p.408）ではテストケースごとにメソッドを分割しましたが、1つのmainメソッドの中にさまざまなテスト処理を混在させることも可能です。

　しかし、個々のテスト項目をある程度メソッドに分割しておくと、ほかの開発者が内容を理解しやすくなり、テストに失敗したときにその原因を特定しやすくなります。つまり、テストクラスの作り方のルールをある程度統一しておいたほうがよいのです。

　このような背景から、開発現場ではテスティングフレームワークと総称されるツールがよく利用されます。

たしか、フレームワークって「枠組み」とか「骨格」っていう意味だから…「テストを作るための枠組み」ってことね。

テスティングフレームワークが定める一定のルールに従ってテストクラスを作ると、記述がラクになったり、不具合の原因を特定しやすくなったり、テスト結果の統計情報を出せたりと、さまざまな恩恵を受けられます。ここではJavaの開発で用いられる代表的なテスティングフレームワーク「JUnit」を紹介します。

11.3.2 JUnitとは

　JUnitはオープンソースとして以下のサイトから無償でダウンロード、利用が可能です。なお、JUnitには複数のバージョンが存在し、現在ではJUnit5とJUnit4が広く利用されています。この章ではJUnit5を例に解説します。

JUnit5　　　https://junit.org/junit5

　この節で紹介するコードを実際に試すには、JUnit5の準備が必要です。下記の利用手順を紹介したWebサイトを参考にしてください。

 **JUnit5の利用手順**
https://devnote.jp/junit

11.3.3 JUnitテストクラスの記述

　それでは、さっそくJUnit流のテストケースの書き方を紹介していきましょう。11.2節で作ったテストケース（コード11-2、p.408）をJUnit流に修正したものが、次のコード11-3です。

コード11-3 JUnit5のためのテストクラス

AccountTest.java

```
01  import org.junit.jupiter.api.*;
02  import static org.junit.jupiter.api.Assertions.*;
03
04  public class AccountTest {
05      // 実際にAccountをnewして使ってみるテスト
06      @Test public void instantiate() {
```

```
07      Account a = new Account("ミナト", 30000);
08      assertEquals("ミナト", a.owner);
09      assertEquals(30000, a.zandaka);
10    }
11    @Test public void transfer() {
12      :
13    }
14  }
```

JUnit のテストクラスのルールは次のとおりです。

ルール1　お決まりの import 文を記述する

JUnit の機能を便利に利用するために、import 文を記述します。基本的にはコード11-3の先頭の2行を書いておけば大丈夫です。

ルール2　テストクラスの中に複数のテストメソッドを書く

JUnit では、1つのテストクラスの中に、かならず複数のメソッドに分けてテストを記述していきます。1つのテストメソッドでは、1つのことを確認するようにテストを作るとよいでしょう。

ルール3　main メソッドは記述しない

JUnit のテストクラスには、main メソッドを記述する必要はありません。その理由は次項で説明します。

ルール4　テストメソッドには @Test を付ける

テストメソッドの先頭には @Test というアノテーションを記述します。これを付け忘れると、そのメソッドがテストメソッドであると認識されません。

ルール5　値の確認などには専用のメソッドを使う

テストメソッド内で「返される値が正しいものか」などの判定を行う部分では、if 文を書くのではなく、JUnit に用意された次ページの表11-1のようなメソッドを利用します。

表11-1 JUnitで利用できる主な評価用メソッド

専用の評価メソッド	評価内容
assertEquals（期待値 , 実際値）	実際値が期待値と等価か？
assertSame（期待値 , 実際値）	実際値が期待値と等値か？
assertNull（実際値）	実際値が null か？
assertNotNull（実際値）	実際値が null 以外か？
fail()	常に検証失敗

　これらのメソッドは、もし想定した値でない場合にAssertionErrorを発生させます。条件が満たされれば何も起きません。

> 等価と等値の違いについては第2章でも学んだけど、ほとんどの場合はassertEquals()を使えば済みそうね。

> そうだな。ちなみに「assert ○○」とは「○○であるハズだ！」という意味の英文だ。

　JUnitには今回紹介していないさまざまな記法や機能もあります。JUnitのWebサイトや専門書で、より高度な記述方法を調べてみるとよいでしょう。

---

column

JUnit3・JUnit4の場合

　この章では、JUnit5による記述を解説していますが、過去のプロジェクトのメンテナンスなどでは、JUnit3やJUnit4を利用する場面もあるかもしれません。これらのバージョンも基本的な使い方やしくみは同じですが、importするパッケージやアノテーションのルールなどが異なります。
　詳細についてはJUnitに関する書籍やWebサイトを参照してください。

11.3.4 テストの実行

テストクラスが完成したら、いよいよ実行ですね。でもこのクラス、mainメソッドがないですよ？

　完成したテストクラス AccountTest は main メソッドを持っていないため、java コマンドで起動できません。その代わりに、JUnit5では Maven を利用して実行することができます。Maven でテストを実行するには、「Maven-Surefire-Plugin」というプラグインが必要です。
　まずは次のような pom.xml を作成しましょう。

コード11-4 テスト実行のための pom.xml

```
01  <project>
02    <modelVersion>4.0.0</modelVersion>
03
04    <groupId>jp.miyabilink.sukkiri</groupId>
05    <artifactId>sukkiri-test</artifactId>
06    <version>1.0.0</version>
07
08    <properties>
09      <maven.compiler.target>11</maven.compiler.target>
10      <maven.compiler.source>11</maven.compiler.source>
11    </properties>
12
13    <build>
14      <plugins>
15        <plugin>
16          <groupId>org.apache.maven.plugins</groupId>
17          <artifactId>maven-surefire-plugin</artifactId>
18          <version>3.0.0-M5</version>
```

プラグインの設定

```
19        </plugin>
20      </plugins>
21    </build>
22
23    <dependencies>
24      <dependency>
25        <groupId>org.junit.jupiter</groupId>
26        <artifactId>junit-jupiter-engine</artifactId>
27        <version>5.7.1</version>
28        <scope>test</scope>
29      </dependency>
30      <dependency>
31        <groupId>org.junit.jupiter</groupId>
32        <artifactId>junit-jupiter-api</artifactId>
33        <version>5.7.1</version>
34        <scope>test</scope>
35      </dependency>
36    </dependencies>
37  </project>
```

JUnit5を利用
する た め の
依存情報

pom.xmlができたら、次はファイルの配置だ。第10章で紹介した Maven 標準フォルダ構成（p.385）を思い出そう。

　今回の場合では、プロジェクトフォルダ配下の src¥main¥java フォルダに コード11-1の Account.java を、src¥test¥java フォルダに コード11-3の AccountTest.javaを配置します。

実行は、プロジェクトフォルダに移動して Maven コマンドを入力するんだったわね。えっと、テストのときはどんなゴール名にすればいいのかしら？

テストを行うときのゴール名には、「test」を指定します。このゴールを設定されると、Mavenはtestフォルダに置かれたテストクラスを順次「いい感じ」に実行してくれます。以下に結果表示の例を記載します。

```
>mvn test
 :
[INFO] -------------------------------------------------------
[INFO]  T E S T S
[INFO] -------------------------------------------------------
[INFO] Running AccountTest
[ERROR] Tests run: 2, Failures: 1, Errors: 0, Skipped: 0,
    Time elapsed: 0.014 s <<< FAILURE! - in AccountTest
[ERROR] instantiate  Time elapsed: 0.005 s  <<< FAILURE!
org.opentest4j.AssertionFailedError:
    expected: <ミナト> but was: <null>
    at AccountTest.instantiate(AccountTest.java:8)
 :
```

Tests と書かれた行にテスト結果が表示されています。 run が実行した総テスト件数、右の3つの数字がその内訳です。 Failure は失敗したテスト件数、 Errors は実行時エラーが発生したテスト件数、 Skipped は実行されなかったテスト件数です。成功した件数は表示されませんので、総数と内訳の合計との差分を成功したテストの件数と考えることができます。

> テスト失敗の原因がテストされる側のクラスにあるとは限らない。テストクラスが間違っている可能性も頭の片隅に置いておこう。

今回は、最も基礎的な使い方に限定して紹介しましたが、JUnit5はほかにも多くの機能を備えています。たとえば、あるテストに与えるデータを少しずつ変えながら複数回実行するパラメトリックテスト（parametric test）や、複数のテストをネスト構造で整理することも可能です。

テストメソッド名に日本語を使う

　テストコードは、一目で「どのようなテストを行っているか」を把握できることが重要です。そのため、次のように日本語のテストメソッド名を用いることも広く実践されています。

```
@Test public void クラスAccountが引数2つでnewできること() {
  Account a = new Account("ミナト", 30000);
}
```

Javaでは一応、日本語のクラス名やメソッド名も使用できる。今回のような例を除き、推奨されないけどな。

　日本語のテストメソッド名を用いると、コード自体に加えてJUnitテストレポートやJavadocも読みやすくなります。ただし、数字で始まるメソッド名や、記号が含まれるメソッド名はJavaの構文規則によりコンパイルエラーとなってしまうことに注意してください。

11.4 アサーション

11.4.1 アサーションとは

単体テストは理解できましたけど、別にクラスを作らないといけないのは、やっぱりちょっとめんどうだなぁ…。

そう言うと思ったよ。章の締めくくりとして、もう少し手軽な動作チェックのしくみを紹介しておこう。

ここまで見てきたように、単体テストでは、稼働クラスとは別にテストクラスを準備する方法が一般的です。しかし、稼働クラスを開発している最中に、「ここの部分は重要だから後でしっかりテストしよう」「この部分はこういうテストを準備できそうだ」という考えが浮かぶこともよくあります。

図11-8 テストコードを記述するタイミングはいつ?

図11-8の湊くんは、そのような考えが浮かぶたびにテストクラスを修正し、また稼働クラスの開発を行っているため作業が煩雑になりますし、本来のAccountクラスの開発に集中できません。また、図右の朝香さんのようにテストクラスのことを考えずに稼働クラスの開発に集中する方法もありますが、稼働クラスを作りながらテストクラスも並行して作るほうが、品質のよいテストケースを作れることが経験的に知られています。

そこでJavaでは、簡易なテストケースを稼働コードの中に直接記述できるアサーション（assertion）というしくみを備えています。この節では、アサーションの機能と使い方について紹介していきます。

11.4.2 アサーションの記述方法

さっそく、アサーションを使っている例を紹介しましょう（コード11-5）。

コード11-5 アサーションを用いたコードの例

```
01  public class Account {
02      :
03      int zandaka;
04      public void transfer(Account dest, int amount) {
05          dest.zandaka += amount;
06          zandaka -= amount;
07          assert this.zandaka >= 0;
08      }
09  }
```

JUnitで使うassert〜()というメソッドと今回のassertは基本的に関係ない。assertはJavaに標準装備されている文法だよ。

このコードでは、送金処理後に「残高は0以上のハズだ！」と記述してるんですね。

assertから始まる7行目がアサーションを利用しているテストです。JVM
はこの行を実行すると、本当に残高が0以上であるかを検査します。検査結
果に問題がなければ何も起こらず、次の行に実行が移ります。もし残高がマ
イナスになっていた場合、AssertionErrorが発生しJVMは強制停止します。

実行結果 （残高が0未満であった場合）

```
Exception in thread "main" java.lang.AssertionError
    at Account.transfer(Account.java:7)
    :
```

なお、assertの後ろに評価式だけでなくエラーメッセージも指定できる次
のような構文もあります。

---

 assertの使い方

　　構文1　　assert 評価式;
　　構文2　　assert 評価式 : エラーメッセージ;

たとえば、構文2は次のように使います。

```
assert this.zandaka >= 0 : "負の残高 … " + this.zandaka;
```

11.4.3　AssertionErrorが例外でなくエラーである理由

でも…。assertによるテストに失敗したからといって、プログ
ラムが動いてる途中で急に止まっちゃったら困りませんか？

そりゃ困るさ。でも、止めなきゃもっと困るだろう？

assertによるテストが失敗したのですから、すでに口座インスタンスは残高がマイナスなどの異常な状態となっています。もしこのままプログラムが稼働し続けると、ほかの部分で致命的な障害につながる可能性があり、しかも本当の問題がどこで発生したかがわかりにくくなってしまいます。

つまり、動作中にプログラムが強制停止することは困りますが、異常な状態で稼働し続けるのはもっと困るのです。

アサートに失敗した事実は、通常はプログラムにバグがあることを示しており、ただちに稼働を停止すべき状況です。そのため、アサートの失敗時には、catchが推奨されるException系の例外ではなく、JVMの即時停止が原則のError系であるAssertionErrorが送出されます。

11.4.4 アサーションを有効にする

あれぇ…おかしいわねぇ…。なんでAssertionErrorが起きないの？

おっと。とても大切なことを1つ伝え忘れていたよ。

実行すると必ずAssertionErrorが起きるであろう、次のコード11-6をコンパイルして実行してみてください。なぜか停止せず正常に終了してしまうはずです。

コード11-6 必ずAssertionErrorが起こるはずのコード

```
01  public class Main {
02    public static void main(String[] args) {
03      System.out.println("アサートにわざと失敗します");
04      assert 1 == 0;
05      System.out.println("正常終了します");
06    }
07  }
```

```
>java Main
アサートにわざと失敗します
正常終了します
```

　JVM は、デフォルトではアサーション機能が無効の状態で動作します。つまり、せっかく記述した assert 文はすべて無視されてしまうわけです。JVM に対して assert 文を実行するよう指示する場合は、次のように -ea オプションを付けてください。

```
>java -ea Main
アサートにわざと失敗します。
Exception in thread "main" java.lang.AssertionError
    at Main.main(Main.java:4)
```

　-ea オプションはテスト時の利用が多く、本番稼働の場合は -ea オプションなしで起動します。

11.4.5　アサーションの注意点

> ほかにもアサーションには使用上の注意があるんだ。特に次の2つの点をしっかり念頭においた上で活用してほしい。

注意点1　アサーションの OFF 時に問題となるコードを書かない

　プログラムが完成し、ある程度テストも終わって動作が安定したら、本番稼働ではアサーション機能を OFF にして動かします。しかし、これによってプログラム本来の動作ロジックがテストのときと変わるため、それが不具合の原因になってしまうことがあります（アサーションによる副作用）。たとえば、次のコード11-7を見てください。

コード11-7 アサーションのON/OFFで動作が変わってしまう   Main.java

```java
01  public class Main {
02    public static void main(String[] args) {
03      int age = 33;                    // 今年の年齢
04      assert (++age >= 20);            // 来年20歳以上であるハズだ
05      System.out.println("あなたの来年の年齢は" + age);
06    }
07  }
```

　注目すべきは、assert文の中に **++age** という処理が含まれている点です。このインクリメント演算により変数ageの中身を「来年の年齢」に更新し、それに対して20以上であるかというテストをアサーションを使って行っています。そして、最後に来年の年齢を表示しています。

　しかし、もしこのプログラムを-eaオプションなしで実行すると、assert文はいっさい動かないためageを1つ増やす処理が行われなくなってしまいます。したがって、画面に表示されるのは来年の年齢ではなく今年の年齢です。

　ageの値を1つ増やすという部分は、アサーションを使うか使わないかに関わらず、このプログラムの処理ロジックとして必ず動作すべきものです。そのような処理をassert文の中に記述してはいけません。

アサーションの副作用を避ける

本来の動作ロジックに影響を与える式をassert文に記述しない。

注意点2　単体テストに代わるものではない

　「アサーションを書けば単体テストは不要」というわけではありません。なぜなら、アサーションと単体テストでは、記述できるテストや利用目的に違いがあるからです。たとえば、ある入力値を与えて目的の結果となるかを確認するようなテストはアサーションには向きません。

要件を満たしているかの確認のための単体テストを主軸に据えつつ、「絶対に起こるはずがない、起こってはならない異常事態に備えるための保険」として補助的にアサーションを活用するとよいでしょう。

アサーションを活用できる条件については、下のコラムも参考にしてほしい。

アサーション活用の場面を考える

　本節を読んで、「いつ、どこで、何を確認するためにアサーションを用いると効果的だろうか?」と考えた人もいるかもしれません。この問いに対しては、バートランド・メイヤーという人が契約による設計（DbC: Design by Contract）という考え方の中でアサーションを活用すべき3つの条件を提示しています。

あるメソッドについて

・事前条件：　　　　呼び出し時に、渡されてきた引数が正しいか。
　　　　　　　　　　　　例）渡された引数 name は null ではないこと
・事後条件：　　　　終了時に、返そうとする戻り値が正しいか。
　　　　　　　　　　　　例）返そうとしている戻り値は、常に128以下であること
・クラス不変条件：呼び出し時および終了時に、インスタンスの内部状態に矛盾がないか。
　　　　　　　　　　　　例）どんな状況であっても、残高は常に0以上であること

　バートランド自身が開発した Eiffel というプログラミング言語では、メソッド、クラスを宣言する際にこれら3つの条件を宣言の一部として記述して、メソッドを呼ぶ側と呼ばれる側で遵守すべき責任を明確にしています。
　Java による開発の場合、Eiffel のようにアサーションを積極的に活用することは多くはありませんが、これら3つの条件の存在を意識しながら単体テストやアサーションを記述していくとよいでしょう。

11.5 この章のまとめ

品質とテスト

- 開発期間の期限内に、スコープと品質の両方を満たさなければならない。
- 大きなプログラムの場合、まず部品ごとに単体テストを行い、その後に結合テスト、そして総合テストへと段階的にテストを進める。
- 可能な限り少ないパターンで、より多くの範囲のテストができるようにテストケースを考えることが重要である。

テスティングフレームワーク

- Javaでクラスの単体テストを行う場合、JUnitをはじめとするテスティングフレームワークを利用するのが一般的である。
- JUnitを利用してテストを行う場合には、フレームワークが定めるルールに従って、テストクラスを作成する。
- JUnit5では、Mavenに専用のプラグインを設定してテストクラスを実行する。

アサーション

- アサーションを用いると、ソースコード中に簡易なテストを記述できる。
- ただし、アサーションは副作用が発生しないように用いなければならない。

11.6 〉 練習問題

練習11-1

以下のソースファイルBank.javaを検査するJUnitテストクラスBankTest.java
を作成してください。また、できるだけ多くの検査が行えるようなテストケース
を記述してしてください。

```java
01  public class Bank {
02    private String name;  // 銀行名（必ず3文字以上が設定される）
03    public String getName() {
04      return this.name;
05    }
06    public void setName(String newName) {
07      if (newName.length() <= 3) {
08        throw new IllegalArgumentException("名前が不正です");
09      }
10      this.name = newName;
11    }
12  }
```

Bank.java

練習11-2

練習11-1で作成したテストケースをコンパイルし、テストを実行してください。
また、テストの結果、Bank.javaに不具合が見つかった場合は、併せて修正して
ください。

chapter 12
メトリクスと
リファクタリング

前章では品質を向上させるためのテストの手法について学びました。
しかし、品質は目に見えないため、「このテスト数で十分なのか？」
「バグが混入していそうな箇所はもうないのか？」のように
品質に確信が持てないことがあります。
この章では、品質を「見える化」し、
それを戦略的に改善していくための方法を学びましょう。

contents

chapter
12

12.1 品質の「見える化」

12.1.1 本当に大丈夫？

いろいろ考えて12個もテストケースを書いたし。まぁこんなもので大丈夫よね。

ちょっとイジワルな質問をしようか。あゆみちゃん、その12個で「本当に」大丈夫？　俺を安心させるにはどうしたらいい？

　第11章では単体テストによって品質を検証する方法を学びました。そして、現在の品質がどのくらいのレベルなのかは、図11-2（p.402）で挙げた4段階を用いれば、ごくおおまかに把握することができます。

　しかし、本格的な開発現場において品質向上に取り組む場合、この4段階の評価はおおまかすぎてあまり役に立ちません。いくらテストケースを作ったとしても、「これですべてのバグを潰せているのか？　いや、まだまだテストし尽くしていないのでは？」という不安からは逃れられないのです。

12.1.2 品質を「見える化」する

　テストをいくら実施しても「本当にこれで大丈夫か？」と不安に感じるのは、容易には把握できない要素があるからです。

品質について安心するために把握すべき要素

プログラムやクラスの使われ方についての全パターン数と、そのうちテストで試したパターン数（カバー率）。

確かに、「全パターンの97%をテストして大丈夫だった」と言えれば、大江さんを安心させられそうですね。

　目に見えず、把握しにくい「品質」というものを、なんとなく高い／低いという表現で議論するのではなく、数値として見える化することによって品質の根拠を表すことができれば安心ですね。

　このように、品質に限らず、開発に関する把握しにくいさまざまな事柄について主に数値指標として「見える化」したものを、メトリクス（metrics）と呼びます。先に挙げた、テストによるカバー率もテストカバレッジ（test coverage）または網羅率と呼ばれるメトリクスの一種です。

12.1.3　コードのカバレッジ

でも、「使われ方のすべてのパターン数」なんて無限に考えられるじゃないですか。そんなの数えられないし…。

そうなんだよ。だから、実際にはもう少し単純な方法でカバー率を算出するんだ。

　理想としては、前項で示した方法によるカバー率（要件仕様に対するカバー率）を算出した上で100%を目指すことが望ましいのは確かです。しかし、湊くんが言うように、これを計測して指標として用いるのは現実的ではありません。

　その代わりによく用いられる指標がコードカバレッジと呼ばれるもので、代表的なものとして命令網羅率（C0レベルカバレッジ）と分岐網羅率（C1レベルカバレッジ）が知られています（次ページの図12-1）。

　「コード全体の命令数」、「テスト時に通過した命令数」、「コードのすべての分岐経路数」、「テスト時に選択した分岐経路数」はいずれも数えることができますし、ツールなどで機械的に分析、計測することも可能です。つまり、命令網羅率や分岐網羅率は客観的な数値として計測、活用できるメトリクスなのです。

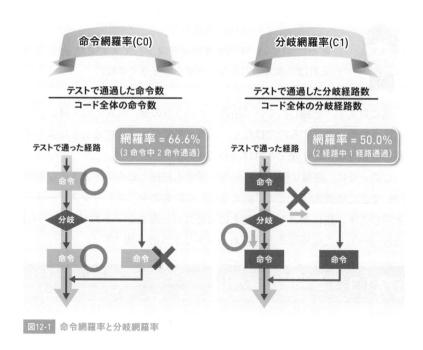

図12-1 命令網羅率と分岐網羅率

12.1.4 カバレッジの数え方

通常、コードカバレッジはツールで計測しますが、自分の手による数え方も知っておきましょう。

命令網羅率の数え方

① ソースコード中の命令文をすべて数える。
② テストケースを実行した場合に通る命令文を数える（重複して実行される命令文は1回としてカウントする）。
③ ②の数を①の数で割る。

命令網羅率の数え方はこのように極めて単純ですが、命令網羅率を数えるときに重要なのは、「セミコロンで終わる命令文だけを数える」ことです。条件分岐のif文や繰り返しのwhile文などは無視してかまいません。

一方、分岐網羅率には多少の慣れが必要です。分岐網羅率を数えるには、プログラムのフローチャートを準備した上で次の手順で数えていくとよいでしょう。

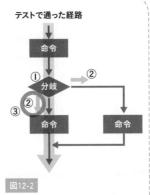
12.1.5 カバレッジの計測

それでは、次のAccount.javaとAccountTest.javaを例に、Accountクラスのカバレッジを計測してみましょう。

 **コード12-1** カバレッジの計測

```java
01  public class Account {
02    String owner;      // 口座名義人
03    int zandaka;       // 口座残高
04    public Account(String owner, int zandaka) {
05      this.owner = owner;
06      this.zandaka = zandaka;
07    }
08    public void transfer(Account dest, int amount) {
09      dest.zandaka += amount;
10      zandaka -= amount;
```

```
11      }
12    }
```

```
01    import org.junit.jupiter.api.*;
02    import static org.junit.jupiter.api.Assertions.*;
03
04    public class AccountTest {
05      @Test public void instantiate() {
06        Account a = new Account("ミナト", 30000);
07        assertEquals("ミナト", a.owner);
08        assertEquals(30000, a.zandaka);
09      }
10      @Test public void transfer() {
11        :
12      }
13    }
```

`AccountTest.java`

　カバレッジを計測するツールや方法にはさまざまなものが存在します。今回は、第Ⅲ部を通して利用しているMavenと、Jacocoというオープンソースツールを組み合わせて計測してみましょう。pom.xmlに記述する内容など、Jacocoの利用方法については、下記のWebサイトを参考にしてください。

Jacocoの利用手順
https://devnote.jp/jacoco

　Jacocoの準備ができたら、次のコマンドでレポートを出力してみましょう。

```
>mvn jacoco:prepare-agent test jacoco:report
```

　実行が終わると、標準フォルダ構造配下のtarget¥site¥jacocoフォルダにindex.htmlが作成されますので、ブラウザで結果を確認することができます。

default

Element	Missed Instructions	Cov.	Missed Branches	Cov.	Missed	Cxty	Missed	Lines	Missed	Methods	Missed	Classes
⊖ Account		40%		n/a	1	2	3	7	1	2	0	1
Total	13 of 22	40%	0 of 0	n/a	1	2	3	7	1	2	0	1

C0網羅率　　　　C1網羅率

図12-3 Jacoco レポートに出力されるカバレッジなどの情報

> よし！　さっそくテストケースを追加して100％を目指すぞ！

12.1.6　カバレッジ中毒にご用心

> 湊ったら最近すっかりカバレッジにハマっちゃって…。ちょっと湊、もう納期を2日も過ぎてるのよ！

> わかってるよぉ。でももうちょっと待って、C1があと少しで100％になるから！

　コードの品質を数値として「見える化」すると、テストが楽しくなりますね。テストケースを1つ追加するたびに、75％、80％、85％と数字が増えていくようすは、自分の努力が目に見える形で実感できるので嬉しいものです。

　また、品質管理や品質保証を行いやすいことから、プロジェクトなどでメトリクスに関する達成目標が基準として設定されることもあります。

プロジェクトにおけるメトリクス基準の例

- **命令網羅は100％、分岐網羅は90％を達成すること。**
- **テストケース数は、テスト対象クラスの行数の1/5以上であること。**

　カバレッジを計測、活用してテストを楽しく行うことや、高いカバー率を達成すること、そしてプロジェクトで数値目標を定めて最低限の品質を担保しようとするのは大事なことです。しかし、あまりにも数値にこだわりすぎ

chapter 12

ると本当に大切なことを見失ってしまう可能性があることを常に忘れないでください。

俺たちの目的は何だったかな？　そもそも何のためにカバレッジを計測しているのか、もう一度思い出してほしい。

　私たちの最終目的、そして本当に大切なことは、カバレッジを100%にすることではなく、「期待される時間内に、期待されるスコープを満たすものを、期待される品質で届けること」であるはずです。

　極めて単純な機能のクラスを熟練した開発者が作れば、カバレッジは50%でも「期待される品質」に到達しているかもしれません。逆にカバレッジ100%を達成したからといって、バグが完全になくなったとは言い切れないのです。

　メトリクスを利用する際には、数字に束縛されて本質を見失わないようにしてください。

 メトリクスを適切に使う

・メトリクスはあくまでも手段であって、目的ではない。
・メトリクスはあくまでも道具であって、道具に使われてはならない。

12.2 さまざまなメトリクス

12.2.1 便利なメトリクスたち

カバレッジ以外にもきっとメトリクスってあるんだよね？　どんなものがあるのかな？

あんたまだ懲りてないの!?　…いや、まぁ、私も興味がないわけじゃないけど…。

　ソフトウェア開発で用いられるメトリクスには、マイナーなものも含めると非常にたくさんの種類があります。ただし、あまりに高度なメトリクスを入門者である私たちが学んでも実践の場でうまく使いこなすのは難しいため、ここでは便利な3つの指標「LOC」「CC」「WMC」に絞って紹介しましょう。

12.2.2 規模を大まかに把握できるLOC

　LOC（Lines of Code）は、その名のとおりプログラムの行数です。たとえば、中身が300行のプログラムの場合、LOCは300です。ただし、空行やカッコだけの行など、プログラムの本質とは関係のない行をカウントしないなど、いくつかのルールがあります。また、行数が多い場合は1,000行単位で数えるKLOCを使う場合もあります（80,000行のプログラムは80KLOC）。

　LOCは、コード行数を手作業で数えるほか、さまざまなツールを使って計測することができ、簡単にコードの規模を把握することができます（図12-3のJacocoレポートにおけるLines列はLOCを示しています）。

　ただし、コードの書き方や数え方によって容易に増減するメトリクスであるため厳密な運用には向きません。あくまでも規模をおおまかに捉えるための道具と割り切って使いましょう。

なお、コメント行などを除外した、実質的な命令行のみ数える「ステップ数」というメトリクスもよく使われます。

12.2.3 メソッドの複雑さを示すCC

CC（Cyclomatic Complexity）はトーマス・マッケーブという人が開発したメトリクスで、「マッケーブの循環的複雑度」とも呼びます。CCは、ある特定のメソッドの中身がどれだけ複雑かを表す1以上の数値であり、大きいほど複雑であることを示しています。具体的には、分岐やループが多く使われるほど高い数値を示します。

あまりにも複雑なメソッドは、読みづらく、バグが混入しやすく、修正が大変です。開発中の各メソッドについて、CCが一定以下に抑えられているか常にチェックし、あまりにCCが大きなものは修正が望まれます。たとえば、ネスト（入れ子）になっている制御構造の内側部分を別メソッドとして切り出すことでCCは低下します。なお、CCの値に関する絶対的な基準はありませんが、表12-1の数値が目安として知られています。

表12-1 循環的複雑度に関する目安

CC	複雑さの程度	修正時バグ混入率
〜10	良い構造	約5%
11〜30	普通	約20%
31〜50	構造的問題がある恐れ	約30%
51〜	テスト、修正ができない	約40%

12.2.4 クラス複雑度を示すWMC

WMC（Weighted Method Per Class）は、あるクラスに含まれる全メソッドのCCを合計した値であり、クラスの複雑度を示します。WMCが異常に突出しているクラスは、分割を検討すべきかもしれません。

なお、クラスに含まれる全メソッドのCCを足さずに平均してクラスの複雑度を算出する場合もあります。図12-3のJacocoによるHTMLレポートでは、CCの合計値でクラスやパッケージの複雑度をCxty列に表示しています。

12.3 リファクタリング

12.3.1 「カイゼン」しよう

> どれだけ注意してもぐちゃぐちゃのスパゲティみたいだった湊のコードも、最近は読みやすくなってきたわ。

> メトリクスが指摘してくれた「悪いところ」を、毎週月曜日に直していってるからね！

　プログラム開発はとても複雑で、試行錯誤しながら進める行為です。期限が迫っているなどの理由で「好ましくないが手軽な書き方」をあえて選択することもあります。意識せずに放っておくと、開発中のプログラムはどんどん複雑なものになってしまいます。後から見ると、自分でも「なぜこんなわかりにくいコードを書いたんだろう？」と思うのは、熟練した開発者でも決して珍しくありません。

図12-4　リファクタリングをしておくと、修正がしやすくなる

しかし、複雑なコードは理解しづらく、修正も大変です。複雑さは最初は軽微なものであっても、時間とともに雪だるま式に増え、最後には手をつけられなくなるという意味では借金みたいなものですから、技術的負債（technical debt）ともいわれます。

そこで、ときどきコードを見直して「カイゼン」をするリファクタリング（refactoring）という活動が推奨されています（図12-4）。

12.3.2 リファクタリングとは

厳密には、リファクタリングとは外部から見た動作仕様を変えずに、内部構造を改善することを指します。たとえばAccountクラスをリファクタリングする場合、Accountクラスを呼び出す別のクラスに大きな影響が及ぶような修正（メソッドの動作内容がまったく別のものになるような変更など）は行いません。

以下のようなものが代表的なリファクタリング活動です。

① 重複部分を1か所にまとめる

コピー＆ペーストしたなどの理由で似たようなコード部分が複数箇所に登場する場合、それを1つのメソッドにまとめて呼び出すようにします。

② メソッドやクラスを分割する

大きく複雑になりすぎたメソッドの一部を、別メソッドとして切り出します。通常、privateメソッドとして切り出すことが多いでしょう。また、たくさんのメソッドを持ちすぎたクラスや、複数の責務を負いすぎているクラスを複数に分割することも有効です。

③ 外部ライブラリやJavaの新しい文法を利用する

たくさんの行数を割いて記述していた処理も、新しく登場した外部ライブラリやJavaの新しい文法を使うように置き換えることでシンプルな記述にできることがあります。

④ コメントなどを適正に付ける

コードのたび重なる修正によって古くなってしまったコメントを、最新の

コード内容を反映するコメントに修正したり、サボっていた Javadoc コメントをきちんと記述することで、コードの保守性が向上します。

12.3.3　単体テストの重要性

実はリファクタリングにおいては、第11章で学んだテストクラスがとても重要な役割を果たすんだ。

え？　テストとリファクタリングって何か関係あるんですか？

　第11章では、「1文字でもコードを修正したらバグが混入する可能性を懸念しなければならない」ということを学びましたね（11.2.5項の原則2）。つまり、リファクタリングを行うことによって、新たなバグを混入させてしまう危険性があるのです。
　リファクタリングによってバグが混入し、結果として重大な障害が発生するのを恐れるあまり、酷いコードであるにもかかわらず、改善が行われないために保守が非常に難しくなっている状況は決して珍しい話ではありません。

俗にいうコードの「塩漬け」ってヤツさ。

　しかし、安心してください。私たちは「行うべきリファクタリング」を勇気を持って行うための強力な道具をすでに持っています。それこそが JUnitなどで記述した単体テストクラスです。
　何らかの修正作業を行った後に、再度同じテストを行うことをリグレッションテスト（regression test）と呼びますが、リファクタリングを終えたらすぐリグレッションテストを行いましょう。人が手作業で行う場合と異なり、テストクラスを用いた単体テストであれば、何度でも手軽に実施できます。リファクタリングの際にバグが混入（デグレードといいます）してしまったとしても、多くの場合はテストが失敗してバグに気づくことができます（次ページの図12-5）。

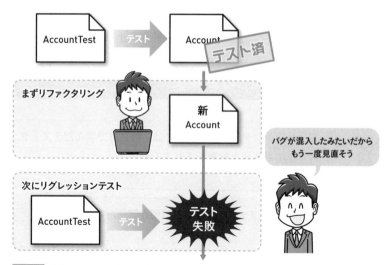

図12-5 単体テストクラスがあれば、リファクタリングも怖くない

テストがあれば勇気を持てる

勇気をもって必要なリファクタリングを行えるように、プログラム化された単体テストを活用しよう。

12.3.4 リファクタリングの注意点

だが、何でもかんでもリファクタリングすればいいってものでもない。すべきか否かを判断できるのも良い開発者の条件だ。

基本的に、リファクタリングはどんどん行うべき「良いこと」です。しかし、リファクタリングを行うのにも時間（コスト）がかかります。ですから、かかるコストを上回るメリットが得られそうにない場合は「保守性が低いコードであっても、あえてリファクタリングすべきではない」とも考えられます。

メリットを十分享受できるリファクタリングが行えるよう、次の2つの注

意点を覚えておきましょう。

注意点① 納期直前はリファクタリングのメリットが得られにくい

期限が目の前まで迫っている状況でリファクタリングしても、その後すぐに製品が完成してしまえば「修正が容易になる」というメリットを生かせません。納期の直前では、テストなど、ほかにやるべき作業も多いでしょう。ただし、納品後も長期的、継続的に修正や改善を行っていくようなプログラムの場合はこの限りではありません。

注意点② むやみにやらない、やりすぎない

テストと同様、リファクタリングも「やろうと思えばきりがない」活動です。それに、リファクタリング時点では完璧だと思えるまで突き詰めて考えた設計も、顧客要件の変更や新しい技術の登場などによって、1か月後には最適でなくなっている可能性もあります。

それは単に「1か月後のことまで考えて設計するだけのスキルがなかっただけ」で、もっともっとがんばればできるんじゃないですか？

違う、そうじゃない。どれだけがんばっても「未来を正確に予想することはできない」からだよ。

chapter 12

仕様の変更や新しいライブラリの採用が決まればプログラムの変更を余儀なくされますし、プロジェクトメンバーの熟練度によっては、「洗練された美しいコード」だけが正解とはならない可能性もあります。

時間は限られていますので、メトリクスなども活用して「改善すべき点」を明確にしながら、コストや手間がムダにならないよう、適度にリファクタリングを行っていきましょう。

12.4.1 静的解析とは？

前節の最後で述べたように、やみくもにリファクタリングを行うことは効率的ではありません。「どこが悪いのか」「何が悪いのか」をある程度明確にしながら、的を絞って対応していくことが重要です。

そこで開発現場では、ソースコードの中身を解析して問題がある箇所をあぶり出したり、評価材料となる情報を集める静的コード解析（static code analysis）が行われます。静的コード解析は、多くの場合ツールを用いて行われます（図12-6）。

図12-6 静的コード解析ツールを用いて、評価材料を得る

> メトリクスの計測も静的解析の一種だな。

この節では、リファクタリングに役立つ情報を集めてくれる2つの代表的な静的解析ツールを紹介しましょう。

12.4.2 SpotBugs – バグの種を検出

SpotBugsは、コード内に含まれる「バグの原因になりそうな危険な記述」

を探し出してくれるツールです。たとえば、文字列を ==演算子で比較している、あるいはデータベース接続が閉じられない恐れのあるコードなどに対して指摘してくれます。

SpotBugsは単独でも実行できるツールですが、ここではMavenと組み合わせた利用方法を紹介します。pom.xmlに記述する内容など、SpotBugsの利用方法については、下記のWebサイトを参考にしてください。

SpotBugsの利用手順
https://devnote.jp/spotbugs

SpotBugsに検出される項目の設定なども行えますので、慣れてきたら自分で調整してもよいでしょう。もしプロジェクトで決められた設定があればそれに従ってください。

SpotBugsの準備ができたら、次のコマンドで解析を行ってみましょう。

```
>mvn site
```

実行が終わると、標準フォルダ構造配下のtarget¥site¥spotsbugsフォルダにindex.htmlが作成されますので、ブラウザで結果を確認できます。

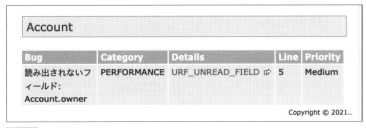

| Account | | | | |

Bug	Category	Details	Line	Priority
読み出されないフィールド: Account.owner	PERFORMANCE	URF_UNREAD_FIELD ↪	5	Medium

Copyright © 2021..

図12-7 SpotBugsが検出した問題の一覧

うっかりミスに気づけるだけでなく、バグの原因や落とし穴についても理解が深まりそうですね。

そうだな。SpotBugsにはさまざまなオプションがあるから、マニュアルなどを参考に、ぜひ使いこなしてほしい。

12.4.3　Checkstyle – スタイルの統一

Checkstyleは、「Javadocコメントが付いていない」「インデントがおかしい」「クラス名が大文字で始まっていない」といったコーディングスタイルに関するルール違反を検出するためのツールです。

SpotBugsと同じく、CheckstyleについてもMavenを組み合わせた実行方法を紹介します。pom.xmlに記述する内容など、Checkstyleの利用方法については、下記のWebサイトを参考にしてください。

Checkstyleの利用手順
https://devnote.jp/checkstyle

Checkstyleの準備ができたら、次のコマンドで実行しましょう。

```
>mvn site
```

実行が終わると、標準フォルダ構造配下のtarget¥site¥checkstyleフォルダにindex.htmlが作成されますので、ブラウザで結果を確認できます。

Details

Account.java

Severity	Category	Rule	Message
❌ Error	javadoc	JavadocPackage	Missing package-info file.
❌ Error	javadoc	JavadocVariable	Missing a Javadoc comment.
❌	design	VisibilityModifier	Variable 'owner' mus private and have ac

図12-8　Checkstyleが検出した違反の一覧

なお、ルール違反を検出するには、準拠すべきコーディング規約を決めておく必要があります。初期設定はグーグル社で採用されているJava規約ですが、旧来のサン・マイクロシステムズ社の規約も選択できます。独自のルールファイルを準備し、プロジェクトでの統一利用も可能です。

12.5 この章のまとめ

さまざまなメトリクス

- 目に見えず把握しにくい「品質」は、メトリクスとして測定して可視化できる。
- テストのカバー率は、カバレッジとして計測できる。
- プログラムの規模をおおまかに示す指標として、LOCがある。
- コードの複雑度を示す指標には、CCやWMCがある。
- メトリクスは品質を把握するための手段であり、最終目的ではない。

リファクタリング

- 外部仕様を変更せずに内部構造を改良することをリファクタリングという。
- リファクタリングによって、将来的にコードを保守しやすくなる。
- プログラム化された単体テストケースがあれば、勇気をもってリファクタリングできる。
- リファクタリングを行う上では、コストとメリットのバランスの考慮が重要である。

静的解析ツール

- 不具合の混入しやすい記述が含まれていないかをSpotBugsで検査できる。
- コードの記述が規約に則っているかをCheckstyleで検査できる。

12.6 練習問題

練習12-1

練習11-2（p.431）でテストしたBankクラスについて、BankTestテストクラスによるテストのカバレッジをMavenとJacocoを組み合わせて計測してください。

練習12-2

練習12-1で得たカバレッジの結果に基づき、カバレッジをより改善するためのテストケースをBankTestに追加してください。さらに、再テストを行い、カバレッジが改善していることを確認してください。

練習12-3

次のMainクラスについて、SpotBugsによる静的解析を行ってください。また、解析結果に従ってリファクタリングとリグレッションテストを行ってください。

```java
01  import java.util.*;
02
03  public class Main {
04    public static void main(String[] args) {
05      List list = new ArrayList();
06      list.add(args[0]);
07      list.add("world");
08      if (args[0] == "hello") new Exception();
09      for (Object s : list) System.out.print(s);
10    }
11  }
```
Main.java

BK4Ca

column

開発現場でのツール利用

本章では、カバレッジ計測やバグの検出、コーディングスタイル統一のための
ツールについて、それぞれMavenに統合して利用し、レポート出力する方法を紹
介しました。各ツールはコマンドプロンプト画面から単独で実行する方法もありま
すが、Eclipse（Pleiades）であれば、SpotBugsやCheckStyleは標準で組み込ま
れています。業務で利用する場合は、プロジェクトで定められた方法でツールを
活用する必要がありますので、担当者などに確認しながら利用を進めてください。

column

計測できないものは制御できない

トム・デマルコという有名なソフトウェア科学者の言葉に、「計測できないも
のは制御（改善）できない」というものがあります。プログラムのどこが、どの
ように悪いのかが明確にならなければ、プログラムの改良はとても大変ですね。
プログラム開発に限らず、何かを改善したいと思ったら、現実的に手間をかけら
れる範囲で効果的に計測できる方法を考えてみましょう。

chapter
12

chapter 13
ソースコードの管理と共有

多くの開発現場では、数人から、ときには数百人もの人々がチームを作り、1つのプログラムやシステムを作ります。
ほかのメンバーと協力しながらスムーズに開発を進めるには、ソースコードを上手に共有し、メンバー同士が連携していく必要があります。
この章では、チームで開発活動を行う際の基盤となるツールと、その使い方について紹介します。

contents

chapter
13

13.1 〉チームによる開発

13.1.1 チームによる分業

 みんなに紹介しよう。俺たち共通機能開発チームに加わることになった湊くんと朝香さんだ。

　湊くんと朝香さんは、本格的に開発チームに参加することになったようです。多くの開発現場では、通常、複数の開発者がチームを構成してプログラムや機能の作成にあたります。つまり、1人ですべての開発を行うことはまれで、複数の開発者が分業して開発を行うことが一般的といえます。

　この章では、チーム開発に関するさまざまな手法、ツールを紹介していきますが、その前に「そもそもなぜ分業をするのか？」について考えましょう。

　第10章に次の図13-1と同じ図がありましたね（p.345）。

①個人の知識と技能を上げる　　②道具を使う　　③複数人で手分けする

つまり「分業」

図13-1　開発効率を上げる3つの方法（図10-1の再掲）

　第10章では、実践的なプログラム開発では開発効率が重要であり、開発効率を上げる方法は基本的に図の3つだけであると説明しました。その3つの方法のうちの1つが「複数人で手分けすること」、つまり分業なのです。

プログラムの完成が100年後でよければ、1人で開発するのもよいでしょう。しかし私たちは、1人では到底作れないような、大きく、複雑で、高度な、しかも価値のあるものを限られた時間内でこの世に生みだそうとしています。そのために分業して開発を行うのです。

> RPGだって、たった1人で戦うより、パーティを組んだほうが効率良く冒険できますからね！

13.1.2　分業の特徴

ところで、図13-1の3つの方法は、それぞれに長所と短所があります。

たとえば、「個人のスキルを上げる」という方法は、さまざまな状況に柔軟に適応でき、幅広く長期にわたり開発効率を押し上げますが、スキル向上に一定の時間がかかるため即効性は期待できません。また、1日は24時間しかありませんので、その時間内での効率アップには限界があります。一方、道具を使う方法は手軽に効率を上げられるものの、想定されていない非定型な作業や特殊な用途には使えないという短所があります。道具には人間のような柔軟性はないからです。

> ということは、分業にも長所と短所があるということですね。

> あぁ。しかも特有の難しさを抱えている手法なんだ。

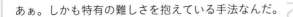

分業はほかの2つの方法と比較して、その長所も短所も全体に大きな影響を与える諸刃の剣です。大人数での分業を上手く行うことができれば、非定型で特殊な業務に対しても大幅に開発効率を向上させることができます。特に、プログラム開発のように高度な専門知識が求められ、高い不確定性を伴う作業については、ほかの2つの方法では対応しきれない部分をカバーできる、有力な方法です。

一方で、分業すると多かれ少なかれ避けられないのが「手分けしたことに

よって生じる非効率性」です。特に注意すべきは、次の2つの点です。

① 連携が悪いと開発効率に悪影響を与える。
② 人数が増えるほど連携が難しくなる。

　チームの人数を2倍にしても開発速度が2倍になるわけではありません。連携の状態によっては、かえって開発効率が悪化することさえあります。「開発効率を上げるために分業したのに、連携が悪いために開発効率が落ち、かえって手間がかかってしまった」のでは意味がありません。

　連携を維持し改善するための方法、道具、ルールそしてメンバーの努力と助け合いが伴って初めて有効に機能するのが「分業」という方法です。そして開発効率が上がる本物の分業ができて初めてチームとなるのであり、それに貢献できるようになって初めて私たちはチームメンバーになれるのです。

分業のメリットを最大限に発揮するために

分業のデメリットを抑制し、メリットを享受するには、連携を維持改善するための方法、道具、ルール、メンバーの努力が欠かせない。

くれぐれも、ただ席を並べているだけでチームメンバーになれるとは思うなよ。

　連携を維持改善していくため、プロジェクトではさまざまな取り組みが行われます。プロジェクトの運営や管理に関する工夫（プロジェクトマネジメント）といった組織全体に関わるものから、開発メンバー同士の情報共有をやりやすくする道具の利用といった私たち開発者の実作業に関わるものまでさまざまです。次節以降では、特に開発者の連携に欠かせないソースコードの共有のための道具と、その利用方法について紹介していきましょう。

13.2 { ソースコードの共有

13.2.1 ソースコード共有の課題

> ソースコードの共有方法についてなんだが、今まではソース
> コードが完成したら、俺にメールで送ってくれてたよね。

> はい。でも、実は不便に思うことも多くて…。

　開発チームのメンバーは、自分が担当する部分の機能（クラス）を開発します。自分が開発したクラスは、ほかのメンバーが開発する機能から呼び出す場合もありますから、完成したらほかのメンバーに渡す必要があります。

　もちろん、朝香さんのようにメールの利用も可能ですが、すぐに図13-2のような課題に直面するでしょう。

図13-2 ソースコードをメールなどで直接やりとりすると…

そこで、大学時代に研究室でやっていた「ファイル共有」をやればいいと思うんです。

　図13-2の課題は、メンバー間でソースコードを共有できるしくみがあれば解決します。そこで、プロジェクトルームにファイルを置くためのサーバを準備しておき、各メンバーはコードを作成、修正したら、その共有ファイル置き場にコピーする（アップロードする）方法も可能です（図13-3）。

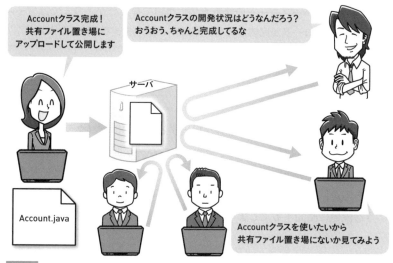

図13-3　共有ファイル置き場を利用したコード共有

いいアイデアだ。サーバがバックアップの役目も果たすから、自分のPCが壊れても安心だな。

　少人数のチーム開発の場合、この「共有ファイル置き場方式」でも開発を進めることは可能です。メンバーは通常、自分が担当しているソースファイルに修正を加えるたびに、最新版を共有ファイル置き場にコピーしていくことになります。

　しかし、アップロードの際に過去のソースコードは上書きされ、失われてしまいます。共有ファイル置き場にあるのは常に最新版のソースコードだけですから、過去のコードの内容や変更の経緯を調べることはできません。

「Account_20210507版.java」みたいな日付入りのファイル名にしてアップロードしていけばいいんじゃない？

ちょっとめんどうよ。そのままではコンパイルが通らないし、共有ファイル置き場が似たようなファイルだらけになってわかりにくいわ。

　そこで、ソフトウェア開発の現場では、バージョン管理システム（VCS：Version Control System）と呼ばれる専用のファイル共有のしくみを用います。このシステムを使うと、前述の課題を解決できるだけでなく、次項で挙げるメリットを享受できます。

13.2.2　バージョン管理システムとは

　バージョン管理システムとは、複数の利用者間でファイルを共有することができるしくみです。ソフトウェア構成管理（SCM: Software Configuration Management）ツールと呼ばれることもあります。

　サーバには専用のサーバ用ソフトウェアを、各開発者が使用するPCには専用のクライアント用ソフトウェアをインストールして利用します。サーバの共有ファイル置き場はレポジトリ（repository）と呼ばれ、各開発者はクライアントツールを使ってレポジトリとファイルをやりとりします。

　バージョン管理システムはファイル共有ソフトウェアの一種ですが、WindowsなどのOSによるファイル共有より高度な機能が備わっており、特にアップロードしたファイルの過去のバージョンについて、その内容、作成者、変更点などをすべて記録として残せる点に特長があります。

　そのため、バージョン管理システムを用いると、過去のある時点におけるファイルの内容を見たり、その内容を手元のファイルに復元したりするなどが容易に行えます。また、過去の変更履歴や変更点が管理されているため、過去に誰がどのような修正をしたかという経緯もすぐにわかります（次ページの図13-4）。

chapter
13

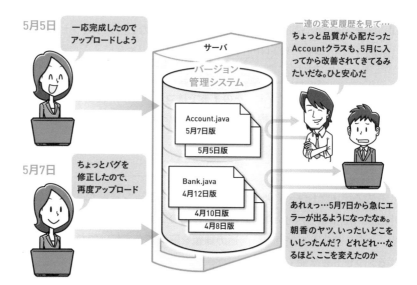

図13-4 バージョン管理システムの概要

　なお、バージョン管理システムはプロジェクト開発現場において、開発者間でソースコードを共有するために用いられるのが一般的ですが、画像ファイルや文書ファイルなど、あらゆるファイルを格納できます。もちろん、プログラム開発以外の作業、たとえばWebページの開発や設計書・仕様書の管理にも利用できます。

　バージョン管理システムの代表的な製品としては、SubversionとGitが知られています。

Subversion （https://subversion.apache.org）

　古くから利用されてきたバージョン管理ツールです。しくみが比較的シンプルで、初心者にも使いやすいといえます。SVNと略記されることがあります。

Git （https://git-scm.com）

　大規模な開発でも、複数人の開発者がより柔軟に連携するためのさまざまな機能を備えています。使いこなすには習熟が必要ですが、基本機能だけでも高度な連携が可能なことから、現在最も利用されているVCSとなっています。

13.3 Git の基礎

13.3.1 Git入門のアプローチ

> ここからは、現在最も広く利用されているGitについて、初心者の2人にも安心なアプローチで紹介していこう。

　Gitは、Linuxの開発者として知られるリーナス・トーバルズにより開発が始まったツールです。もともとは、OSの巨大で複雑なソースコードを管理するために作られた非常に高機能なソフトウェアであるため、多様な使い方が可能である一方、まったくの初心者には多少敷居が高いツールであることは否めません。また、プロジェクトの規模や用途によっては、高度な使い方は不要で、むしろ「シンプルな手順で、多くのメンバーが確実に使えること」のほうが大切な状況も考えられます。

　そこで、本書では、小規模なプロジェクトに初めてVCSを使う人がメンバーとして参加する場合に、「Gitについてはこれだけ知っておけば困らない」ことを目標に掲げ、入門者向けの使い方を紹介していきます。

Git入門で挫折しないために

Gitの豊富な機能や内部構造を最初から完全にマスターしようとせず、Gitを「道具」と割り切って、日常業務で使う範囲で着実に慣れていこう。

13.3.2 Git利用の構図と3つの「場所」

　具体的なコマンドや使い方を学ぶ前に、まずはGit利用の全体像を把握し

ておくことが重要です。開発プロジェクトで各メンバーがソースコードを共有する場合、次ページの図13-5のような構図で利用することが一般的です。この図では、ソースコードが保管される3つの「場所」が示されていることに着目してください。

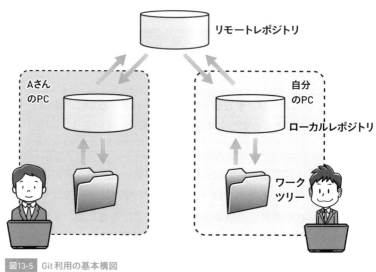

図13-5 Git利用の基本構図

場所1　ワークツリー（working tree）

自分のPC内に置いている最新のソースコード一式です。「作業ツリー」や「ワーキングコピー」と呼ばれることもあります。ワークツリーにある各ファイルはエディタなどでいつでも編集することができます。

場所2　ローカルレポジトリ（local repository）

自分のPC内に存在するGit専用のデータベースで、「過去から現在までの全ソースコードとそのすべての変更の歴史」が書き込まれています。データベースといってもRDB（p.303）とは異なる独自の形式で保存されており、通常、ユーザーはレポジトリ内のファイルや歴史を直接編集することはできません。ユーザーは後述のcommitという手続きによって、ワークツリー上のファイルや変更点を新たな「歴史」としてレポジトリに刻むことができます。

場所3　リモートレポジトリ（remote repository）

　ローカルレポジトリ同様、「過去から今までの全ソースコードとそのすべ
ての変更の歴史」を保持しています。チームの全員がアクセスできるように
インターネットや社内ネットワーク上のサーバ内に置かれ、URLが割り振ら
れています。ユーザーは後述のpushやpullという手続きによって自分のロー
カルレポジトリとリモートレポジトリをやりとりし、その内容を同期するこ
とができます。

　同期（synchronize）には、「同じタイミングでやる」「内容を同
じ状態に揃える」という意味がある。今回は後者のイメージだ。

　この3つの「場所」と名称についてしっかり把握するとともに、それぞれ
の「場所」の特徴について改めて明確にしておきましょう。このことが後々、
Git攻略の鍵となります。

レポジトリとワークツリーの違い

- ・レポジトリはリモート（サーバ）とローカル（PC）にあるが、
　ワークツリーはローカルにしかない。
- ・レポジトリには「過去からの全バージョン」が記録されているが、
　ワークツリーには「最新版」のファイルしかない。
- ・ユーザーは、レポジトリ内に記録されたファイルを編集できない
　が、ワークツリーのファイルは編集できる。

　開発者はまず自分のPCでワークツリーを編集して、ローカル
レポジトリに歴史として刻み、さらにリモートレポジトリに公
開する、という感じなんですね。

　そうだ。次は、そのあたりの使い方の「流れ」に着目していこう。

　前項で紹介した3つの「場所」に対して、ファイルやその歴史をやりとりするために私たちが知っておくべき「アクション」が3つあります。

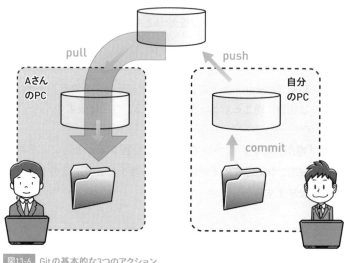

図13-6 Gitの基本的な3つのアクション

アクション1　commit

　commitとは、手元のワークツリーのファイルに行った修正を、新たな歴史としてローカルレポジトリに正式に記録する行為です。commitを行うと、「どのファイルの、どの部分が、いつ、誰によって修正されたか」という事実と、短い解説（コミットコメント）がローカルレポジトリに追記されます。

アクション2　push

　pushとは、ローカルレポジトリに刻み込まれた歴史をサーバに送り、リモートレポジトリと歴史を同期するアクションです。commit後に実行することで、「手元PCで行った修正をサーバに公開する」ことができます。

アクション3　pull

　pullを実行すると、「リモートレポジトリの歴史をローカルレポジトリに同

期する」「ローカルレポジトリの最新版をワークツリーに反映する」という2つの処理が連続して行われます。

サーバに送り出すときはcommitからのpush。サーバから取ってくるときはpullだけでいいんですね。

でも、どうして送り出すときだけcommitとpushの2つに分かれてるのかしら？　直接サーバにcommitできたほうが便利なのに。

　実務でも、「commitして、そのまますぐpush」という行為は非常によく行われます。手元の変更を1つのアクションでリモートまで反映できたほうが手軽だと感じる朝香さんの意見ももっともです。しかし、あえてcommitとpushが別々になっていると、次のようなメリットが生まれます。

メリット1　ネットワークにつながらない環境でも開発できる

　飛行機での移動中など、何らかの理由でネットワークに接続しにくい環境では、サーバにアクセスすることができません。しかし、そのような状況でも、ローカルレポジトリにcommitしながら開発を進めておき、飛行機を降りた時点でまとめてpushすることが可能です。

メリット2　中途半端な状態を公開せずに済む

　修正に数日かかる複雑な作業に取り組む場合、作業記録を残す、いざというときは過去に戻れるなどの目的でこまめにcommitしておくと安心です。このとき、同時にpushまでしてしまうと、中途半端な状態のソースコードがチームメンバーに伝わってしまい迷惑をかける恐れがあるため、一連の修正が終わってからまとめてpushします。

実は、前節で紹介したSubversionにはローカルレポジトリという概念がなく、リモートレポジトリに直接commitする方式なんだ。

13.3.4 「場所」の関係を結ぶためのアクション

ここまで紹介した3つの「場所」と3つの「アクション」が、日常的に用いる最低限の概念です。しかし、実際にプロジェクトにメンバーとして配属された際、最初に指示されるのは clone という特殊なアクションでしょう。

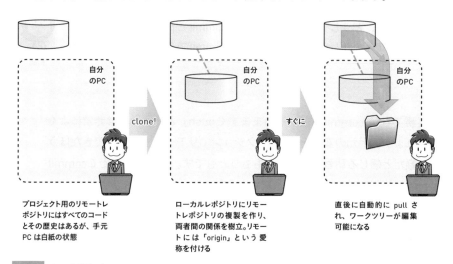

自分
のPC

clone!

プロジェクト用のリモートレ
ポジトリにはすべてのコード
とその歴史はあるが、手元
PC は白紙の状態

自分
のPC

すぐに

ローカルレポジトリにリモー
トレポジトリの複製を作り、
両者間の関係を樹立。リモー
トには「origin」という愛
称を付ける

自分
のPC

直後に自動的に pull さ
れ、ワークツリーが編集
可能になる

図13-7　clone アクション

プロジェクトへ配属された直後、自分のPCにはレポジトリはおろかワークツリーさえありません。そのため、このままではGitを使った開発を始めることができません（図13-7左）。

そこで、先輩などから入手した「リモートレポジトリのURL」を指定してclone アクションを実行します。すると、「全ファイルの全歴史」が詰まったリモートレポジトリの複製がローカルレポジトリとして自分のPCに作られ、リモート／ローカルレポジトリ間に親子関係が結ばれます。このとき、ローカル（子）から見たリモート（親）レポジトリに管理名が付けられますが、デフォルトではoriginとなります（図13-7中央）。

さらに、自動的にpull同様の処理が行われ、ワークツリーも作成されます。ローカルレポジトリに登録されている歴史から最新版のファイル一式が取り出され、いつでもエディタで編集可能となるわけです（図13-7右）。

13.4 Gitツールの利用

13.4.1 Gitクライアントのインストール

> 基本知識を押さえたところで、実践に移ろう。まずはGitクライアントの導入からだ。

Gitを使うには、各アクションを実行するためのツールを自分のPCに導入する必要があります。このツールをGitクライアント（Git client）といいます。Gitクライアント製品にはさまざまなものがありますが、コマンドラインで操作するもの（CUIクライアント）と、ウィンドウアプリケーション（GUIクライアント）の2種類に分類できます。

表13-1 代表的なGitクライアント

製品名	公開元	形式	対応OS
Git	Git 公式	CUI	macOS、Linux
Git for Windows	Git 公式	CUI	Windows
GitHub Desktop	GitHub 社	GUI	Windows、macOS
SourceTree	Atlassian 社	GUI	Windows、macOS
TortoiseGit	TortoiseGit team	GUI	Windows

※ AtomやVisualStudio Codeなどのエディタ、EclipseやIntelliJ IDEAなどの統合開発環境もGitクライアント機能を搭載している。

chapter
13

開発現場によって利用するGitクライアントがすでに決まっていることもありますが、特に指定がない場合は、困ったときに指導を受けられる先輩や同僚と同じものを使うことをおすすめします。

本書では、最も汎用的で幅広く利用されている「Git」（WindowsではGit for Windowsに含まれるGit CMD）を例に使い方を紹介していきます。インストール方法は、次ページの手順紹介のWebサイトを参照してください（そ

の他のツールの導入方法や利用方法については、各製品のマニュアルを参照してください)。

Gitの利用手順
https://devnote.jp/git

13.4.2 Gitクライアントの初期設定

Gitクライアントのインストールが完了したら、まず最初に、次の2つの情報を設定する必要があります。

Gitクライアントに初期設定する情報

・自分の名前
・自分のメールアドレス

この2つの情報は、私たちがこの後Gitを使ってcommitを行うとき、実施者の身元情報として利用されます。名前は日本語も許されますが、より汎用的である英語表記をおすすめします。

コマンドプロンプトで次のように入力して、初期設定を行いましょう。

```
>git config --global user.name "Yusuke MINATO"        自分の名前
>git config --global user.email "minato@miyabilink.jp".
                                            自分のメールアドレス
```

13.4.3 レポジトリの認証とclone

Gitクライアントをインストールして、自分の名前とメールアドレスも設定しました！ 次はcloneですね！

clone の前に、レポジトリにアクセスするための認証が必要です。プロジェクトに配属されると、次の2つの情報を渡されるでしょう。

レポジトリにアクセスするために必要な情報

・リモートレポジトリのURL
・アクセス認証に必要な情報

URL というと Web サイトの住所というイメージがあるかもしれませんが、Git のリモートレポジトリもその在り処を識別するためにそれぞれに URL が割り振られています。また、無関係な人が勝手に pull や push をできてしまうと困るため、通常はサーバに認証機構が設定され、所定の認証情報を持っている Git クライアントからの要求しか受け付けません。

Git における認証方式としては次の2つが代表的ですが、レポジトリ URL の先頭部分から、どちらの方式が採用されているかを推測することができます。

① URL が「https://」から始まっている

Git クライアントは、リモートレポジトリと通信する際に HTTPS プロトコルを利用します。認証にはユーザー ID とパスワードが必要となり、それらの認証情報は、多くの場合、管理者から通知されるでしょう。

② URL が「ssh://」または「git@」から始まっている

Git クライアントは、リモートレポジトリと通信する際に SSH プロトコルを利用します。アクセスには SSH 鍵（SSH key）というファイルが必要となり、後述する専用の準備と登録が事前に必要となります。

マイナーではあるが、git.// や file:// から始まる URL を利用する場合もある。少し特殊な構成なので、各現場の先輩の指示に従いながら準備を進めてほしい。

SSH 鍵を用いる認証を行う場合、通常、その情報は管理者から通知されることはありません。Git クライアントを使う開発者自身が、手元の PC で SSH

公開鍵とSSH秘密鍵の2つのファイルを生成し、別途、公開鍵をサーバに登録する必要があります（秘密鍵は文字どおり、自分以外の他人の手に渡らないように管理します）。

SSH鍵の生成とセットアップについては、次の記事を参照してください。

 SSH鍵の生成手順
https://devnote.jp/sshkeygen

 Gitクライアントもインストールしたし、認証情報も教えてもらいました！　今度こそcloneですね！

それではいよいよcloneを始めましょう。実際にcloneを実行するには、コマンドプロンプトで次の書式に従ったコマンドを入力します。

---

 git cloneのコマンド書式（入門用）

　　git clone　レポジトリのURL　フォルダ名

　　※ フォルダ名を省略すると、レポジトリ名が利用される。

試しに、本書でインターネット上に準備しているリモートレポジトリ（https://github.com/miyabilink/sukkiri-java-practice.git）をcloneしてみましょう。次のコマンドを実行してください。

```
>git clone https://github.com/miyabilink/sukkiri-java-practice.git⏎
Cloning into 'sukkiri-java-practice'...
remote: Enumerating objects: 11, done.
remote: Total 11 (delta 0), reused 0 (delta 0), pack-reused 11
Receiving objects: 100% (11/11), done.
```

なお、このレポジトリは、pullするときにパスワードなどの入力を求めないよう設定しています。

cloneが無事に成功すると、最新のファイル一式がワークツリーのフォル

ダ内に格納されます。cdコマンドで該当のフォルダに移動し、ファイルの一覧を調べるコマンド（Windowsの場合は「dir /a」、macOSやLinuxでは「ls -la」）でファイルの存在を確認してみましょう。

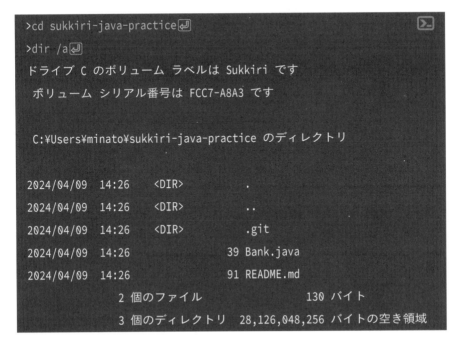

```
>cd sukkiri-java-practice⏎
>dir /a⏎
 ドライブ C のボリューム ラベルは Sukkiri です
 ボリューム シリアル番号は FCC7-A8A3 です


 C:\Users\minato\sukkiri-java-practice のディレクトリ


2024/04/09  14:26    <DIR>          .
2024/04/09  14:26    <DIR>          ..
2024/04/09  14:26    <DIR>          .git
2024/04/09  14:26                39 Bank.java
2024/04/09  14:26                91 README.md
               2 個のファイル             130 バイト
               3 個のディレクトリ  28,126,048,256 バイトの空き領域
```

> ちゃんとJavaのソースファイルができてました！ でも、この「.git」っていうフォルダは何ですか？

ワークツリーのフォルダの中に作られる.gitは、Gitで管理するソースコードではなく、Gitツール自体が内部で利用するためのさまざまな設定を格納するフォルダです。前節で「独自形式のデータベース」として紹介したローカルレポジトリ（p.464）の実体も、実はこの.git内にファイルとして格納されています。

.gitフォルダは、通常、私たちが意識する必要のないものですから、隠しフォルダとしてファイル一覧などからは見えない（dirコマンドでも/aを付けないと表示されない）ようになっています。しかし、誤って消してしまうとGitが正しく動作しなくなるため、十分な注意が必要です。

.gitフォルダ

ローカルレポジトリの実体や設定情報が格納されている.gitフォルダは、Gitの動作に必要なため削除してはならない。

よし、じゃあ試しにこのBank.javaをエディタで開いてコメントを付けて、保存して、と！ そしたらcommitでしたよね？

手元のワークツリー内のファイルは、これまでどおりエディタや統合開発環境などを使って編集することができます。文書ファイルの場合は、WordやExcelなどで編集することになるでしょう。

必要な編集が終わって保存したら、次の書式に従ってaddとcommitをしましょう。addは「ファイルの変更をgitに登録する準備」、commitは「登録実行」を意味するコマンドです。

---

 gitへのファイルの登録（入門用）

```
git add .
git commit -m "コミットコメント"
```
※ コミットコメントには、編集の概要や意図を記述する。

```
>git add .
>git commit -m "コメントを付けてわかりやすくした"
[master f55a829] コメントを付けてわかりやすくした
 1 file changed, 1 insertion(+)
```

残念ながらコメントを書かずにcommitはできないんだ。あ、めんどうだからって「aaa」とか絶対やめろよ、湊。

あはは、やだなあ。そんなことしませんよ（汗）。

コミットコメントをきちんと書くことは、Git利用における基本であり、非常に重要なポイントであるといわれています。なぜなら、このコメントはチームメンバーが互いの行った変更を後から確認したり、意図を理解したりするために利用されるものであり、つまりは「仲間との大切なコミュニケーション」だからです。

コミットコメントはコミュニケーション

「あああ」や「fix」などの無意味なコメントは、自分はチーム活動が行えない（または行う気がない）、その程度のエンジニアであるという表明として捉えられてしまう。きちんと記述しよう。

13.4.5 | pushの実施

commitでローカルレポジトリには歴史が刻まれたから、次はpushですね！

ローカルレポジトリに書き込んだ変更をほかのチームメンバーがpullできるようにするためには、次の書式に従ってpushをしなければなりません。

git pushのコマンド書式

```
git push
```

あれっ？　何かエラーっていうか、ログイン画面みたいのが出てきましたよ。

　ここまで利用してきた、本書が準備した練習用のリモートレポジトリ（sukkiri-java-practice.git、p.472）は、「誰でもcloneやpullはできるけれど、認証しないとpushはできない」ように設定してあります。そのため、残念ながらpushについてだけはこの場で試すことができません。ここでは、成功したものと考えて先へ進みましょう。

pushが無事成功したとしても、これで安心するのはまだ早い。最後に1つ大事な仕事が残っているんだ。

　特別な設定をしている場合を除いて、あなたがpushしたことはほかのチームメンバーに通知されません。そのため、ほかのメンバーがあなたの行った修正に気づかないまま、自分も同じ部分を直そうとしたり、あなたの修正と矛盾するような変更をしようとしたりしてしまう恐れがあります。

　そこで、pushした後は、同時に作業しているチームメンバーに、その事実を口頭やチャット、メールなどで一言でも伝えるとより親切です。

　無事にpushとその事実の通知が終わったら開発は一区切りとなり、また次の開発に取り組むことになります（図13-8）。

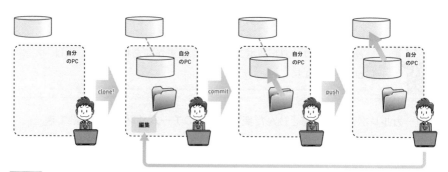

図13-8　Gitを使った開発作業の流れ

476

13.5 $\rangle$ 競合の発生と解決

13.5.1 競合の発生

先輩、さっそくプロジェクトのレポジトリをcloneして使い始めました！ ちゃんとpushもできましたよ！

え？ ボクはなぜかpushでエラーが出ちゃうんだけど…。インストールか何かで間違えたかなぁ…。

よしよし。その報告を待ってたんだ。

　図13-8の手順で実際にGitを使い始めると、すぐに湊くんと同様のトラブルに見舞われるはずです。画面に表示されるメッセージはツールにより異なりますが、「rejected」や「non fast-forward」などといった文字があれば、競合（conflict）といわれる状況が発生していることを意味します。

　競合は、「pushによって、自分のローカルレポジトリの全歴史をリモートに同期しようとした際、偶然、ほかのメンバーによって異なる歴史が刻まれていたとき」に発生します。この状況でpushが成功してしまうと、あなたは意図せず過去の歴史を書き換えてしまうことになりかねないため、Gitの安全装置がエラーを出してpushを止めてくれているという状況です。

競合の発生

メンバーの作業状況によっては競合が発生するため、それを解決しながら開発を進める必要がある。

それでは、湊くんが遭遇した競合の状況を詳しく見てみましょう。

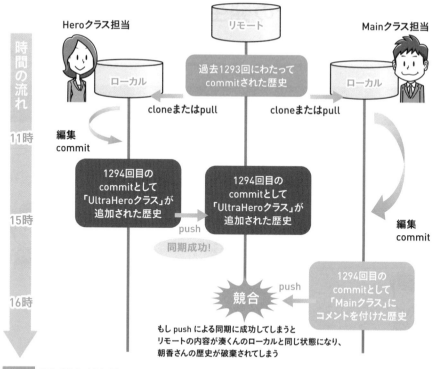

図13-9　競合が発生するしくみ

確かにこの状況で湊の push が成功しちゃったら、私の UltraHero クラスの追加が歴史から消えちゃうわね…。

で、でも！　ボクが編集していたのは Main クラスだし、朝香が触っていたのは別のファイルじゃないか！

　湊くんと同様の疑問を感じる人は多いかもしれません。今回の2人は同じソースファイルの同じ行を編集したのではなく、まったく別のファイルを更新したのですから、お互いの邪魔にはならないはずです。ですから、湊くんが16時に push した際、Git サーバは「15時に朝香さんが UltraHero クラスを追加し、16時に湊くんが Main クラスにコメントを付けた」というように、「い

い感じ」に双方の修正を織り交ぜて取り込んでくれてもよさそうなものです。

　このような感覚に陥ってしまうのは、私たちがソフトウェアの共同開発を次のようにイメージしてしまっているからです。

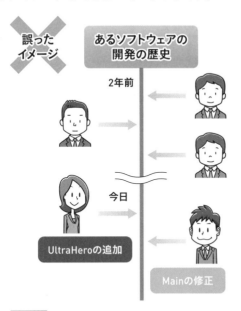

まさにこんな感じだと思うんですけど、これのどこが間違ってるんですか？

そうだな…。いちばんの誤解は「1つのソフトウェア」をみんなで修正している、という考えだな。

えっ!?

　ここで、私たちがこの先入観を一度捨てて、まったく新しい角度から現状をイメージし直せるか否かが、Git攻略の成否を大きく左右します。

　Git流の「正しいイメージ」は、単純に「ソフトウェアの開発の歴史」だ

けに着目して捉えると見えてきます。修正した人物やコードの保存場所（ローカルまたはリモート）は一切忘れて、次の図13-11を見てみましょう。

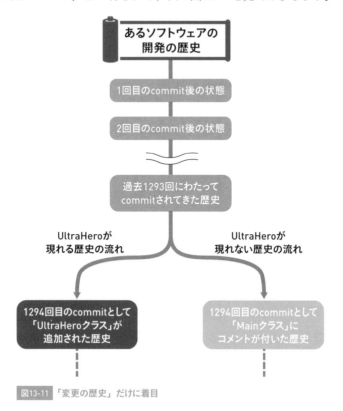

図13-11 「変更の歴史」だけに着目

commitとは、「新たな歴史を正式に刻む行為」だったことを思い出してほしい（13.3.3項）。そう考えると、「とんでもないこと」が起きてしまっているのがわかるかい？

　Gitの世界では、ソフトウェアの歴史を「過去から積み上げられてきた数々のcommitの数珠つなぎ」と考えます。図13-11によれば、このソフトウェアはこれまでに1293回のcommitによって歴史が刻まれてきました。

　しかし、今日、このソフトウェアの歴史に大事件が起きます。「1294回目の変化としてUltraHeroが現れる歴史」と、「1294回目の変化としてUltraHeroが現れない歴史」が同じソフトウェア上に存在してしまう──つまり、パラレルワールドが発生してしまったのです。

パラレルワールド!! 「本能寺の変で織田信長は死なずに生き延びた世界が、実はボクたちの世界とは別に存在している」とか、SFの世界みたいなアレですよね!?

そっか。私と湊がそれぞれの手元で異なる「1294回目の歴史」を刻んだから、歴史が2つに枝分かれしてしまったのね。

SFの世界では、よく「過去に戻って歴史を修正する行為」や「異なるパラレルワールドから物や情報を持ち込んで歴史を変える行為」などは大変危険な行為とされます。幸いGitの場合、分岐したパラレルワールドを混ぜて1つにすることも不可能ではありませんが、次のような重大な制約があります。

パラレルワールドの統合に対する制約

自分の歴史と他人の歴史は、リモートレポジトリでは混ぜることができない。

図13-9（p.478）の状態で湊くんがpushしたとき、リモートレポジトリ上で湊くんと朝香さんの2つの歴史が「いい感じ」に混ざることができなかったのは、この制約があるためなのです。

13.5.2 pull による統合

そんなっ…！　じゃあボクの修正はどうなるんですか！

焦らなくていい。よく言うだろ、「押してもだめなら…」ってな。

さきほど紹介した制約に従えば、ローカルレポジトリでなら歴史を混ぜることが可能です。つまり、リモートレポジトリから「他人によって刻まれた歴史」をpullして手元のPCに持ってくれば、2つに分かれてしまったパラレルワールドをまた1つに統合することが可能なのです。

　実際に、次の構文でgit pullコマンドを実行してみましょう。

---

 git pull コマンドの構文（入門用）

```
git pull --no-edit
```

---

　pullを実行すると、リモートレポジトリ内の歴史が手元PCに転送されて、次の処理が行われます。

① **もしパラレルワールド状態でなかったら、リモートレポジトリの歴史がローカルレポジトリに上書きされてワークツリーにも反映される。**

② **もしパラレルワールド状態だったら、Gitは自動的に「2つの歴史を混ぜた状態」にワークツリー上のファイルを書き換える。そしてすぐに「混ぜた状態」を新たな歴史としてローカルレポジトリ上でcommitする。**

　今回の湊くんの場合、git pullをすることによって、ローカルレポジトリには新たに「Main.javaにコメントが付き、さらに、UltraHeroも追加された歴史」が刻まれます。これは、ソフトウェアの歴史に、次の図13-12のような新しい変化が起きることを意味しています。

> 単にpullすればいいんですね！ 「いい感じ」混ぜてくれるなんて、Gitすごいや！

> まあな。ただ、大事な注意点が3つあるんだ。

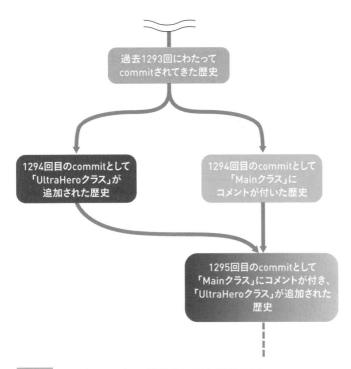

図13-12 pullによってローカルレポジトリ上で歴史が統合される

注意点① 「統合した歴史」を改めてpushする必要がある

新たな「2人の修正が反映されて統合した歴史」が作られ、Gitによる自動のcommitで正式に刻まれました。しかし、これはまだ湊くんのPC内のローカルレポジトリにしか存在しません。この最新の歴史をリモートレポジトリに反映するため、湊くんはpushを実行する必要があります。

注意点② 未commitのファイルがあるとpullに失敗することがある

pullを行うと、リモートレポジトリの内容（またはそれをローカルファイルと混ぜた内容）が最新の歴史に書き換わります。これは「ローカルレポジトリ内の最新版ファイル」であるワークツリー内のファイルもpullによって書き換わることを意味しています。

仮に、湊くんが現在ワークツリー上のBank.javaを編集中で、まだcommit

はしていない状態だとしましょう。もしこの状態でpullした結果、リモートから他人が修正したBank.javaが取り込まれて編集中のBank.javaが上書きされると、湊くんが修正中だった内容が消えてしまいます。そのようなことを避けるために、Gitは「未commitのファイルがあり、pullによって上書きされそうな場合」にはエラーを出してpullを失敗させます。

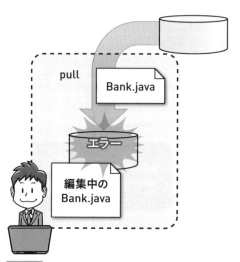

図13-13　未commitのファイルがあるとpullは失敗することがある

注意点③　歴史を「いい感じ」に統合できないことがある

これまで解説してきたように、競合が発生した場合はpullによってGitが複数の歴史を上手に統合してくれます。図13-9のような「異なるファイルに対する修正」の場合はもちろん、仮に朝香さんと湊くんが同じファイルを修正していたとしても、お互いに影響のないまったく別の箇所を変更していたのなら、Gitはそれもうまく取り込んでくれます。

> だが、いくら賢いGitでも、「いい感じ」にできない状況もあるんだ。

もし2人が「まったく同じファイルの、まったく同じ行を、異なる内容で修正していた」場合、Gitはどのように混ぜればよいかを判断できません。なぜなら、次のような複数の対応方法が考えられるからです。

- 朝香の修正は無視して、湊の修正を採用する。
- 湊の修正は無視して、朝香の修正を採用する。
- 朝香の修正と湊の修正をそれぞれ採用して、合計2行にする。
- 朝香の修正と湊の修正を混ぜて、まったく別の書き方をする1行にする。

　このような状況に陥ると、Gitはファイルの該当する部分に両者の歴史におけるそれぞれの変更を残し、あとの処理を人間に任せます。

```
public class Main {
    public static void main(String[] args) {
        System.out.println("Banking Sample");
<<<<<<< HEAD
        //ココに書くべき内容は不明なのであとで確認（湊）
=======
        ReadSequence rs = new ReadSequence();
        rs.start();
>>>>>>> a83174628be32f772
        System.out.println("FINISH.");
    }
}
```

> ローカルレポジトリに刻んだ湊くんの変更

> リモートレポジトリから流れてきた朝香さんの変更

何だこれ、ソースコードがぐちゃぐちゃになっちゃったじゃないですか。コンパイルも通らなくなってエラー出まくるし…。

最初は驚くよな。でも落ち着いて、「あるべき姿」にコードを直してやればいいだけなんだ。

　見慣れない記号や文字列が出てきて驚くかもしれませんが、これは、「この部分の混ぜ方はわからないから、作業用の材料として両方を残しておきます。あとはよろしく」というGitからのメッセージです。
　自分の変更（ <<<<<<< と ======= の間の部分）だけを残してもいいで

すし、まったく異なる内容に修正してもかまいません。いずれにせよ、人間が <<<<<<< や >>>>>> などの行を消してソースコードを「あるべき正しい姿」に修正し、commit と push を行えばよいのです。

> よく読むと、ボクが後回しにした部分を朝香がちゃんと書いてくれたんだね。ボクの修正は捨てて、朝香の修正を活かそう。

なお、今回は湊くんが1人で対応を判断できるケースでしたが、常にそうとは限りません。よほど自明でない限り、自分で勝手に判断せず、競合した相手と連絡を取り合って修正を進めるのが重要です。

> ここまでで「初心者向けアプローチ」は終わりだ。Git が初めてという場合は、まずはここまで紹介した方法でたくさん経験を積んで、しっかりと Git に慣れてほしい。

13.6 commit の制御

13.6.1 一部のファイルだけを commit する

> 3日間 Git を使ってみてどうだ？　少しは慣れたかい？

> はい、ちょっとずつ慣れてきました。ただ、もうちょっと便利
> にならないかなって思うことがあって…。

　Git は最初こそハードルが高く感じるツールですが、使うほど自然と慣れ
ていきます。そんな中で、不便さを感じることもあるでしょう。朝香さんが
悩んでいるのは、次のような状況です。

朝香さんが悩んでいる状況

- ワークツリー上で「Bank.java」「Account.java」を修正した。
- ついでに新たに「Customer.java」を新規に作った。
- 「git add .」「git commit -m」をすると、3ファイルとも commit
  されてしまうが、バグ修正と新規開発は本来別の作業なので、別
  に commit したい。

　このような悩みに応えるため、Git にはステージ（stage）といわれる4つ
めの「場所」がワークツリーとローカルレポジトリの間に存在します（「イン
デックス」ともいいます）。そして、ワークツリーで変更したファイルのうち、
commit したいファイルのみをステージに上げて、commit を実行することが
できます。

chapter
13

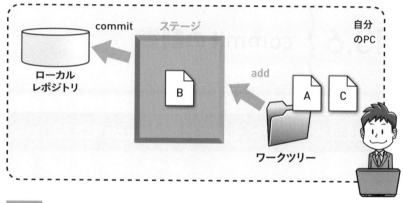

図13-14 ステージを利用したcommit

　ワークツリー上で変更したファイルをステージに上げるには、次のコマンドを利用します。

 git add によるステージ登録

```
git add ファイル名またはフォルダ名
```

※ フォルダ名を指定すると、そのフォルダ以下で変更があったすべてのファイルとフォルダがステージに登録される。
※ git reset コマンドで、ステージに上げたものをすべてワークツリーに戻すことができる。

 これまで使ってきた git add . は、現在のフォルダ以下全部を登録してたってわけね。

```
>git add Bank.java
>git add Account.java
>git commit -m "銀行口座系クラスのバグ修正"
>git add Customer.java
>git commit -m "顧客クラスを新規に追加"
>git push
```

488

13.6.2 ワークツリーとステージの状態を調べる

> あれ、このファイルもうaddしたっけ？　っていうか、前に
> commitした後、どのファイルを編集したんだっけ？

　湊くんのように、「どのファイルを編集したか」「どのファイルをステージ
に上げたか」がわからなくなってしまったときには、git statusコマンドを使
うとよいでしょう。

A ワークツリーやステージの状態を調べる

```
git status
```

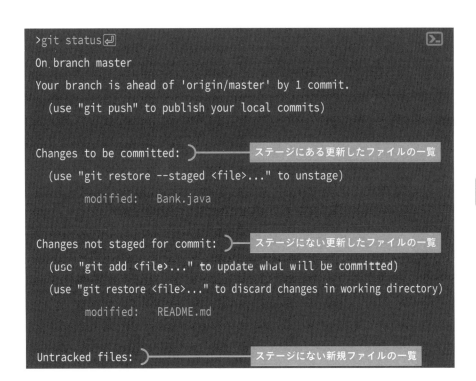

```
>git status⏎
On branch master
Your branch is ahead of 'origin/master' by 1 commit.
  (use "git push" to publish your local commits)


Changes to be committed:        ステージにある更新したファイルの一覧
  (use "git restore --staged <file>..." to unstage)
        modified:   Bank.java


Changes not staged for commit:    ステージにない更新したファイルの一覧
  (use "git add <file>..." to update what will be committed)
  (use "git restore <file>..." to discard changes in working directory)
        modified:   README.md


Untracked files:            ステージにない新規ファイルの一覧
```

chapter
13

```
 (use "git add <file>..." to include in what will be committed)
        Account.java
```

13.6.3 過去の commit の閲覧

　前項の git status コマンドはワークツリーやステージの現在の状態を確認するコマンドですが、ローカルレポジトリ上ですでに確定した過去の commit 一覧、つまりこれまでの歴史を見るためには、git log コマンドを使います。

 過去の commit を閲覧する

```
git log -最大件数 --oneline ファイル名
```

※ -最大件数を省略すると全歴史を表示。
※ --oneline を省略すると詳細に表示。
※ ファイル名を指定するとそのファイルに関する歴史のみを表示、ファイル名を省略するとそのレポジトリの全歴史を表示。

　たとえば、Bank.java に関する過去10回分の commit 履歴を調べたい場合、次のようなコマンドを実行します。

```
>git log -10 Bank.java
```

13.6.4 コミットコメントの修正

しまった、またいい加減なコメント書いて commit しちゃった。大江さんに git log されて見つかる前になんとかしなきゃ。

　コミットコメントは Git レポジトリ内にずっと残りますから、この先さまざまな関係者が見る可能性のあることを考えると、極力誤植などは避けたいものです。もし誤りに気づいた場合は、その commit の直後であれば次のコマンドでそのコミットコメントを上書きできます。

490

A　直前のコミットコメントを修正する

```
git commit --amend -m "コミットコメント"
```

　--amendオプション付きのcommitは、コメント以外についても直前の
commitを修正する機能がありますが、入門者のうちはコメント修正にのみ
限定した利用をおすすめします。

13.6.5 　commitの取り消し

うわっ…。今度は作業中のファイルを間違ってcommitしちゃっ
たよ！　まだpushしてないけど、取り消せないかなぁ。

　commit直後に誤りに気づいた場合は、次のコマンドで直前のcommitを
取り消すことが可能です。

A　直前のcommitを取り消す

```
git reset --soft HEAD^
```

※ 直前のcommitを実行する前の状態（編集されたファイルがステージに上がっている状態）に戻る。

　13.6.1項で紹介したgit addコマンドによるステージの登録を取り消す場合
も、このコマンドを使います（p.488）。実は、git resetはオプションの指定
によってさまざまな動作を指示できるかなり複雑なコマンドです。使い方に
よっては直前よりももっと前のcommitをも取り消せる強力な機能を備えて
います。しかし、一歩使い方を誤ると、歴史を破壊してしまうほどの強大な
力を持つコマンドなので十分な注意が必要です。

chapter
13

入門者を自認する間は、極力「歴史の書き換え」は避け、コードやファイルを再修正した上でcommit・pushしよう。「過去は書き換えられない」という覚悟で使うほうが、Gitを丁寧に使う癖が付くしな。

13.6.6　.gitignore ファイル

commitを間違うといえば、クラスファイルをcommitしないように言われてるよね。なんでだっけ？

　通常、ソースファイル（.java）はレポジトリに登録して管理しますが、クラスファイル（.class）は登録しません。なぜならクラスファイルは、ソースファイルがあれば誰でもコンパイルして生成できるからです。クラスファイルに限らず、「登録したファイルから二次的に生成できるファイル」「特定の環境や開発者に依存するファイル」「パスワード情報などが書き込まれたファイル」はレポジトリに追加すべきではないといわれています。

でも、間違ってcommitしちゃうかもしれないし、ミスを防いでくれるしくみがあるといいんだけど…。

　このようなファイルを間違って登録してしまわないよう、Gitには.gitignoreファイルがあります。ワークツリーの任意の場所にこの名前でテキストファイルを作り、次に紹介する構文に従って記述しておくと、条件に一致するファイルをaddやcommitの対象から自動的に除外してくれます。

ただ、かなり独特のルールで書く決まりになっているから、自分でイチから作るのは難しいかもしれない。チームですでに使われていれば、それを先輩からもらうのもおすすめだ。

第Ⅲ部

492

A .gitignore でファイルを除外する

以下の除外条件を1行ずつ指定しておくと、上から順に解釈される。

/を含まない行（filenameなど）

.gitignoreを配置したフォルダ以下におけるすべての同名ファイルを除外。

末尾にのみ/を含む行（dirname/など）

.gitignoreを配置したフォルダ以下におけるすべての同名フォルダを除外。

末尾以外にのみ/を含む行（/pathや/path/ file など）

.gitignoreを配置したフォルダから相対指定でファイルやフォルダを除外。

末尾と末尾以外に/を含む行（/pathや/path/ file/など）

.gitignoreを配置したフォルダから相対指定でフォルダを除外。

!で始まる行（!exceptnameなど）

これまで記述した指定から例外的に除外を外す。

#で始まる行（#helloなど）

コメント文と見なされる。

*、?、[0-9]が含まれる文字列

*は0文字以上、?は1文字、[0-9]は各数字のワイルドカードに解釈。

たとえば、次のような.gitignoreファイルを作ってcommitとpushしておけば、クラスファイルやclassフォルダ配下のファイル、dummyという名前のファイルを誤って登録してしまう事態をチーム全員が避けられるでしょう。

コード13-1 .gitignoreファイルの例

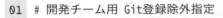

```
01  # 開発チーム用 Git登録除外指定
02  *.class ── 配下にあるすべての.classファイルを除外
03  /class/ ── 直下にあるclassフォルダを除外
04  dummy   ── dummyという名前のすべてのファイルやフォルダを除外
```

なお、すでにレポジトリに登録されているファイルは、.gitignoreで除外を指定しても自動的に削除されません。該当のファイルを手動で削除し、その削除したという事実をcommitとpushする必要があります。

大江さん。.gitignore と似たファイルで .gitkeep っていうのを見つけたんですけど、これは何ですか？

ああ、それはただのダミーファイルだよ。

　Git を利用していると、ワークツリーの中に .gitkeep という名前のファイルだけがポツンと1つ置かれたフォルダを見つけることがあるかもしれません。通常、中身は空か、特に意味のある内容は書かれていません。このようなファイルが存在する理由は、Git の次のような制約と関係しています。

Git における空フォルダの扱い

Git では、ファイルを含まない空のフォルダを commit できない。

　実用上、中身が空のフォルダを作ってレポジトリに入れておきたい状況はよくあります。しかし、上記のような Git の制約を守るために、何でもいいのでダミーのファイルを1つそのフォルダに入れておく必要があり、慣習として .gitkeep というファイル名がよく用いられます。

Git にはほかにもたくさんのコマンドとオプションがあるから、あまりに手を広げすぎても不安になるだけかもしれない。自分が便利だと感じるコマンドから順に1つずつ使ってみて、慣れていけばいいんだ。

13.7 ブランチ

13.7.1 より高度な Git 活用に向けて

最初はすごく手こずったけど、2週間毎日使ってたらだんだん慣れてきました！

もう push に失敗しても怖くないわよね。ただ最近、「master」っていう文字をよく見かけるんだけど、それが気になっちゃって。

　湊くんや朝香さんのように、push のエラーにも落ち着いて対処できるようになってきたとしたら、もう立派な Git ユーザーです。視野が広がり、気になる用語や表示が出てくる人もいるでしょう。特に master という表記は、commit や pull をするたびにメッセージの片隅に登場しますが、Git 特有のある機能と密接に関係しています。

　この節では、master に関連する概念と機能について少しだけ紹介します。

13.7.2 ブランチとは

　レポジトリの中には、1つの歴史の流れが複数の commit の数珠つなぎとして格納されていることは13.5節で解説したとおりです。このような一連の流れを Git ではブランチ（branch）といい、必ず名前を付けて管理することになっています。そして、特に指定されないときに自動的に付けられるブランチ名が master なのです。

なるほど。そういえば pull するときに、「origin/master」っていう表示も見るわね。

originとは、あるローカルレポジトリから見たリモートレポジトリに付けられる管理名です（図13-7、p.468）。その管理名とブランチ名をつなげたorigin/masterとは、originリモートレポジトリ内で管理されているmasterブランチを意味します。つまり、「ローカルレポジトリにあるmasterと、リモートレポジトリ内の存在を指すorigin/masterは別物である」という概念を理解することがまずは重要です（図13-15）。

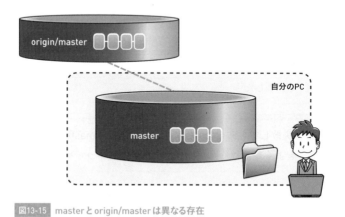

図13-15　masterとorigin/masterは異なる存在

さらに、origin/masterについてのある事実を掴むことができれば、Gitに対する理解はぐっと深まります。次の図13-16を見てください。

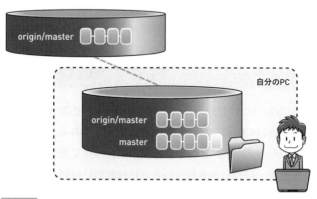

図13-16　masterと2つのorigin/master

えっ？　origin/masterが2つ？　リモートにあるのがorigin/masterじゃないの？

実は、origin/master というブランチは、リモートとローカルの2か所に存在します。もともとリモートレポジトリにあったものをcloneで持ってきたのがローカルのorigin/master です。最初のclone以降、pullするたびに、ローカルのorigin/master に対して次の2つの処理が行われています。

① **リモートのorigin/masterをローカルのorigin/masterに同期する。**
② **ローカルのorigin/master と master を統合する。**

> なるほど…。あ、ひょっとして、「ローカルレポジトリでなら歴史を混ぜられる」（p.482）っていうのは…。

　原則として、ローカルレポジトリ上でしか歴史を混ぜられないと紹介しました（p.481）。図13-16を見てわかるとおり、リモートレポジトリにはorigin/master と master が揃わないため、両者を混ぜようがないのです。
　逆にいえば、ある2つのブランチが同じレポジトリ上にあるとき、それらの歴史を混ぜる（マージする）のが可能なのです。

ブランチとマージ

- Gitでは1つのレポジトリ内に複数のブランチが存在できる。
- レポジトリ内にある2つのブランチをマージして、1つの流れに統合できる。

> ちなみに、pullで行われる2つの処理のうち①はgit fetch、②はgit merge という単独のコマンドでも実現できる。その2つを一度に実行するのがpullなんだ。

13.7.3　ブランチを作る

> さっき紹介したブランチとマージを利用すると、自分でわざと複数のブランチを作って活用することもできるんだ。

これまで解説してきたように、特に意識せずとも、私たちはmasterとorigin/masterという2つのブランチを使って開発することになります。しかし、Gitの機能を使えば、ローカルレポジトリの中で故意に別のブランチを作り出したり、それをリモートにpushしてチームメンバーと共有したりするのも可能です。

　現在を起点に、新しいパラレルワールドとして別のブランチを作るには、git branchコマンドを使います。また、git checkoutコマンドを使えば、ローカルレポジトリ内にある複数のパラレルワールド（ブランチ）のうち、どちらの世界の最新版をワークツリーとして取り出して編集するかを切り替えることができます。

 ブランチの生成と切り替え

```
git branch ブランチ名
git checkout ブランチ名
```

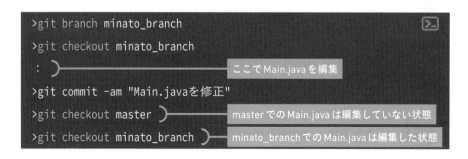

```
>git branch minato_branch
>git checkout minato_branch
:                          ここでMain.javaを編集
>git commit -am "Main.javaを修正"
>git checkout master        masterでのMain.javaは編集していない状態
>git checkout minato_branch  minato_branchでのMain.javaは編集した状態
```

> す、すごい！　自分でパラレルワールドを作って、両方の世界を行ったり来たりできるんですね！

　ローカルレポジトリのある時点において、それまで1つだったmasterという世界から、minato_branchというパラレルワールドに分岐が始まったとしましょう。それ以降、湊くんは開発に3日間没頭し、さまざまな修正をminato_ branchの世界で歴史として刻んでいきます。

　その間も、朝香さんやほかのチームメンバーは開発の歴史をリモートの origin/masterにpushしていくでしょう。また、湊くんも毎朝、origin/master からmasterへのpullは行いますが、このpullは自分が開発を行っている minato_branch世界への影響はまったくありませんから、競合などを気にせず自分の作業に集中できるのです。

> メンバーが多くなると、常に誰かがmasterを触って歴史を書き換えているから、競合が頻発しやすい。だからブランチを作って開発したほうが、影響を受けにくいし与えにくいんだ。

13.7.4 ブランチのマージ

> でも、いつまでも別世界で開発しているのはよくないですよね。あ、そうか、そんなときに「混ぜる」んですね。

　湊くんは3日間のうちにminato_branch世界で30回近くもcommitを行い、担当していた機能の開発に一区切りつきました。この成果を、チーム全体が共有する正規の世界（リモートレポジトリのorigin/master）に届けるために、次の手順で歴史をマージしていきます。

手順1. ローカルレポジトリ上で、minato_branchをmasterにマージする。

```
>git checkout master     まずはmasterに切り替えて…
>git merge minato_branch     minato_branchに刻んだ歴史を取り込む
```

手順2. pullでリモートレポジトリの歴史をmasterに取り込む。

```
>git pull     ① リモートのorigin/masterをローカルのorirgin/masterにコピー
              ② ローカルのorigin/masterをmasterにマージ
```

手順3. 他人の歴史と自分の歴史が混ざったmasterをリモートにpushする。

```
>git push
```

うわ、けっこう複雑ですね…。こんなややこしいことをしないといけないんですか？

まあ、常にっていうわけじゃないが、プロジェクトの特性や規模によってはさらに複雑な運用をすることもあるな。

　入門者である私たちには複雑に思えるブランチの運用ですが、上手に用いると、競合の発生を減らしたり管理や製品リリースがしやすくなったりと、さまざまなメリットがあることが知られています。

　そこで、大規模なプロジェクトや寿命の長いソフトウェアの開発・運用保守においては、masterのほかに「開発作業用」「納品準備用」「バグ修正用」などの目的ごとにブランチを作り、運用することが一般的です。細かなルールは現場によりけりですが、おおむね次のようなブランチの利用が一般的です。

代表的なブランチの名前と役割

develop　汎用的な開発作業用
feature　ある特定機能の開発作業用
bugfix　ある特定のバグ修正作業用
release　製品リリース版

　実際にプロジェクトに配属されてgitレポジトリにアクセスしたとき、もし多数のブランチが存在していたら驚くかもしれませんが、過度に心配する必要はありません。入門者である私たちが触ることを許されるブランチは、通常は1つか2つであり、使い方も定型化されたパターンがほとんどですから、繰り返し実践すれば慣れていきます。

　プロジェクトへの配属直後に、自分がどのようなブランチでどのように作

業を進めればいいか、先輩やプロジェクトのGit担当者にしっかりと確認して実践を繰り返していけば大丈夫です。

うちは小さなチームだから、masterとdevelopの2ブランチ構成だ。みんなは常にdevelopで開発、レビューが終わったらmasterに順次マージしてリリースしていっているんだ。

13.8 〉 Gitサーバ

13.8.1 Gitサーバの利用

　ここまで、Gitを利用して開発を行うクライアント側の解説を進めてきました。しかし実際にGitを使うためには、プロジェクト用のリモートレポジトリを置くためのGitサーバを事前に準備しておく必要があります。

　公式のサイトでは、Gitサーバ用プログラムも無償で提供されています。これをLinuxサーバなどにセットアップして動かせば、HTTPSやSSHでGitクライアントからアクセス可能なサーバを私たち自身で構築することも可能です。

> でも、これが思いのほか大変だし、めんどうなんだよな…。

　近年では、わざわざ自分でGitサーバを構築しなくても、会員登録をするだけでWebブラウザからGitリモートレポジトリを構築できるWebサービス（レポジトリホスティングサービス）が広く普及しています。特に有名なサービスとしては、GitHubのほか、GitLab、BitBucketなどが挙げられます。

　多くのホスティングサービスでは、リモートレポジトリを利用できるだけでなく、開発を支援するさまざまな機能を提供しています。たとえば、開発者同士が情報を書き込み、共有メモとして使えるWiki、不具合や機能追加などの「やること一覧」を管理できるIssueリストなどがよく使われています。

> 基本機能の利用だけならば無料だから、試しにアカウントを作ってみるのもいいな。これをきっかけに、エンジニアとしての世界がぐっと広がることもあるだろう。

　図13-17は、GitHubにログインして、あるリモートレポジトリを表示した画面の一例です。

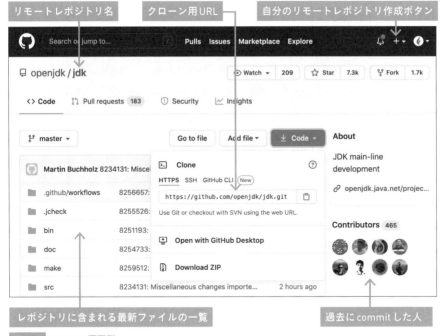

図13-17 GitHubの画面例

13.8.2 フォークとプルリクエスト

通常のプロジェクトではGitサーバは社内に置かれ、レポジトリは第三者には公開されないのが原則です。しかし、GitHubでは、たくさんのオープンソース（p.179）のプロジェクトもホスティングされていて、レポジトリを公開しながら開発を進めています。

> よく見たら、図13-17の画面はOpenJDKじゃないですか！ JDKのコード（p.346）もGitHubで開発されてるんですね！

このように、GitHub上で公開されているリモートレポジトリは、誰でも「自分のリモートレポジトリ」としてcloneできるようになっています。この操作を**フォーク**（fork）といいます（次ページの図13-18）。

chapter
13

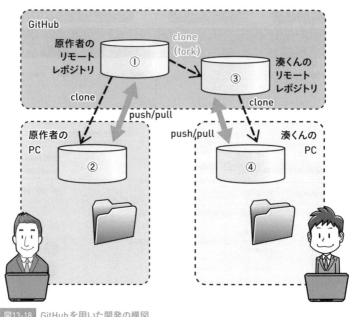

図13-18 GitHubを用いた開発の構図

　たとえば、非常に優れたゲームライブラリのオープンソース製品をアメリカの開発者がGitHubにレポジトリ（図13-18①）として公開していて、原作者自身もローカルレポジトリ（同図②）を使いながら開発します。

　湊くんはこのライブラリを自分で開発しているゲームに使いたいと考えましたが、日本語Windowsでは動かない致命的なバグがあったため、そのままでは利用することができません。Issue機能で報告したものの、原作者は日本語Windows環境を持っておらず、修正が難しそうです。

　そんなとき、湊くんは原作者のレポジトリを自分のGitHubレポジトリ（同図③）としてclone（フォーク）し、「湊版ゲームライブラリ」として自分で開発を進めたり、公開したりすることが可能なのです。

> えっ！　他人のライブラリのコードを使っちゃっていいんですか!?

> その製品のライセンス（p.180）が許しているなら問題ないな。それに「恩返し」だってできるんだ。そう、GitHubならな。

湊くんは、フォークしてきたライブラリを改善し、そのまま独自の派生版としてどんどん改良していくこともできます。しかし、clone元の原作者に「自分のレポジトリ（③）で行ったバグ修正の歴史を差し上げるので、本家レポジトリ（①）にpullしてください」という提案を送信する機能（**プルリクエスト**）がGitHubにはあります。

　このように、現代のエンジニアの世界では、GitHub上でさまざまな人々がソースコードを保管したり、相互にフォークや改良、プルリクエストをして交流したりすることを広く行っています。Gitはいまや単なるVCSの枠を超え、開発者同士のオープンな開発や交流、イノベーションの場としての基盤になっていると言っても過言ではないでしょう。

> 俺たちエンジニアは「コードでも会話する人種」と考えると、GitHubは、まあ、SNSみたいなもんなんだ。

---

column

コミットを識別するためのID

　Gitでは、レポジトリ内に格納する各コミットに対して、「c29829de0333ec0341d81e0fafdf105dbcec20a2」のような40桁の16進数のIDを振って管理しています。このIDは、コミットIDやコミットハッシュといわれており、git logコマンドの結果でも確認することができます。

　コミットIDは、開発者間での会話でも登場することがありますが、40桁のすべてを伝えるのは現実的でなく、実用上のリスクは十分低いため、先頭4〜8桁程度のみをやりとりすることもよく行われます。たとえば、「pullして手元を最新にしてから動かしてね。c298のはずだよ。」と先輩に指示されたり、「c29829dでバグが混入したようだ」という会話を耳にすることもあるでしょう。

13.9 この章のまとめ

チームによる開発

- 「分業」は最も基本的かつ有力な効率改善の方法である。
- ただし、連携がうまくいかないとかえって非効率になる。

ソースコードの共有

- バージョン管理システムを用いて、ソースコードをチームで共有できる。
- バージョン管理システムには、ファイルの変更履歴や内容を格納する。
- 代表的な製品として、GitやSubversionが存在する。

Git

- チームで使う場合、リモートレポジトリ・ローカルレポジトリ・ワークツリーの3つの場所が関係する。
- clone、pull、commit、pushなどのコマンドを使い、ソースコードの共有を実現する。
- チームコミュニケーションの一環として、意味のあるコミットコメントを記述する。
- 競合でpushできない場合は、一度pullするなどして分岐したプログラムの歴史をマージする。
- ブランチを活用することで、競合を回避しながら、プログラムの目的に応じてより柔軟に開発を進めることができる。
- GitHubなどのレポジトリホスティングサービスを用いてGitサーバを手軽に準備できるほか、Wikiやプルリクエストなどの機能を利用して、世界中のエンジニアと協働することができる。

Git リファレンス

初期設定（p.470）

```
git config --global user.name "ユーザー名"
git config --global user.email "メールアドレス"
```

clone（p.472）

```
git clone レポジトリURL フォルダ名
```

※ フォルダ名を省略すると、レポジトリ名の末尾部分が自動的に利用される。

ステージ登録（p.488）

```
git add フォルダorファイル
```

ステージ解除（p.488）

```
git reset
```

commit（p.474）

```
git commit -m "コミットコメント"
```

push（p.475）

```
git push
```

※ 競合により失敗する。

pull（p.482）

```
git pull --no-edit
```

※ --no-editを省略するとマージ時のコメントを手動で編集可能。

chapter
13

ワークツリーとステージの状態確認（p.489）

```
git status
```

commit履歴の確認（p.490）

```
git log -最大件数 --oneline ファイル名
```

※ -件数の省略で全件、ファイル名の省略で全ファイルを表示。--oneline の省略で詳細に表示。

直前コミットコメントの訂正（p.491）

```
git commit --amend -m "コミットコメント"
```

直前 commit の取消（p.491）

```
git reset --soft HEAD^
```

ブランチ作成（p.498）

```
git branch ブランチ名
```

現在のブランチを変更（p.498）

```
git checkout ブランチ名
```

ブランチのマージ（p.499）

```
git merge ブランチ名
```

※ 指定したブランチを現在のブランチにマージする。

フェッチ（p.497）

```
git fetch
```

※ リモートから取得のみを行い、マージを行わない。

13.10 練習問題

練習13-1

　以下の Git レポジトリにアクセスして自分の PC へ clone してください（認証情報は不要）。ワークツリーの場所は任意とします。

https://github.com/miyabilink/sukkiri-javap4-codes.git

練習13-2

　練習13-1で保存したワークツリーのいずれかのファイルを編集し、その更新を commit してください。修正する箇所と内容については任意とします。

練習13-3

　練習13-2で確定したローカルレポジトリの内容を、練習13-1で clone したリモートレポジトリに同期するには、どのようなコマンドを入力すればよいでしょうか。

※ このレポジトリはセキュリティの観点から同期を受け付けない設定としているため、実際にコマンドを実行するとエラーが発生します。

練習13-4

　練習13-3のコマンドを実行したとき、競合が原因で失敗しました。いつ、誰が、何をしたことにより競合が発生したと考えられますか。

練習13-5

　練習13-4の状況を解決するために pull を行ったところ、手元のファイルに「>>>>>」や「<<<<<」のような文字が書き込まれ、コンパイルできなくなりました。原因と、この後すべき対応について回答してください。

chapter
13

chapter 14
アジャイルな開発

時代の要求や技術が急速に変化する今、
必要とされるソフトウェアを迅速かつ確実に作り上げるために、
エンジニアはどのような工夫ができるのか、
世界中でさまざまな試みが行われています。
この章では、Javaを用いた開発プロジェクトにおいて活用され、
成果が表れている手法や道具を紹介します。

contents

chapter
14

14.1 チーム開発の基盤

14.1.1 チーム開発に必要なもの

先輩のおかげで、チーム開発にも少しずつ慣れてきました。コードを上手に共有できると、作業もスムーズに進むから気持ちいいです。

それはよかった。でも共有しなければならない一番大事なものは、また別にあるんだ。

　第13章では、チーム開発で日常的に用いるバージョン管理システムについて学びました。しかし、コードの共有は、チームにとって必要な工夫のごく一部でしかありません。

　私たちは、「共通の価値観と思想」に基づく「目標」「言葉」「手順」などをほかのメンバーと上手に共有できて初めて、1人では成し得ない大きく複雑なソフトウェアをこの世に生み出す力を手に入れることができます（図14-1）。

図14-1　チームが共有すべき基盤となる要素

14.2 共通の言葉

バラバラにがんばっても意味がないから共通の目標を持つべき
なのはわかりますが、「共通の言葉」って何ですか？　日本語？

ははは、確かにそれも重要だな。だが俺たち技術者は、日本語
以外でもコミュニケーションをとるだろ？

　チームがうまく連携するためにコミュニケーションが欠かせないのは前章
でも述べました。私たちは自分の頭の中にある考えを相手の頭の中にコピー
することはできませんから、何らかの「言葉」を使ってコミュニケーション
を図る必要があります。

　コミュニケーションで利用される言葉には、たとえば「日本語」のような
自然言語（natural language）がありますが、私たち技術者はほかにもたく
さんの「言葉」を使ってメンバー同士で情報を交換します（図14-2）。

自然言語

「ねぇ、このコードだけど、設計図と比べたら、おかしくない？」

プログラミング言語
Branch branch = new Branch(1,null);

モデリング言語

図14-2　技術者がコミュニケーションに用いるさまざまな「言葉」

chapter
14

コミュニケーションがスムーズに成立するには、双方が互いの言葉を理解している必要があります。たとえば、プログラムの内容を伝えるにはJavaのようなプログラミング言語（programming language）の知識が必要です。

　また、複雑なプログラムの設計をほかのメンバーにわかりやすく確実に伝えるために、図を用いてプログラムの構造を表現することも欠かせません。しかし「設計図の書き方のルール」が明確に定められていなければ、書き手によって表現がバラバラになり図の読み手が混乱してしまいます。

　幸いにも昔から使われてきた多くの「設計図の書き方のルール」がすでに存在し、それらはモデリング言語（modeling language）と総称されています（図14-3）。

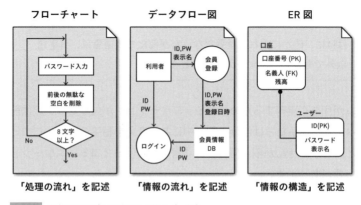

フローチャート　　　　　データフロー図　　　　　ER図

「処理の流れ」を記述　　「情報の流れ」を記述　　「情報の構造」を記述

図14-3　代表的なモデリング言語の数々（一例）

　多くの開発プロジェクトでは、世の中で広く利用されているモデリング言語のいずれかを採用し、利用しています。つまり、日本語やJavaに加えてモデリング言語に関する知識も持ち合わせていなければ、チームの一員として開発をスムーズに進めることはできないのです。

14.2.2　UML – 統一モデリング言語

　古くから多くの専門家や現場の技術者により新たなモデリング言語が提唱され、利用されてきました。それらが乱立し始めた中、グラディ・ブーチ、イヴァー・ヤコブソン、ジェームズ・ランボーの3人によって「ソフトウェア開発で有効な9種類の図の描き方」として取りまとめられたのがUML（Unified Modeling Language）というモデリング言語です。

UMLは発表後すぐに多くの現場に受け入れられ、現在ではモデリング言語の業界標準的な位置付けと見なされるまでに普及しました。最新バージョンでは表14-1に挙げた14種類の図が定められています。なかでもプログラム開発の現場でよく用いられるのがクラス図とシーケンス図の2つです（図14-4）。

表14-1　UMLが定める13種類の図

分類		名称	記述内容
構造図		クラス図	クラスの構造と関連性を表す
		オブジェクト図	インスタンス同士の関連を表す
		パッケージ図	パッケージの構成と関連を表す
		コンポーネント図	物理要素を含むシステム構造を表す
		コンポジット構造図	クラスやコンポーネントの構成を表す
		配置図	ハードウェアとコンポーネントの配置を表す
		プロファイル図	特定業種・技術を前提とする概念構造を表す
ふるまい図	相互作用図	シーケンス図	インスタンス間の呼び出しの流れを時系列に表す
		コミュニケーション図	インスタンス間の呼び出しの流れを俯瞰的に表す
		タイミング図	インスタンスの状態変化を時系列に表す
		相互作用概要図	相互作用図同士の流れを表す
		アクティビティ図	処理やデータの流れを表す
		ステートマシン図	インスタンスの状態遷移を表す
		ユースケース図	ユーザーの利用要件とふるまいを表す

クラス図

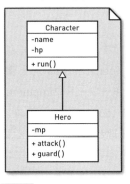

シーケンス図

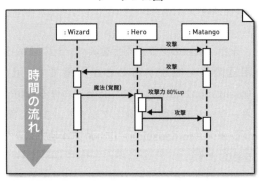

図14-4　クラス図とシーケンス図の例

クラス図はクラスの構造とその関係を示すのみで、「時間の流れによる変化」は表現できないんだ。だから、それを表現できるシーケンス図を併用するのさ。

以降、この節ではプロジェクト開発の現場でよく用いられるクラス図とシーケンス図、そしてユースケース図の3つについて詳しく見ていきましょう。

14.2.3 クラス図

クラス図（class diagram）は、クラスやインタフェースのメンバや、ほかのクラスとの関連を表現するために用いる図です。1つのクラスを1つの四角形で表すほか、次のような基本ルールがあります。

クラス図の基本ルール

- 四角形を3つに区切り、上からクラス名、フィールド一覧、メソッド一覧を記述する（フィールド一覧、メソッド一覧は省略可能）。
- メンバの前にアクセス修飾を表す記号を付けることができる。
  public→+　protected→#　package→~　private→-
- メンバ表記の下線はstatic、斜体はabstractを表す。

また、複数のクラス同士を次ページの図14-5に示す線で結ぶことにより、相互関係を表現することが可能です。汎化（generalization）と実現（realization）はそれぞれ、Javaにおけるextendsキーワードやimplementsキーワードの役割に対応しています。また、集約（aggregation）とコンポジション（composition）は、片方が他方にその一部として属している関係を表します。

集約やコンポジションの関係は、「あるクラスにフィールドとして属する」というJavaのコードとして実装されます。たとえば、図14-5に示したパーティ（Party）クラスは次ページのコード14-1のようなコードで表されるでしょう。

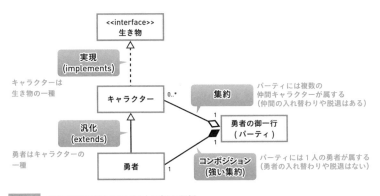

図14-5　クラス図におけるクラス同士の相互関係

コード14-1　Character と Hero を集約する Party クラス

Party.java

```
01  import java.util.*;
02
03  public class Party {
04      private Hero mainHero;              勇者は必ず1人
05      private List<Character> fellow;     複数属する可能性があるため、
                                            コレクションを利用
        :
```

　集約関係の中でも、双方の結びつきが極めて強い場合をコンポジションとして扱います。何をもって「強い」と見なすかという基準に厳密な線引きはありませんが、一般的には次のようなケースに該当するかどうかで決定します。

「強い集約関係」と見なせるケース

・両者のインスタンスはほぼ同時に生成され、廃棄もほぼ同時である。
・利用の途中で片方だけを削除、交換することがない。

chapter 14

　生まれてから死ぬまでずっといっしょで、切っても切り離せない「運命共同体」な集約関係がコンポジションなんですね。

図14-4（p.515）に示したように、シーケンス図では上部に並んだクラス（またはインスタンス）を表す四角形およびその下の点線（ライフラインといいます）を **メッセージ**（message）と呼ばれる矢印でつなぎ、クラス間の連携の手順を時間軸に沿って示します。メッセージの記述などに多少のバリエーションはありますが、クラス図ほど記号の種類は多くありません。

メッセージは、ソースコードにおけるメソッドの呼び出しやフィールドの操作として実装されます。また、条件分岐や繰り返しを表現する記法も存在するので、必要に応じて調べながら活用してみるのもいいでしょう。

> 記述ルールは比較的シンプルなんだが、現場でうまく使いこなすには、少し考慮が必要なんだ。

シーケンス図は、その記述に比較的多くの時間と労力を要求する図であるため、粒度（どこまで詳細を書き込むか）に注意が必要です。詳細に書くほど作るべきプログラムの処理や流れが明確になりますが、開発のさなかはもちろん、将来プログラムの細部が変更になっただけでも図の修正が必要になってしまいます。

また、getter／setter のような「自明な処理の流れ」もありますから、全クラスの全処理についてシーケンス図を作るのも非効率といえるでしょう。

どの範囲について、どの粒度まで記述するかは、プロジェクトや開発システムの事情によりさまざまです。「全体の大まかな流れ」と「一部の複雑な処理部分」に絞って作成する現場もあるでしょう。実際の業務では、チームメンバーが作成した図を参考にしたり、相談したりしながら進めていくことが重要です。

14.2.5 | ユースケース図

> もう1つ紹介する図は、開発プロジェクトが走り始める「前」に使う図なんだ。

クラス図やシーケンス図は、システム開発のプロジェクトが始まり、設計
をする段階で主に使用する図です。一方、システムを開発し始める前、「そ
もそも、いったいどんなシステムを作ったらゴールなのか」を検討し、依頼
主と合意をする要件定義（requirement definition）の段階で活躍するのが、
ユースケース図（use case diagram）です。

　ユースケース図は、「現実世界のどのような人が、システムを使って何が
できるか」を図として簡潔に表現する目的で作成されます。システムを利用
する人を意味するアクター（actor）を人形の記号で、「できること」を意味
するユースケース（use case）を楕円で表現した上で、対応するものを実線
で結びます（図14-6）。

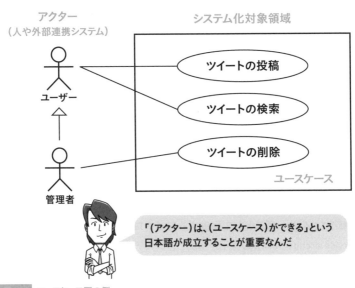

図14-6　ユースケース図の例

　なお、ユースケース図には、「システム自体の中身（構造や処理）に関す
ること」は書かれません。「最終的に、誰が、何をできたらよいのか」とい
う要件（requirement）だけを表現する点に注意してください。

なるほど。でも、本格的なシステム開発では、こんなシンプル
なお絵かきみたいな図に、全部の要件を書き込めないんじゃな
いですか？

朝香さんが心配するとおり、大規模なシステム開発になると、要件の数が数百に及ぶことも珍しくありません。また、ユースケース図には表しづらい性能や耐障害性、セキュリティといった**非機能要件**（non-functional requirement）と呼ばれる機能以外の要件についてもきちんと定めることが重要です。そのため、ユースケース図には代表的な要件だけを表現して全体的な把握のために利用しつつ、すべての要件を一覧表に整理したり、その要件一覧の各項目についてさらに詳細を単票にまとめたりします。

> 具体的な要件のまとめ方や書式は組織や現場によって異なる。いずれにせよ、ユースケース図や要件一覧は、開発段階に入るとチームの目的、よりどころになっていくんだ。

column

システムアクター

　ユースケース図におけるアクターは、通常は利用者や管理者などの「人間」が一般的です。しかしWebAPI（p.289）のように、複数のシステムが連携して動作するようなケースでは、システムAがシステムBを利用するという構図になり、人ではなくシステムがアクターとなります。

　特に近年、1つひとつのシステムはシンプルに小さく保ちつつ、それらを連携させて1つのサービスとして稼働する**マイクロサービスアーキテクチャ**（micro service architecture）の採用が増加し、システムアクターの重要性が見直されています。

14.3 共通の手順

14.3.1 開発の工程と成果物

共通の「言葉」もわかったし、あとはみんなで相談したり分業したりして開発を進めていくのね。

そうだ。でも、みんなが好き勝手に進めると混乱するから、チームで決めた「手順」に従って開発するんだ。つまり、手順も共有が必要なんだよ。

　一定以上の規模のプログラムや情報システムの開発を行う場合、いきなりプログラミングから始めることはほとんどありません。高品質で保守しやすいプログラムを分業して効率良く作っていくために、プログラミング以外にもさまざまな工程を経て開発を進める必要があるのです。

　工程の呼び名は組織や開発現場によって異なることもありますが、通常の開発プロジェクトは、大別すると図14-7に示される4つの工程から構成されます。

要件定義	設計	実装	テスト
何を作るか明確にする	どう作るか設計する	Javaでコーディング	動作をチェックする

図14-7 プログラム開発の代表的な工程

chapter
14

それぞれの工程では期限と、それまでに作り終えなければならない物が決められ、それらは成果物（artifact）と呼ばれます。要件定義工程では「ユースケース図や要件一覧」、設計工程では「クラス図やシーケンス図」、実装工程では「正常に動作するプログラムのソースコード一式」、テスト工程では「テストケース一覧表とテスト実施記録」などが成果物の一例です。

プログラムだけが成果物ではない

本格的なプログラム開発では、プログラム以外の成果物も数多く作成する。

14.3.2 代表的な開発プロセス

　「どのような手順で工程を進めてソフトウェアを完成させるか」を定めたものを開発プロセス（development process）といいます。現在ではさまざまな開発プロセスが提唱されていますが、その多くは図14-8に示した2つに分類できます。

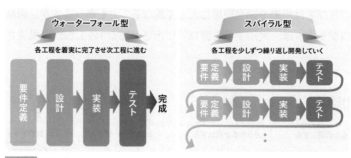

図14-8　開発プロセスの2つの分類

　ウォーターフォール型（water-fall model）の開発プロセスは、古くからプログラム開発に用いられてきた歴史と実績のある手法です。各工程ではあいまいさや誤りを残さず完璧に仕上げてから次の工程に進みます。前工程の成果物に誤りが含まれていないことを前提とするため、大人数での分業や、

納期と要件範囲が固定された中での長期開発計画の立案が比較的行いやすいという特徴があります。

一方で、ひとたび「前工程は完璧」という前提が崩れると大きな**手戻り**（作業のやり直し）が発生し、修正の影響が各所に及んでしまうという弱点を抱えています。たとえば、完成間近のテスト段階になって設計の誤りが発覚したり、実装してみて初めて実現不可能な要件だったことが判明したりすると、プロジェクトの計画は大きく狂わざるをえません。

「前提」が崩れる代表的な原因

・前工程の作業に誤りが含まれていた。
・「作ってみなければわからない」事項について事前に検証できず、実装工程で初めて実現不可能であることが判明した。
・時代や技術の変化で、「依頼者が作ってほしいもの（要件）自体」や「採用すべき技術」が変わってしまった。

最近は時代の変化がすごく速くなったし、作るプログラムも複雑になったから、昔より前提が崩れやすくなってるんですよね？

ああ、開発中の要件変更や手戻りが起こりやすくなった。仮に計画どおり完成しても、依頼主を満足させられなかったり、すでに時代遅れだったりすることもあるんだ。

そこで近年採用が進んでいるのが**スパイラル型**（spiral model）のプロセスです。最初から完璧には作らず、一部についてのみ、要件定義、設計、実装、テストを進め、完成した時点で依頼主にフィードバックをもらいます。そして、その意見や要望に基づいて修正や機能の追加を行います。

スパイラル型は、前工程の作業に誤りやあいまいさが含まれることや要件自体が変化することをある程度織り込んだ手法であるため、依頼主とこまめに確認を取りながらプロジェクトの軌道修正を行っていくことができます。

そのようなメリットの一方、スパイラル型開発には、従来のウォーターフォール型開発を前提としたソフトウェア開発契約形態や固定的な上位長期

chapter
14

計画との相性の悪さ、安易な作業の後回しや顧客の要求が過度に膨らむ傾向にあるなどのマイナス面もあります。また、大規模なスパイラル型開発の経験を豊富に有し、マネジメントできる人材が未だ少ない状況も今後の課題です。

ウォーターフォール型のほうが有効な状況もある。双方の長所を活かして短所を補うために、「システム全体はウォーターフォール型、ただし共通機能チーム内の部品開発はスパイラル型で」といったように組み合わせて使うこともあるんだ。

14.3.3　開発を支える価値観

ウォーターフォール型とスパイラル型って、開発の進め方だけでなく、もっと深く根本的な何かが違う感じがするんだよなぁ…。

その「何か」を共有するのも、とても大事なんだ。

　ウォーターフォール型もスパイラル型も「効率よくチーム開発を行い、早く、安く、高品質な成果物を依頼主に届ける」という最終目的に違いはありません。両者の手順の違いは、ソフトウェア開発をとりまく複雑性や不確定性をどう捉え、どう取り扱っていくかという価値観の違いに根ざしています（図14-9）。

　ソフトウェア開発には複雑性や不確定性をはじめとしたさまざまな障害が立ちはだかります。その中で、「自分たちは何（誰）のために、どのようなアプローチで成果物を届けるか」といった価値観は、チームが共有すべき3つの要素（目標、コミュニケーション、開発プロセス）の重要な基盤となることは図14-1（p.512）で示したとおりです。しっかりと共有された価値観はチームを強くするだけでなく、難しい局面における判断のよりどころにもなるでしょう。

図14-9 ウォーターフォール型とスパイラル型の開発プロセスにおける価値観の違い

プロジェクトの状態を共有するための資料

　開発工程を進めるにあたり、現場でよく利用される資料としてWBS（Work Breakdown Structure）と「懸案管理表」があります。

　WBSは、作業の一覧とその担当者、開始と終了の予定日と実績日などが記入される「プロジェクト計画表兼進行状況一覧」のような資料です。もし、計画外の状況や課題に直面したときには、それを懸案管理表にリストアップし、対策方法を練るために使います。WBSと懸案管理表は、表計算ソフトやそれ専用の管理ソフトウェア、あるいは専用のタスク共有システムなどを使って作成、管理されます。実際のプロジェクトでは、毎週の定例進捗会議などで各チームがWBSと懸案管理表を持ち寄り、進捗状況や課題を共有します。

タイトル	開始	終了	割り当て	達成率	2012年 5月	2012年 6月
▼ 1) 設計作業	12/05/17	12/06/07		54%		
• 1.1) 共通機能	12/05/17	12/06/07	大江	38%		大江
• 1.2) 送金決済	12/05/17	12/05/30	鈴井	80%	鈴井	
▼ 2) 実装作業(UT含む)	12/05/31	12/06/15		0%		
• 2.1) Bankクラス	12/05/31	12/06/13	湊	0%		湊
• 2.2) Accountクラス	12/06/08	12/06/15	朝香	0%		朝香
• 3) 実装&UT完了	12/07/02	12/07/02		0%		

14.4 アジャイルという価値観

14.4.1 コードと人と変化を重視する

> 僕たちのチームには、どんな価値観があるんですか？

> 俺のチームでは「アジャイル」という考え方を採用している。
> 以前、菅原にすすめられたのがきっかけだ。

21世紀を迎える頃には、従来型の硬直的な開発手法では変化の予測や制御が困難（可能であっても高コスト）な事例が増加し、ソフトウェア開発の世界は新たな手法を必要としていました。そんな中、よりよい開発方法を求める17人の技術者の議論によって、1つの価値観が取りまとめられました。

アジャイルソフトウェア開発宣言

私たちは、ソフトウェア開発の実践あるいは実践を手助けする活動を通じて、よりよい開発方法を見つけだそうとしている。この活動を通して、私たちは以下の価値に至った。

プロセスやツール	よりも	個人と対話を、
包括的なドキュメント	よりも	動くソフトウェアを、
契約交渉	よりも	顧客との協調を、
計画に従うこと	よりも	変化への対応を、

価値とする。すなわち、左記のことがらに価値があることを認めながらも、私たちは右記のことがらにより価値をおく。

第Ⅲ部

　この価値観により具体化した12の原則も併せて公開されました。「顧客満足を最優先し、価値あるソフトウェアを早く継続的に提供する」「要求の変更はたとえ開発の後期であっても歓迎する。変化を味方につけることによって、顧客の競争力を引き上げる」などの原則の一覧は、上記出典のWebページで閲覧することができます。

　この宣言をきっかけに、XP（Extreme Programming）やスクラム（Scrum）といった開発プロセスが提唱され、世界中に普及していきました。それらは人、コード、変化への対応を重視する価値観をベースとしたアジャイルソフトウェア開発手法（agile software development method）と総称され、国内でも適用事例が急速に増加しています。

アジャイルっていうのは「機敏さ」を意味する英単語だ。変化に対して、機敏に対応していくことを目的としているんだよ。

14.4.2　アジャイル開発の進め方

アジャイル開発って、具体的にはどんな開発の進め方をするんですか？

　XPやスクラムなど個々のアジャイル開発手法によって多少の違いはありますが、いずれも2〜4週間程度の極めて短期間で工程を反復するスパイラル型開発プロセスを実践することを特徴としています。そのようなプロセスにより、動

くソフトウェアを頻繁に顧客に提示でき、ただちに対話によるフィードバック
を得られ、速やかに顧客の要求に対応していくことが可能になるのです。

　アジャイル開発における1回の工程反復期間のことを**イテレーション**
（iteration）や**スプリント**（sprint）と呼びます。チームは顧客とともにイテ
レーションを繰り返しながら、逐次、要件定義や実装を進めていきます（図
14-10）。

　XPやスクラムでは、イテレーションによる短期リリースのほかにも、「実
践することによって開発効率が上がるテクニック」を**プラクティス**（practice）
として定めており、アジャイル開発ではその実践を推奨しています。

図14-10　アジャイル開発手法における開発の流れ

column

アジャイル開発のメリットを活かしにくい状況

　アジャイル開発手法の考え方や手法を知ると、これにより現状抱えている多く
の課題を解決できるのではないかと感じることがあります。しかし、アジャイル
も万能ではありません。

　一般に、アジャイル開発手法は士気が高い少数精鋭チームでよく機能するとい
われています。一方で、アジャイルの価値観に対する理解や士気が低い場合や、
開発メンバーが物理的に分散した大規模組織ではメリットを十分に発揮できない
ことも多いようです。そのほか、契約形態や顧客の理解など、アジャイル開発に
はビジネス面における課題もあります。

14.5 エクストリーム・プログラミング（XP）

14.5.1 XPとは

　XP（Extreme Programming）は、アジャイルソフトウェア開発宣言の起草者たちの1人でもあるケント・ベックが中心となって考案したアジャイル開発方法論です。

> XPを理解するには、XPが定める価値とプラクティスを知るのが近道だ。

　XPでは、ソフトウェア開発の関係者が尊重すべき5つの「価値」を定めています。

表14-2　XPの5つの価値観

シンプルさ	不要な複雑さを避け、ソフトウェアを極力シンプルに保つ。
コミュニケーション	開発者同士の円滑なコミュニケーションを実現・維持する。
フィードバック	開発しながらフィードバックを得て、逐次改善していく。
相互尊重	開発に関わるあらゆる関係者が、お互いを尊重しながら責任を果たす。
勇気	進捗や不具合の報告や仕様変更に対して、チームで勇気を持って臨む。

　さらに、これらの価値観に基づいて実践すべき事項として、いくつかのプラクティスも定めています。「短期間で開発を繰り返すこと」や、第12章で紹介したリファクタリングなども、XPが定めるプラクティスの1つです。ここでは、特徴的ないくつかのプラクティスについて紹介しましょう。

chapter 14

14.5.2 ペアプログラミング

　アジャイル開発は、2人の開発者がペアとなって1つのコードの開発を進めるペアプログラミング（pair programming）があります。ペアは1台のPCの

前に並んで座り、1人（ドライバー役）がコーディングを行うすぐ隣で、そのようすを見ているもう1人（ナビゲーター役）は、ドライバー役から仕様を学んだり、逆にドライバー役にアドバイスをしたり、テストケースを考えたりします。

図14-11　ペアプログラミングには教育効果がある

でも、2人で同じことをしたら生産性は半分になっちゃいませんか？　別の作業をしたほうが効率はいいような…。

もちろん状況にもよるが、数多くの研究によれば、むしろ生産性が大幅に向上することがわかっているんだ。

ペアプログラミングには、次のようなメリットがあるといわれています。

・常にコードを他人に見られるため品質向上を意識しやすい。
・コードに対して客観的な立場から即時にフィードバックを得られる。
・コーディングを通して、相手の持つ知識やテクニックを学べる。

　ペアの役割は30分から1時間程度で交代するのが一般的です。また、数日おきにパートナーを変えるのも効果的です。

14.5.3 テスト駆動開発

この間の会員登録機能だけど、湊はどんな順番で開発した？

まず最初の週でUser.javaとか10個ぐらいクラス作って、次の週はJUnit用のテストを作ってテストしましたけど…。

　これまで多くの開発現場では、湊くんのような手順で開発を進めるのが一般的でした。しかし、アジャイル開発で推奨されるテスト駆動開発（TDD: Test Driven Development）では、次のような手順で開発を行います。

STEP1　実装する機能のテストケースを記述する（テストファースト）。そしてテストを実行して失敗することを確認する。
STEP2　テストが通るように最小限の労力で稼働するクラスを開発する。
STEP3　テストが通るのを維持しながらリファクタリングする（終わったら、STEP1に戻って次に実装する内容のテストを新たに書く）。

　たとえば、口座クラスAccount.javaを開発する際には、それを作る前にテストクラスAccountTest.javaを記述します（コード14-2）。

コード14-2 最初に作ったテストケース

AccountTest.java

```
01  import org.junit.jupiter.api.*;
02  import static org.junit.jupiter.api.Assertions.*;
03
04  public class AccountTest {
05    @Test
06    public void testDeniesNegativeZandakaSet() {
07      Account a = new Account();
08      assertThrows(IllegalArgumentException.class, () ->
            a.setZandaka(-100));
```

chapter 14

```
09     }
10  }
```

Accountクラスはまだ影も形もありませんから、この状態でJUnitテスト
を実行すると、もちろん失敗します。統合開発環境などでは、テスト失敗時
に赤く表示されることから、テストに失敗した状態を「Red」と呼びます。

次に、このテストが成功する（「Green」になる）ように、必要最低限の記
述を行います。どんなに手抜きでもかまいませんので、とにかくテストを通
すことだけを意識してAccountクラスを記述します（コード14-3）。

コード14-3 テストを通る最低限のAccountクラス

```
01  public class Account { private int zandaka;
02    public void setZandaka(int x) {
03      if (x < 0) throw new IllegalArgumentException();
04      zandaka = x;
05    }
06  }
```

テストが通ることを確認したら、「なんとか動くAccountクラス」を「しっ
かり動くAccountクラス」にリファクタリングしましょう（コード14-4）。

コード14-4 テストを通る保守しやすいAccountクラス

```
01  public class Account {
02    private int zandaka;
03    public void setZandaka(int zandaka) {
04      if (zandaka < 0) {
05        throw new IllegalArgumentException
              ("負の残高が設定されそうになりました");
06      }
07      this.zandaka = zandaka;
08    }
09  }
```

無事リファクタリングも完了したら、次の機能に関するテストケースを
AccountTest.javaに加えます。これにより再度Red状態となり、それを修正
してGreen状態にし、さらにリファクタリングするというサイクルを繰り返
していきます（図14-12）。

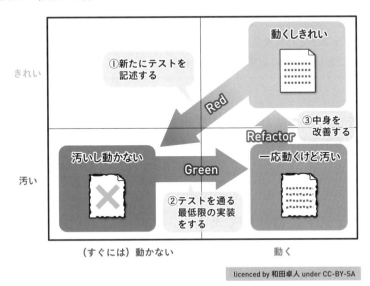

図14-12　TDDと「黄金の回転」

　テスト駆動開発の実践に際しては、次のポイントに気をつけましょう。

1つずつ、少しずつ、素早く

　一度にたくさんのテストを書いてはいけません。小さなテストを書き、図
14-12にあるようにRed→Green→Refactorのサイクルを素早くたくさん回
すのがコツです。

「きれい」と「動く」を一度に目指さない

　コードの正常動作とその美しさを一度に求めようとすると、開発者には大
きな心理的負荷がかかります。まずは動かすことだけに集中し、その後きれ
いにするよう明確に段階を分けることで、気持ちよく開発を進めることがで
きるでしょう。

手順はわかりましたが…開発する手順を変えただけで何かメリットがあるんですか？　それに開発が終わってからテストするほうが自然のような気が…。

「テストとは何か？」を突き詰めて考えれば、決して不自然なことじゃない。いずれメリットも自ずと見えてくるだろう。

　そもそもテストとは「開発中のソフトウェアが満たすべき要件を確かに満たしているか確認する行為」です。ということは、テストで用いる個々のテストケースとは、ソフトウェアの要件や仕様そのものにほかなりません。

テストとは仕様である

テストケースを書くことは、仕様を書くこと。つまり、今から作るプログラムの要件や設計を明確にできる。

　コーディングに先立って要件定義や設計をしていると考えれば、テスト駆動開発の手順は極めて合理的だとわかります。
　しかも、自然言語ではなくJUnitの自動化テストケース（Javaプログラム）の形で仕様を記述すると、次のようなメリットが生まれます。

メリット①　仕様の明確化

　あいまいさが残る余地のある自然言語ではなく、Javaのソースコードとして仕様を記述すると、仕様がより揺らぎなく明確化されます。仕様を明確に意識できれば、「何をどう作ればよいか」について自信を持って取りかかれます。また、重要ではない処理を思いつきで書いてしまうのを避けられます。

メリット②　仕様遵守の継続的確認と勇気

　JUnitテストケースがあれば、いつでも簡単に「コードが仕様に従っているか」を確認できます。もしコードの一部を修正する際にうっかりバグを混

入させてしまっても、テストがそのことをすぐに教えてくれます。

テストケースが手元にあれば、私たちは常に勇気をもって、ソースコードを修正したりリファクタリングしたりできるのです。

このようなメリットをもたらすテスト駆動開発のテストが、第11章で紹介した「品質のために行うテスト」とは異なる種類のものであることは自ずと理解できるでしょう。テスト駆動開発におけるテスト（Developer Testing）とは、開発者が自身のために行う「テストを用いた設計手法」なのです。

column

ふるまい駆動開発（BDD）

「テストとは仕様である」という考えをより重視して、テスト駆動開発から派生したビヘイビア駆動開発（BDD: Behaviour Driven Development）や、受け入れテスト駆動開発（ATDD：Acceptance TDD）と呼ばれる開発手法も利用され始めています。

それらの手法では、各テストケースを「仕様としてより自然な文章」で記述することが可能なように配慮されており、それぞれのテストケースはスペック（spec）やシナリオ（scenario）と呼ばれます。

14.5.4 継続的インテグレーション

分業する各チームメンバーが、担当したソースコードを持ち寄り1つのプログラムとしてコンパイルやテストを行うことを統合やインテグレーションと呼びます。最終納品（リリース）の前にはもちろん統合を行いますが、開発中もときどきコードを持ち寄って統合を行うことがあります。

このとき個別に分業する期間が長いほど、いざ1つに統合するときにうまく連携できなかったり、競合しやすくなります。

図14-13　統合の頻度が高いほど、簡単に統合できる

　そこでアジャイル開発では、統合が常時行われている状態で開発することを継続的インテグレーション（CI: continuous integration）と呼んで推奨しています。

　継続的な統合はソースコードレポジトリ（Gitなど）で実現されます。チームはすべての稼働クラスとテストクラスのコードを必ずレポジトリに格納すると同時に、次の掟を守ります。

継続的インテグレーションの掟

リモートレポジトリ内のコードは、常に全テストが成功する状態を維持する。いつでも動作し、出荷可能なものでなければならない。

　リモートレポジトリ上にある「常に動作し、出荷可能な統合されたコード」をチームで共同所有し、各メンバーは毎日その一部を少しだけ手元に借りてきて修正、機能追加、改善し、それを返すという作業を繰り返すのです（図14-14）。

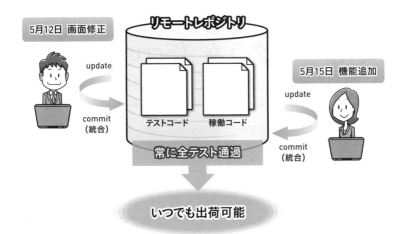

図14-14 継続的インテグレーションにおける作業の流れ

column

Git における継続的インテグレーション

　Gitの場合、チームで複数のブランチを運用できます（p.498）。実際にすべてのブランチが常時出荷可能な状態で維持されるのは非常にまれでしょう。たとえば、github-flow（p.501）ではmasterブランチだけは常時出荷可能性が要求されており、変更があればすぐに本番リリースを推奨しています。

　もしプロジェクトでこのようなブランチが定められている場合には、その事実をしっかりと意識して開発しなければなりません。通常は予防策が取られているケースがほとんどですが、何らかの理由でもし誤ってテストが通らない作りかけのコードをcommitやマージしてしまうと、自動デプロイ（14.7節）のしくみによって、本番稼働中のサービスで障害を起こしてしまう事態になりかねません。

chapter
14

14.6 スクラム（Scrum）

14.6.1 スクラムとは

先輩。アジャイルの手法でもう1つ名前が挙がっていた「スクラム」って、あのラグビーのスクラムですか？

そう、メンバーが一丸となって開発し、製品だけでなくチーム自体も成長させていくことを重要視する方法論だ。

スクラム（Scrum）は、現在、世界で最も活用されているであろうアジャイル開発方法論です。プログラミングやテストなど、ソフトウェア技術者の日々の実践に関する言及が多いXPに対して、プログラミングに関する言及はほとんどありません。チームメンバーの役割や連携の実現を重視した、アジャイルなプロジェクトチームマネジメント技法だと考えてもよいでしょう。

---

column

日本に関係が深い「アジャイル開発」

スクラムは1993年に、ジェフ・サザランドらが経営学者・野中郁次郎の論文に影響を受け誕生したといわれます。その論文『The New New Product Development Game』は、日本や海外における多くの製造業において成功をおさめたチーム活動の手法をまとめたものであり、まさにスクラムの原型といえるものです。また、アジャイル開発手法の1つである「リーンソフトウェア開発手法」も、トヨタ自動車で培われた高効率な生産手法、トヨタ生産方式(TPS: toyota production system)に強く影響を受けています。このように、世界中で活用されているスクラムは、実は日本との縁が深い方法論なのです。

14.6.2 Scrumが定める3つのロール

スクラムでは、それぞれのチームメンバーが担う役割として、次の3つを定めています。

① プロダクトオーナー（PO）

チームが開発すべき製品に関する最終責任者。チームが作るべき機能の優先順位を定めるなど、チームの開発を方向付ける。

② 開発メンバー

実際に開発を行うメンバー。プログラマ、デザイナ、テスターなどが含まれるが、適宜お互いの作業を手助けしながら、チーム全体の成果に全員が責任を持つ。

③ スクラムマスター（SM）

スクラムに関する専門家。プロダクトオーナーや開発メンバーが正しくスクラムを実践できるよう指導や助言を行ったり、円滑なチーム活動とチームの成長を手助けする、縁の下の力持ち。

先輩、ネットで少し調べたんですけど…プロダクトオーナーとスクラムマスターは兼任できないって、本当ですか？

ああ、避けるべきだといわれている。POは製品としての成果を、SMはチームの成長を求める立場として、ときに対立する利害に責任を持つ役割だからなんだ。

14.6.3 スクラムで用いられる3つのリスト

スクラムでは、それぞれのロールのメンバーが、なんらかの項目を箇条書きにした一覧表のようなもの（次に挙げる3つ）を持ち、管理していくのが一般的です。

① プロダクトバックログ（product backlog）

　製品が実現すべき要件や機能（フィーチャ）を、優先度が高い順に箇条書きしたもの。各フィーチャを付箋に書き、壁などに張り出して共有することもある。プロダクトオーナーが管理する。

② スプリントバックログ（sprint backlog）

　「現在のスプリントで実現すべきフィーチャ」と、その達成に必要な作業項目（タスク）の一覧。実用上は、各フィーチャの進捗状況（未着手・作業中・完了）などが一目でわかるように、タスクボードに整理して掲示することが多い（図14-15）。開発メンバー全員で管理する。

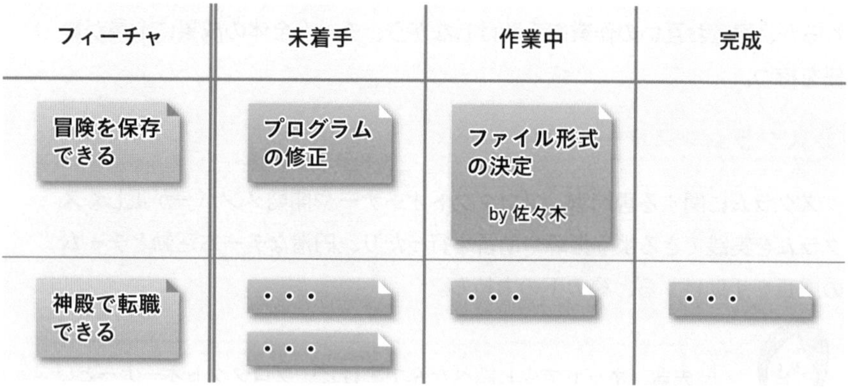

フィーチャ	未着手	作業中	完成
冒険を保存できる	プログラムの修正	ファイル形式の決定 by 佐々木	
神殿で転職できる	・・・ ・・・	・・・	・・・

図14-15　タスクボード

③ 障害リスト（impediment list）

　チームの円滑な活動を阻害している事柄を、懸念度が高い順に箇条書きしたもの。スクラムマスターが管理する。

　中でもチームにとって重要なのがプロダクトバックログです。このリストは、チームが開発すべき機能の一覧とその優先度をプロダクトオーナーが定め、それを開発メンバーに伝えるための道具です。開発メンバーは必ず、プロダクトバックログの上の項目から順にスプリントバックログに取り込み、開発を進めていきます。

14.6.4 スクラムが定める4つのミーティング

スクラムでは、2〜4週間程度の開発周期をスプリントと呼び、それを繰り返しながら開発を進めます。このスプリントにおいて、実施しなければならない会議が4つ定められています。

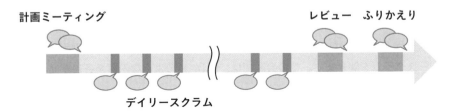

図14-16 スプリント中に開催すべき4つのミーティング

① スプリント計画ミーティング

プロダクトバックログの中から、今回のスプリントで取り組むフィーチャを選び出し、具体的な開発方法や作業量などを見積もり、スプリントバックログに取り込みます。スプリントの最初に1回だけ実施します。

② デイリースクラム

開発チームが全員で1か所に集まって、進捗状況や問題点などを素早く共有するためのミニ会議です。スプリント期間中、毎日行います（詳細は次項で解説します）。

③ スプリント・レビュー

実際に製品を利用するユーザーや依頼主に、現時点での完成品を触ってもらい、評価とフィードバックを得ます。スプリント期間の最後に1回だけ実施します。

④ ふりかえり（スプリント・レトロスペクティブ）

製品ではなく、自分たちチーム自体の活動や成長についてふりかえりを行い、次回のスプリントでより効率的な開発を行うためのヒントを得ます。スプリント・レビューの後に1回だけ実施します。

特にデイリースクラムは毎日やることだし、2人にもしっかり目的を持って実践してほしいから、次の項でコツを紹介しておこう。

14.6.5 デイリースクラムの実践ポイント

スクラムチームは、スプリント期間中、毎日同じ時間に同じ場所でデイリースクラムを開きます。この会議では、図14-17のような内容を各自が発表することが一般的です。

① 昨日やったこと
「昨日でメニュー画面を完成させました！」

② 今日やること
「今日の夕方までに、ログイン画面を完成させてみせます！」

③ そのほかチームに影響がありそうなこと
「ログインまわりのコードを触る際には競合を避けるため一声お願いします」

図14-17 デイリースクラムの光景

デイリースクラムの目的は、メンバー全員が情報を交換してチーム内の状況を迅速に共有することです。この目的から逸脱してしまわないよう、次のことを心がけて実践しましょう。

長くても15分以内に終わらせる

全員で迅速に情報を共有するという目的のため、発表は手短に済ませましょう。

割り込まない、議論を始めない

発表の途中で不用意に割り込んだり、議論や質問を始めたりすると長引きます。議論や質問はデイリースクラムが終わった後、別に機会を設けましょう。

全員に対して共有する

スクラムチームには、開発の手法や状況に対して責任を持つリーダー的な存在はいません（プロダクトオーナーは要件に対して責任を持ちますが、どのように開発するかについては口出ししません）。スクラムでは「全員がリーダーであり、自分たちで状況を解決していく」という自己管理（self-management）されたチームであるべき、とされています。デイリースクラムの発表も、プロダクトオーナーなどの特定の人物に向かってではなく、すべてのメンバーに向かって行うようにしましょう。

それじゃ、さっそく明日のデイリースクラムから参加してくれ。

はい！

column

XPとスクラムの併用

本文中でも触れたように、XPとスクラムは実践の対象としている活動が異なります。XPはプログラミングやテストに関する取り決めを多く含む一方、スクラムはチーム運営や開発の計画や進行に関わる取り決めが中心的です。このように、XPとスクラムは、どちらか片方だけを選んで実践しなければならないものではありません。事実、これら両方を組み合わせて実践している開発現場も少なくないのです。

chapter
14

14.7 継続的デプロイメント

14.7.1 継続的インテグレーションの自動化

私、継続的インテグレーションの考え方が大好きです。動くことを確認しながらちょっとずつ変更していくので、安心できるっていうか…。

確かにそうだけど、手元で頻繁にコンパイルしたりテストしたり…。javacやらjavaやらたくさんコマンド入力しなきゃいけなくて大変そうだなぁ。

継続的インテグレーションでは、各メンバーは極めて高い頻度でコンパイルやテストを繰り返します。手元でのリファクタリングの過程で、メトリクスの計測などを何度も行うかもしれません。それらをすべて手作業で行っていては、メンバーに大きな負担がかかります。

あれ？　でも待てよ、似たようなことをこの前やったような…。

そうだ。こんなときこそ、湊ご用達の「いい感じ」ツールの出番だな！

そこで、多くのプロジェクトではコンパイルやテストなどの一連の開発作業（ビルドパイプラインといいます）を1回のコマンド実行で自動的に行えるように、AntやMavenといったツールを用いてビルドの自動化（build automation）をするのが一般的です（図14-18）。

よし、ソースコードと
テストは一応
できた！

自動的に次々と実行される

コンパイル / JUnit テスト実行 / カバレッジ計測 / Javadoc 生成 / ZIPにアーカイブ

図14-18 自動化されたビルド作業

第10章の段階ではコンパイル・Javadoc生成・JARパッケージング程度だったが、JUnitテスト（第11章）やメトリクス計測（第12章）も含めてコマンドひとつで連続実行していくんだ。

14.7.2 ビルドエージェントの活用

あわわっ！　大江さんっ！　Gitでリモートにpushしたら、「build failure」とか書かれたメールがいきなり飛んできました！　どうしたらいいんでしょう！？

ははは。「ビルドエージェント」に怒られたんだな。どら、ちょっとコードを見せてみろ。

　継続的インテグレーションを実践するチームでは、ビルドエージェント（build agent）と呼ばれるツールの利用も一般的です。ビルドエージェントは、常時（または定期的に）レポジトリを監視しているプログラムで、レポジトリに変化があった場合などに自動的にビルドパイプラインの実行を試みます（次ページの図14-19）。

　単独のビルドエージェント製品では、Jenkins（https://www.jenkins.io）が有名です。これをサーバにインストールし、設定画面からビルドするタイミングと実行すべき処理（バッチファイル、Antタスク、Mavenタスク）を指定しておくだけで、後は自動的に処理してくれます。

chapter
14

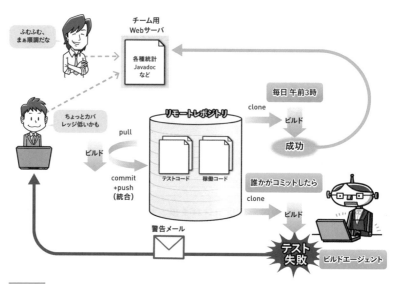

図14-19　ビルドエージェントによる継続的統合の支援

　なお、インストール作業が不要なSaaS型の製品としてCircle CIなどが知られているほか、前章で紹介したレポジトリサービスであるGitHub・GitLab・BitBucketなども、pushなどのタイミングで独自に処理を動かす機構を備えています。

> コーディングもいいけど、メンバーのみんながより効率よく楽しく仕事をできる環境を整備するのもやりがいがあるぞ。

14.7.3　継続的デプロイメント

　アジャイル開発では、頻繁にリリースして依頼主のフィードバックを手に入れることが重要です。たとえばネットゲームの開発チームでは、毎月や毎週といった高頻度の間隔で新バージョンをリリースし、ネット上のユーザーの反応などを調査しています。

　このように、高頻度かつ継続的にユーザーに製品やサービスを届ける行為を、継続的デリバリー（CD: continuous delivery）といいます。

…簡単に言うけど、頻繁なリリースってめちゃくちゃ大変なんだぜ。神経使うしな。

そういや、金融システムのリリースのとき、姉ちゃんが「前日から泊まり込みよ！」って言ってたっけ…。

　継続的デリバリーの実現には、ビルドはもちろん、ビルド成果物の本番機への高頻度なリリースが必要になります。このように、完成したソフトウェア成果物を本番サーバ上に配置して動作させる作業を、配備やデプロイ（deploy）といいます。実際にはさまざまな手順を厳密に実施する必要がありますが、稼働中の本番システムですから、当然ミスや間違いは許されません（図14-20）。

図14-20 本番機デプロイの流れの例

　そこで最近では、複雑で手間がかかるビルド工程を自動化したように、デプロイ工程を自動化する取り組みもされています。

　近年のビルドエージェント製品やGitHubなどのレポジトリサービスは、デプロイの自動化を支援する機能も提供されており、クリックひとつでビルドから本番機への適用を自動化できます。また、もしその過程でエラーや異常が発生した場合に備え、自動的にデプロイを中断したり、1つ前のデプロイ状態に戻したりするしくみを準備しておきます。

　このようにして実現する自動的・継続的・高頻度なデプロイを継続的デプロイメント（CD: continuous deployment）といい、継続的インテグレーションと併せてCI/CDと総称されています。

CI/CDの副次的メリットとして本番リリースの敷居が下がるから、コードの塩漬けや改善の先送りが減るのを期待できるな。

14.8 この章のまとめ

UML

- クラスの静的構造と関連を表現するためにクラス図を利用する。
- オブジェクトの連携を時系列に沿って表現するためにシーケンス図を利用する。
- 依頼主と要件を合意するために、ユースケース図を利用する。
- UML以外にも、データフロー図やER図、フローチャートなどさまざまな設計図が広く利用されている。

開発プロセス

- 開発プロセスは、各工程を完璧に仕上げてから次に進むウォーターフォール型と、繰り返しながら順次仕上げていくスパイラル型に分かれる。
- 複雑性や不確定性を十分制御できるケースではウォーターフォール型のメリットが発揮できる一方で、複雑性や不確定性が高い状況では、スパイラル型のメリットが相対的に大きくなる。

アジャイル開発手法

- 人とコードと変化への対応を重視する価値観に基づき、機敏に反復を繰り返す開発手法をアジャイル開発手法と総称する。
- 代表的なアジャイル開発手法であるXPやスクラムでは、プログラミング作業やチーム活動に関する実践手法や規則を定めている。
- ビルドツールやビルドエージェントを活用してCI/CD環境を整備し、継続的デリバリーの実現を目指す。

14.9 練習問題

練習14-1

次のコードに登場する各クラスを含むクラス図を記述してください。

```
01  public class TeamMember {                          TeamMember.java
02    protected String name;
03    public void openTicket(int ticketNo) { … }
04  }
```

```
01  public class Leader extends TeamMember {            Leader.java
02    private java.util.Date leadStarted;
03  }
```

```
01  import java.util.*;                                 Team.java
02
03  public class Team {
04    private Leader leader = new Leader();
05    private Set<TeamMember> members;
06  }
```

練習14-2

次のような要件を満たす Movie クラスをテスト駆動開発の手法で開発してください（Red → Green → Refactor のサイクルを合計4回実施します）。

Movie クラスの要件

① 引数なし、または、タイトルのみを指定して new が可能である。

② Movie クラスは、「タイトル」「公開日」を get/set 可能である。

③ タイトルや公開日にnullはセットできない。
④ 公開日として、現在より未来の日付を指定できない。

第Ⅲ部

第IV部

より高度な
設計を目指して

「高み」を目指してみないか？

湊が担当した機能のプログラムを見せてもらったよ。よくできているし、ヒープを節約するように工夫されていた。よくがんばったな。

ありがとうございます！　やったー！

なに喜んでるのよ。あんたのコードって全然テストが足りてないじゃない！　引数のチェックが甘いから、ちょっと範囲外の値で呼び出したらすぐ例外になるし。それに…。

ははは、相変わらずの名コンビだな。湊、あゆみちゃんの言うとおり、品質にも期待しているぞ。ついでに、もう一丁、2人に期待していいか？

えっ…は、はい！

ここまでの内容をマスターしていれば、今後も試行錯誤しながら開発していけるだろう。ただ2人には、より「高み」を目指してほしいんだ。そのほうがプログラミングと仕事が楽しくなるからな。

第Ⅲ部までの内容をひととおり学んだみなさんは、実際のプロジェクトでの開発にも携われる素地が整いました。しかしJavaには、より高度で、より興味深い分野と機能がまだ多く残っています。最後の部となるこの第Ⅳ部では、プログラムの「構造」や「設計」に関して知見を得られるいくつかの技術を紹介します。Javaによるアプリケーション開発の奥深さと楽しさに出会って、入門編を卒業しましょう。

chapter 15
設計の原則と
デザインパターン

プログラムの設計には、先人たちが蓄積してきた
知恵と経験による原則と手本に関する知識が欠かせません。
この章では、その中でも代表的なものを学びます。
併せて、「優れた設計」の成果をライブラリやフレームワークとして
公開するために不可欠なモジュールの概念を紹介します。

contents

chapter
15

15.1 優れた設計の原則

15.1.1 設計の優劣

> うーん……。ずいぶん開発には慣れてきたけど、私が作ったクラスって、なんかイマイチなのよねぇ……。

> そう？　ボクのコードに比べれば、よっぽどキレイじゃない？

　朝香さんは、コードの見た目の美しさ（整っているか、コメントが付いているか、メソッドが長すぎないかなど）ではなく、もう少し高度なことで悩んでいるようです。みなさんも多くのクラスを開発するようになると、自分が手がけたクラスの設計に次のような不安や不満を感じるようになるでしょう。

クラス設計に関するよくある悩み

- 似たような記述が何か所もある。
- 1つのクラスにいろいろな処理を盛り込みすぎて、わかりにくい。
- 分岐や繰り返しなどのネストが深く、処理の構造を把握しづらい。
- たくさんのクラスに処理を分割し過ぎて、各クラスの内容が希薄である。
- 小さな機能を追加するだけなのに、修正箇所が多くて時間がかかる。
- 1か所を修正しただけなのに、ほかのクラスにも大きな影響が及んでしまう。

　このように設計そのものに対して懸念が持ち上がったときこそ、第12章で学んだリファクタリングをすべきタイミングです。

> でも、どういう設計がいいのか、考えついた設計が本当に正しいのか、初心者のうちはなかなか自信が持てないんだよな。

　具体的にどのような設計が優れているのかを理解しないまま、直感だけに頼ってリファクタリングを行ってもなかなかコードの改善はできません。実際、私たちの先輩の多くは、何年にもわたって無数のコードを書き、試行錯誤を繰り返しながら、優れた設計を少しずつ身に付けてきたのです。

　幸い近年では、それらの優れた設計を実現するためのノウハウがいくつかの設計原則としてまとめられています。私たちはそれを学び、意識しながら、開発やリファクタリングを行うことができます。

優れた設計の原則を知ろう

優れた設計のための原則を知り、意識しながら開発しよう。

この章では図15-1に挙げる6つの設計原則とその活用方法を紹介します。

図15-1　今回紹介する6つの設計原則

15.2 〉コード記述全般に関する原則

まずは直感的にわかりやすい2つの原則を紹介しよう。すぐに意識して取り組めるんじゃないかな。

15.2.1 同じことを何度もやらない（DRY）

　同じような処理内容の記述が、あちこちに登場する冗長なコードを見かけたことはありませんか。いかにも「ここでコピー＆ペーストしたな」と想像が付くようなコードは悪い設計の代表です。

　このようなコードは、読みづらく理解しにくいだけでなく、修正が必要になった際にあちこちを直さなければなりません。しかも1か所でも修正漏れがあると、それが致命的な不具合につながることもあります。

　コードを記述する際は、DRY（Don't Repeat Yourself：同じことを何度もするな）の原則を意識しましょう。「コピー＆ペーストをしようとしている自分」に気づいたらその時点で手を止めるべきです。また、すでに開発済みのコードについても、もし重複する記述が目立つようであれば、重複部分を独立したメソッドにまとめ、それを呼び出すようにするとよいでしょう（図15-2）。

```
if (lev > 20 && poison == true) {
    処理A
    処理B
}
        :
if (lev > 25 && poison == true) {
    処理A
    処理B
}
```

```
checkUser(20);
    :
checkUser(25);

    :

public void checkUser (int limitLev) {
    if (lev > limitLev && poison == true)
        処理A
        処理B
    }
}
```

図15-2 DRY原則を意識して、冗長な記述を1つにまとめる

第IV部

15.2.2 意味や意図を明確に記述する（PIE）

「どのような処理をしているのかわかりにくいコード」や「動作を誤解してしまうようなコード」は、処理内容を理解するために時間がかかること以上に、修正時に不具合を混入させやすいという問題を抱えています。

コードを記述する際には、PIE（Program Intently and Expressively：明確かつ表現豊かに記述する）の原則も意識しましょう。優れたコードは、仮にコメント文を取り除いても何を処理しているのかすぐに理解でき、読み手を誤解させないものです。特に手軽に実践できる手法を3つ紹介します。

(1) 適切な名前を選ぶ

想像以上に重要なのがクラス、フィールド、メソッドなどの名前です。そのクラスやメンバの役割や目的が、コードを読んだ人の頭の中に自然に浮かぶようなわかりやすい名前を付けましょう。

(2) マジックナンバーに名前を付ける

コード中に急に登場する「3.14」「404」のようなリテラルのことを、マジックナンバー（magic number）と呼びます。マジックナンバーは、読み手がひと目でその意味を理解することができません。次のようにfinal宣言付きの定数にして名前を与えることで、その意図がわかりやすくなります。

```
static final int ERR_NOT_FOUND = 404;
    :
return ERR_NOT_FOUND;
```

(3) 複雑な処理に名前を付ける

制御構造が深くネストしたり複雑な計算が何行も続いたりする場合、その意味がとてもわかりにくくなり、「この部分は一体何をやっているのか？」「このループは何のためにあるのか？」など判断が難しくなります。そのような場合、privateメソッドとして切り出し、それに処理の内容がわかる名前を付けることで、意味を把握しやすくなります。

chapter
15

名前って実はすごく大事なのね。めんどうだからといって、いいかげんな名前を付けないようにします。

そうだな。プログラミングの世界では、想像以上に「名前は重要なもの」とされているんだ。

コードの意図をわかりやすくするための3つの方法を紹介しましたが、そのすべてに「名前」が関係していることは偶然ではありません。

オブジェクト指向を使うことで大規模で複雑なプログラムを把握しやすくなるのは、「私たち人間がよく把握している現実世界をマネしているから」です。つまりオブジェクト指向のメリットは、コードを読む開発者の頭の中に概念やイメージが広がるからこそもたらされるのです。

```
class Hero {
  void attack(Monster m) { … }
}
```

上記のようなコードであれば、私たちは頭の中で「モンスターを攻撃する勇者のふるまい」をイメージすることができます。しかし、もしこのコードが次のように記述されていたとしたら、どうでしょうか。

```
class C1 {
  void m1 (C2 c) { … }
}
```

ひと目では意味が理解できない名前が使われているため、コードの意味を現実世界と関連付けることができません。いくらクラスや継承などオブジェクト指向特有のツールを駆使しても、私たちの頭の中に概念を正しく投影できないコードではオブジェクト指向のメリットは得られないのです。

15.3 クラスの設計に関する原則

15.3.1 クラスに与える責務は1つだけ（SRP）

図15-3のATMシステムのクラスのように、「振り込み処理」「メニュー画面の表示」「カードの暗証番号の確認」「音声ガイダンスの再生」など、たくさんの機能や役割を1つのクラスに作り込むことも原理的には可能です。しかし、このような「機能満載なクラス」を作ってしまうと、修正やテストの範囲が大きくなってしまいがちです。

たとえば、「音声ガイダンスの再生音量を上げる」という単純な修正をしたい場合を考えてください。修正をする際、振り込み処理や暗証番号の確認処理の部分に誤って不具合が混入してしまうかもしれません。音声再生の部分を少し修正したいだけなのに、ほかの機能についても「修正の巻き添え」が発生し、単体テストからやり直しになってしまいます。

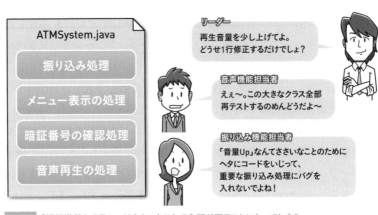

図15-3 「機能満載なクラス」はささいなことで全部が再テストになってしまう

クラスを設計する際に重要なのは、単一責任原則（SRP: Single Responsibility Principle）です。これは「1つのクラスに1つの役割（責務）だけを持たせる」という原則です。もしも関連性が少ない複数の役割を抱え

てしまっているクラスがあったら、役割ごとに複数のクラスに分割しましょう。こうすることで、ある役割に修正が発生しても、関連のない別の機能まで修正やテストをする必要はなくなります。逆に、クラスを分割しすぎている場合には、それらを1つにまとめたほうが管理しやすくなります。

> 第12章で学んだWMCは、クラスが負う責任の大きさと相関しやすい。クラスの分割や統合の検討材料になるだろう。

15.3.2 既存部分の修正なしで拡張可能に（OCP）

ソフトウェアが完成した後に、顧客の要望などで機能を追加しなければならなくなることはよくあります。しかし、単なる追加なのに「完成済みの既存部分のコードも修正しなければならない」としたら、テストのやり直しも含め、とても大変です。

そこで、開放閉鎖原則（OCP：Open-Closed Principle）を念頭におき、クラスの未来を考えながらコードを記述するようにしましょう。この原則は、「拡張に対して開いていて（将来自由に拡張できて）、変更に対して閉じている（既存部分の変更は不要である）」設計を推奨するものです。

たとえばArrayListやHashMapのように、継承してメンバを追加したりオーバーライドすることで簡単にオリジナルのコレクションクラスを作成し、標準のコレクションクラス同様に使えるものはOCPに正しく従っているクラス設計の例です。一方、継承が許されておらず拡張もできないStringクラスは、その特有の重要性からあえてOCPに反している例といえるでしょう。

私たちもクラスを開発する場合には、将来継承して利用される可能性もゼロではないことを意識しましょう。たとえば、特に理由もなくfinalで継承やオーバーライドを禁止しないようにしたり、子クラスからも利用できたほうがよいメンバはprotectedとしておくなどの配慮が必要です。また、1つの具体的なクラスとして作り込んでしまわず、抽象クラスやインタフェースを上手に活用することで、柔軟かつ自由に拡張できるクラスになります。

> 優れた設計者は、「今」だけじゃなく「未来」も見据えながらプログラミングをするんですね。

第Ⅳ部

560

15.4 クラスの関係に関する原則

15.4.1 クラスの依存関係

最後に紹介するのは、クラスの関係、特に依存関係に関する2つの原則だ。

依存関係？　どんな関係なんですか？

　ある2つのクラス（AとB）があったとき、Aを修正するとその影響でBも修正しなければならなくなる場合、これを**BはAに依存している**といいます。

　たとえば、次のコード15-1では、Account クラスのコンストラクタ引数の数が変更されたら Main クラスにも修正が必要になるので、Main は Account に依存しているといえます。

Account.java

コード15-1 クラス同士の依存関係

```
01  public class Account {
02    public Account(String owner) { … }
03  }
```

Main.java

```
01  public class Main {
02    public static void main(String[] args) {
03      Account a = new Account("ミナト");
04    }
05  }
```

chapter
15

クラスの依存関係と修正の影響

自分の依存先のクラスが修正されると、自身のクラスもその巻き添えとなり修正が必要になる。

さらに懸念すべきは、巻き添えによって必要な修正がどんどん連鎖してしまうことです。本格的なプログラムでは構成するクラスが数百に及ぶことも珍しくありませんが、それらの中の1つに修正が発生すると依存関係に従ってドミノ倒しのように修正範囲が広がっていってしまうのです（図15-4）。

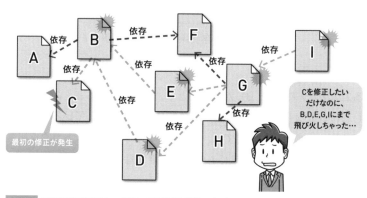

図15-4 依存関係があると、修正の影響が連鎖的に広がることがある

連鎖的な修正の発生は、ある程度はしかたがありません。しかし、できるだけ連鎖が起きにくく、影響範囲を小規模にとどめる工夫をすることは可能です。そのための原則が、これから紹介するSDPとADPです。

15.4.2 安定したものに依存する（SDP）

プログラムは多数のクラスで構成されますが、クラスによって修正の発生頻度には違いがあります。ATMのプログラムで考えると、画面に表示する文言やデザインが変更される頻度は比較的高いため、表示に関するクラスは修正されやすいクラスといえるでしょう。一方、カードの暗証番号を検査するクラスは、一度完成したら数年は変更する必要が生じないと考えられます。

このようにユーザーインタフェース（画面やキーボード入力）に関するクラスや、具体的なクラス（継承ツリーの下部にくるもの）には変更が発生しやすい傾向にあります。逆に、口座クラスなどのデータの入れ物となるクラスや抽象度が高いクラスは、完成後の修正頻度は比較的小さい傾向となります。

変更が発生しにくいクラスを「安定的なクラス」、修正頻度が比較的高いと想定されるものを「不安定なクラス」と呼びます。そして、安定依存の原則（SDP：Stable Dependencies Principle）では、なるべく安定的なクラスに依存すべきであるとしています。なぜなら修正頻度が高い不安定なクラスに依存してしまうと、自身も高い頻度で修正が必要になってしまうからです。

15.4.3 循環依存、相互依存を避ける（ADP）

非循環依存の原則（ADP: Acyclic Dependencies Principle）は、クラス同士の循環依存（2つの場合は相互依存）を戒める原則です。循環または相互で依存しているということは、依存関係を構成するどれか1つのクラスに修正が発生した場合、ほかのすべてのクラスも必ず修正が必要になってしまいます。もし循環があれば断ち切るようリファクタリングしましょう。

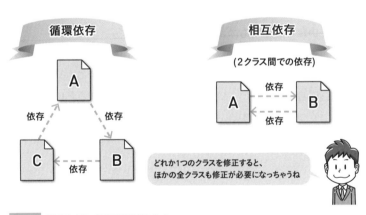

図15-5　循環依存は「修正が連鎖しやすい」

なお、第12章で紹介したSpotBugsには、クラスの依存関係を調査して循環依存を警告する機能があります。

15.5 デザインパターン

15.5.1 設計のパターン

優れた設計の原則。ちょっと難しかったですが、基本的な考え
方は理解できた気がします。

でも、1つひとつ意識しながら開発していくのは疲れそうだなぁ…。

　より優れた設計を目指すために、ここまで6つの設計原則を学びました。あ
る程度開発に慣れると、これらの原則をほぼ無意識に取り入れながら開発を
行えるようになりますが、学んだばかりの今は難しいかもしれません。クラ
スを1つ作るたび、命令を1行書くたびに6つの原則に準拠しているかをいち
いち検討していたら、とても大変です。

　しかし、囲碁や将棋に「こういう状況では、たいていこのように打つと良
い」という定石があるように、プログラム開発を行う場合にも「こういうこ
とをやりたい場合には、たいていこういうクラスたちを作るといい」という
パターンがいくつかあります。

　たとえば、Javaのコレクション利用時によく活用される次のパターンもそ
の1つです。

コレクション利用時の型のパターン

`List <Hero> list = new ArrayList<>();` のように、左辺の型
はあいまいなインタフェースの型にしておくとよい。

このような設計の定石やお手本を**デザインパターン**（design pattern）と呼びます。世の中で広く使われているデザインパターンの多くは、ATMの制御からゲームまで、幅広いソフトウェア開発で利用可能であり、かつ優れた設計原則を取り入れています。

ATMとゲームって全然違うプログラムだと思うんですけど、どちらでも使えるパターンなんてあるんですか？

先ほどのコレクションのパターンはATMとゲームのどちらでも使える汎用的なものだ。実際、まったく違う分野のクラスなのに似た設計になっている例を、2人は知ってるはずだよ。

java.util.Iteratorは、コレクションのある1つの要素を指し示す矢印のような存在であり、この矢印を1つずつ進めながら要素を操作していく道具です。

これととてもよく似た存在を、私たちは第9章のデータベースアクセス（JDBC）で利用しています。SELECT文の結果表を1行ずつ取り出すために使ったjava.sql.ResultSetがそれです（p.324）。

「1つずつ順に処理をしていくには矢印役のクラスを作り、そのインスタンスを用いる」という設計方法はIteratorパターンという有名なデザインパターンとして知られています（図15-6）。java.util.Iteratorとjava.sql.ResultSetがそっくりなのは、両者がともにIteratorパターンに従って作られたAPIだからなのです。

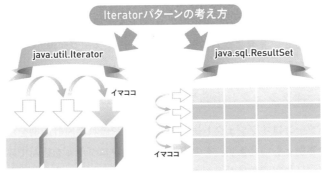

図15-6 IteratorもResultSetも同じパターンを参考に作られたAPI

もし私たちが、何か1つずつ順番に処理していくようなプログラムを開発する場合、Iteratorパターンを参考にすることで、より柔軟で優れた設計に裏打ちされたプログラムを作ることができるでしょう。

デザインパターンとは

設計原則やノウハウを取り入れた、設計の定石およびお手本。
これらを参考にすることで、より柔軟で優れた設計を実現できる。

15.5.2　パターンを利用するメリット

> デザインパターンを学ぶメリットは、ほかにもたくさんあるんだ。

　デザインパターンを学び活用することで、私たちは優れた設計を効率的に行うことができるようになるのは前項で紹介したとおりですが、さらに次のようなメリットもあります。

メリット①　開発者間のコミュニケーションが円滑になる

　開発者同士で設計について議論する際、お互いにデザインパターンの知識があればスムーズに検討が進みます。たとえば、「ここの処理はIteratorパターンを使うように設計しよう」という一言だけで、どのような意図でどのような設計を行うか、開発者たちの頭の中に共通のイメージが浮かぶため、いちいち事細かに設計図を書いて説明する必要はありません。

メリット②　オブジェクト指向や設計原則の理解が深まる

　デザインパターンはオブジェクト指向のメリットや優れた設計原則を活用した具体的な事例ともいえます。その事例を参考にプログラムを組んでみることで、理屈だけの説明ではなかなかイメージしにくかったオブジェクト指向や設計原則の効果と価値を、より深く理解することができます。

15.5.3 GoFパターン

デザインパターンって、ほかにもあるんですよね？　全部でいくつあるんですか？

デザインパターンは数え切れないぐらいある。だから、まずは最も基本的で有名なものだけを知っておこう。

　現在、多くの学者や開発者によってさまざまなデザインパターンが提唱されています。もちろんみなさんも優れたパターンを思いついたら、名前を付けてインターネットで発表や提唱するのもよいでしょう。

　数あるデザインパターンの中でも特に有名なのがエリック・ガンマ、リチャード・ヘルム、ラルフ・ジョンソン、ジョン・ブリシディースの4人（通称GoF：Gang of Four）が整理して発表した、GoFのデザインパターン（GoFパターン）と呼ばれる次に挙げる23のパターンです。

> **GoFの23パターン**
>
> | | | |
> |---|---|---|
> | AbstractFactory | Decorator | Mediator |
> | Builder | Facade | Memento |
> | FactoryMethod | Flyweight | Observer |
> | Prototype | Proxy | State |
> | Singleton | ChainOfResponsibility | Strategy |
> | Adapter | Command | TemplateMethod |
> | Bridge | Interpreter | Visitor |
> | Composite | Iterator | |

Iteratorパターンって、GoFパターンの中の1つだったんですね。

これら23パターンのすべてを知り、理解する必要はありません。たとえばInterpreterパターンは非常に高度で難解なパターンである割には、役立つ局面が限られますので、初心者がいきなり挑むことはおすすめできません。

まずは本章で紹介する基本的なパターンについて、その存在と基本的な考え方を知ることから始めましょう。いざ自分が開発を行う際、「そういえば、あのパターンが使えるかもしれない」と思いつくことさえできれば、詳細についてはそれから学べばよいのです。

本書では次節以降、入門に適したデザインパターンをいくつか紹介します。

column

SOLID原則

15.3節ではSRPとOCPを紹介しましたが、これらは主にロバート・C・マーチンという著名なソフトウェア工学者が取りまとめた原則です。彼はほかにも以下の3つの原則を取りまとめています。

- ・リスコフの置換原則（LSP）
- ・インタフェース分離の原則（ISP）
- ・依存性逆転の原則（DIP）

既述のSRP、OCPとあわせたこれらの5原則は、その頭文字をとってSOLID原則と呼ばれています。

また、同氏はほかにも、パッケージの設計に関する原則やメトリクスを整理、提唱したことでも広く知られています。たとえば、提供タイミングや陳腐化といった寿命が異なるクラスは所属するパッケージを分けるべきである、といった内容が述べられています。

15.6 } Facade ——内部を隠して シンプルに

15.6.1 引越手続きの煩雑さ

> そういえば俺、最近引っ越したんだけど、前よりも手続きがラクになってたんだ。引っ越しもFacadeパターンになってるんだな…。

　私たちが引っ越しをして住所を変更する際、市役所、警察署、勤め先、銀行、電力会社、水道局、ガス会社…と、あちこちに手続きをしてまわらなければなりません。しかも警察で免許の書き換えをしてからでないと銀行の手続きができないなど、「窓口に行く順番」も考慮が必要です。

　このような手続きはとてもめんどうですし、手続きのし忘れもありえます。そこで近年では、引越手続きの「ワンストップサービス」が少しずつ実現され始めています（図15-7）。

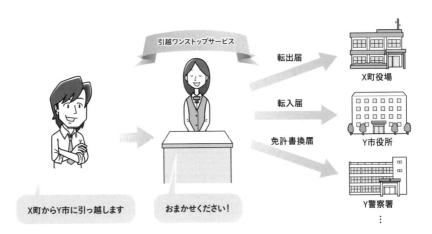

図15-7 引越手続きのワンストップサービス（イメージ）

このようなサービスが利用できれば、「表の窓口」であるワンストップサービスで一度だけ手続きをすればよく、市役所や警察署など個別の窓口に行く必要はありません。これにより、めんどうさや手続きのし忘れといった悩みを軽減することができます。また、転出や転入の手続方法や申請書の書式に変更があっても、引っ越しをする人は気にする必要がありません。

15.6.2 「表の窓口」役を作る

「表の窓口」や「正面玄関」のことをフランス語でFacade（ファサード）といいますが、プログラムの設計においてファサード役となるようなクラスを準備することをFacadeパターンといいます。ファサード役さえ呼び出せば、こまごまとした作業はファサードがやってくれるため、コードがわかりやすくなります。

たとえば、クラスAがB、C、Dのそれぞれのメソッドを呼び出している状況を想像してください。ここでファサード役のクラスFを追加し、AはFだけを呼ぶようにすることで、クラスAの構造はとてもわかりやすくなります。

また、クラスB、C、Dをpackage privateとして、クラスAを含む外部からむやみに利用されないように保護することも容易です。

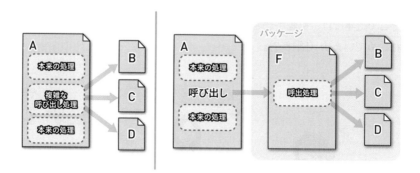

図15-8　Facadeパターンを用いたリファクタリング

これって、第5章で出てきたログファサードと同じですよね！デザインパターンって、あちこちで使われてるんですね。

15.7 { Singleton ——唯一無二の存在

15.7.1 「世界に1つだけの花」の設計図を考える

　Javaにおいてクラスとは、「インスタンスを作り出すための金型（設計図）」だといえます。クラスという設計図があるおかげで、私たちはいくつものインスタンスを手軽にJVM内の仮想世界に生み出すことができます。

　ところで、世の中には「世界に1つだけしかない（2つ以上あってはならない）もの」もあります。オブジェクト指向の本質を鑑みれば、現実世界で「1つだけ」なら、JVM内の仮想世界でも「1つだけ」であるべきです。

　しかし、困ったことに設計図であるクラスがある以上、newを複数回行えば複数のインスタンスが生まれてしまいます。コメントに「2回以上newしないでください」と書いておいたとしても、そのクラスを利用する人がそれを守ってくれる保証はどこにもありません。

コード15-2 「世界に1つだけの花」を誤って2つ作ってしまう

`OnlyoneFlower.java`

```
01  // 「世界に1つだけの花」クラス
02  public class OnlyoneFlower { … }
```

`Main.java`

```
01  public class Main {
02    public static void main(String[] args) {
03      OnlyoneFlower f1 = new OnlyoneFlower();
04      OnlyoneFlower f2 = new OnlyoneFlower();
05    }
06  }
```

2つ目の花ができてしまう

chapter 15

　概念として唯一の存在であるべき「世界に1つだけの花」のようなもの以外にも、機能的に2つ以上のインスタンスが存在することで動作不良や性能低下につながるクラスでも同様の懸念があります。

15.7.2 1回しかnewできなくする方法

絶対に1回しかnewできないようにするためには、Singletonパターンをお手本にしましょう。このパターンでは、ちょっとおもしろいテクニックを使って、1回しかnewできないようにします。次のコード15-3は、実際にこのパターンを使って「世界に1つだけの花」を実現しています。

コード15-3 1つだけしかインスタンスを作成できない花

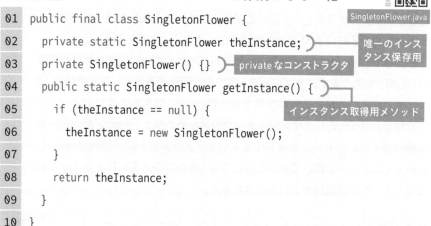

```java
01  public final class SingletonFlower {
02    private static SingletonFlower theInstance;     ─┐ 唯一のインス
03    private SingletonFlower() {}  ─ privateなコンストラクタ  タンス保存用
04    public static SingletonFlower getInstance() {  ─┐
05      if (theInstance == null) {   インスタンス取得用メソッド
06        theInstance = new SingletonFlower();
07      }
08      return theInstance;
09    }
10  }
```

SingletonFlower.java

> privateなコンストラクタなんて初めて見ました。

> これこそSingletonパターンのミソなんだよ。

このSingletonFlowerのコンストラクタはprivateにアクセス修飾されています。privateは「ほかのクラスから利用できない」よう制限されますから、このクラスのコンストラクタは外から呼び出せない、つまり**クラス外からはnewでインスタンス化できない**クラスになります。

実際、次のコードはエラーになります。

```
SingletonFlower flower = new SingletonFlower();        // エラー
```

でも new できなくなったら困るじゃないですか。Singleton
Flower のインスタンスがまったく使えなくなっちゃいます。

いや、インスタンスを作る方法は1つだけ残されているんだ。よ
くコードを確認してみてくれ。

new が禁止されたからといって、インスタンスを生成する方法が完全にな
くなったわけではありません。getInstance メソッドを呼び出せば、戻り値と
して SingletonFlower インスタンスが取得できるようになっています。

```
SingletonFlower flower = SingletonFlower.getInstance();  // OK
```

このメソッドは static であるため、SingletonFlower インスタンスがまだ1
つも new されていない段階でも呼び出せます。しかも、getInstance()を何
度呼び出しても、最初に呼び出したときに new したインスタンスしか返しま
せん。つまり、呼び出されるごとに新たに new を行わないので、結果として
生成される SingletonFlower インスタンスは1つだけになるのです（図15-9）。

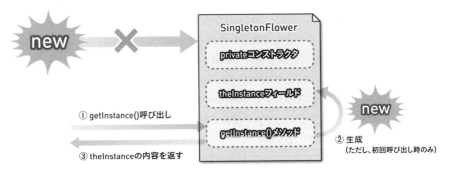

図15-9 Singleton パターンの動作の流れ

Singletonパターンが成立する理由

・クラス外部からの new が禁止される（private コンストラクタ）。
・getInstance() は初回の呼び出しでは new を行い、そのインスタンスを返す。
・2回目以降の呼び出しでは作成済みのインスタンスを返す。

へぇ～、この方法を考えついた人、頭いいですね。

本当にな。将来、ファイルやネットワーク接続を管理するクラスを作るような場面で利用する機会もあるだろう。

column

Singletonパターンの抜け道に注意

　Singletonパターンが成立するためには、getInstance() 以外にインスタンス生成の手段がないことが非常に重要です。もし getInstance() を使わずともインスタンスを生み出せる抜け道があったら、インスタンスが2つ以上生まれる余地が出てきてしまうからです。注意しなければならない抜け道は次の3つです。

① 継承によりインスタンス生成機能を持つメソッドが追加される。
　　（対策：クラス宣言に final を付けて継承を禁止する）
② clone() によりインスタンスが複製される。
　　（対策：Cloneable にしない。clone() をオーバーライドしない）
③ シリアライズ→デシリアライズで複製される。
　　（対策：Serializable にしない）

　なお、第4章で紹介したリフレクションを用いた抜け道も存在しますが、上記の3つと比較して「意図せず使われるリスクは低く、やむを得ない目的があって故意に使われる抜け道」であるため、通常は対策する必要はないでしょう。

15.8 { Strategy ——プラグインの切り替え

15.8.1 複数のアルゴリズムを選べるしくみ

> おまえら、また業務中にゲームで遊んで…って、ソレ、どこで手に入れたんだ!?

> えへへ。大江さんが昔作ったっていうオセロゲーム、菅原さんに貰っちゃいました。これって、対戦相手のコンピュータの強さを選べるんですね。

　市販されている将棋ゲームやオセロゲームなどでは、対戦相手のコンピュータ（人工知能、AI）の強さをプレイヤーが選べることが一般的です。また、単に強さの違いだけではなく、「守りを無視してがむしゃらに攻める」「不利になると奇襲ばかりしかける」など、性格の違いが表現されている場合もあります。いろいろな種類の対戦相手を内蔵したゲームであるほど、プレイヤーはさまざまな対戦を楽しむことができると考えられます。

　対戦ゲームでは、コンピュータの手番のたびに内部で非常に複雑な処理を行います。しかしどれもザックリ見れば、次の図15-10のような作りであることが想像できるでしょう。

現在のオセロ盤の状態　　　　　　　　　　　　　　　　**次に打つ手**

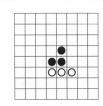

人工知能

：
いろいろ
複雑な処理
：

X=4、Y=6に
黒を打つ！

図15-10　ザックリ見ればどの人工知能も同じ

chapter
15

実際に大江さんが昔作ったオセロゲームのコードを見てみましょう。

コード15-4 オセロゲームの人工知能関連クラス

OthelloAI.java

```java
01  public interface OthelloAI {
02    /**
03     * 現在の盤の状態から、次に打つ場所を決める処理
04     * @param board 現在の盤状態(8x8のint配列) 0=石なし、1=白、-1=黒
05     * @return 次に石を打つべきx座標とy座標を格納した要素数2の配列
06     */
07    public int[] decide(int[][] board);
08  }
```

StrongOthelloAI.java

```java
01  public class StrongOthelloAI implements OthelloAI {
02    public int[] decide(int[][] board) {
03      /* … 盤の状態を詳しく分析して次の手を決める処理 … */
04    }
05  }
```

WeakOthelloAI.java

```java
01  public class WeakOthelloAI implements OthelloAI {
02    public int[] decide(int[][] board) {
03      /* … 打てる場所をすべて洗い出し、ランダムで選ぶ処理 … */
04    }
05  }
```

StrongOthelloAIもWeakOthelloAIも、どちらもOthelloAIインタフェース
を実装して宣言されている点に注目してください。このように、複数の人工
知能クラスを準備しておけば、あとはゲームの最初でどちらのクラスを使う
かを選択するだけで、コンピュータ側のアルゴリズムを簡単に切り替えるこ
とができます（コード15-5）。

コード15-5 オセロゲームの本体

OthelloGame.java

```java
01  public class OthelloGame {
02    public static void main(String[] args) {
```

第IV部

```
03    System.out.println("オセロゲームを開始します");
04    int[][] board = new int[8][8];
05
06    OthelloAI ai = null;
07    System.out.println(
          "コンピュータの強さを選んでください" +
          "(1=弱い，2=強い，3=その他)");
08    int cpuno = new java.util.Scanner(System.in).nextInt();
09    if (cpuno == 1) {
10      ai = new WeakOthelloAI();
11    } else if (cpuno == 2) {
12      ai = new StrongOthelloAI();
13    } else {
14      :
15    }
16
17    while (true) {
18      System.out.println("あなたの番：打つ場所を決めてください");
19        :
20      System.out.println("わたしの番：打つ場所を決めます");
21      int[] nextStone = ai.decide(board);
22        :
23    }
24   }
25 }
```

このように、共通の抽象クラス（またはインタフェース）を持つ複数のクラスを準備しておき、どれをnewして利用するかを状況に応じて切り替える設計は、Strategyパターンといわれています。

なるほど…。それぞれの人工知能は「プラグイン」みたいなもので、それを簡単に切り替えられるのね。

15.8.2 さらに拡張性を高める

Strategyパターンを用いているおかげで、このゲームはさまざまな人工知能クラスを追加すれば簡単に拡張できます。しかし、誰でも自由に拡張できるわけではありません。新たな人工知能クラス（〜OthelloAI.java）を開発するだけでは不十分で、OthelloGame.java内の人工知能選択部分も修正しなければならないからです。

そうか、コード15-5の9〜15行目のif文を拡張して、新しいAIクラスをnewして選ぶ部分を毎回追加しなきゃいけないのか。

だから、強さの選択に「その他」を加えたんだ。

コード15-5で省略されている14行目の中身が、次のコードです。

```java
System.out.println("人工知能クラスのFQCNを入力してください");
String fqcn = new java.util.Scanner(System.in).nextLine();
Class<?> clazz = Class.forName(fqcn);
ai = (OthelloAI)clazz.newInstance();
```

これって…リフレクション（p.154）じゃないですか！

実は、このゲームはFQCNで人工知能クラスを指定する機能を持っています。そのため、新たに人工知能クラスを追加開発した場合も、ゲーム本体のコードを修正する必要はありません。

たとえば、湊くんがMinatoAI.javaを開発した場合、コンパイルして得ら

れるMintaoAI.classをクラスパスの通ったフォルダにコピーします。そして、人工知能選択で「その他」を選び、「MinatoAI」のFQCNを入力すれば、MinatoAI人工知能を利用してプレイできます。

> このゲームは「ぜひ自由にAIを作って遊んでください」と説明書に書いてネットに公開したんだ。日本中のプログラマが腕を競って人工知能を開発し、公開してくれて、たくさんの人が遊んでくれたよ。

> 設計の工夫次第で世界中のプログラマを巻き込むソフトが作れるなんて、スゴイや！

chapter
15

15.9 TemplateMethod ——大まかなシナリオ

15.9.1 流れだけを確定し、細部は任せる

 湊が入社直後に作ったRPGをちょっと遊んでみたけど、これ、TemplateMethodを使えばもっと良くなるぞ。

湊くんが作った次のコード15-6を見てみましょう。

コード15-6 あいさつの一部だけを決めている

Character.java

```java
01  // Characterクラス。
02  // 未来の開発者はこれを継承してHeroやWizardを作る。
03  public abstract class Character {
04    protected String name;
05      :
06    /* キャラが自己紹介を行うメソッド。
07       何を話すかは、それぞれの子クラスで決める
08       (今は未定)ため、abstractにしてあります。
09       【オーバーライドする未来の開発者様へのお願い】
10       あいさつ内容は自由ですが、必ず、以下のようにしてください。
11       「私の名前は○○です。」
12       「(それぞれのキャラによる自由な発言)」
13       「よろしくお願いします。」
14    */
15    public abstract void introduce();
16  }
```

でも、未来の開発者がボクのお願いコメントを無視しちゃう可能性だってありますよね……うーん。

湊くんの悩みは、introduce()の中身を**すべては確定できない**が「名乗る→自由発言→よろしく」という自己紹介の**流れだけは確定し、それを未来の開発者に強制したい**という事情から発生しています。

こんなときこそTemplateMethodパターンの出番です。このパターンでは、Characterのような親クラスにおいて次の2つのメソッドを準備します。

(1) 処理の大まかな流れだけを決める final なメソッド
(2) 処理の詳細部だけを記述する protected abstract なメソッド

次のコード15-7は、このパターンを使ってコード15-6のCharacterクラスをリファクタリングしています。

コード15-7 TemplateMethodパターンで流れを確定する

Character.java

```
01  public abstract class Character {
02    protected String name;
03      :
04    public final void introduce() {        ─── (1) のメソッド
05      System.out.println("私の名前は、" + this.name + "です。");
06      doIntroduce();                       ─── (2) を呼び出し
07      System.out.println("よろしくお願いします。");
08    }
09    protected abstract void doIntroduce();  ─── (2) のメソッド
10  }
```

Characterを継承したHeroなどの子クラスで、doIntroduce()をオーバーライドして自由発言の部分を作り込めばいいのです。流れを決めるintroduce()はfinalなので、子クラスで書き換えることはできません。また、doIntroduce()はabstractのためオーバーライドが強制され、さらに、誤って外部から直接呼ばれないようprotectedにもなっています。

へぇ…これもボク1人じゃ絶対思いつかなかったなぁ。しかも
protectedやfinalの存在価値を実感できました。

15.9.2 TemplateMethodの応用例

今回紹介したTemplateMethodパターンは、特にフレームワーク
と呼ばれる類いのライブラリやAPIで活用されるんだ。Java活
用の視野を広げる目的も兼ねて、その活用例を紹介しておこう。

　私たちはこれまで、主にSystem.out経由で文字を出力するプログラムを
作ってきました。しかし、Javaを用いてグラフィカルなプログラムを開発す
ることもできます。その1つが第8章でも簡単に紹介したWebアプリケーショ
ン（web application）です。PCやスマートフォンのブラウザを使った銀行
振込や買い物など、みなさんも多くのWebアプリケーションを日常的に使っ
ているはずです。

ボクもネットでよく買い物するけど、あれってWebサイトじゃ
ないんですか？　Webアプリっていわれると違和感があるなあ。

図15-11　Webアプリケーションで提供されるさまざまなサービス

> アプリというとスマホアプリをイメージするかもしれないが、広義には「利用者から何らかの入力を受けて処理し、結果を返すもの」は何でもアプリと言えるんだ。

　Webアプリケーションの実体は、インターネットに接続されたサーバ上でアクセスを待ち受け続けるプログラムの集まりです。私たちがブラウザで「https://〜」などとURLを入力したり、リンクやボタンをクリックしたりするたびに、サーバにリクエストが飛んでプログラムが動き、結果画面がレスポンスとして返されるのが基本的な構図でしたね。

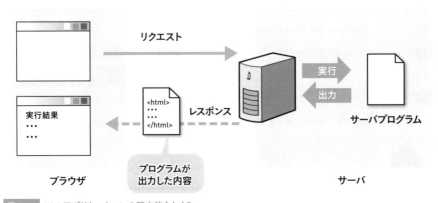

図15-12　Webアプリケーションの基本的なしくみ

> でも、通信を受け付けて動くプログラムを作るなんて、すごく大変なんじゃないかしら。ほら、ServerSocketを教わったとき、菅原先輩もそう言ってたじゃない。

　Webアプリケーションをすべて自力で開発しようとすると大変です。ServerSocketクラス（p.279）を用いてアクセスの待ち受けを続けるだけでなく、HTTPリクエストの内容を解析したり、レスポンスとして返すHTTPを組み立てたりと、複雑な処理を数千行以上も記述しなければなりません。
　そこで、Javaでは、Servlet APIというクラス群を提供しています。このAPIに含まれるHttpServletというクラスを使えば、私たちはわずか10行程度

を書くだけで、簡単な Web アプリケーションを開発することができます。

コード15-8 Java で作る時報 Web アプリ

```java
01  import java.io.*;
02  import java.util.*;
03  import javax.servlet.*;
04  import javax.servlet.http.*;
05
06  public class ClockApp extends HttpServlet {
07    protected void doGet(
08        HttpServletRequest request, HttpServletResponse response)
09        throws ServletException, IOException {
10      response.getWriter().println(new Date().toString());
11    }
12  }
```

> サーバにリクエストが届くと呼び出されるメソッド

> 現在時刻をレスポンスとして返すよう指示

※ このコードは Web アプリ開発用にセットアップされた環境でなければコンパイル・実行できません。

すごい！　メソッドをたった1つ作ってるだけじゃないですか！

ああ。ServerSocket 処理も HTTP 解析も結果返送もすべて、「おおまかな処理」として親クラスたちがやってくれるからな。

このクラスをコンパイルして、Web アプリケーションサーバ（web application server）と呼ばれる専用ソフトウェアに登録した上で、サーバを起動します。起動するだけでは何も起きませんが、ブラウザ経由でアクセスすると、doGet() が呼び出されるというしくみです。

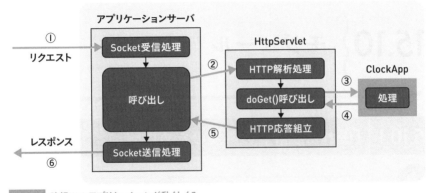

図15-13 時報Webアプリケーションが動くしくみ

　図15-13をよく見ると、TemplateMethodパターンが二段構えで使われていることがわかります。リクエストが届いてから、レスポンスが返されるまでに必要なさまざまな処理の流れのごく一部だけを私たちは記述すればよいのです。

> こんなに簡単にWebアプリを作れるなら、ボクのRPGもすぐWebアプリ化できそうだぞ！ むふふ…。

　今回紹介したServlet APIのように、「自分が開発したクラスを呼び出してくれるクラス群」はソフトウェアフレームワーク（framework）と総称されます。本格的な業務システム開発の現場では、さまざまなソフトウェアフレームワークを活用して、より効率的な開発を実現するのが一般的です。

> ここでいう「フレームワーク」は、仕事のやり方や問題解決によく用いられる「フレームワーク」とはまた違ったものだ。

15.10 モジュール

15.10.1 「優れた設計」の共演のために

よく考えたら、大江さんのオセロって、いろんな開発者に参加してもらえる「ゲームフレームワーク」みたいなものとも言えるわね。

そうか！ ボクも「スッキリ魔王征伐」を開発するだけじゃなく、そのベース部分を「RPG フレームワーク」として全世界に公開したら…うわー、楽しそうだなぁ！

頼もしいな。じゃあ、その日に備えて、他人とフレームワークを共有するための機能について少し紹介しておこう。

　みなさんの中には、ライブラリやフレームワークといった「ほかの人に利用してもらうための Java プログラム部品の開発」に携わる人もいるでしょう。さまざまなクラスを開発し、1つの JAR ファイルにまとめて提供することで、あなたの「優れた設計」と誰かの「優れた設計」が共演し、より大きな価値が世の中に生み出されるのです。

　実際、世の中で稼働している本格的なシステムでは、数十から数百のライブラリが利用されているのが一般的です。「A.jar を内部で利用している（A.jar に依存している）B.jar を利用する」ようなケースもまれではなく、間接利用を含む多数の JAR ファイルを適切に取り入れるために、Maven などのツールが広く用いられていることにも紹介しました（p.382）。

　このような誰かに使ってもらうことを前提とした JAR ファイルを作成する場合には、この章で紹介してきた設計の原則とはまた異なる、「公開用 JAR に関する設計上の配慮」が重要となります。

第 IV 部

15.10.2 JARマニフェストによるモジュール名宣言

> JARファイルって確か「クラスファイルを含むZIPファイルみ
> たいなもの」でしたよね？　工夫の余地なんてあるんですか？

> 2つほどある。まず基本は「マニフェスト」だな。

　JARファイルの厳密なルールやZIPファイルとの違いは、JARファイル仕様
として定義され、公開されています。「JAR file specification」などのキーワー
ドでインターネットを検索すると、最新版を確認することができるでしょう。
　特に代表的なルールが、第10章で簡単に紹介した次のルールです。

JARファイルとマニフェスト

JARファイル内部のMETA-INFフォルダに、MANIFEST.MFという
名前のテキストファイルを作成し、JARファイルに関する各種情報
を宣言しておく。

　第10章では、マニフェストファイルの内部に記述する情報について、「Main-
Classエントリ」を紹介しました（p.367）。ライブラリやフレームワークの
場合、それがメインのプログラムとはならないため、JARファイル内に起動
用クラスを持つことはあまりありませんから、Main-Classエントリは記述さ
れないことが多いでしょう。

逆に、ライブラリやフレームワークにおいて記述を強く推奨されるのが、Automatic-Module-Nameエントリです。

 Automatic-Module-Name エントリ

Automatic-Module-Name: モジュール名

※ モジュール名は保持ドメイン名の逆順から開始する。
※ 決定したモジュール名は変更してはならない。

たとえば、湊くんのRPGフレームワークを公開する場合、次のようなMANIFEST.MFになると想像できます。

コード15-9 RPGフレームワークのJARファイル用マニフェスト

MANIFEST.MF

```
01  Manifest-Version: 1.0
02  Automatic-Module-Name: jp.miyabilink.rpg.framework
```

 ドメイン名の逆順で書くのはパッケージ名と同じだからわかりやすいですね。でも、「モジュール名」っていうのは何ですか?

Javaでは、対外的に公式に配布されるJARファイルの単位を**モジュール**（module）と呼んでいます。モジュールは内部に複数のパッケージを含み、各パッケージは複数のクラスを含んでいるという状態です。従って、モジュールは「パッケージよりさらにもう一段階上のグループ構造」と捉えることもできるでしょう。

モジュールには、ほかのモジュールと区別できるように決して重複しない名前を決定し、ある「正式な方法」で宣言することが原則とされています。しかし、さまざまな事情からすぐには「正式な方法」で宣言することが難しいケースもあるため、まずはマニフェスト内のAutomatic-Module-Nameエントリで自分のモジュール名を宣言するようにしましょう。

モジュール名の宣言は必ず行う

さまざまな事情があっても、少なくともマニフェストによるモジュール名宣言は行える。公式に公開するJARファイルは必ずモジュール名を決定し、Automatic-Module-Nameエントリで宣言しよう。

「さまざまな事情」っていうのがチョット気になるけど…。それに、モジュール名の宣言には「正式な方法」が別にあるってことよね。

その方法を理解すれば、「事情」も自ずと理解できるはずさ。

15.10.3 module-infoによるモジュール定義

　JARファイル仕様では、モジュールに関する各種の情報を「正式な方法」で定義する手段として、JARファイル直下にmodule-info.classというファイルを配置するよう定めています。

　module-info.classはクラスファイルなのでエディタなどでの作成はできません。module-info.javaという名前のJavaソースファイルを作成し、それをコンパイルして生成します。module-info.javaファイルには、通常のJavaクラスとはまた異なる構文を用いて、次のような内容を記述します。

module-info.javaで宣言できる主な内容

① モジュールの名称
② 外部からアクセスを許可するパッケージ（パッケージ公開指定）
③ このモジュールが動作するために必要となるほかのモジュール
　（依存モジュール）

chapter
15

具体的なmodule-info.javaの構文ルールについて、まずはシンプルな例を見てみましょう。

コード15-10 モジュール名の宣言とアクセス制御

```
01  module jp.miyabilink.rpg.framework {          モジュール名
02    exports jp.miyabilink.rpg;                  外部からアクセスを許す
03    exports jp.miyabilink.rpg.battle;           JAR内のパッケージ
04  }
```

module-info.java

この例では、まず、jp.miyabilink.rpg.frameworkというモジュール名が付けられたJARファイルであることがわかります。また、たくさんのパッケージやそれに属するクラスを含んでいる可能性もありますが、ほかからのアクセスは2つのパッケージに対してのみ許可したいというモジュール開発者の意図が読み取れます。

15.10.4 パッケージのアクセス制御

コード15-10は「パッケージのアクセス制御」を行っているんだが、似たような制御を俺たちはすでに学んでいるはずだ。

あ…、「カプセル化」ですね！

私たちは通常、メンバに対して4段階（public・protected・package private・private）、クラスに対して2段階（public・package private）のアクセス制御を行うことができます。しかし、public指定されたクラスの公開範囲が無制限に広く、どんな相手からもアクセス可能になってしまうのが問題になることも少なくありません。

そこで、exportsなどのモジュール定義によって、各パッケージに対して3段階のアクセス制御が可能になります（表15-1）。

表15-1 module-infoで指定可能なパッケージ公開指定と許容範囲

module-info での記述	通常アクセス	リフレクション
exports パッケージ名；	○	○
opens パッケージ名；	×	○
（記述なし）	×	×

※ exports と opens は、末尾に **to モジュール名A，モジュール名B**… という記述を加えると特定のモジュールに属するクラスに対してのみアクセスを許可できる。

　クラスやメンバのカプセル化でも、外部から利用される予定がないものはなるべく非公開とするのが最善でした。module-info.javaで指定されないパッケージは、外部からのいかなる手段（リフレクション含む）でもアクセスできなくなるのは理想的です。もしリフレクションによる実行時のアクセスのみ許可したい場合は、exportsのかわりにopensを使います。

　たとえば、大江さんのオセロゲームで動作する独自AIクラスを湊くんが作ってJARファイルとして配布する場合、リフレクションのみの利用が自明ですから、次のようなモジュール定義をしておくとよいでしょう。

コード15-11 リフレクション許可のアクセス制御

```
01  module jp.miyabilink.othello.ai.minato {
02    opens jp.miyabilink.othello.ai.minato;
03      :
04  }
```

module-info.java

---

column

モジュールの全パッケージをopens指定する

　コード15-11のように、あるJARファイルの全パッケージについて、外部に対しては基本的に非公開としつつリフレクションアクセスは全面的に許容したいケースがあります。その場合、module キーワードの前に open を付けることで容易に実現することが可能です。

```
open module jp.miyabilink.othello.ai.minato {
}
```

chapter
15

さっそく RPG 用に作ったコードに module-info.java を追加してみたんですが…、import 文にエラーが出ちゃいました。

なるほど、これは HttpClient クラスを使っているコードだからだな。エラーが出る原因も含めて、モジュール依存について紹介しよう。

module-info.java を用いたモジュール情報の定義は、ライブラリやフレームワークを開発する場合に事実上必須なものです。しかし、通常のプログラム開発でも、そのプログラム配付用 JAR ファイルをモジュールとみなし、プロジェクト内に module-info.java を作成することが可能です。

開発するプログラムの違いに関わらず、module-info.java を用いた「正式な方法」によるモジュール定義は、次のような義務を負います。

正式なモジュール定義を行う場合の制約と義務

自分の作成したモジュールの動作にほかのモジュールが必要な場合、module-info.java でその依存を明示的に表明しなければならない。依存を表明しないと、原則としてアクセスできなくなる。

なるほど。このモジュールがちゃんと動くには、ほかに○○○モジュールが必要ですよ、という宣言が必須なのね。

ほかのモジュールに対する依存は、次の構文で宣言します。

A requires指定によるモジュール依存の宣言

```
requires モジュール名;
```

たとえば、第5章で紹介したcommons-langのJARファイルは、「org.apache.commons.lang3」というモジュール名が公式のAPIドキュメントに明記されています。従って、commons-langを利用したプログラムでは、次のようなmodule-info.javaを作成します。

コード15-12 commons-lang依存の宣言

module-info.java

```
01  module jp.miyabilink.rpg.framework {
02    exports jp.miyabilink.rpg;
03    exports jp.miyabilink.rpg.battle;
04    requires org.apache.commons.lang3;
05  }
```

> この1行がないと、自モジュールから commons-lang の JAR ファイルにあるクラスを利用できない

> でも、ボクのコードはHttpClientを使ってるけどJARファイルは使ってませんよ。どうしてエラーになるんですか？

湊くんの疑問を解く鍵は、これまでも参照してきた「Java APIリファレンス」に隠されています。

**Java® Platform, Standard Edition & Java Development Kit
バージョン17 API仕様**

このドキュメントは、次の2つのセクションに分かれています。

Java SE

Java Platform、Standard Edition (Java SE) APIは、汎用コンピューティングのためのコアJavaプラットフォー

JDK

Java Development Kit (JDK) APIはJDK固有のものであり、必ずしもJava SEプラットフォームのすべての実装で
す。

すべてのモジュール	Java SE	JDK	他のモジュール
モジュール		説明	
java.base		Java SE Platformの基盤となるAPIを定義します。	

図15-14 Java APIリファレンスのトップページ

ん？　「すべてのモジュール」って書いてありますね。今まで機械的に「java.base」を選んでたけど……そうか!!

　Javaが提供する各種のAPIクラスやパッケージも、実はモジュールとして定義されています。また、本書で紹介したAPIクラスの多くはjava.baseモジュールに属しているのもリファレンスから読み取れるでしょう。

　java.baseモジュールは、あまりに重要なパッケージを多く含むため、私たちが取り立ててrequires指定をせずとも、自動的に依存が宣言される決まりになっているのです。しかし、次のAPIモジュールについては、明示的にrequiresを指定しなければ、利用することができません。

表15-2　requires宣言が必要となる主なAPIモジュール

APIモジュール名	主な機能（代表的パッケージ）
java.logging	標準ログ機能 (java.util.logging)
java.net.http	HTTP機能 (java.net.http)
java.sql	JDBC-API (java.sql)
java.xml	XML処理 (java.xml)

module-info.javaに `requires java.net.http;` を加えて、モジュール依存を明示して、と…。よしっ、エラー消えました！

　なお、今回の例のようにrequiresを指定しないとエラーになってしまうのは、私たち自身がモジュール定義を「正式な方法」で行う場合に限られます。第8章の段階では、module-info.javaを作成していなかったため、HttpClientクラスを使ってもこのようなエラーは発生しなかったわけです。

実はこのことが、15.10.2項で少し紹介した「ある事情」に深く関係しているんだ。

　理想としては、すべてのJARファイルが内部にmodule-info.classを持ち、モジュール名と依存が明示されているべきです。しかし、モジュールというしくみ自体がJava9で追加された比較的新しい機能でもあり、世の中に流通

するライブラリやフレームワークの中には、module-info.classを含んでいない「モジュール非対応のJARファイル」も少なくありません。

このような状況では、私たちが作るプログラムでいざmodule-info.javaを記述しようとしても、依存先のJARファイルではモジュール定義されていないため、requiresに記述できない可能性が大いにあります。また、その結果、それぞれのライブラリやフレームワークのJARファイルでも、module-info.javaを作成できないという負の連鎖が起こりえるのです（図15-15上）。

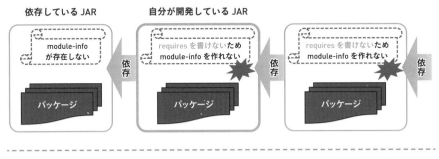

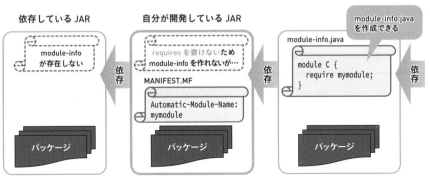

図15-15 依存先が原因で自分もmodule-infoを作成できない状況

しかし、自分のモジュールにmodule-info.javaを作成できなくても、モジュール名を定めてAutomatic-Module-Nameの明示はできます（p.588）。マニフェストでモジュール名を宣言していれば、自分のJARに依存するほかのJARファイルたちはmodule-info.javaの作成が可能となり、負の連鎖をある程度は食い止めることができるのです（図15-15下）。

段階的なモジュール対応を目指す

① 自分が開発するJARファイルにmodule-info.javaを作成できない状況でも、マニフェストを用いてモジュール名を定める。
② 自分が依存するJARファイルのすべてがモジュールに対応したら、自分のJARファイルにもmodule-info.javaを加えて対応完了。

15.10.6 モジュールパスからのJARファイルの読み込み

モジュールに対応したJARファイルの正しい使い方についても紹介しておこう。

　JARファイルを利用する場面には、コンパイルと実行の2つのタイミングがあります。そのいずれも、クラスパスにJARファイルを指定して、そのJARファイル内のクラスなどを利用します。

```
>javac -cp commons-lang3-3.14.0.jar Main.java
>java -cp commons-lang3-3.14.0 Main
```

　このような、これまで慣れ親しんできた方法でクラスパスからJARファイルをロードする場合、JARファイル内にmodule-info.classが存在し、パッケージ公開範囲やモジュール依存が定義されていても、JVMは「実質的に内容のほとんどを無視する」という動作をします。

**クラスパスから読み込んだJARファイルの
モジュール機能は無効**

module-info.classを含む「モジュール機能対応型のJARファイル」であっても、クラスパスから読み込むとその効果は発動されない。

えっ、それじゃモジュールに対応しても意味ないじゃないですか。どうすればいいんですか?

exports していない相手からのアクセスや、requires していない依存先へのアクセスを防ぐには、JARファイルをモジュールパス（module path）と呼ばれるパスに配置したうえで、専用のオプションを指定して読み込む必要があります。

| A | **モジュールパスを指定した JAR ファイルの利用** |

```
javac -p モジュールパス ソースファイル名
java -p モジュールパス モジュール名/メインクラスのFQCN
```

※ モジュールパスには、モジュール機能対応型 JAR ファイルを配置したフォルダのパスを指定する。
※ Windows ではセミコロン (;)、macOS や Linux ではコロン (:) で区切って複数のフォルダを指定できる。
※ -p は、--module-path と記述してもよい。

たとえば、commons-lang など、内部に module-info.class を含んだ JAR ファイルを c:¥modules フォルダに格納している場合、次のコマンドによって必要な JAR ファイルが読み込まれコンパイルが行われます。

```
>javac -p c:¥modules Main.java
```

クラスパスみたいに使う JAR ファイルを1つひとつ指定しなくていいのはラクですね!

15.10.7 モジュールシステムの必要性

しくみはわかったし、一応動いたけど、なんかいろいろめんどうだなぁ…。そもそも、なんで「モジュールを使わない普通の開発」じゃだめなんでしたっけ。

確かに入門レベルの学習や自社内だけで使うちょっとしたアプリの開発なら、モジュール化の必要性は薄いんだよな。そうだなぁ、ちょっと昔話をするか。

　この節で私たちが学んだしくみは、モジュールシステム（module system）と呼ばれています。そして、第三者が利用するJARファイルの公開に際しては、このしくみに準じた「適切な工夫」を盛り込むべきであることは15.10.1項でも述べたとおりです（p.588）。また、15.10.5項では、自分が先陣となってMANIFEST.MFを使い、自分のJARを利用する相手にはモジュールシステムを使う道を拓く、という段階的な対応方法を紹介しました（p.595）。この「正の連鎖」によって世界中の開発者がモジュールシステムを使ってJARファイルを公開することが、Java界全体として重要な意味を持つと感じ取った人もいるかもしれません。

　私たちがその重要性を実感するためには、Javaにモジュールシステムがまだ搭載されていなかった昔、大規模な開発現場で不幸な事故を引き起こしていた2つの問題を知る必要があります。

問題1　「publicなクラスがpublicすぎる」問題

　通常、JARファイルの中には、そのJAR内部に存在するパッケージが利用するためだけのクラスが含まれています。それらのクラスは、同じJAR内とはいえ別のパッケージがアクセスする必要がありますから、publicを指定せざるを得ません。

　その結果、本来JARファイル外部からの利用を想定していない内部的なクラスを、JARの外部から故意または過失により呼び出すことができてしまったのです（図15-16）。

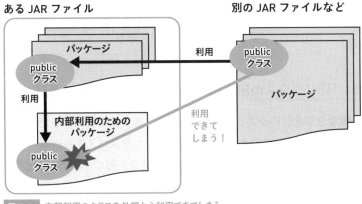

図15-16 内部利用のクラスを外部から利用できてしまう

有名な具体例は、かつてのJDKに含まれていたcom.sunという名前で始まるパッケージに属するクラスたちです。これらはJDKの内部で利用するためのクラスでしたが、自作のプログラムから直接呼び出してしまう開発者も存在しました。その後のJDK内部仕様やパッケージ名変更により多大な影響と事故を招いたことは想像に難くありません。

> JDKの内部で使うためのクラスを呼び出しちゃうなんて、ボクのような初心者からは考えられませんが、恐ろしい話ですね…。

しかし、現代の私たちはモジュールシステムを使うことで、JARファイル内に存在するpublicクラスの公開レベルを細かく制御できるようになりました。「すべて公開」（exports構文）、「指定したモジュールにだけ公開」（exports〜to〜構文）、「リフレクションアクセスだけに公開」（opens〜構文）、「すべて非公開」（module-infoに記述しない）などを適切に組み合わせれば、JARファイル外部からのアクセスが不要なクラスを隠すことができるのです。

モジュールシステムの必要性①

「publicクラス」の公開範囲をパッケージ単位で制御可能とし、JAR内部でのみ利用するクラスへの外部アクセスを遮断する。

フィールドやメソッドを、何でもpublicな設計にしないのと同じだな。「隠す」ことも、時には大事なことなんだよ。

問題2 「同じクラスの別バージョンを利用している」問題

大規模な企業向けのシステム開発となると、直接的に利用するだけでも数十個、間接的には100を超えるJARファイルがクラスパスから読み込まれることも決して珍しくありません。このとき、開発者が気づかないところで「同じライブラリの別バージョン」が読み込まれ、動作中に想定外の動きをしてしまうことがありました（図15-17）。

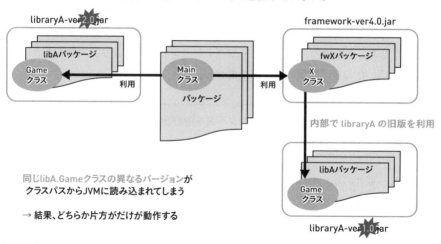

開発者は左右2つのJARしか意識していないが…

図15-17 別のJAR内の同一パッケージが衝突する

本来、使っているライブラリやフレームワークは開発者がその種類やバージョンを把握していなければなりませんが、追跡できないほどに多数のJARファイルが複雑に依存し合い、想定外の動作が発生する状況はJAR地獄（JAR hell）ともいわれ、開発現場を深く悩ませていました。

しかし、現在のJavaでは、コンパイルや実行の最初に「まったく同じ名前のモジュールが別々のJARから読み込まれ、それらが複数のモジュールからアクセス可能か」を検査します。そしてもしそのような状態ならば、すぐに

第Ⅳ部

処理を中断するというルールになっています。

図15-17のような状況ならば、javaコマンドで起動した直後に「〜 is accessible from more than one module」のようなエラーメッセージが表示されてJVMの起動が中断されるため、想定外の動きをしてしまうのを避けることができるのです。

モジュールシステムの必要性②

開発者が想定していないJARが動作してしまう事態（JAR地獄）に気づき、それを回避することができる。

> 世界中のJava開発者たちは、互いの開発したJARを持ち寄って1つのシステムとして動かしているんだ。そのスムーズな「共演」を実現するためにも、モジュールの設計と活用は極めて重要なんだ。

なお、この章で紹介した内容以外にも、モジュールシステムはさまざまな機能を持っています。また、このしくみを本格的に活用するためには、モジュールシステム自体の内部構造を理解することも有用ですから、必要なときが来たら、専門書や公式仕様でより深く学んでみてください。

column

難産だったJDKプロジェクト Jigsaw

15.10.7項で紹介したようなJARにまつわる複雑な状況と致命的な問題を打破すべく、JDK開発チームでコードネーム「Project Jigsaw」と呼ばれた一大プロジェクトが2008年8月に始まりました。しかし、JDKそのものが内部で複雑に依存し合っていたことに加え、従来から存在する「モジュールを意識していないJARファイルたち」を正常に動作させるため、後方互換性を極力確保しなければならなかったことから、その作業は困難を極めます。試行錯誤と紆余曲折を経て、その成果がモジュールシステムとしてJavaに搭載されたのは、プロジェクト開始から約9年後、2017年9月のJava9公開においてのことでした。

chapter
15

15.11 この章のまとめ

優れた設計の原則

- 重複のないわかりやすいコードを書く（DRY、PIE）。
- クラスの責務は1つとし、修正することなく拡張を可能にする（SRP、OCP）。
- 循環した依存や不安定なクラスへの依存を避ける（SDP、ADP）。

デザインパターンの活用

- GoFパターンをはじめ、多数のデザインパターンが提唱されている。
- デザインパターンを参考に開発を行うと、効率化や高品質化が期待できるだけ
  でなく、設計に対する理解も深まる。ただし、必要に応じて少しずつ実践して
  いけばよい。

この章で学んだデザインパターン

- Iterator －「矢印」役を作り1つずつ順番に処理する。
- Facade －「表の窓口」役を作り、詳細な呼び出しを隠す。
- Singleton － 2つ以上のインスタンスを生み出せなくする。
- Strategy －「プラグイン」のようなクラスを、状況により切り替えて利用する。
- TemplateMethod － 処理の流れを確定し、詳細は子クラスに任せる。

モジュールシステム

- ライブラリやフレームワークを公開する場合には、モジュール化を検討する。
- module-info.javaを作成し、公開するパッケージや依存モジュールを明確化する。
- module-info.javaを作成できない状況でも、マニフェストファイルを使ってモ
  ジュール名を表明する。

15.12 {練習問題

練習15-1

依存関係に関する原則であるADPとSDPの内容について、 □ に入る言葉を答えてください。

ADP： | (1) | している依存関係は断ち切るべき

SDP： | (2) | なものに対して依存すべき

練習15-2

デザインパターンを活用して、次の条件を満たしたMyLoggerクラスを作ってください。なお、ファイルを閉じる処理は省略してかまいません。また、ロガーライブラリなどは利用しないものとします。

- **インスタンス化と同時にc:¥dummylog.txtファイルを開く。**
- **引数で渡した文字列をファイルに書くlog()を持つ。**
- **Mainクラスから次のように利用してもエラーにならず、2つのログメッセージが同一ファイルに順番に出力されること。**

```java
01  public class Main {
02    public static void main(String[] args) {
03      MyLogger logger1 = （ここでロガーのインスタンスを取得）;
04      logger1.log("first");
05      MyLogger logger2 = （ここでロガーのインスタンスを取得）;
06      logger2.log("second");
07    }
08  }
```

Main.java

chapter 16
スレッドによる並列処理

インターネットが日常生活に欠かせない存在となった現在、
世界中のITシステムは毎日大量の情報を高速かつ並列に
処理しています。
「いかに多くの情報を効率よく処理するか」は、
昨今のITシステムと社会にとって重要な命題であり、
その実現のために、特有の技術や設計が採用されています。
この章では、複数の処理を同時並行で実行する
スレッドの考え方を紹介します。

contents

16.1 処理効率の追求

16.1.1 複数処理の同時実行

ボクのRPG「スッキリ魔王征伐」もいよいよネットワークに対応したんだ。戦闘開始のたびに、モンスターの最新データをサーバから毎回取得するんだよ！

プレイしたわよ。確かに便利だけど、通信のときに画面がフリーズ状態で待たされるようになったのがちょっと残念ね。

　ネットワーク通信を利用するように進化した湊くんのRPGは、サーバからモンスターのデータを取得する機能が追加されたようです。しかし、モンスターと遭遇して戦闘に入るタイミングで、URLクラスを使ってCSVデータを取得しているため、このゲームを遊ぶ人は数秒間待たなければなりません。

勇者ミナトは草原を東に歩いている。

「蒼き不死鳥」が現れた！

　（ここでモンスターの情報を得るための通信に5秒ほど待たされる）

どうする？　1：たたかう　2：にげる　3：まほう　4：アイテム＞

そうだ！　「どうする？」の行を表示して入力待ちしながら、プレイヤーが考えている間に裏で通信すればいいんじゃない？

「裏で」って簡単に言うけど……。

　もし朝香さんのアイデアが実現できれば、プレイヤーが待たされる時間を軽減できそうです。しかし「キーボード入力を待ちながら裏で通信をする」という処理は、今まで私たちが学んできた範囲のJavaの命令や文法では決して実現できません。なぜなら、Javaには次のような大原則があるからです。

逐次処理の原則

JVMは、命令を1つずつ順番に実行する。
つまり、ある命令を完全に実行し終えてから次の命令を実行する。

　「キーボード入力を受け付けた後に通信」「通信の後にキーボード入力」は簡単に実現できます（図16-1の左）。しかし、朝香さんのアイデアを実現するために必要なのは、「キーボード入力を受け付ける命令」と「通信を行う命令」を同時に実行することです（図16-1の右）。

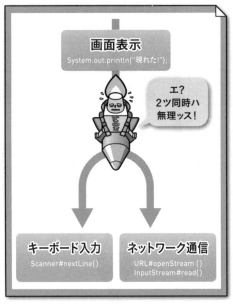

図16-1　複数の処理を同時に実行したいというニーズ

chapter
16

キーボード入力と通信を同時になんて絶対無理だよ。だって、プログラムを順次実行してくれる JVM 君は1人しかいないんだし。

それじゃ、JVM 君を2人以上に増やす方法を紹介しよう。

　Java には複数の命令を同時に実行するための**スレッド**（thread）というしくみと専用の API が備わっています。スレッドとは、図16-1に登場した JVM 内でプログラムを1命令ずつ実行していく「JVM 君」のようなもので、**Thread クラス**を利用することによりいくつでも生み出すことができます（図16-2）。

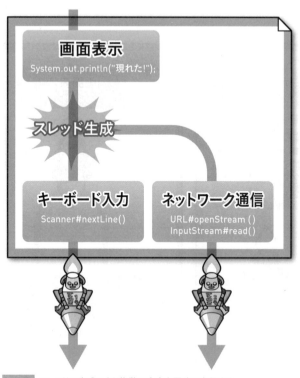

図16-2 スレッドの生成により複数の命令を同時に実行する

16.2 Javaにおける並列処理

16.2.1 Threadクラスの利用

それでは、次のような2つの処理を同時に行うプログラムの作成を通して、Threadクラスの利用を体験してみましょう。

処理① 9から0までのカウントダウンを表示する。

処理② カウントダウン中に「STOP」を入力すると、カウントダウンを停止する。

すべての処理を一度に作ろうとすると大変なので、まずはカウントダウンの表示中に入力を受け付ける方法について考えていきましょう。最初に、スレッドを使わないと意図どおりに動かないことを確認します。

コード16-1 **カウントダウン中は入力できない**

```java
01  import java.util.*;
02  import java.util.concurrent.*;
03
04  public class Main {
05    public static void main(String[] args) {
06      System.out.println("止めるには「STOP」を入力してください");
07      System.out.println("カウントダウンを開始します");
08      for (int i = 9; i >= 0; i--) {
09        System.out.print(i + "..");
10        try {
11          TimeUnit.SECONDS.sleep(1);
12        } catch (InterruptedException e) {;}
13      }
```

1秒待つイディオム

```
14      String input = new Scanner(System.in).nextLine();    入力処理
15      System.out.println("入力文字列：" + input);
16   }
17 }
```

止めるには「STOP」を入力してください
カウントダウンを開始します
9..8..7..6..5..4..3..2..1..0..STOP⏎   カウントダウン中には入力できない！
入力文字列：STOP

　実行結果を見てわかるとおり、カウントダウンの表示中は入力が受け付けられることはありません。

> コマンドプロンプトの画面自体には入力できるため、一見すると入力可能に見えるかもしれないが、Java プログラムは入力を受け付けていないことに注意しよう。

　この問題を解決するために、表示処理部分は別のスレッドとして実行するように修正していきます。スレッドを使うには、次の2つの手順が必要です。

スレッドの使い方

① Thread クラスを継承して run() をオーバーライドする。
　このとき run() には別のスレッドで処理したい内容を書き込む。
② 別スレッドの実行を開始したい場所で①のクラスをインスタンス化し、start() を呼び出す。

　これに従ってスレッドによる同時実行を実現したのが、次のコード16-2です。

コード16-2 カウントダウン中も入力を受け付ける

```java
01  import java.util.concurrent.*;
02
03  public class PrintingThread extends Thread {
04    public void run() {
05      for (int i = 9; i >= 0; i--) {
06        System.out.print(i + "..");
07        try {
08          TimeUnit.SECONDS.sleep(1);
09        } catch (InterruptedException e) { ; }
10      }
11    }
12  }
```

① 表示を行う別ス
レッドを定義

```java
01  import java.util.*;
02
03  public class Main {
04    public static void main(String[] args) {
05      System.out.println("止めるには「STOP」を入力してください");
06      System.out.println("カウントダウンを開始します");
07      Thread t = new PrintingThread();
08      t.start();
09      String input = new Scanner(System.in).nextLine();
10      System.out.println("入力文字列：" + input);
11      System.out.println("停止処理は未作成です");
12    }
13  }
```

② 別スレッドを開始

入力処理

止めるには「STOP」を入力してください

カウントダウンを開始します

9..8..7..STOP

入力文字列：STOP

停止処理は未作成です

6..5..4..3..2..1..0..

カウントダウン中に入力できている

Mainクラスの8行目における start() の呼び出しが、別スレッドを実際に開始する命令です。以降、PrintingThreadはメイン処理の流れとは完全に独立して同時並行に自身の処理である run() の中身を実行します（図16-3）。

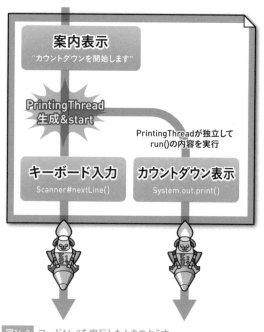

図16-3 コード16-2を実行したときのようす

オーバーライドするのは run()、呼び出すのは start() なんですね。間違えないようにしなくっちゃ。

今回、PrintingThreadクラスを使うことで図16-3の右側の処理の流れ（右

のJVM君）をスレッドとして生み出しましたが、mainメソッドによる左側
の処理の流れ（左のJVM君）も実はスレッドです。JVMは起動直後に最初
のスレッドを生み出し、それがmainメソッドを実行しているのです。

> この最初のスレッドには「main」という名前が自動的に付けら
> れるんだが、例外が発生したときのエラーメッセージで見覚え
> があるはずだ。俺たちはJavaプログラムを初めて書いた日から、
> 実はスレッドを使っていたんだよ。

```
Exception in thread "main" : java.lang.NullPointerException
    :
```

mainスレッドでの例外発生

---

column

旧来のスリープ処理

　コード16-1（p.609）の10〜12行目では、比較的新しい方法であるTimeUnitク
ラスを用いたスリープ処理を紹介しました。しかしJavaには、古くから用いられ
てきた次の方法も存在します。

```
Thread.sleep(2 * 60 * 1000);  // 2分スリープ
```

　インターネットや開発現場のコードで見かけることもあるかもしれませんが、本
書ではPIEの原則（p.557）の観点から、TimeUnitを使うことをおすすめします。

16.2.2 Runnableの利用

　前項ではThreadクラスを使ったスレッドの利用について紹介しました。こ
の方法では必ずThreadクラスを継承しなくてはならないため、それ以外の
クラスを親クラスとしたい場合に困ったことになります。
　そのような場面では、java.lang.Runnableインタフェースが便利です。こ
のインタフェースを実装してrun()をオーバーライドしたクラスをThreadク

chapter
16

ラスのコンストラクタに与えれば、任意の親クラスを持つスレッドを生成で
きます。

```java
class Battle extends Scene implements Runnable {      Main.java
  public void run() { … }
}


public class Main {
  public static void main(String[] args) {
    new Thread(new Battle()).start();
  }
}
```

Runnable は関数インタフェースなので
ここにラムダ式を指定することも可能

16.2.3 そのほかの使い方と注意点

これでカウントダウン中も入力を受け取れるようになりました
ね！ STOPだったらスレッドを止めればいいんだから、こう
かな？

湊くんはコード16-2（p.611）の Main クラスの10・11行目を次のように書
き換えてコンパイルしましたが、警告が出てしまったようです。

```java
if (input.equals("STOP")) {                           Main.java
  t.stop();
}
```

実行中のスレッドを停止するつもり

Thread クラスには、stop メソッドをはじめとしていくつかの注
意点や知っておくべきことがあるんだ。ここでまとめて紹介し
ておこう。

(1) スレッドはrun()を実行し終えると自動消滅する

start()の呼び出しによって動作を開始したスレッドは、run()に定義された処理内容をすべて実行し終えると自動的に消滅します。コードで明示的に停止や消滅を指示する必要はありません。

(2) stop()の利用は御法度

Threadクラスには、強制的な動作停止を指示するstop()が備わっています。しかし、JVMの内部が異常な状態になってしまう可能性があることから、このメソッドは利用してはいけません。suspend()やdestroy()も同様の理由で非推奨です。run()の終了によるスレッドの自然消滅だけが、正しい停止方法だと覚えておきましょう。

スレッドの中断はできないのか。それじゃ、カウントダウンを止めるにはどうすればいいんですか？

それを実現するには、もう少しスレッドについて深く知る必要があるんだ。あとで方法を紹介するから楽しみにしててくれ。

(3) JVMは全スレッドの終了をもって終了する

1つでも実行中のスレッドが残っているとJVMは終了しません。たとえば、mainメソッドの処理を最後まで実行し終えても、別スレッドが実行中であればJVMは動作を継続します。

なおsetDaemon()に引数trueを渡して呼び出した後にstart()を呼ぶと、JVMの終了を妨げないデーモンスレッドとして動作します。

(4) join()で別スレッドの終了を待機できる

あるスレッドが、並行動作しているスレッド（図16-4の変数t）の実行終了を待って次の処理に進みたいときには、join()を利用します。待機中に何らかの理由で中断されてしまった場合は、InterruptedExceptionが送出されます。

chapter
16

```
Thread t = new
    ○○Thread();
t.start();


A();




t.join();
```

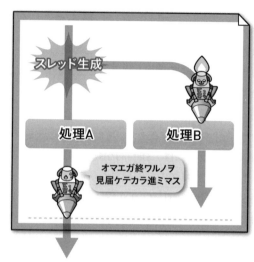

図16-4 join()によって別スレッドの終了を待つ

(5) OSによって動作に違いが生じる可能性がある

「どのようなOS環境でも同様に動作する」のがJavaの特徴ですが、スレッドは数少ない例外です。OS自体が備えるスレッドのしくみをJavaが内部でそのまま利用しているため、OSがどのようにスレッドを処理するかによって動作が異なる可能性があります。

(6) 例外はほかのスレッドに伝播しない

スレッド内で例外が発生しても、ほかのスレッドには伝播せず、スタックトレースが表示されることもありません。単にスレッドが強制終了するだけです。

(7) 同時に1つの変数を利用するとデータが壊れる

複数のスレッドが同一の変数を同時に利用すると、中身のデータが壊れてしまう可能性があります。この特性はスレッドを用いたプログラミングで最も意識すべき重要なものです。詳しくは次の16.3節で解説します。

より軽量で手軽なスレッド

Javaでは長らく、OSが準備するスレッド（プラットフォームスレッド）をそのまま利用するのが原則でした。しかし、Java21以降、次の構文を使って、より手軽に、より軽量な新しいスレッドのしくみが利用可能です。

```
Thread t = Thread.Builder.ofVirtual().unstarted(r);
```
※ rはRunnableインスタンス（ラムダ式でもよい）。

この構文で生成される仮想スレッド（virtual thread）は、従来のスレッドよりはるかに少ないメモリで動作し、迅速に起動します。そのため、特に大量の処理要求を同時並行して受け付けるサーバなどでの活用が期待されています。

なお、本節ではスレッドをnewで生成しましたが（コード16-2 Main.javaの7行目、p.611）、Java21からは、次の書き方でも従来型スレッドを生成できます。

```
Thread t = Thread.Builder.ofPlatform().unstarted(r);
```
※ rはRunnableインスタンス（ラムダ式でもよい）。

16.3 スレッドセーフな設計

16.3.1 スレッドの競合

　複数のスレッドを利用したプログラミングのことを、マルチスレッドプログラミング（multi-thread programming）と呼びます。そして、マルチスレッドプログラミングにおいて最も注意の必要な点が、複数のスレッドが同時に同じクラスやメソッド、変数などにアクセスしてデータを壊してしまうことがある「スレッドの競合」という現象です（図16-5）。

図16-5　複数スレッドの競合によりデータが壊れることがある

　スレッドの競合を避けるために、1つのスレッドがあるクラスなどを利用している間、ほかのスレッドは待機するようにコントロールすることを、スレッドの同期（synchronization）や調停、または排他制御などと呼びます。

　Javaには、スレッドを調停するための文法が複数用意されており、それらを上手に利用した「複数のスレッドから同時に利用しても安全なクラスやメソッド」は、スレッドセーフ（thread safe）な設計であると表現します。

> まずは基本的なスレッド調停の方法から紹介していこう。

16.3.2 synchronized による排他制御

スレッドの調停を行うには、synchronizedブロックを利用します。

- -

 スレッド調停を行うブロックの指定

```
synchronized（対象インスタンス）{
    スレッドの競合から保護したい処理
}
```

- -

synchronizedで囲まれた部分を実行できるのは1つのスレッドだけです（図
16-6）。たとえば、スレッドAがsynchronizedブロックを実行しようとした
ときに、すでにスレッドBがブロック内を実行中だった場合、スレッドBが
ブロックを抜けるまでスレッドAは待たされます。

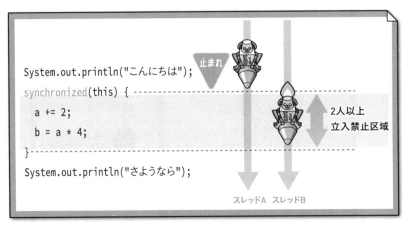

```
System.out.println("こんにちは");
synchronized(this) {
  a += 2;
  b = a * 4;
}
System.out.println("さようなら");
```

止まれ

2人以上
立入禁止区域

スレッドA　スレッドB

図16-6 synchronizedキーワードを使って2つのスレッドが同時に実行するのを防ぐ

複数のスレッドで触る可能性がある変数の操作やメソッドの呼
び出しは、synchronizedブロック内で行えばいいのね。

chapter
16

でも、synchronizedの後ろに指定する「対象インスタンス」って何ですか？　図16-6ではthisが指定してあるようですが…。

「対象インスタンス」の指定は、複数のsynchronizedブロックをグループ化するためのものです。慣習的にthisが指定されることが多いのですが、synchronizedブロックが次のルールに従って排他制御を行っていることをしっかりと理解したうえで利用してください。

synchronizedによる排他制御のルール

あるスレッドが同じグループに属するsynchronizedブロックを実行している間は、別のスレッドはそのグループのsynchronizedブロックを実行できない（図16-7）。

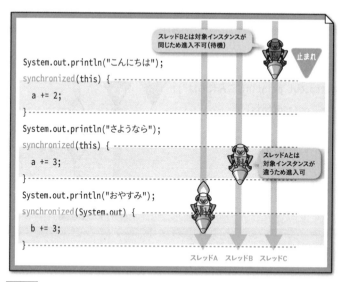

図16-7　対象インスタンスの指定による排他制御

なお、メソッド内のすべての処理をsynchronizedとしたい場合、次のようにメソッドの宣言にsynchronizedを指定すると同じ効果が得られます。

```java
                                                                    Main.java
01  public class Main {
02    public void methodA() {
03      synchronized (this) { … }
04    }
05    public synchronized void methodB { … }
06  }
```

synchronizedブロックによる方法（04行目）

synchronized修飾子による方法（06行目）

16.3.3 ほかのスレッドに道を譲る

　細い山道を車でドライブしていたら、後ろから速い車が追いついて来たので「ちょっと路肩に車を寄せて道を譲った」という経験はありませんか？
スレッドも同じように、対象インスタンスのwait()を呼ぶと、synchronizedブロックの実行中に一時的に処理の実行を凍結し、後続のスレッドに道を譲ることができます（図16-8）。

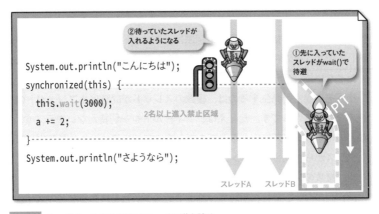

図16-8　ウェイトセットに入り別のスレッドに道を譲る

　すでに述べたように、synchronizedブロックの中を処理できるスレッドは1つに限定されます。しかし、もしそのブロックを実行中のスレッドがwait()を呼び出すと、そのスレッドは対象インスタンス内のウェイトセットと呼ばれる特別な場所に一時的に退避します。これによりsynchronizedブロックを実行しているスレッドはなくなり、待機していた別のスレッドがsynchronized

chapter
16

ブロックの実行を開始します。

　なお、wait()の引数には、退避する時間をミリ秒数で指定します。もし引数なしで呼び出した場合、対象インスタンスのnotifyAll()が呼び出されるまで待機し続けます。

> 対象インスタンスのウエイトセットに一時退避しているすべてのJVMに対し、「みんな、もう出てきて処理を再開していいよ」と全員に通知するイメージだな。

　なお、ウェイトセットに入っているスレッドを再開させる処理として、notify()も用意されています。しかし、再開を永久に待ち続けるデッドロック（deadlock）の発生などの深刻な現象を招く危険性があるため、notify()の利用はおすすめしません。

column

並列実行性のために「状態」を排除する

　並列処理に立ちはだかる最大の課題は、スレッドの競合防止とその調停処理の難しさです。その課題を克服するために、オブジェクトや変数に状態（state）を持たせない設計をすることがあります。

　そもそも競合が発生するのは、複数のスレッドが同時にオブジェクトの状態を読み書きするからです。たとえば、フィールドを一切持たないクラスや、Stringなどのインスタンス生成から消滅までの間に内部のフィールドが変化しない不変なクラスから生成されるインスタンスはどのように利用しても内容が変化しないため、複数のスレッドが並列で処理しても競合のような副作用は起こりえません。

　副作用のない設計は、同時実行制御やテストが容易になるなどのメリットのほか、関数型プログラミング（p.133）との相性のよさからも注目されています。

16.4 スレッド活用と高水準API

16.4.1 スレッド活用の難しさ

スレッドの基本的な使い方はわかりましたけど、スレッドセーフをちゃんと保ちながら活用できるかなぁ…。

確かにスレッドの活用は高度だ。だからこそ、スレッドの敷居を少しでも下げ、安全性を少しでも上げるために、JavaにはいくつかのAPIが準備されているんだ。

　本格的な規模のシステム開発において、synchronizedを用いて正しくスレッドを調停しながら活用することは、プロのエンジニアでも難しい高度な作業だといわれています。なぜなら、万が一スレッドセーフではない記述をしてしまった場合でも、コンパイル時にエラーとして検出されないばかりか、実行時にもほとんどのケースではスレッド競合は発生せず、ミスに気づけないからです。

　そこでJavaでは、synchronizedによる複雑な調停処理を書かずともスレッドを活用した処理を記述できるよう、多数のAPIが提供されています。

　この節では、入門に適した代表的なものをいくつか紹介していきます。

16.4.2 スレッドセーフなデータ型

　スレッド競合は基本的に「ある変数のデータを、複数のスレッドから同時に読み書きしてしまう」ことによって発生します（16.3.1項）。原理的には、変数を読み書きするすべての箇所にsynchronized修飾を付けることで調停を実現できますが、煩雑でありミスを誘いやすいという懸念があります。

　java.util.concurrent.atomicパッケージに準備されたAtomicBoolean、

AtomicInteger、AtomicLongなどのクラスはいずれも、ラッパークラスであるBoolean、Integer、Longに似ていますが、複数スレッドからの読み書きが自動的に調停されるほか、「現在値への加算」のような一連の処理（現在値の取得→加算→新しい値の格納）の間にほかのスレッドから割り込まれることがないような作りとなっています。

表16-1 Atomic系クラス3種に共通する代表的なメソッド

メソッド名	引数	戻り値	意味
set()	● v	なし	v の値を格納する
get()	なし	●	値を取得する

※ ●はbooleanまたはintまたはlong。

表16-2 AtomicIntegerとAtomicLongで利用できるメソッド

メソッド名	引数	戻り値	意味
addAndGet()	● v	●	現在値に v を加え、加算後の値を返す
getAndAdd()	● v	●	現在値に v を加え、加算前の値を返す
incrementAndGet()	なし	●	現在値に 1 を加え、加算後の値を返す
getAndIncrement()	なし	●	現在値に 1 を加え、加算前の値を返す
decrementAndGet()	なし	●	現在値に 1 を減じ、減算前の値を返す
getAndDecrement()	なし	●	現在値に 1 を減じ、減算後の値を返す
getAndSet()	● v	●	現在値を v とし、代入前の値を返す

※ ●はintまたはlong。

Atomicなクラスの使い所はたくさんあるが…そうだな、お待ちかねの「動き始めているスレッドの動作を途中で中断させる方法」で紹介するか。

やった！　やっとカウントダウンの中断を作れるんですね！

　それでは、AtomicBooleanを用いて「ユーザーが『STOP』を入力したら、カウントダウンを中断する」ようにコード16-2（p.611）を改良してみましょう。
本来は「一度動き始めたらstop()を使って外部から止めることができない」スレッドを、どのような原理で止めているのかを考えながら、次のコー

ド16-3を眺めてみてください。

カウントダウン中の入力によって中断する

PrintingThread.java

```java
01 import java.util.concurrent.*;
02 import java.util.concurrent.atomic.*;
03
04 public class PrintingThread extends Thread {
05   // スレッド中断の要請を管理するフィールド
06   final AtomicBoolean stopReq = new AtomicBoolean(false);
07
08   public void run() {
09     for (int i = 9; i >= 0; i--) {
10       if (this.stopReq.get()) {
11         break;          中断要望が届いていたらループを抜けてrun()を終了する
12       }
13       System.out.print (i + "..");
14       try {
15         TimeUnit.SECONDS.sleep(1);
16       } catch (InterruptedException e) { ; }
17     }
18   }
19 }
```

Main.java

```java
01 import java.util.*;
02
03 public class Main {
04   public static void main(String[] args) {
05     System.out.println("止めるには「STOP」を入力してください");
06     System.out.println("カウントダウンを開始します");
07     PrintingThread t = new PrintingThread();
08     t.start();
```

chapter 16

```
09      String input = new Scanner(System.in).nextLine();
10      if (input.equals("STOP")) {
11        t.stopReq.set(true);
12      }
13      try {
14        t.join();
15      } catch (InterruptedException e) { ; }
16    }
17  }
```

> スレッドの中断を要求してrun()の終了を待つ

なるほど！　強制停止は無理だから、stopReqフィールドを使って「中断の要望」をスレッドに伝えるんですね。

一方のスレッド側は、カウントダウンしながら要望が届いていないかを定期的に確認するのね。stopReqは同時アクセスの恐れがあるから、booleanではなくAtomicBooleanを使ってる…と。

16.4.3 スレッドにまつわるデザインパターン

ちなみに、コード16-3で実践した「スレッドを急に止めず、停止要望を伝える」という設計は、Two-Phase Terminationというデザインパターンに倣ったものなんだ。

　Javaに限らず、並列処理を用いるプログラムはそうでないプログラムよりも格段に複雑さが増し、バグ混入のリスクも上がります。一方で、コンピュータの長い歴史の中で、さまざまな概念や機構、デザインパターンが並列処理の専門家たちによって考案され、その有効性と安全性が積み上げられてきました。

　Javaでは、それら先人たちの知恵に基づくスレッド活用のための高水準APIがjava.util.concurrentパッケージを中心に提供されています（表16-3）。

本書では概要の紹介のみに留めますが、必要に応じて活用していけば、synchronizedを直接用いることなく、より効率的かつ安全なマルチスレッドプログラムを実現することが可能になるでしょう。

表16-3 スレッド関連の代表的な概念やデザインパターン

概念名・パターン名 概要	関連 API
Two-Phase Termination スレッドを二段階で安全に停止させる	ExecutorService#shutdown()
Timer / Scheduler 指定時刻または指定周期で処理を実行する	ScheduledExecutorService java.util.Timer
Thread Pool / WorkerThread 固定数の作業用スレッドを生成し使い回す	ThreadPoolExecutorService ScheduledThreadPoolExecutorService
Future 実行結果を後で取得する手段	Future
Promise 実行結果を用いた次の処理の予約	CompletableFuture
Barrier 複数スレッドの合流を待つ手段	CyclicBarrier Phaser
ReadWrite Lock READ のみ同時アクセスを許すロック	java.util.concurrent.locks. ReadWriteLock
Semaphore 多重に鍵をかけられるロック	java.util.concurrent.locks. Semaphore

※ パッケージ名の明示がないものは、java.util.concurrent パッケージに所属する。

16.4.4 スレッドを正しく「恐れる」

さっそく仕事でスレッドをバリバリ使ってみたくなりました！

おいおい、安易に手を出すと大ヤケドするぞ。

ここまでスレッドのさまざまな機能や使い方を紹介してきましたが、この章で学んだスレッドの機能やThreadクラスを始めとするAPIは、それ以前に

学んだJavaの機能やAPIとは根本的に異なる存在です。

　これまで、私たちはさまざまなAPIを学び、多くのことをJVMに指示できるようになりましたが、「コードに記述した内容が1つずつ順に処理される」という基本原理の域を出ることは決してありませんでした。

　スレッドによる「同時に複数の処理を実行できる世界」は、「1つの処理を順に実行する世界」とは、まったく別次元の高度な処理を実現することが可能であると同時に、調停を始めとしたスレッド特有の処理の難しさに対する設計スキルも要求されます。特に業務で開発に携わる場合は、スレッドに関して次のような特別な認識を持っておくことをおすすめします。

スレッドを正しく「恐れる」

- できるだけスレッドを使わなくてよい方法を考える。
- やむを得ずスレッドを使う場合は、大きなリスクを背負うことを覚悟し、開発期間や体制には十分な余裕を持たせる。

　熟練した開発者がスレッドを使ったプログラミングをできるだけ回避しようとする傾向が強いのは、次のような「怖さ」を十分に知っているからです。

テストや問題判別が極めて難しい

　スレッドセーフであることは「同時に実行」してみなければ検証できません。しかし実際に「同時に実行」することは極めて難しいため、厳密なテストを実施できないまま本番稼働せざるを得ない場合もあります。

　また、稼働後に障害が発生した場合も再現性がありません。時と場合によってエラーが出たり出なかったりするだけでなく、一見無関係と思われる箇所でエラーが発生する可能性もあり、原因の特定と不具合の修正は極めて難しくなります。

開発工程全体に多くの影響を与えることがある

　マルチスレッドのプログラムはそうでないプログラムと基本設計（アーキテクチャ）から異なります。「処理の並列実行」に関してはJavaプログラミング以前にシステム全体の設計や要件定義の段階から検討する必要があり、

開発工程や、人員に求められるスキルにも考慮が必要です。

もし業務でスレッドに携わることになったら、ぜひ腰を据えて本格的な専門書にチャレンジしてほしい。それだけ奥深く、取り組み甲斐のある分野なんだ。

column

スレッドセーフなコレクション

java.util.Collections クラスの静的メソッドである synchronizedList() や synchronizedMap() を使うと、引数に渡したコレクションを、スレッド調停機能付きのものに変換してくれます。手軽に要素の格納や取り出しをスレッドセーフにできますが、イテレータ経由の操作は自動調停されない点に注意してください。イテレータ操作を含めてスレッド安全性が要求される場合は、ConcurrentHashMap<K, V> や CopyOnWriteArrayList<T> を利用します。

chapter
16

16.5 この章のまとめ

スレッド

- スレッドを用いると、複数の処理を同時に実行できる。
- Threadクラスのrun()をオーバーライドしてスレッド処理を記述する。
- Threadクラスのstart()メソッドでスレッドを開始する。
- Threadクラスのjoin()メソッドでスレッドの終了を待機できる。

スレッド利用の注意点

- stop()やdestroy()などの一部の命令は、致命的な障害につながる恐れがあるため使用しない。
- スレッド内で例外が発生してもほかのスレッドには伝播しない。
- スレッドに関連する処理はOSに依存している。
- デーモンスレッド以外の全スレッドが終了するとJVMも終了する。

スレッドの調停

- 同一の変数やメソッドを複数のスレッドから同時に利用すると、データが破壊される恐れがある。
- データの破壊を回避するために、synchronizedによる排他制御が必要となる。
- wait()を用いてほかのスレッドに処理の順序を譲ることができる。

スレッド活用のための高水準API

- Atomic系クラスやConcurrent系コレクションを用いると、スレッドセーフなデータ読み書きが可能となる。
- Javaには、スレッドにまつわるデザインパターンを実現するさまざまな高水準APIが準備されている。

16.6 〉 練習問題

練習16-1

「0〜50の整数を順に表示する」という動作をするCountUpThreadを作成してください。さらに、Mainクラスのmainメソッド内からCountUpThreadによるスレッドを3つ生成し、それを実行してください。

練習16-2

次のクラスは複数のスレッドから同時に利用されるとデータが破壊される恐れがあります。このコードをスレッドセーフなものに修正してください。

Counter.java

```
01  public class Counter {
02    private long count = 0;
03    public void add(long i) {
04      System.out.println("足し算します");
05      this.count += i;
06    }
07    public void mul(long i) {
08      System.out.println("掛け算します");
09      this.count *= i;
10    }
11  }
```

chapter 17
ユーザー
インタフェース制御

ここまで学んできたさまざまなトピックは、
それ単独でも十分に役立つものばかりですが、
それらを組み合わせると、みなさんのJavaの世界は
さらに広がっていくでしょう。
最終章では、本書で学んだ技術を組み合わせて実現できる、
グラフィカルなアプリケーション開発の世界をのぞいてみましょう。

contents

chapter
17

この章のコードは、プロジェクト内に module-info.java というファイルが存在すると正しく動きません（15.10 節）。開発ツールなどによってこのファイルが自動的に作成されている場合は、削除するか java.desktop モジュールの requires 指定を記述してください。

17.1 ユーザーインタフェース

お疲れさん。ここまで本当によくがんばったな。あとは実践の場でどんどん吸収していけるだろう。最後に、「ある技術」の紹介をもって俺からの卒業祝いとしよう。

17.1.1 Javaで開発可能なアプリケーション

『スッキリわかるJava入門 第4版』（以下、入門編）と本書（実践編）を併せて都合1,500ページにもなる長い旅も、もうすぐ終わろうとしています。

久しぶりに入門編を開いて第0章を振り返ると、初めてJavaに出会った日のことが懐かしく思い出されるでしょう。入門編の冒頭では、Javaというプログラミング言語がさまざまなアプリケーション開発に用いられているマルチな言語であることを紹介しました。

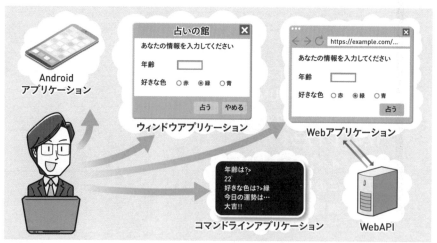

図17-1 Javaを使ってできること（入門編より再掲）

図17-1に掲載した各アプリケーションは、動作する端末や構造が根本的に異なるものですが、そのいずれもがさまざまなライブラリや自分たちで作成したクラスを活用して開発できることが、Javaというプログラミング言語の最大の特徴ともいえるでしょう。

　そして入門編や実践編でこれまで学んできた知識は、コマンドラインアプリケーションはもちろん、図17-1に挙げたすべての種類のアプリケーション開発で利用できる普遍的なものです。ここまで歩んできたみなさんであれば、さらに専用のAPIを学ぶことでAndroidアプリ開発やWebアプリ開発を目指せるでしょう。

> Androidアプリ開発もたくさんの市販書が出ているし、Webにも情報がありますね！　ちょっとチャレンジしてみようかな。

　Javaで開発可能な各種アプリケーションが世に広まる中、特筆すべき状況にあるのが、ウィンドウアプリケーション開発を取り巻く環境です。Javaは、古くからウィンドウアプリケーションを開発するためのAPIを標準で備えており、「WindowsでもmacOSでもLinuxでも同じように動くウィンドウアプリ」を開発するために使われてきました。近年、Webアプリやスマートフォンアプリの採用が急速に進んだため新規採用は減っているものの、企業内のシステムなどではまだまだ広く使われ、保守もしっかりと続けられています。

> 第10章で紹介したEclipseやIntelliJも、JavaのウィンドウアプリのAPIを使って作られているんだ。この章では、その技術のさわりを簡単に紹介しよう。

17.2 ウィンドウ UI の基礎

17.2.1 ユーザーインタフェースの種類

　コンピュータと人との接点を**ユーザーインタフェース**（UI: user interface）といいます。マウスやキーボード、タッチパネル、スピーカーや音声入力マイクも UI を構成する要素ですが、なんといっても代表的なのはコンピュータが出力するほぼすべての情報を表示する「画面」です。

　この画面において、主に文字を使ってやりとりをする方式を CUI（character user interface）、グラフィックを用いる方式を GUI（graphical user interface）といいます。特に GUI にはいくつかの実現方法が存在しますが、代表的なものとして次の2つが知られています。

WebUI

・Webアプリケーションなどの UI
・主にブラウザでの表示を想定
・デザインは HTML で記述

ウィンドウUI

・Windowsアプリケーションなどの UI
・OSのデスクトップに表示
・デザインは主にプログラムで記述

図17-2　代表的な GUI の実現方法

17.2.2 ウィンドウ UI の基本要素

　ウィンドウ UI の中核をなすのは、その名のとおり「ウィンドウ」です。通常は長方形をしており、上部にタイトルバーを持っています。枠を変形したり、ポインタを操作して移動したりすることができます。

ウィンドウの内部をどのように利用するかはアプリケーションの自由です
が、主な使い方は大きく2つに分かれます。

使い方1　キャンバス

ウィンドウ内部の全面を1つのグラフィック領域として扱い、自由に文字
や点や線を描く。この領域のことを**キャンバス**（canvas）とも呼ぶ。

使い方2　ウィジェット

ウィンドウ内部に、テキストボックスやボタンなどの部品を配置する。こ
れらの部品を**ウィジェット**（widget）ともいう。

業務アプリを作る場合は2、ゲーム開発などでは1が多いだろう。

なるほど。いよいよボクのゲームもグラフィック化が近づいて
きた予感！　グフフ。

17.2.3　ウィンドウUIを実現するJava API

画面にウィンドウを生み出し、キャンバスに描画したりウィジェットを配
置したりするためには、専用のAPIを用います。Javaには、歴史的経緯から
3つのライブラリがAPIとして存在してきました（表17-1）。

表17-1　ウィンドウUIを実現するJavaAPI

	AWT	Swing	JavaFX
登場年	1995（Java1.0）	1998（Java1.2）	2008
特徴	基礎的で低水準な命令群	OSに影響されない命令と豊富な部品	より近代的で高水準な部品と開発体験
OSの差の吸収	×	○	○
デザインと処理の分離	×	×	○
JDK同梱	○	○	×
パッケージ	java.awt.〜	javax.swing.〜	javafx.〜

chapter
17

Javaの誕生とともに提供されたUI用のAPIがAWT（abstract window toolkit）です。古い歴史を持つAPIですが、ウィンドウ・キャンバス・ウィジェットに関する基本的な機能はすべて兼ね備えており、発表当時は「Write Once, Run Anywhereなウィンドウアプリ」を実現できる革新的な技術として世の中に迎えられました。

しかし、AWTは2つの大きな課題を抱えていました。まず問題となったのは、非常に基礎的で低水準な命令しか持っていなかったことです。画面の部品も最低限しか準備されておらず、本格的なウィンドウUIを実現しようとすると、かなりの労力を要したのです。

もう1つの課題は、「実行するOSによって見た目（ルックアンドフィール、LnF）が変わる」という点でした。AWTでは、チェックボックスなどの画面部品を描画する際、その処理をOSに任せていたため、「Windowsで動かすとWindowsのような見た目」「macOSで動かすとmacOSのような見た目」になるほか、特定のOSでは動作にも違いが生じていました。

AWTの発表から3年後、Javaは「OSに依存しない」「高水準な命令や豊富なウィジェット」を備えた次世代APIとしてSwingを発表します。Swingはその一部でAWTを利用しているため、AWTを完全に置き換えるというよりは、AWTと併用する道具として位置付けられました。いずれにせよ、Javaにおけるウィンドウアプリ開発の標準として、SwingとAWTの組み合わせがその地位を確立し、各企業や開発現場に広く急速に普及していったのです。

その後、「ボタンやテキストボックスなどの部品を画面上に視覚的に配置し、それらが操作されたときの処理は別に記述する」というスタイルによって、画面設計と動作処理のプログラミングを分離し、かつ高水準な特徴を持った近代的APIとしてJava FXが登場します。Java8からJDKの一部として同梱され、Swingの後継として幅広く利用されてきましたが、Java11からはJDKと分離され、OpenJFXという独立したオープンソースライブラリとして提供されています。

JavaFXのほうが新しい技術だが、この章ではJDKの一部であるSwingにフォーカスして紹介していく。膨大な数のクラスを含むAPIだから、ここではほんの一部しか紹介できないが、リファレンスを参照しながら読み進められるはずだ。

17.3 { Swing API の基礎

17.3.1 ウィンドウの種類

> それじゃ、いよいよSwingを使って簡単なウィンドウアプリ体験といこうじゃないか。

　ここまで紹介してきたように、Swing APIを利用すると、簡単に画面上にウィンドウを表示できます。Swingの世界には大きく3種類のウィンドウと、それを実現するためのクラスが存在します。

① **狭義のウィンドウ**（javax.swing.JWindow）：**枠やツールバーがない**
② **フレーム**　　　　　（javax.swing.JFrame）　：**枠やツールバーがある**
③ **ダイアログ**　　　　（javax.swing.JDialog）　：**対話入力用の小さなもの**

　このうち、よく用いられるのは②と③ですが、本書では特に、ウィンドウアプリケーションのメインウィンドウとして使われるフレームについて紹介します。

17.3.2 フレームの使用

　フレーム（frame）を利用するためには、javax.swing.JFrame クラスを使います。このクラスをインスタンス化し、setVisible メソッドを呼び出せば、画面にウィンドウを表示できます。

コード17-1 ウィンドウを表示する

```
01  import javax.swing.*;
02
```

```
03  public class Main {
04    public static void main(String[] args) {
05      JFrame frame = new JFrame("はじめてのSwing");
06      frame.setDefaultCloseOperation(JFrame.EXIT_ON_CLOSE);
07      frame.setSize(400, 200);
08      frame.setVisible(true);
09      System.out.println("フレームを表示");
10    }
11  }
```

実行結果

実行したコマンドプロンプト画面　　　　　　　　　　表示されたウィンドウ

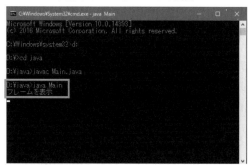

おおっ！　出ました、ウィンドウ！　しかもサイズを変えたり、最大化したりもできる！　なぁんだ、こんなに簡単ならもっと早く教えてくださいよ。

まあそう言うなよ。紹介できなかった事情があったんだ。

17.3.3 ウィンドウアプリケーションとスレッド

画面に表示されたウィンドウをマウスでドラッグしたり、最大化したりす

るなど操作しながら、ぜひコマンドプロンプト画面も見てみましょう。コード17-1の8行目でJFrameを表示して操作可能にした後、すぐに9行目の処理が実行されているのが確認できますね。これは、Javaの処理がすでに10行目に到達しており、mainメソッドの実行も終了していることを意味します。

> mainメソッドが終わったらプログラムは終了するはずなのに、どうして今もウィンドウは消えずに操作できるのかしら？

　ウィンドウアプリケーションは、コマンドラインアプリケーションとは根本的に異なり、マルチスレッドで複雑な構造をしています。というのは、たとえプログラム内で重要な計算や通信をしている途中でも、画面に表示されたウィンドウやウィジェットは、常にマウスで移動されたり、表示をアニメーションさせなければならない可能性があり、遅延なくその要求に応える必要があるためです。

　そのため、Swingをはじめとしたウィンドウライブラリは、ウィンドウやウィジェットを初めて生成するとき、メインスレッドとは独立した画面描画を制御するための専用スレッド（UIスレッド）を密かに起動し、GUI系の表示制御や入力の待ち受けに使うようなしくみになっています（図17-3）。

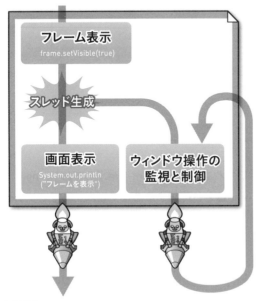

図17-3　メインスレッドとUIスレッド

従って、前章で学んだプログラム終了の条件（p.615）に従い、mainメソッドは終了しても、JFrameのUIスレッドが終了しない限りプログラムは動作を継続するのです。

17.3.4 ウィジェットの生成と追加

> ウィンドウUIとスレッドの関係がわかったところで、ウィジェットを追加していこう。だんだん画面がにぎやかになるぞ！

Swingは、豊富なウィジェットをクラスとして提供しています。図17-4はその一部にすぎませんが、いずれもjavax.swingパッケージに所属する「J」から始まる名前のクラスです。どのようなウィジェットが存在するか、APIリファレンスで確認できるでしょう。

```
ログイン画面

JCheckButton ───────  ○ HTTPS  ○ SSH
                                              ─── JTextField
                      ユーザーID  [                    ]
JLabel ─────────     パスワード  [                    ]
                      □ パスワードを隠さない
                                              ─── JPasswordField
                          [ログイン]  [クリア]
JCheckBox ─────────              ───────── JButton
```

図17-4　Swingが準備する基本的なウィジェット

※ ほかに、複数行入力欄（JTextArea）、選択リスト（JList）、ドロップダウン選択リスト（JComboBox）、メニューバー（JMenuBar）、プログレスバー（JProgressBar）、ツールバー（JToolBar）、ツリー表示領域（JTree）、テーブル表示領域（JTable）、右クリックメニュー（JPopupMenu）などが存在する。

これらのウィジェットはいずれもJComponentを継承しており、newによるインスタンス後に、JFrameなどに追加することで表示が可能になります。さっそく、コード17-1を修正してラベルとボタンを追加してみましょう。

> わっ、すごい！　本当にJavaで画面にボタンを作れたわ。

コード17-2 ウィンドウにラベルとボタンを追加する

BK4H2
Main.java

```java
01  import java.awt.FlowLayout;        ← この部分を追加
02  import javax.swing.*;
03
04  public class Main {
05    public static void main(String[] args) {
06      JFrame frame = new JFrame("はじめてのSwing");
07      frame.setDefaultCloseOperation(JFrame.EXIT_ON_CLOSE);
08      frame.setSize(400, 200);
09                                     ウィジェット追加の準備
10      frame.setLayout(new FlowLayout());  ←（次節で解説）
11      JLabel label = new JLabel("Hello World!!");  // ラベルを生成して、
12      frame.add(label);                            // フレームに追加
13      JButton button = new JButton("押してね");    // ボタンを生成して、
14      frame.add(button);                           // フレームに追加
15
16      frame.setVisible(true);
17      System.out.println("フレームを表示");
18    }
19  }
```

実行結果

ウィジェットの追加

add(ウィジェットのインスタンス)

※ JFrameインスタンスに対して実行する。

column

 ## ウィジェットはContentPaneに追加される

コード17-2の12・14行目では、JFrameに対するadd()でウィジェットを追加しましたが、実はフレームに直接追加されているわけではありません。

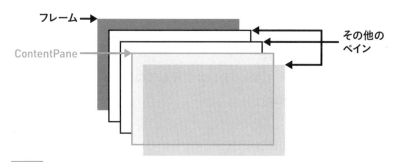

図17-5 フレームの構造

図17-5のように、フレームは用途の異なる複数のペイン（pane）からなる階層構造を持っています。ペインとは、窓枠や羽目板などの意味を持つ単語ですが、ウィジェットは、これらのうちContentPaneに追加されます。

なお、大昔のJavaでは、ウィジェットを追加する際にフレームに対してgetContentPane()を呼んでContentPaneを取得した上でaddする必要がありました。現在のJavaでは、フレームに直接add()を実行すると自動的にContentPaneに追加してくれますが、下記の書き方もよく見られます。

```
// ContentPaneを取得してからaddしてもOK
frame.getContentPane().add(button);
```

17.4 { レイアウト

17.4.1 座標指定による配置

> いろんな部品をフレームに追加できたけど、どれも横に並んじゃうなあ…。もっとかっこよく配置できないのかな?

> うーん、きっとsetPosition()みたいな名前のメソッドがあって、配置する位置を指定できるんじゃないかしら。リファレンスで調べてみましょうよ!

　みなさんもぜひ、JButtonやJLabelのAPIリファレンスを参照して、どのようなメソッドを持っているかを眺めてみてください。独自のメソッドはもとより、JComponentなどの親クラスから30以上もの大量のメソッドを継承していることがわかるでしょう。getSize()やsetFont()のように、名前から動作を想像できるメソッドを見つけたら、ぜひ気軽に試してみましょう。

　配置に関する朝香さんの推測も当たらずといえども遠からずで、すべてのウィジェットが持つsetLocation()を使って、フレーム内における配置座標を指定できます。

　それでは実際に、コード17-2の10~14行目を次のように書き換えて、部品の配置をコントロールしてみましょう(コード17-3)。

コード17-3 位置とサイズを指定して配置する

Main.java

```
09  :
10      frame.setLayout(null);        ◀ nullに変更
11      JLabel label = new JLabel("Hello World!!");       ┐ この部分を追加
12      label.setLocation(10, 10);      // ラベルの座標と、  │
13      label.setSize(200, 20);         // サイズを指定      ┘
```

```
14      frame.add(label);
15      JButton button = new JButton("押してね");      ← この部分を追加
16      button.setLocation(250, 100);      // ボタンの座標と、
17      button.setSize(100, 20);           // サイズを指定
18      frame.add(button);
19    :
```

実行結果

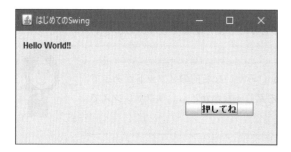

　コードの10行目は、「これまでSwingに部品の配置を任せていた機能を解除し、自分で細かく設定します」と宣言する意味を持っています。
　また、12・13行目と16・17行目で、座標だけでなくサイズも指定しているのは、部品の自動配置機能をオフにすると、サイズの初期値はゼロになり、見えなくなってしまうためです。

> やった！　これでもう、どんな画面だって思いどおりに作れちゃいそうだ！

> まあ焦るなよ。この方式による部品配置には、ウィンドウアプリケーション特有の致命的な問題があるんだ。

　このプログラムの実行中、たとえば表示されたウィンドウのサイズを小さくしてしまうと、ボタンは隠れて見えなくなってしまいます（図17-6）。

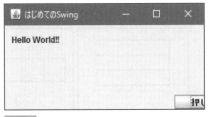

図17-6 ボタンが隠れてしまったウィンドウ

 座標による部品配置やサイズ指定による弊害

ウィンドウUIにおいて、位置やサイズを座標で指定すると、ウィンドウサイズの変更によってデザインが崩れてしまう。

17.4.2 レイアウトマネージャによる配置

 ウィンドウサイズを変更しないでくださいって、使う人に頼むわけにもいかないし…。ウィンドウの大きさが変わったときにボタンの位置も変える処理を書いておくとか？

かなりの力業だが、結局それしか道はない。でも、自分でやらずにJavaにやってもらえばいいんだ。

　実は、Swingより前のAWTの時代から、Javaはこの「レイアウト崩れ」の問題に対する解として、レイアウトマネージャ（layout manager）というしくみを提供しています。

　AWTでは、数種類の「部品配置のルール」がレイアウト（layout）として用意されています（図17-7）。いずれか1つを選び、フレームなどウィジェットの配置先であるコンテナ（container）に指定すると、コンテナ自体がルールに従って格納する部品の配置やサイズを常に制御してくれます。

chapter
17

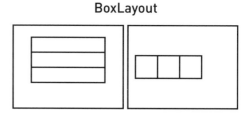

BorderLayout

上下左右中央の5箇所に部品を配置

BoxLayout

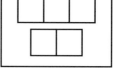

縦または横に並べて部品を配置
（折り返しなし）

GridLayout

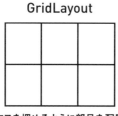

マスを埋めるように部品を配置

FlowLayout

横に並べて部品を配置
（折り返しあり）

図17-7 AWTが提供する代表的なレイアウト

> なるほど！　ウィンドウのサイズが変化しても、レイアウトルールに従って自動的に部品の配置を調整してくれるのね！

　Swingでも、このAWTのレイアウトを利用した配置の制御が可能です。試しに、BorderLayoutを適用して、ラベルをウィンドウ中央に、4つのボタンを上下左右の端に配置してみましょう。10〜21行目が変更する部分です（コード17-4）。

コード17-4 BorderLayoutで部品を自動的に配置する

```
01  import java.awt.BorderLayout;
02  import javax.swing.*;
03
04  public class Main {
05      public static void main(String[] args) {
06          JFrame frame = new JFrame("はじめてのSwing");
```

第Ⅳ部

```
07    frame.setDefaultCloseOperation(JFrame.EXIT_ON_CLOSE);
08    frame.setSize(400, 200);
09
10    frame.setLayout(new BorderLayout());          ── BorderLayoutを設定
11
12    JLabel label = new JLabel("Hello World!!");
13    frame.add(label, BorderLayout.CENTER);          中央に配置
14    JButton buttonN = new JButton("上ボタン");
15    frame.add(buttonN, BorderLayout.NORTH);         上に配置
16    JButton buttonS = new JButton("下ボタン");
17    frame.add(buttonS, BorderLayout.SOUTH);         下に配置
18    JButton buttonW = new JButton("左ボタン");
19    frame.add(buttonW, BorderLayout.WEST);          左に配置
20    JButton buttonE = new JButton("右ボタン");
21    frame.add(buttonE, BorderLayout.EAST);          右に配置
22
23    frame.setVisible(true);
24    System.out.println("フレームを表示");
25  }
26 }
```

実行結果

※ マウス操作でウィンドウ
サイズが変化しても、ボ
タンなどの部品は自動的
に再配置されるため、常
に正しく表示される。

このBorderLayoutでは、上下左右と中央を、NORTH・SOUTH・WEST・EAST・CENTERと表現して指定するのが特徴だ。

 BorderLayoutのインスタンス化

new BorderLayout(水平方向の間隔, 垂直方向の間隔)

※ 引数を指定すると、ウィジェット間に間隔を設けることができる。

BorderLayoutの動作を確認できたら、図17-7で紹介したBoxLayoutも試してみましょう。本書ではサンプルコードの紹介を割愛していますが、このレイアウトは、縦または横方向にウィジェットを並べて配置する機能を持っています。BorderLayoutとは異なり、インスタンス化する際の引数指定が必須である点に注意しましょう。

 BoxLayoutのインスタンス化

new BoxLayout(配置コンテナ, 配置方向を示す定数);

※ 縦方向の配置はBoxLayout.Y_AXIS、横方向の配置はBoxLayout.X_AXISなどを指定。
※ フレームに利用する場合、配置コンテナにはContentPaneを指定する (p.644)。

JFrameなどのコンテナにBoxLayoutを設定すると、各ウィジェットは追加された順に、縦または横に自動的に並べて表示されます。BorderLayoutと違い、addの際には場所を指示する第二引数を指定する必要はありません。

実用上はそのほかのレイアウトも非常によく使われるが、実は今回紹介した2つだけでもかなり実用的な画面を作れるんだ。

なお、前節で紹介したコード17-2では、特別な指示をしなくても部品を配置してくれるFlowLayoutを使っています。また、前項のコード17-3では、レ

イアウトマネージャを無効にし、座標指定によってウィジェットの追加を行いました。

 レイアウトマネージャの有効化と無効化

`setLayout(レイアウトのインスタンス または null)`

※ レイアウトのインスタンスを渡すと有効化、nullを渡すと無効化される。
※ JFrameインスタンスに対して実行する。

17.4.3 レイアウトのネスト

　Swingが提供するウィジェットの1つにJPanelという部品があります。この部品は、**ウィジェットとしてフレームの中に配置可能であると同時に、自分自身がほかの部品を格納できるコンテナ**としての機能も持っています。

　このようなJPanelの特性とレイアウトを組み合わせると、より複雑な画面もレイアウトを用いて構成できるようになります。

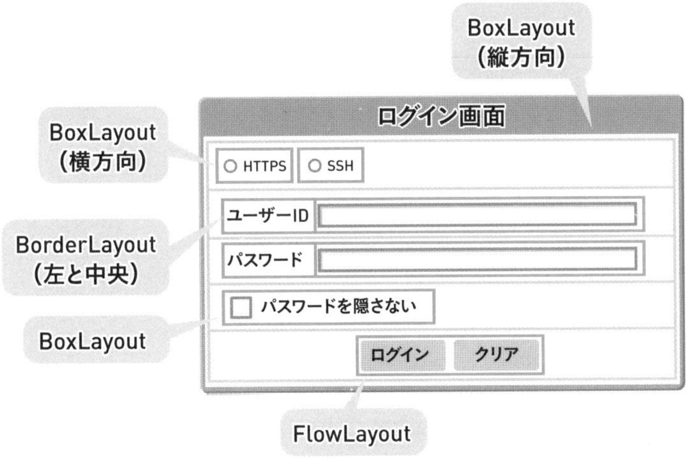

BoxLayout
（縦方向）

BoxLayout
（横方向）

ログイン画面

○ HTTPS　○ SSH

BorderLayout
（左と中央）

ユーザーID

パスワード

BoxLayout

□ パスワードを隠さない

ログイン　クリア

FlowLayout

図17-8　レイアウトをネストして複雑な画面を構成する

そういえば、EclipseやIntelliJもSwingを使って作られている という話をネットの記事で読みました。あの複雑な画面も、きっ とこの方法で構成されているんですね。

本格的な業務アプリだと8重や9重のネストも珍しくないが、各 部を独自クラスとして定義するなどして工夫するんだ。

column

JTree や JTable と MVC 設計

　Swing ウィジェットの中でも JTree と JTable の2つは、極めて高機能かつ複雑 なコンポーネントとして知られています。これらのウィジェットの内部では、部 品の表示状態（view）と保持データ（model）とを独立して管理しつつ、相互に 連携・反映させる MVC（model-view-controller）という設計パターンが採用さ れています。

17.5 イベントハンドリング

17.5.1 イベントとイベントハンドラ

さて、画面レイアウトをひととおり紹介したところで、最後に「押しても動かないボタン」をどうにかしよう。

　ウィンドウアプリケーションにおいては、常に独自のUIスレッドが動いてマウスやキーボードによる操作を監視し、対応することはすでに紹介したとおりです（p.641）。私たちが明示的にコード内で指示していないにもかかわらず、UIスレッドはウィンドウUIの世界で「常識」とされる動作を実現するために適切に対処してくれています。

　しかし、「押してね」ボタン（p.646）が動かないのは、ボタンを押されたときにどんな処理を実行したらいいのか、UIスレッドは判断できないためです。

　そこでウィンドウアプリ開発では、私たち開発者が各ウィジェットやウィンドウについて、「この状況になったら、このメソッドを処理する」という指示をあらかじめプログラムに記述しておくことになります。このとき指定する状況の種類をイベント（event）といい、その状況で実行する処理やメソッドをイベントハンドラ（event handler）やイベントリスナ（event listener）、またはコールバック（callback）といいます。

代表的なイベント

- ・マウスでクリックされた
- ・マウスでダブルクリックされた
- ・マウスで右クリックされた
- ・マウスでドラッグが開始された
- ・マウスによるドラッグが終了した
- ・何らかのキーが押された
- ・何らかのキーが離された
- ・部品のサイズが変化した
- ・部品がフォーカスを得た
- ・部品がフォーカスを失った

…ということは、これまで画面上に配置した全部の部品に、それぞれイベントハンドラを指定していくんですか？

ああ、それこそウィンドウアプリ開発の姿だ。コマンドラインアプリとの根本的な違いに着目してみよう。

　私たちが前章まで作ってきたコマンドラインアプリは、mainメソッドを起点として、基本的に「プログラムの起動から終了までの指示を記述していく」という意味では、開発者が処理実行の主導権を終始にわたって完全に把握しているプログラミングモデルでした。

　一方、ウィンドウアプリケーションの場合は、そうではありません。開発者はさまざまなイベントハンドラを部品ごとに準備しておくだけで、その実行自体はUIスレッドが制御します。このように、開発者がプログラム全体の流れをすべて記述せず、各イベントごとの動作を定義していくプログラミングモデルは、イベントドリブンモデル（event driven model）ともいわれます。

イベントドリブンモデル

GUIアプリでは、フレームやウィジェットに対してイベントハンドラを登録することで、動作をプログラミングしていく。

ボタンのクリックイベントに対応する

　前節で学んだレイアウトと同様、イベントもSwingではなくAWTで実装されているため、イベントハンドラの記述にはjava.awt.eventパッケージのクラスを使います。

　SwingとAWTで作成するウィンドウアプリでは「イベント発生時に呼び出されるメソッドを持つクラスのインスタンス」を渡して、イベントハンドラを登録します。

> このあたりは、Swing／AWT特有の世界観なんだ。実例を見な
> がらのほうが理解が進むだろう。

たとえば、ボタンに対してクリックに関するイベントハンドラを登録する
ためには、JButton が持つ addActionListener() というメソッドを使います。

 ボタンクリックのイベントハンドラを登録する

```
void addActionListener(ActionListener listener)
```

※ ActionListener は java.awt.event パッケージに属するインタフェース。

ActionListener は java.awt.event パッケージに属するインタフェースであ
り、**void actionPerformed(ActionEvent e)** というメソッドの宣言のみ
が強制されています。まずはこの規定に従い、ActionListener クラスを実装
したクラスを作成します（コード17-5の MinatoListener.java）。その上で、「押
してね」ボタンのイベントハンドラとして MinatoListener のインスタンスを
登録しましょう（コード17-5の Main.java）。

コード17-5 ActionListener を実装したクラスを定義する

MinatoListener.java

```
01  import java.awt.event.*;
02
03  public class MinatoListener implements ActionListener {
04    public void actionPerformed(ActionEvent e) {
05      System.out.println("押されました！");          ) コマンドプロンプトに
                                                         文字列を出力
06    }
07  }
```

Main.java

```
01  import java.awt.FlowLayout;
02  import javax.swing.*;
03
```

chapter
17

```
04   public class Main {
05     public static void main(String[] args) {
06       JFrame frame = new JFrame("はじめてのSwing");
07       frame.setDefaultCloseOperation(JFrame.EXIT_ON_CLOSE);
08       frame.setSize(400, 200);
09       frame.setLayout(new FlowLayout());
10
11       JLabel label = new JLabel("Hello World!!");
12       frame.add(label);
13       JButton button = new JButton("押してね");
14       button.addActionListener(new MinatoListener());
15       frame.add(button);
16
17       frame.setVisible(true);
18       System.out.println("フレームを表示");
19     }
20   }
```

> ボタンが押されたら MinatoListener の
> actionPerformed() を呼び出すよう登録

MinatoListener クラスの actionPerformed メソッドに引数として渡ってくる ActionEvent 型の引数 e には、イベント発生時刻や押されていた修飾キーなどの情報が格納されています。今回は特に利用していませんが、必要があれば、内容を取り出して活用することも可能です。

> ボタンを押すたびに、コマンドプロンプトに文字が出るように
> なりました！

> うーん、でも、わざわざイベントごとに別のクラスを定義する
> のはけっこうめんどうですよ。

このような手間を省くために、開発現場では第2章で学んだ匿名クラス
(p.93)がよく利用されています。このテクニックを用いる場合、MinatoListener

クラスの定義は不要となり、コード17-5のMainクラスの14行目は、次のような記述になります。

```
button.addActionListener(new ActionListener() {
  public void actionPerformed(AcitonEvent e) {
    System.out.println("押されました！");
  }
});
```

> java.awt.event パッケージの
> インポートが必要

そうか、あのキモい文法は、こういう時に役立つのか（コード2-13、p.94）。

ちなみにActionListenerはメソッドを1つしか持たないため、ラムダ式での記述も可能だ。ぜひチャレンジしてみてくれ。

17.5.3 さまざまなイベントへの対応

今回使用したActionListener（を実装したクラス）は、JButtonのほかにもさまざまなウィジェットにaddActionListener()で登録できます。

表17-2 ActionListenerを登録できる主なウィジェット

ウィジェット	イベントが発動される状況
JButton	クリックされたとき
JCheckBox	クリックされたとき
JRadioButton	クリックされたとき
JTextField	入力欄で Enter キーが押されたとき
JPasswordField	入力欄で Enter キーが押されたとき

ただしActionListenerは、クリックや Enter キー入力を検知するためのイベントハンドラを登録する目的にしか使えません。ほかの種類のイベントを検知するためには、それらのイベントに対応したListenerインタフェース

chapter
17

を継承してクラスを作成し、ウィジェットの専用メソッドで登録する必要があります（表17-3）。

インタフェース	イベント	登録メソッド名
ActionListener	クリックやEnterキー入力などの「決定」「実行」	addActionListener()
ChangeListener	入力内容や選択状況などの「変化」	addChangeListener()
MouseListener	マウスの「クリック」「押す」「離す」「領域内への進入」「領域外への離脱」	addMouseListener()
KeyListener	キーの「押す」「離す」「入力」	addKeyListener()
WindowListener	ウィンドウの「登場」「終了」「前面化」「最小化」など	addWindowListener()

※ ChangeListenerインタフェースは、javax.swing.eventパッケージに所属する。

あれ、MouseListenerもクリックされたときに動くみたいですが、MinatoListenerが継承するのはこっちじゃダメだったんですか？

似たようなものなんだが、認識できるイベントの「範囲」に違いがあるんだ。

　ほとんどの場合、ユーザーはマウスを使ってボタンを押しますが、キーボードを使ってボタンを押すことも可能です（Windowsでは、ボタンにフォーカスを合わせて Space キーを押します）。

　ActionListenerは、「手段は問わず、とにかくボタンが押されたら」のようにざっくりとした発動条件を指定するので、マウスであってもキーボードであっても、対象となるボタンが押されさえすればイベントハンドラが発動します。

　一方のMouseListenerは、「ユーザーがマウスでクリックしたら」を起動条件としているため、キーボードでのボタンの実行を検知できません。

　このようなイベントハンドラを起動する条件の違いを、「抽象度」と表現します。イベントハンドラの作成にあたっては、適切な抽象度を持つListenerインタフェースの選択が必要となります。

> ### Listener の抽象度
>
> イベントハンドラの起動条件に応じた、適切な抽象度のListenerを
> 選ぶ。
> - **抽象的**　ActionListener や ChangeListener など
> ⇒　手段は問わず「決定」や「変化」を検知したい場合。
> - **具体的**　MouseListener や KeyListener など
> ⇒　具体的な発動条件を細かく指定したい場合。

17.5.4 アダプタクラスの利用

さっそく試しにMouseListenerを使ってみようと思って、ちょっとリファレンスを調べてみたんですが…、これ、メソッド多すぎじゃないですか!?

マジメに使おうとすると、ちょっと大変だよな。

マウス操作のイベントハンドラを登録するMouseListenerをAPIリファレンスで調べると、5つものメソッドが定義されていることがわかります（表17-4）。

表17-4 MouseListenerインタフェースに定義されているメソッド

メソッド	イベント
mouseClicked()	マウスをクリックした（押して離した）とき
mousePressed()	マウスボタンを押したとき
mouseReleased()	マウスボタンを離したとき
mouseEntered()	ウィジェット領域にマウスが入ったとき
mouseExited()	ウィジェット領域からマウスが出たとき

※ すべての引数はMouseEvent型、戻り値はvoid。

chapter
17

マウスがクリックされたことを検知したい場合は、このインタフェースを実装し、mouseClickedメソッドにクリックされたときの動作を記述すればいいはずです。しかし、実際にコードを書こうとすると、極めて冗長な記述が必要だと気づくでしょう。

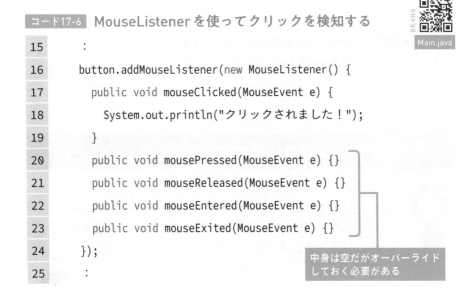

コード17-6 MouseListenerを使ってクリックを検知する

```
15        :
16    button.addMouseListener(new MouseListener() {
17      public void mouseClicked(MouseEvent e) {
18        System.out.println("クリックされました！");
19      }
20      public void mousePressed(MouseEvent e) {}
21      public void mouseReleased(MouseEvent e) {}
22      public void mouseEntered(MouseEvent e) {}
23      public void mouseExited(MouseEvent e) {}
24    });
25        :
```

中身は空だがオーバーライドしておく必要がある

MouseListenerインタフェースを継承したクラスを定義するためには、5つのメソッドすべてを実装する必要があります。そのため、特に検知は必要ない残りの4つのメソッドについても、中身が空っぽのメソッド定義が必要になってしまうわけです。

そんなめんどうな…。何かいい方法はないんですか？

Swing／AWTでは、この手間を緩和するために、MouseListenerの全メソッドを空のメソッドとして実装したMouseAdapterクラスを提供しています。このクラスを使えば、コード17-6は次のコード17-7のように、簡単に記述できます。

コード17-7 MouseAdapter を使ってクリックを検知する

```
15        :
16      button.addMouseListener(new MouseAdapter() {
17        public void mouseClicked(MouseEvent e) {
18          System.out.println("クリックされました！");
19        }
20      });
21        :
```

> ほかの4つのメソッド（中身は空）
> は親から継承するため記述不要

　Swing／AWTは、MouseAdapter以外にも、複数のメソッドを持つほとんどのListenerインタフェースについてAdapterクラスを準備してくれています。実用上はこれらの**イベントアダプタ**（event adapter）クラスを使うケースがほとんどでしょう。

17.5.5 イベントディスパッチスレッドの制約

> 見てください、大江さん！　ボタンをクリックしたらテキストファイルを読み込んで、ラベルとして画面に出せるようにしてみたんです！

　湊くんは、第6章で学んだテキストファイルの読み込みと、独自に調べたJOptionPaneというエラーダイアログを表示するためのクラスを組み合わせて、コード17-8のプログラムを作ったようです。

コード17-8 ファイルを読んでウィンドウに表示する

Main.java

```
01  import java.awt.FlowLayout;
02  import javax.swing.*;
03  import java.awt.event.*;
04  import java.nio.file.*;
```

```
05  import java.io.*;
06
07  public class Main {
08    public static void main(String[] args) {
09      JFrame frame = new JFrame("はじめてのSwing");
10      frame.setDefaultCloseOperation(JFrame.EXIT_ON_CLOSE);
11      frame.setSize(400, 200);
12      frame.setLayout(new FlowLayout());
13
14      JLabel label = new JLabel("Hello World!!");
15      frame.add(label);
16      JButton button = new JButton("押してね");
17      button.addActionListener(new ActionListener() {
18        public void actionPerformed(ActionEvent ae) {
19          try (
20            BufferedReader br =
                    Files.newBufferedReader(Paths.get("rpg.txt"));
21          ) {
22            label.setText(br.readLine());          1行読み込んでラベルの
                                                      テキストを書き換える
23          } catch (IOException e) {
24            JOptionPane.showMessageDialog(frame,
25                "rpg.txtファイルを開けませんでした",
26                "エラー発生", JOptionPane.ERROR_MESSAGE);
                                                      エラーダイアログの表示
27          }
28        }
29      });
30      frame.add(button);
31
32      frame.setVisible(true);
33      System.out.println("フレームを表示");
```

```
34    }
35  }
```

> おう、やるな！　これまで学んだことを取り入れてうまく作ってるじゃないか。

　このコードを題材に、UIスレッドに関する2つの重要な制約を押さえておきましょう。

制約1　イベントハンドラ内での例外処理

イベントハンドラ内で発生する例外は、原則としてそのハンドラ内でcatchして処理を完了しなければならない。

　コード17-8では、このポイントのとおり、actionPerformed()の中で発生するIOExceptionをハンドラ内でtry-catch処理する正しい構造になっています。RuntimeException系の例外についても、必要であればハンドラ内できちんと処理するようにしましょう。

> え？　別にcatchしなくても例外は伝搬するから、mainメソッドとかでまとめてtry-catchすればいいんじゃないですか？

> たぶんダメよ。だってもう、mainメソッドは終了しちゃってるはずだから…。

　朝香さんの推測するとおり、例外が発生したときにはすでにmainメソッドの実行（メインスレッド）は終了していることが一般的です。仮にmainメソッドの実行が続いていたとしても、イベントハンドラは、mainとは別のスレッド（UIスレッド）で実行されることを思い出してください（17.3.3項）。そして、前章で学んだように、例外は別スレッドまで伝搬しません（p.616）。

chapter
17

そのため、原則として、イベントハンドラ内で発生した例外をイベントハンドラの外に伝搬させて処理することはできないのです。

> そしてこのUIスレッドに関しては、とても重要な制約がもう1つあるんだ。

制約2　EDTによるメソッド呼び出し制限

Swingのウィジェットやウィンドウ関連のメソッドの多くは、イベントディスパッチスレッド以外からは呼び出せない。

本章ではこれまで、UIスレッドという名称で解説してきましたが、Swingはその内部で、ウィンドウUIの管理やイベント処理のために複数のスレッドを利用することがあります。その中でも、特にユーザーが登録した各種イベントハンドラを呼び出すためにSwing／AWTが利用するスレッドを、イベントディスパッチスレッド（EDT: event dispatch thread）と呼んでいます。

そして、Swingの各部品のメソッド（setLocation()やsetText()、getFont()など）はイベントディスパッチスレッド以外からの呼び出しが原則として禁止されており、ほかのスレッドから呼び出すと、java.lang.IllegalStateExceptionが発生することになっています。

> うーん、そんなのまったく意識してなかったけど、普通にプログラム書けたし動きましたよ。

コード17-8程度の規模であれば、この制約はあまり問題にならないでしょう。実際、22行目のsetText()の呼び出しはイベントハンドラ内に記述されていますので、イベントディスパッチスレッドの処理の中で実行されます。

しかし、実際の業務プログラムでは、長い時間を要する処理を作ることもあるでしょう。たとえば、ボタンが押されたときの処理は現在、ローカルにあるテキストファイルを読み込んでいるだけですが、これが「遠隔地にあるネットワークサーバから2GBのファイルをダウンロードする処理」だったと

したらどうなるでしょうか。

そのままイベントハンドラ内に通信処理を記述すると、ボタンを押した後、環境にもよりますが少なくとも数分ほどは画面の反応がなくなってしまいます。そのため、このような場合は「ダウンロード処理を行う専用のスレッド」を独自に開発し、ボタンクリックではその独自スレッドの起動だけを行うのが一般的です。そして、ダウンロード終了時にダイアログを表示したいなどの場合に、さきほどの制約に頭を悩ませることになるのです。

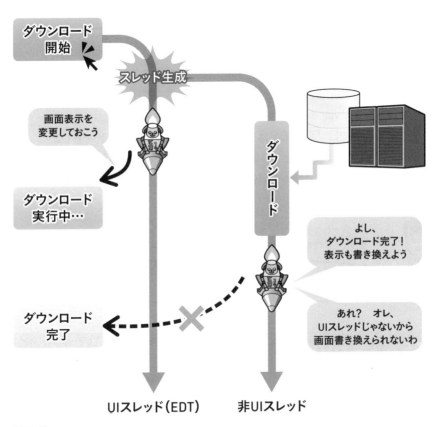

図17-9 独自スレッドを利用したときのEDT制約

このようなケースでは、javax.swing.SwingUtilitiesが備えるinvokeLater()という命令を用います。このメソッドにRunnableを実装した処理（ラムダ式の記述も可能）を渡すと、その内容をSwing／AWTがイベントディスパッチスレッドの中で実行してくれます。

そもそも、どうしてSwing／AWTはこんな制約を作っちゃったんですか。もっと自由に、どんなスレッドからでもウィジェットを操作する命令を呼び出せたらいいのに。

　朝香さん同様の疑問を感じる人もいるかもしれませんが、Swing／AWTも意地悪をしようとして制約を設けているわけではありません。

　前章の終わりでも解説したように、マルチスレッドプログラミングは極めて難しく、実務上でも障害発生リスクが高いプログラミング手法です。一方、ウィンドウUIの実現には、マルチスレッドプログラミングが必然的に必要となります。仮に、自由なアクセスを許せば、極めて複雑なスレッド調停に関する処理を私たち開発者自身が厳密に意識してコードの随所に漏れなく記述しなくてはなりません。

　そこで、Swingでは「画面部品はイベントディスパッチスレッドからしかアクセスされることはない」という制約を定めることで、私たち開発者が複雑なマルチスレッド対応のための調停処理を記述しなくて済むようにしているのです。

まあ、それだけスレッドは「怖い道具」ってことさ（あぁ、でも今回のプロジェクト、マルチスレッド不可避っぽいんだなぁ…）。

17.5.6 終わりに

やあ久しぶり。スレッドにSwingなんて、また随分と楽しそうな話をしてるじゃないか。

呼び出して悪いな。今回の案件、リスクを含めて検討したんだが、やはりスレッドを使うことにしたよ。専門家の力を貸してくれないか？

ウィンドウUIの制御に限らず、スレッドに代表される並列処理は、高度なスキルが求められる一方で、急速に注目を集めている分野でもあります。これは、大量のデータを効率的に並列分散処理する大規模基幹システムやソーシャルサービス、ビッグデータ分析基盤や人工知能など、これまで不可能だった機能やサービスが次々と実現されていっているためです。

　並列処理に限らず、高度で革新的な技術が今後も次々と誕生するでしょう。それらを使いこなして、価値あるソフトウェアを開発するためには、特定技術領域のスペシャリスト、技術全体を俯瞰するアーキテクト、システム基盤エンジニア、プロジェクトマネージャなど、さまざまな役割を背負ったプロフェッショナルたちが力を合わせて活動していくことが不可欠です。

　そして近い将来には、その中の1人として、みなさんの姿があることでしょう。

2人とも立派なプロフェッショナル、そして大切なチームメンバーだ。これからもいろんな実践を通して、一緒に成長していこうな！

はい！

17.6 { この章のまとめ

ウィンドウアプリケーション

- Swing ／ AWTのAPIを使って、Javaでウィンドウアプリを開発できる。
- JFrameなどのクラスを用いてウィンドウを表示できる。
- JButtonなどのウィジェットをフレームやパネルに配置できる。

レイアウト

- ウィジェットの配置やサイズは、レイアウトを用いて指定する。
- 代表的なレイアウトとしてBorderLayoutやBoxLayout、GridLayoutなどが存在する。
- レイアウトをネストして実用的な画面を作ることができる。

イベント

- ウィジェットにイベントハンドラを登録し、動作を定義する。
- 各種のListenerインタフェースを継承したクラスやAdapterクラスをイベントハンドラ登録に利用する。

スレッド

- Swingはメインスレッドとは独立したスレッドで画面を制御する。
- イベントハンドラ内の例外は他スレッドに伝搬しない。
- Swingのクラスには、イベントディスパッチスレッドからのアクセスしか許されないメソッドが多く存在する。

17.7 練習問題

練習17-1

Swing／AWTを利用して、次のような仕様で画面を表示するプログラムを開発してください。必要と思われる情報はAPIリファレンスで調べてください。

・ウィンドウを閉じるとプログラムが終了する。
・ウィンドウサイズの変更にも適切に対応できる。
・ボタンやチェックボックスをクリックしても動作しない。
・パスワードの伏せ字は「★」にする。

ログイン画面	
ユーザーID	minato
パスワード	★★★★★★

☐ パスワードを隠さない

ログイン　クリア

練習17-2

練習17-1で作成したプログラムについて、次のような動作をするよう、イベントハンドラを設定して改良してください。

・「パスワードを隠さない」にチェックが入った状態では、パスワード入力欄の伏せ字が解除される。
・「クリア」ボタンが押されると、ユーザーIDとパスワードの入力欄が空になる。
・「ログイン」ボタンが押されると、ユーザーIDが「minato」かつパスワードが「yusuke」の場合はログイン成功ダイアログが、そうでない場合はログイン失敗ダイアログが表示される。

付録 A
エラー解決・虎の巻

この付録では、各章の内容ごとに、陥りやすいエラーや落とし穴と
その対応方法を紹介します。

問題を解決するには、先入観にとらわれることなく、発生している
事象をさまざまな角度から見極めて要因を切り分けましょう。

エラーや不具合に困ったときには、ぜひ参考にしてください。

chapter 1 インスタンスの基本操作

1-1 インスタンスをSystem.out.println()に渡すと、「@48ca92fc」のような文字が表示される

症状 HPや名前といったフィールドを持つHeroクラスのインスタンスをSystem. out.println()に渡しても、HPや名前が表示されません。その代わりに、「Hero@48ca92fc」のような文字列が表示されます。

原因 フィールドをどのように表示すべきか判断できないため、デフォルトの文字列が表示されています。

対応 toString()をオーバーライドして、文字列表現を定義します。

参照 1.2節

1-2 コレクションに格納したインスタンスを正しく削除できない

症状 コレクションに格納されているインスタンスを削除するためにremove()を呼び出しても、正しく削除されません。

原因 コレクションは削除すべきインスタンスを等価判定で探します。正しく等価判定されないクラスのインスタンスは、正しく削除できません。

対応 equals()を正しくオーバーライドします。

参照 1.3.3項

1-3 2つの配列を==やequals()で正しく比較できない

症状 if文の条件式で、同じデータが格納されている2つの配列を==やequals()で比較しても、falseが返されます。

原因 配列のequals()は実質的に等値判定されます。

対応 java.util.Arraysクラスのequals()やdeepEquals()を用いて比較します。

参照 1.3.4項

1-4 Hash～コレクションに格納したインスタンスを正しく検索・削除できない

症状 HashSetやHashMapに格納されているインスタンスを削除するためにremove()を呼び出しても、正しく削除されません。また、目的のインスタンスを検索・取得できないことがあります。

原因 Hash系コレクションは、格納インスタンスのハッシュ値を内部で利用しています。そのため、正しく自身のハッシュ値を返さないクラスのインスタン

スは、うまく処理できません。

対応 hashCode()を正しくオーバーライドします。

参照 1.4節

1-5 Collections.sort()を利用しようとするとコンパイルエラーになる

症状 ArrayList<Hero>型の変数herosの中身を並び替えるためにCollections. sort(heros)と記述すると、「不適合な境界があります」というコンパイルエラーが発生します。

原因 sort()で並び替えるには、明示的にコンパレータを指定するか、コレクションに格納している型（Hero）自体に自然順序付けを定義します。

症状 sort()の第2引数として並び替え方法を定めたコンパレータのインスタンス（ラムダ式でも可）を指定します。または、HeroクラスでComparableインタフェースを実装し、compareTo()をオーバーライドします。

参照 1.5節、3.4.2項

1-6 2つのインスタンスを比較／並び替えをすると異常な動作をする

症状 equals()とcompareTo()をオーバーライドしたクラスAがあります。このクラスの複数のインスタンスを格納するコレクションに対して、並び替えや比較を指示すると、正しい結果にならないことがあります。

原因 equals()とcompareTo()が一貫性を持った結果を返していない可能性があります。たとえば、equals()ではtrueを返す状況で、compareTo()は0以外の値を返すような構造になっていると、異常な動作の原因になります。

対応 等価であれば順序も等しくなるようにcompareTo()の記述を修正します。

参照 1.5節　コラム「equalsとcompareToの一貫性」

1-7 clone()で複製した片方への変更が他方にも影響する

症状 clone()で複製したインスタンスAとBがあるとき、Aの内容を変化させるメソッドを呼び出すと、Bの中身も変化してしまいます。

原因 clone()の中身で、各フィールドが正しく複製されていない可能性があります。特に、深いコピーではなく浅いコピーを行うロジックになっている場合、このような影響が出ます。

対応 clone()の中身を確認し、深いコピーを行うよう変更します。

参照 1.6.4項

2-1 「raw型が見つかりました」「〜 is raw type」という警告が出る

症状 コンパイルをすると、「raw型が見つかりました」「〜 is raw type」という警告が出力されます。

原因 コレクションクラスなどジェネリクスを用いて定義されている型を、<〜>表記なしで利用しようとしています。たとえば、`ArrayList list = new ArrayList();`などとしています。

対応 型安全の観点から、特別な理由がない限り、<〜>表記を付けて利用します。たとえば、`ArrayList<String> list = new ArrayList<>();`とします。

参照 2.2節　コラム「raw型の利用を避ける」

2-2 内部クラスから外部のフィールドを読み書きできません

症状 内部クラスから、外部クラスの非staticフィールドを読み書きしようとするとエラーとなります。

原因 内部クラスがstaticメンバクラスの場合、実質的にstaticではない外部クラスメンバへのアクセスは禁止されています。

対応 非staticメンバクラスの利用を検討します。

参照 2.5.5項

2-3 メソッドの戻り値がXクラスではなくOptional<X>となっていて利用できません

症状 あるメソッドの戻り値は、本来、X型のはずですが、Optional<X>という型が返ってくるためXのメソッドを呼び出せません。

原因 メソッド制作者がnull安全性を考慮して、呼び出し側にnullチェックを強制する意図でOptionalクラスで結果を包んで返してきています。

対応 orElse()などのOptionalの機能を用いて結果がnullの状況を想定しながらXインスタンスを取り出します。

参照 2.6節

chapter 3 | 関数とラムダ式

3-1 | ラムダ式を利用しようとすると、コンパイルエラーになる

症状 ソースコード中にラムダ式を含んだプログラムを記述すると、コンパイルエラーになります。

原因 ラムダ式や関数オブジェクトはJava8以降の機能です。Java7以前では利用できません。

対応 利用しているJavaの環境をJava8以降に更新します。

参照 3.4節

3-2 | 「Hero::attack」の記述でメソッド参照を取得できない

症状 Heroクラスのattackメソッドを参照として取得しようとしてHero::attackと記述してもエラーになります。

原因 クラス名::メソッド名で取得できるのはstaticメソッドです。

対応 非staticメソッドはインスタンス変数名::メソッド名で参照を取得します。

参照 3.2.1項

3-3 | 「～は機能インタフェースではありません」

症状 あるクラスやインタフェースを定義すると、「～は機能インタフェースではありません」というコンパイルエラーが発生します。

原因 @FunctionalInterfaceを付けて宣言したインタフェースが、関数インタフェースの条件を満たしていません。

対応 非staticなメソッドが1つのみ含まれるなど、関数インタフェースの仕様に従うよう修正します。

参照 3.2.3項、10.4.4項

chapter 4 | JVM制御とリフレクション

4-1 | 違うOSで動作させると、画面表示がおかしい

症状 違うOSで動作させると、指定した改行コードで改行されません。

原因 OSによって標準の改行コードは異なります。動作させるOSが要求する改行コードを利用する必要があります。

対応 改行コードをline.separatorシステムプロパティから取得して利用します。

参照 4.4.3項

4-2　現在日時を画面に表示すると9時間ずれている

症状 `new Date()`で生成した現在時刻を画面に表示すると、正しい時刻よりちょうど9時間だけ過去の時間が表示されます。

原因 日本時間ではなく国際標準時（UTC）で表示されています。

対応 デフォルトタイムゾーンを明示的に日本時間に設定します。ただし、アプリケーションのほかの部分にも影響が生じる可能性がある点には注意します。

参照 4.5.2項

4-3　取得したロケールの言語コードが「jp」にならない

症状 日本語OS環境で動かしているのに、デフォルトロケールを取得して言語コードを調べると「jp」ではありません。

原因 日本語は「ja」です（「jp」は日本の国コード）。

対応 日本語であるかを判定する場合は、「jp」ではなく「ja」と比較します。

参照 4.5.1項

4-4　JVMのメモリ総容量が計測する度に変動する

症状 JVMで利用できるメモリの総容量を調べるためにRuntimeクラスのtotalMemory()を利用していますが、呼び出す度に異なる値を返すので、メモリの限界がわかりません。

原因 JVMのメモリ総容量は、逐次OSから追加割り当てされることがあり、その都度変化します。

対応 メモリ総容量は変動するものと想定してプログラムを作ります。もし支障がある場合、JVM実行時に-Xmxと-Xmsオプションに同じ値を指定して固定のヒープ容量を割り当てます。

参照 4.6.2項、11.6.1項

4-5　リフレクションでgetFields()やgetMethods()を使うと知らないメンバが出てくる

症状 クラスAに関するClassインスタンスを取得してgetFields()やgetMethods()

を用いてメンバの一覧を表示させると、クラスAに宣言した覚えのないメンバが出てきます。

原因 getFields()やgetMethods()は、宣言したメンバに加え、親から継承したメンバも返します。

対応 継承したメンバを含みたくない場合、getDeclaredFields()、getDeclaredMethods()を利用します。

参照 4.7.3項

4-6 存在するはずのクラスやメンバをリフレクションで取得できない

症状 あるJARファイルについて、存在が明らかなクラスやメンバをリフレクションで取得していましたが、あるときから取得できなくなりました。

原因 JARファイルをモジュールパスから読み込むようにした場合、明示的に許可され、かつ依存を明記しない限りアクセス不可能となります。

対応 JARファイルのmodule-infoで当該クラスやメンバが公開されていることを確認します。公開されている場合、自モジュールのmodule-infoに依存を明示します。公開されていない場合、リフレクションアクセスを諦めるか、当該JARファイルをクラスパスから読み込むようにします。

参照 15.10節

chapter 5 非標準ライブラリの活用

5-1 ライブラリに含まれるクラスを利用できない

症状 あるJARファイルのライブラリに含まれるクラスを利用しようとしても、コンパイルできません。または実行時にClassNotFoundExceptionが出ます。

原因 クラスパスを用いている場合、クラスパス上にライブラリのJARファイルがなく、JVMがクラスを見つけられません。なお、コンパイル時にもライブラリがクラスパス上に存在する必要があります。モジュールパスを用いている場合、モジュールパスにJARファイルが存在しないか、module-infoで当該クラスが公開されていません。

対応 クラスパスから読み込む場合、コンパイルおよび実行時に-cpオプションでクラスパスを正しく指定します。または、OSの環境変数で設定されているクラスパスにJARファイルが正しく置かれているかを確認します。モジュー

ルパスから読み込む場合、当該 JAR ファイルの module-info でクラスが公開されていることを確認します。また、-p オプションでモジュールパスを正しく指定します。また、モジュールパスに JAR ファイルが正しく置かれているかを確認します。

`参照` 5.2.2項

5-2 古いバージョンのライブラリが動作してしまう

`症状` あるライブラリのバージョン1を利用していましたが、より新しいバージョン2を利用することにしました。クラスパスの末尾に新しいライブラリの JAR ファイルのパスを追加しましたが、古いバージョンのライブラリが動いてしまいます。

`原因` クラスパスは、前に記述されたものが後に記述されたものに優先して利用されます。

`対応` バージョン1の JAR ファイルに関するクラスパス記述を末尾に移動するか、削除します。

5-3 利用しようとするライブラリが JAR ではなく ZIP である

`症状` 利用しようとするライブラリが、JAR ファイルではなく ZIP ファイルとして提供されました。試しに展開しても、中にはクラスファイルしかなく、JAR ファイルは含まれていません。ZIP ファイルにクラスパスを通す方法がわかりません。

`原因` ライブラリは拡張子 JAR で提供されることが一般的ですが、拡張子 ZIP で提供される場合もあります。ZIP は JAR と同様に扱うことができます。

`対応` JAR ファイル同様にクラスパス指定に加えれば問題なく動作します。

chapter 6 | ファイルの操作

6-1 書き込んだファイルの末尾が途切れている

`症状` プログラムからデータを書き込んだファイルを開くと、末尾が切れています。

`原因` ファイルへの書き込み中、flush() が行われる前に JVM が停止した可能性が考えられます。

`対応` ファイルを閉じる前に flush() が必ず行われることを確認します。

参照 6.2.1項

6-2　ファイルに読み書きすると文字が化ける

症状 FileReaderやFileWriterで読み書きした文字が化けます。

原因 FileReaderやFileWriterは、OS標準の文字コード（Java17以前）やUTF-8（Java18以降）を利用するため、異なる文字コードのデータを取り扱おうとすると、文字が化けます。

対応 FileReaderとFileWriterの利用時には、コンストラクタの第2引数に文字コード体系を明示的に指定します。

参照 6.3.4項

6-3　BufferedReaderでreadLine()が使えない

症状 BufferedReader()をnewしたのに、readLine()を呼び出せません。

原因 `Reader r = new BufferedReader();`のように、あいまいな型にBufferedReaderインスタンスを代入している場合、BufferedReader特有のメソッドであるreadLine()はrに対して呼び出せません。

対応 BufferedReader型の変数に代入します。

6-4　getResourceAsStream()でファイルを読み込めない

症状 getResourceAsStream()を用いて、クラスパス上に存在するはずのファイルからデータを読み込もうとしましたが、うまくいきません。

原因 getResourceAsStream()で指定するクラス名や引数の記述にはさまざまなバリエーションがあり、その指定によってファイルが検索される場所が異なります。

対応 APIリファレンスで、java.lang.ClassクラスのgetResourceAsStream()の解説を参照し、正しい形式で指定を行っているか確認します。

6 5　¥記号を含めた指定でファイルを開こうとすると失敗する

症状 `new FileReader("c:¥rpgsave.txt")`のような記述をすると、ファイルは存在しているのにFileNotFoundExceptionが発生します。

原因 文字列リテラル中ではエスケープシーケンス「¥¥」が¥文字として取り扱われます。

対応 ファイル指定をするリテラル中の¥を¥¥に変更します。

参照 6.2.1項

6-6 | テキストファイルを読むと、先頭に見えない文字が入っている

症状 Windowsのメモ帳などで編集したテキストファイルをJavaのFileReaderや FileInputStreamなどで読み込むと、先頭文字の文字コードの前に¥uFEFF という見えない文字が取得されてしまいます。

原因 Windowsのメモ帳などの一部のソフトは、UTF-8形式でファイルを保存す る際、その先頭にBOM（byte order mark）という制御情報を書き込みます。

対応 BOMを書き込まないツールを用いてファイルを保存します。Javaプログラ ムで制御する場合は、先頭文字が¥uFEFFの場合は読み飛ばす処理を加え ます。

chapter 7 | さまざまなファイル形式

7-1 | プロパティファイルの中身が読み込めない

症状 プロパティファイルの中のエントリ情報を読み出せません。

原因 getProperty()で指定するキー名の指定がまちがっているか、プロパティファ イルが壊れている可能性があります。また、Java5以前の環境では、日本語 文字が含まれているプロパティファイルはそのままでは読み込めません。

対応 キー名の指定やファイルの中身を確認します。Java5以前の環境で日本語を 含むプロパティファイルを利用したい場合、native2asciiコマンドを使って Unicodeエスケープ形式に変換する必要があります。native2asciiは近年の JDKには含まれないため、古いJDKで提供されたものを利用します。

7-2 | 直列化して復元すると、元のインスタンスと内容が異なる

症状 直列化した後にそのデータをインスタンスに復元すると、元のインスタンス と異なった内容になってしまいます。equals()で比較しても等しくなりません。

原因 インスタンスの一部のフィールドが直列化の対象になっておらず、直列化 の際に無視されている可能性があります。

対応 すべてのフィールドが直列化の対象になっているか確認します。特にクラス 型の場合、そのクラスや、そのクラスの持つフィールドも再帰的にSerializable であるかを確認します。

参照 7.6.4項

7-3　serialVersionUID が宣言されていないという警告が表示される

症状 統合開発環境などで開発を行っていると、クラス定義にserialVersionUIDの宣言がないと警告が出ます。

原因 直列化可能なクラスにserialVersionUIDの宣言がないことを警告しています。開発中のクラスがSerializableを実装していなくても、継承元のクラスが実装している可能性があります。

対応 直列化を利用し、将来の設計変更に備える必要があれば、serialVersionUIDを正しく宣言します。直列化を利用する予定がなければ、@SuppressWarningsで警告を抑制します。

参照 7.6.5項、10.4.3項

7-4　音声ファイルを再生しても音が鳴りません

症状 サンプリングファイルやMIDIファイルを再生しても、PCから音が聞こえません。

原因 スピーカー音量が小さい可能性があります（業務用PCの場合はスピーカー出力が強制的にOFFに設定され、変更できないことがあります）。また、VDI（リモートデスクトップ）経由でJavaを動かす場合、手元のPCには音が伝送・再生されないことがあります。

対応 OSの設定でスピーカーの音量を確認します。

chapter 8　ネットワークアクセス

8-1　ネットワークに接続できない

症状 URLクラスやSocketクラスを使ったネットワーク接続が失敗します。

原因 さまざまな原因が考えられます。①接続先のIPアドレスやポートが誤っている。②接続先のサービス（サーバ）が動作していない。③ファイアウォールやOSの設定の影響で、ネットワーク接続が遮断されている。④会社や学校のネットワークを使っている場合、セキュリティ上の理由でサーバまでの経路上で通信が遮断されている。

対応 接続先のIPアドレスやポートを確認のうえ、接続先のサーバが正しく動作

しているか確認します。また、ネットワークが正常か、通信機器（ファイアウォール）やWindowsファイアウォールなどが接続を拒否していないかを確認します。学校や企業のネットワークを用いている場合は、ネットワーク管理者に相談してみましょう。

8-2　HttpClient クラスを利用しようとするとコンパイルエラーになる

症状 Eclipseなどを利用していて、java.net.http.HttpClientクラスを利用しようとすると、import文などを含めコンパイルエラーが報告されます。

原因 自プロジェクトにmodule-info.javaが存在し、かつ、HttpClientに対する依存が表明されていないため、アクセスが禁止されます。

対応 module-info.javaを削除します。または、module-info.java内にjava.net.httpモジュールに対する依存を明記します。

参照 15.10節

chapter 9 | データベースアクセス

9-1　ClassNotFoundException が発生する

症状 JDBCドライバを有効化するためにClass.forName()を使うと、ClassNotFoundExceptionが発生します。

原因 ドライバが含まれるJARファイルにクラスパスが正しく通っていないか、Class.forName()の引数で指定したドライバのFQCNに誤りがあります。

対応 指定しているFQCNに誤りがないか、ドライバのJARファイルにクラスパスが通っているかを確認します。

参照 9.3.3項

9-2　DB に接続しようとすると SQLException が発生する

症状 getConnection()を使ってDBに接続しようとすると、SQLExceptionが発生します。

原因 getConnection()に指定したJDBC URLやID、パスワードなどが間違っている可能性があります。また、データベースが稼働していない、ネットワークの問題でデータベースとの接続が切断されたなどの可能性もあります。

対応 getConnection()の引数に誤りがないか確認します。また、プログラムとは

別に動作するデータベースを利用している場合、データベースが起動しているか、接続の権限があるか、ネットワークが正常か、通信機器（ファイアウォール）やWindowsファイアウォールなどが接続を拒否していないかを確認します。

参照 9.3.4項

9-3 executeQuery()やexecuteUpdate()に失敗する

症状 executeQuery()やexecuteUpdate()を実行しようとするとSQLExceptionが発生します。

原因 送信しようとしているSQL文が文法的に誤っている可能性があります。また、SELECT文をexecuteUpdate()で送ろうとしたり、SELECT文以外をexecuteQuery()で送ったりした場合にも例外が発生します。

対応 SQL文の構文に誤りがないかを確認します。通常のJDBCの場合、例外メッセージの中に構文誤りの箇所が示されています。また、executeQuery()、executeUpdate()とSQL文が正しい組み合わせであるかを確認します。

参照 9.4.3項、9.5.2項

9-4 長いSQL文の実行に失敗する

症状 長いSQL文を送信するにあたり、次のようにコード上では複数行で記述していますが、実際にSQL文を送信すると例外が出ます。

```
String sql = "SELECT name, age"
            + "FROM characters";
```

原因 文字列連結の結果、SELECT name, ageFROM charactersという誤ったSQL文になってしまっています。

対応 ageの後ろかFROMの前に空白を入れます。この例に限らず、SQL文を連結する際には必ず先頭か末尾に空白を入れるようにするとよいでしょう。

9-5 PreparedStatementのsetDate()を呼び出せない

症状 PreparedStatementでパラメータ部分に日付情報を流し込むためにsetDate()にDateインスタンスを指定するとエラーが出ます。

原因 setDate()の引数にはjava.sql.Date型を指定する必要があります。通常、日付のために用いるjava.util.Date型をそのまま指定はできません。

java.util.Date型の変数dがあった場合、`java.sql.Date sd = new java.`
`sql.Date(d.getTime());`で変換が可能です。変換後のインスタンスを
setDate()の引数に用いてください。

9.7節

9-6 ResultSetのgetXXX()を呼ぶと例外が発生する

ResultSetで得られた結果表のデータを取り出すためにgetString()などを呼
び出すとSQLExceptionが発生します。

存在しない列名や列番号を指定した、ResultSetのnext()をまだ一度も呼び
出していない状態でgetXXX()を利用したなどの場合に例外が発生します(こ
の場合、「before start of resultset」のようなエラーメッセージが例外に含
まれることがあります)。ResultSetインスタンスが得られた直後の時点で
は、まだカーソルは1行目を指していません。

指定している列名や列番号が正しいことを確認します。また、next()を呼び
出す前にgetXXX()を呼び出していないか確認します。

9.6.1項

9-7 DBに書き込んだはずのデータが書き込まれていない

DBに書き込んだはずのデータが書き込まれていません。

トランザクションを利用している場合で、UPDATE/INSERT/DELETE文の実
行後にcommit()の呼び出しを忘れている可能性があります。commit()を呼
び出さずにDB接続を終了すると、自動的にロールバックされます。

更新系SQL文の送信成功後に正しくcommit()が実行されていることを確認
します。

9.8.2項

9-8 Recordを利用しようとするとエラーが表示される

データを保持するために、`public record Item(…) { }`のようにレコー
ド定義を行ったが、コンパイルエラーが発生します。

RecordはJava16で正式に利用可能となった機能です。Java13以前では利用
できず、Java14や15ではプレビュー版として実装されています。

Java14や15で利用するには、--enable-previewオプションを使用します。
Java13以前では利用できないため、通常のDTOクラス(p.340)として実装

します。

参照 付録B 練習9-1の解答

---

chapter 10 | 基本的な開発ツール

10-1 生成したJavadocが文字化けする

症状 Javadocツールを使ってドキュメントを生成しましたが、日本語が文字化けします。

原因 生成されたドキュメントの文字コードが正しく指定されていない可能性があります。

対応 p.354の表10-3に挙げる各種オプションを正しく指定します。

参照 10.3.4項

10-2 生成したJavadocに一部のメンバが含まれていない

症状 Javadocツールを使ってドキュメントを生成しましたが、privateなメンバの解説が含まれていません。

原因 privateとpackage privateのメンバはデフォルトでは出力されません。

対応 javadocコマンド実行時に-privateオプションを指定します。

参照 10.3.4項

10-3 アノテーションを使おうとするとコンパイルエラーになる

症状 アノテーションを利用しようとするとコンパイルエラーが発生してしまいます。

原因 アノテーションの実体はインタフェースなので、通常、import文が必要です。

対応 アノテーションインタフェースをimport文でインポートします。

10-4 Mavenを用いたコンパイルが失敗する

症状 Mavenを用いて「mvn compile」でプロジェクトをコンパイルしようとすると、一部の機能が使えない、Javaのバージョンが古いなどのエラーが表示されて失敗します。

原因 Mavenは、POMで明示的に指定しない限り、Java5を前提として動作します。そのため、Java6以降の機能を利用しているコードをコンパイルしようとするとエラーが発生します。

pom.xml で、「maven.compiler.target」「maven.compiler.source」のプロ
パティとして、明示的に Java のバージョン（11や16など）を指定します。
参照 10.10.2項

chapter 11 | 単体テストとアサーション

11-1 JUnit のテストクラスが動かない

症状 JUnit のテストクラスを作りましたが、コンパイルできません。または動作
しません。

原因 JUnit のバージョン（3／4／5）を取り違えている、import およびアノテー
ションの使い方に誤りがあるなどの可能性があります。

対応 クラスパスを通している JUnit の JAR ファイルのバージョンを確認します。
また、11.3.3項に挙げた注意事項に沿ってテストクラスが記述されているか
を確認します。

参照 11.3.3項

11-2 assert 文が動作しない

症状 コードに assert 文によるチェックロジックを書き込んだのに、プログラム
を実行してもその部分が動作しません。

原因 assert 文は、プログラム実行時に -ea オプションを付けたときに有効となり
ます。

対応 プログラム実行時に -ea オプションを付けます。

参照 11.4.4項

chapter 12 | メトリクスとリファクタリング

12-1 どうしてもカバレッジを100%にすることができない

症状 本番環境や異常時にしか処理が通過しないコード部分について、通常のテ
スト環境でテストを行うことができません。

原因 動作環境や JVM 外部の資源など、JVM 外部環境に依存して動作が変化する
コード部分は、テスト環境で実行すると、テスト環境に対応した部分しか

動作しません。

対応 JVM の外部環境によって動作が変化するコードにおいて、各環境に応じた動作をテストしたい場合、外部環境をエミュレーションする mock クラスを作成して利用します。

chapter 13 | ソースコードの管理と共有

13-1 コードを push できない

症状 git で自分が編集したファイルを commit しましたが、push に失敗します。

原因 自分の編集中にほかの開発者が同じファイルを編集したり commit したりしため、歴史が分岐して競合が発生している可能性があります。

対応 一度 pull を実行すると、他人の歴史が手元で自動マージされ、push 可能になる可能性があります。このとき、pull による取得で変更されるファイルを手元のワークツリーに commit していないと pull に失敗するため、先にそれらを手元で commit しておきます。

参照 13.4節

13-2 ソースコードに「<<<HEAD」や「===」などの記述が現れる

症状 pull をするとソースコードの途中に、「<<<HEAD」や「===」などの意味不明な記述が書き込まれました。自分で入力した覚えはありません。

原因 git は競合状態で pull を実行すると、可能な限りソースコードをマージしようとしてくれます。多くの場合、自動マージが成功しますが、リモートとローカルで変更箇所が近接する場合には、git は自動マージをあきらめ、上記のような記号を書き込んでマージを人間に委ねます（「===」より上がローカル、下がリモートから流れてきた内容）。

対応 「<<<」と「>>>」で囲まれる部分を編集し、最終的に整合性がとれた内容にした上で commit と push します。

参照 13.5.2節

13-3 コミットしようとしたら、英語の画面が出てキー操作できなくなった

症状 「git commit」と入力したところ、「please enter commit message…」から始まる複数行の英語が表示され、コマンドプロンプトが操作できなくなりま

した。

原因 git commit コマンドで -m オプションを指定しなかったため、コメント入力を促すためのエディタとして vi が起動しています。

対応 vi エディタの使い方に慣れているならば、その場で内容を編集し、「:wq」で保存・終了します。vi エディタの操作方法がわからない場合、「:q!」の3文字を入力するとコマンドプロンプトに戻れるため、再度「-m」オプションを付けて git commit を実行します。

13-4　ファイルを git 管理に追加できない

症状 「git add」や「git commit」をしても、特定のファイルが追加されません。

原因 .gitignore ファイルで git 管理から除外されている可能性があります。

対応 .gitignore ファイルの内容を調べ、除外されていないかを確認します。

参照 13.6.6項

13-5　.gitignore で除外しているのにファイルが add 候補に現れる

症状 あるファイルを .gitignore ファイルで管理から除外したにも関わらず、add や commit の候補としてファイルが現れます。

原因 一度 git に登録されたファイルは、削除の事実を登録するか、git による追跡を停止しない限り、git に登録後に .gitignore ファイルに登録しても自動的には除外されません。

対応 対象ファイルを削除して commit します。または、「git rm --cached ファイル名」を使い、ファイルを残したまま git による追跡だけを停止します。

13-6　git にフォルダをコミットできない

症状 ファイル格納用に新たに作ったフォルダを git に add や commit できません。

原因 git では空のフォルダを管理に追加できません。

対応 .gitkeep などのダミーファイルをフォルダ内に追加し、そのファイルごと commit します。

参照 13.6.7項

chapter 14 | アジャイルな開発

14-1 テスト駆動開発で、書くべきテストが思いつかない

症状 テスト駆動開発で、どのようなテストを書けばいいか思いつきません。思いついても、どこまで記述していいかわかりません。

原因 テスト駆動開発の手順に慣れていない場合、書くべきテストの内容や大きさがわからず不安を感じます。

対応 慣れるまでは「プログラミングするとしたら次にどんなクラスを作るか」を考え、そのクラスが完成したと仮定して、テストケースを記述していくとつまずきにくいでしょう。特に不安に感じる部分（内容が複雑になりそうなメソッドなど）について、比較的小さなテストを1つずつ着実に書いては動かしていきましょう。練習を繰り返すことで慣れていきます。

chapter 15 | 設計の原則とデザインパターン

15-1 Singletonパターンを用いたクラスがテストできない

症状 Singletonパターンを用いたクラスで、読み込み専用フィールドに任意の値が代入されている場合のふるまいをテストできません。

原因 Singletonパターンを用いたクラスの読み込み専用フィールドの値は、privateコンストラクタ内で設定後には不変となるため、都合のよい値を設定できません。テスト用に非privateなコンストラクタやsetterを準備することも可能ですが、この方法ではインスタンスの唯一性が崩れる可能性が懸念されます。

対応 Singletonパターンは本質的にテストとの親和性が低いパターンです。テストをしないコードの出荷はできないため、極めて重要な理由がなければSingleton自体の採用を避けたり、package privateなコンストラクタやsetterを準備することもあります。それらの手法が許されない場合、リフレクションAPIを用いて強制的にフィールド値を書き換えるなどの方法を使います。

15-2 「～ is accessible from more than one module」

症状 コンパイルや実行をしようとすると、「The package ～ is accessible from

more than one module」というエラーが表示されます。

原因 同じパッケージを含む異なるJARファイル（モジュール）が読み込まれ、両者がある特定のモジュールからアクセス可能となっています。この構図は、モジュールシステムでは許されません。

対応 片方のJARファイルが不要であれば、クラスパスまたはモジュールパスから除外します。JARファイルの開発元が自分でありmodule-infoを編集できるならば、exports指定で公開する範囲を限定するなどして回避を検討します。

chapter 16 | スレッドによる並列処理

16-1 何のエラーも表示せずにスレッドが強制終了する

症状 実行中のスレッドが何のエラーも表示せずに突然強制終了します。

原因 通常、あるスレッド内で発生した例外は、別のスレッド（たとえば親スレッド）に伝播しません。スレッド内で例外が発生し、Thread.run()内でも捉えられなかった場合、スレッドは単に終了します。

対応 Thread.run()内にtry-catch文を記述し、すべての例外を処理する方法のほか、ThreadクラスのsetUncaughtExceptionHandler()で例外発生時の処理を行うハンドラの登録もできます。

参照 16.2.2項

16-2 wait()でIllegalMonitorStateExceptionが発生する

症状 wait()を実行するとjava.lang.IllegalMonitorStateExceptionが発生します。

原因 wait()は、synchronizedで修飾されたメソッドやsynchronizedブロック内でのみ利用できます。ブロック外で利用すると、この例外が発生します。

対応 wait()の周囲で同期をとりたい区間について、synchronizedブロックで囲みます。

参照 16.3.3項

16-3 mainの処理が終了してもプログラムが終わらない

症状 mainメソッドの処理が終了しているのに、プログラム自体（JVM）が終了しません。

原因 main スレッド以外の別のスレッドがまだ稼働しています。Swing（GUI）関連APIのように、呼び出すと自動的に別スレッドを開始するものがあり、これがJVM終了の妨げになっていることもあります。

対応 終了を阻害するスレッドも併せて終了するようにプログラムを修正します。または、setDaemon()を使い、終了を阻害しないデーモンスレッドにします。

参照 16.2.3項

16-4 ときどき変数の中身が壊れる

症状 プログラムを動作させていると、ときどき変数の値が壊れます。壊れるときと壊れないときがあり、壊れ方にも再現性がありません。

原因 スレッドの調停がうまくいっておらず、データを破壊している恐れがあります。

対応 データが壊れる変数にアクセスしているすべての処理を調べ、synchronizedにより保護されているかを確認します。その際、すべての箇所で同一の対象インスタンスを指定していることも併せて確認します。対象の変数が基本データ型の場合は、AtomicLongなどのスレッドセーフなデータ型の利用を検討します。

参照 16.3.2項、16.4.2項

16-5 動作させるOSで動きが違う

症状 WindowsやLinuxなど動作させるOSが異なると、微妙に動きや処理のタイミングが変わってしまいます。

原因 Javaのスレッド機構はOSに依存しています。そのため、すべてのOSで同一に動作する保証はありません。

対応 スレッドを使わない設計にするか、影響が出るOSは動作対象環境から外します。

参照 16.2.3項

17-1 JLabel や JButton が表示されない（1）

症状 JLabelやJButtonなどのウィジェットをnewしていますが、ウィンドウ上で表示されません。

原因 ウィジェットはnewでインスタンス化するだけではなく、配置先のJFrameなどにadd()で追加する必要があります。

対応 JFrameなどのadd()を使用して、ウィジェットのインスタンスを登録します。

参照 17.3.4項

17-2 JLabel や JButton が表示されない（2）

症状 JLabelやJButtonなどをJFrameに追加しましたが、画面上に表示されません。

原因 さまざまな理由が考えられます。①ウィジェットのサイズが指定されておらず、サイズ0のため視認できない。②JFrameの横幅や縦幅の範囲外の場所にウィジェットが配置されているため見えない。③BorderLayoutの中央にすべての部品を配置している。④指定しているレイアウトがCardLayoutであるため、1つの部品しか表示されない。

対応 ウィジェットのサイズ・位置およびフレームのサイズやレイアウトの指定が適切かを確認します。

参照 17.3節、17.4節

17-3 Swing のメソッドを呼ぶと IllegalStateException が発生する

症状 ウィンドウやウィジェットの各種メソッドを呼び出すと、IllegalStateExcpetionが発生してしまいます。

原因 イベントディスパッチスレッド以外からSwingのメソッドを利用しようとしています。

対応 SwingUtilitiesのinvokeLater()を利用します。

参照 17.5.5項

付録 B
練習問題の解答

練習1-1の解答

```java
01  import java.util.*;                                            Book.java
02
03  public class Book implements Comparable<Book>, Cloneable {
04    private String title;
05    private Date publishDate;
06    private String comment;
07
08    public int hashCode() {
09      return Objects.hash(this.title, this.publishDate, this.comment);
10    }
11    public boolean equals(Object o) {
12      if (this == o) {
13        return true;
14      }
15      if (o == null) {
16        return false;
17      }
18      if (!(o instanceof Book)) {
19        return false;
20      }
21      Book b = (Book)o;
22      if (!publishDate.equals(b.publishDate)) {
23        return false;
24      }
25      if (!title.equals(b.title)) {
26        return false;
```

```
27        }
28        return true;
29      }
30      public int compareTo(Book o) {
31        return this.publishDate.compareTo(o.publishDate);
32      }
33      public Book clone() {
34        Book b = new Book();
35        b.title = this.title;
36        b.comment = this.comment;
37        b.publishDate = (Date)this.publishDate.clone();
38        return b;
39      }
40      :    // getter/setterの宣言は省略
41 }
```

BK41b

練習1-2の解答

TitleComparator.java

```
01 import java.util.Comparator;
02
03 public class TitleComparator implements Comparator<Book> {
04   public int compare(Book x, Book y) {
05     return x.getTitle().compareTo(y.getTitle());
06   }
07 }
```

BK41c

練習1 3の解答

Main.java

```
01 import java.util.*;
02 import java.text.SimpleDateFormat;
03
```

```
04  public class Main {
05    public static void main(String[] args) throws Exception {
06      SimpleDateFormat f = new SimpleDateFormat("yyyy/mm/dd");
07      ArrayList<Book> books = new ArrayList<>();
08
09      Book b1 = new Book();
10      b1.setTitle("Java入門");
11      b1.setPublishDate(f.parse("2011/10/07"));
12      b1.setComment("スッキリわかる");
13      books.add(b1);
14      Book b2 = new Book();
15      b2.setTitle("Python入門");
16      b2.setPublishDate(f.parse("2019/06/11"));
17      b2.setComment("カレーが食べたくなる");
18      books.add(b2);
19      Book b3 = new Book();
20      b3.setTitle("C言語入門");
21      b3.setPublishDate(f.parse("2018/06/21"));
22      b3.setComment("ポインタも自由自在");
23      books.add(b3);
24
25      Collections.sort(books, new TitleComparator());
26
27      for (Book b : books) {
28        System.out.println(b.getTitle() + " "
29            + f.format(b.getPublishDate()) + " "
30            + b.getComment());
31      }
32    }
33  }
```

（別解）books.sort(new TitleComparator());

練習1-4の解答

Monster.java

```java
01  public record Monster(String name, int hp, boolean isBoss) {
02    public Monster {
03      if (hp < 0) throw new IllegalArgumentException();
04    }
05  }
```

練習1-5の解答

Main.java

```java
01  import java.util.*;
02
03  public class Main {
04    public static void main(String[] args) {
05      List<Monster> list = new ArrayList<>();
06      list.add(new Monster("ゴブリン", 10, false));
07      list.add(new Monster("スライム", 12, false));
08      list.add(new Monster("ドラゴン", 80, false));
09
10      for (Monster m : list) {
11        System.out.println(
12          m.name() +
13          " HP=" + m.hp() +
14          " BOSS=" + m.isBoss()
15        );
16      }
17    }
18  }
```

練習2-1の解答

```
01  public class StrongBox<E> {                         StrongBox.java
02    private E item;
03    public void put(E i) {
04      this.item = i;
05    }
06    public E get() {
07      return this.item;
08    }
09  }
```

練習2-2の解答

```
01  public enum KeyType { PADLOCK, BUTTON, DIAL, FINGER; }    KeyType.java
01  public class StrongBox<E> {                          StrongBox.java
02    private KeyType keyType;
03    private E item;
04    private long count;
05    public StrongBox(KeyType key) {
06      this.keyType = key;
07    }
08    public void put(E i) {
09      this.item = i;
10    }
11    public E get() {
12      this.count++;
13      switch (this.keyType) {
14        case PADLOCK -> {
```

```
15        if (count < 1024) return null;
16      }
17      case BUTTON -> {
18        if (count < 10000) return null;
19      }
20      case DIAL -> {
21        if (count < 30000) return null;
22      }
23      case FINGER -> {
24        if (count < 1000000L) return null;
25      }
26    }
27    this.count = 0;
28    return this.item;
29  }
30 }
```

chapter 3 | 関数とラムダ式

練習3-1の解答

```
01 public interface Func1 {                       Func1.java
02   boolean call(int x);
03 }
```

```
01 public interface Func2 {                       Func2.java
02   String call(int point, String name);
03 }
```

```
01 public class Main {                            Main.java
02   public static void main(String[] args) {
03     FuncList funclist = new FuncList();
```

```
04      Func1 f1 = FuncList::isOdd;
05      Func2 f2 = funclist::passCheck;
06      System.out.println(f1.call(15));
07      System.out.println(f2.call(66, "Smith"));
08    }
09  }
```

練習3-2の解答

```
01  public class Main {                                    Main.java
02    public static void main(String[] args) {
03      Func1 f1 = x -> x % 2 == 1;
04      Func2 f2 = (point, name) -> {
05        return name + "さんは" + ( point > 65 ? "合格" : "不合格" );
06      };
07      System.out.println(f1.call(15));
08      System.out.println(f2.call(66, "Smith"));
09    }
10  }
```

BK43c

練習3-3の解答

```
01  import java.util.function.*;                           Main.java
02
03  public class Main {
04    public static void main(String[] args) {
05      IntPredicate f1 = x -> x % 2 == 1;
06      Func2 f2 = (point, name) -> {
07        return name + "さんは" + ( point > 65 ? "合格" : "不合格" );
08      };
09      System.out.println(f1.test(15));
```

java.util.functionパッケージをインポートする

呼び出しはtest()を使う

700

```
10      System.out.println(f2.call(66, "Smith"));
11    }
12 }
```

練習3-4の解答

```
                                                              Main.java
01  import java.util.*;
02  import java.util.stream.*;
03
04  public class Main {
05    public static void main(String[] args) {
06      List<String> names =
            List.of("湊雄輔", "朝香あゆみ", "菅原拓真", "大江岳人");
07      names.stream()
08        .filter(n -> n.length() <= 4)
09        .map(n -> n + "さん")
10        .forEach(System.out::println);
11    }
12 }
```

| chapter 4 | JVM制御とリフレクション |

練習4-1の解答

```
                                                              Launcher.java
01  import java.lang.reflect.*;
02
03  public class Launcher {
04    public static void main(String[] args) {
05      String fqcn = args[0];
06      String sw = args[1];
07      showMemory();
```

```
08      try {
09        Class<?> clazz = Class.forName(fqcn);
10        listMethods(clazz);
11        if (sw.equals("E")) {
12          launchExternal(clazz);
13        } else if (sw.equals("I")) {
14          launchInternal(clazz);
15        } else {
16          throw new IllegalArgumentException(
                "起動方法の指定が不正です");
17        }
18      } catch (Exception e) {
19        System.out.println(e.getMessage());
20        e.printStackTrace();
21        System.exit(1);
22      }
23      showMemory();
24      System.exit(0);
25    }
26
27    public static void listMethods(Class<?> clazz) {
28      System.out.println("メソッドの一覧を表示します");
29      Method[] methods = clazz.getDeclaredMethods();
30      for (Method m : methods) {
31        System.out.println(m.getName());
32      }
33    }
34
35    public static void launchExternal(Class<?> clazz)
            throws Exception {
```

```
36        ProcessBuilder pb = new ProcessBuilder(
            "java", clazz.getName());
37        Process proc = pb.start();
38        proc.waitFor();              // プロセスの終了まで待つ
39    }
40
41    public static void launchInternal(Class<?> clazz)
          throws Exception {
42        Method m = clazz.getMethod("main", String[].class);
43        String[] args = {};
44        m.invoke(null, (Object)args);
45    }
46
47    public static void showMemory() {
48        long free = Runtime.getRuntime().freeMemory();
49        long total = Runtime.getRuntime().totalMemory();
50        long usage = (total - free) / 1024 / 1024;
51        System.out.println("現在のメモリ使用量: " + usage + "MB");
52    }
53 }
```

静的メソッド呼び出し時は第1引数には何を指定してもよい

練習4-2の解答

MemoryEater.java

```
01 import java.util.*;
02
03 public class MemoryEater {
04    public static void main(String[] args) {
05        if (Locale.getDefault().getLanguage().equals("ja")) {
06            System.out.println("メモリを消費しています…");
07        } else {
08            System.out.println("eating memory...");
```

```
09      }
10
11      long[] larray = new long[1280000];
12      for (int i = 0; i < larray.length; i++) {
13        larray[i] = i;
14      }
15    }
16 }
```

chapter 5 | 非標準ライブラリの活用

練習5-1の解答

(1) `-cp c:¥javalib¥commons-lang.jar`

(2) `-cp .;c:¥javalib¥commons-lang.jar`

　実行時には、Main.classのあるフォルダもクラスパスに含める必要があるため、現在のフォルダを表すピリオドを追加します。

練習5-2の解答

Book.java

```
01 import org.apache.commons.lang3.builder.*;
02     :
03 public class Book implements Comparable<Book>, Cloneable {
04   :
05   public int hashCode() {
06     return HashCodeBuilder.reflectionHashCode(this);
07   }
08   public boolean equals(Object o) {
09     return EqualsBuilder.reflectionEquals(this, o);
10   }
```

```
11    public int compareTo(Book o) {
12       return CompareToBuilder.reflectionCompare(
             this, o, "comment", "title");
13    }
14    :
15 }
```

chapter 6 | ファイルの操作

練習6-1の解答

```
01 import java.io.*;
02
03 public class Main {
04   public static void main(String[] args) throws Exception {
05     String inFile = args[0];
06     String outFile = args[1];
07     FileInputStream fis = new FileInputStream(inFile);
08     FileOutputStream fos = new FileOutputStream(outFile);
09     int i = fis.read();
10     while (i != -1) {
11       fos.write(i);
12       i = fis.read();
13     }
14     fos.flush();
15     fos.close();
16     fis.close();
17   }
18 }
```

以下はjava.nio.file.Filesクラスを使った別解です。

```
01  import java.nio.file.*;                              AnotherMain.java

02

03  public class AnotherMain {

04    public static void main(String[] args) throws Exception {

05      Files.copy(Paths.get(args[0]), Paths.get(args[1]));

06    }

07  }
```

練習6-2の解答

```
01  import java.io.*;                                     Main.java

02  import java.util.zip.GZIPOutputStream;

03

04  public class Main {

05    public static void main(String[] args) {

06      if (args.length != 2) {

07        System.out.println("起動パラメータの指定が不正です");

08        return;

09      }

10      String inFile = args[0];

11      String outFile = args[1];

12

13      try (

14        FileInputStream fis = new FileInputStream(inFile);

15        FileOutputStream fos = new FileOutputStream(outFile);

16        BufferedOutputStream bos = new BufferedOutputStream(fos);

17        GZIPOutputStream gzos = new GZIPOutputStream(bos);

18      ) {

19        int i = fis.read();

20        while (i != -1) {
```

```
21        gzos.write(i);
22        i = fis.read();
23      }
24      gzos.flush();
25    } catch (IOException e) {
26      System.out.println("ファイル処理に失敗しました");
27    }
28  }
29 }
```

chapter 7 さまざまなファイル形式

練習7-1の解答

```java
01 import java.io.*;
02 import java.util.*;
03
04 public class Main {
05   public static void main(String[] args) throws Exception {
06     Reader fr = new FileReader("pref.properties");
07     Properties p = new Properties();
08     p.load(fr);
09     System.out.println(p.getProperty("aichi.capital") + ":"
          + p.getProperty("aichi.food"));
10     fr.close();
11   }
12 }
```

練習7-2の解答

```java
01 import java.io.*;
```

```
02  import java.util.*;
03
04  public class Main {
05    public static void main(String[] args) throws Exception {
06      ResourceBundle rb = ResourceBundle.getBundle("pref");
07      System.out.println(rb.getString("aichi.capital") + ":"
                + rb.getString("aichi.food"));
08    }
09  }
```

練習7-3の解答

Department、Employeeの宣言に`implements java.io.Serializable`を追加した上で、以下のクラスを作成します。

```
01  import java.io.*;
02
03  public class Main {
04    public static void main(String[] args) throws Exception {
05      Employee tanaka = new Employee();
06      tanaka.name = "田中一郎";
07      tanaka.age = 41;
08      Department soumubu = new Department();
09      soumubu.name = "総務部";
10      soumubu.leader = tanaka;
11      FileOutputStream fos =
                new FileOutputStream("company.dat");
12      ObjectOutputStream oos = new ObjectOutputStream(fos);
13      oos.writeObject(soumubu);
14      oos.flush();
15      oos.close();
```

```
16    }
17  }
```

chapter 8 | ネットワークアクセス

練習8-1の解答

```
01  import java.io.*;
02  import java.net.*;
03
04  public class Main {
05    public static void main(String[] args) throws Exception {
06      URL url = new URL("https://dokojava.jp/favicon.ico");
07      InputStream is = url.openStream();
08      OutputStream os = new FileOutputStream("dj.ico");
09      int i = is.read();
10      while (i != -1) {
11        os.write((byte)i);
12        i = is.read();
13      }
14      is.close();
15      os.flush();
16      os.close();
17    }
18  }
```

`Main.java`

ネットワークから読み込ん
でファイルに書き出す

BK48a

練習8-2の解答

```
01  import java.io.*;
02  import java.net.*;
```

`Main.java`

```
03
04  public class Main {
05    public static void main(String[] args) throws Exception {
06      Socket sock = new Socket("smtp.example.com", 60025);
07      OutputStream os = sock.getOutputStream();
08      os.write("HELO smtp.example.com\r\n".getBytes());
09      :  ) ─ 8行目と同じ手順で、データの各行をos.write()で書き込む処理
10      os.flush();
11      sock.close();
12    }
13  }
```

BK48b

練習8-3の解答

```
01  import java.net.URI;
02  import java.net.http.*;
03  import java.net.http.HttpClient.*;
04  import com.fasterxml.jackson.databind.*;
05
06  public class Main {
07    public static void main(String[] args) throws Exception {
08      String url = "https://api.github.com/users/miyabilink";
09      HttpClient client = HttpClient.newBuilder()
10        .version(Version.HTTP_1_1)
11        .followRedirects(Redirect.NORMAL)
12        .build();
13      HttpRequest request = HttpRequest.newBuilder()
14        .uri(URI.create(url))
15        .header("Accept", "application/vnd.github.v3+json")
16        .GET()
17        .build();
```

```
18    HttpResponse<String> response =
          client.send(request, HttpResponse.BodyHandlers.ofString());
19    String body = response.body();
20    int status = response.statusCode();
21    if (status == 200) {
22      ObjectMapper mapper = new ObjectMapper();
23      JsonNode root = mapper.readTree(body);
24      String blog = root.get("blog").textValue();
25      System.out.println(blog);
26    } else {
27      System.out.println("ERROR: " + status);
28    }
29  }
30 }
```

chapter 9 | データベースアクセス

練習9-1の解答

Item.java

```
01 public class Item {
02   private String name;
03   private int price;
04   private int weight;
05   public String getName() {
06     return this.name;
07   }
08   public int getPrice() {
09     return this.price;
10   }
11   public int getWeight() {
```

```
12      return this.weight;
13    }
14    public void setName(String name) {
15      this.name = name;
16    }
17    public void setPrice(int price) {
18      this.price = price;
19    }
20    public void setWeight(int weight) {
21      this.weight = weight;
22    }
23  }
```

BK49b

練習9-2の解答

```
01  import java.util.*;
02  import java.io.*;
03  import java.sql.*;
04
05  public class ItemsDAO {
06    public static ArrayList<Item> findByMinimumPrice(int i) {
07      try {
08        Class.forName("org.h2.Driver");
09      } catch (ClassNotFoundException e) {
10        e.printStackTrace();
11      }
12      Connection con = null;
13      try {
14        con = DriverManager.getConnection("jdbc:h2:~/rpgdb");
15        PreparedStatement pstmt = con.prepareStatement
            ("SELECT * FROM ITEMS WHERE PRICE >= ?");
```

ItemsDAO.java

```
16    pstmt.setInt(1, i);
17    ResultSet rs = pstmt.executeQuery();
18    // ここでItemを入れていくArrayListを準備
19    ArrayList<Item> items = new ArrayList<>();
20    while (rs.next()) {    // 結果表の全行を1つずつ処理
21      Item item = new Item();
22      item.setName(rs.getString("NAME"));        ┐
23      item.setPrice(rs.getInt("PRICE"));          │ 1行分の情報を
24      item.setWeight(rs.getInt("WEIGHT"));       ┘ インスタンスに変換
25      items.add(item);  ── インスタンスをArrayListに追加
26    }
27    rs.close();
28    pstmt.close();
29    return items;  ── 最後にArrayListを返す
30  } catch (SQLException e) {
31    e.printStackTrace();
32    return null;
33  } finally {
34    if (con != null) {
35      try {
36        con.close();
37      } catch (SQLException e) {
38        e.printStackTrace();
39      }
40    }
41  }
42  }
43 }
```

練習10-1の解答

javadocコメントを追加したソースコード

```java
01  package jp.miyabilink.atm;
02
03  /**
04   * 銀行を表すクラス。
05   */
06  public class Bank {
07    /** 銀行の名前 */
08    String name;
09    /** 銀行の住所 */
10    String address;
11    /**
12     * 口座を追加する。
13     * @param owner 口座名義人
14     * @param initZandaka 初期残高
15     */
16    public void addAccount(String owner, int initZandaka) { }
17    public static void main(String[] args) {
18      System.out.println("試験用のメインメソッドです");
19    }
20  }
```
Bank.java

javadocの生成

```
>javadoc Bank.java
```

練習10-2の解答

作成するマニフェストファイル

付録
B

manifest.txt

```
01 Manifest-Version: 1.0
02 Main-Class: jp.miyabilink.atm.Bank
```

JARファイルの作成

```
>jar -cvfm atm.jar manifest.txt jp¥miyabilink¥atm¥Bank.class
```

練習10-3の解答

```
>java -jar atm.jar
```

練習10-4の解答

①
```
プロジェクトフォルダ
├── pom.xml
└── src          ← pom.xmlの配置場所
     ├── main
     │    ├── java
     │    │    └── Book.java
     │    └── resources    ← Book.javaの配置場所
     └── test
          ├── java
          └── resources
```

②

pom.xml

```
01 <project
02   xmlns="http://maven.apache.org/POM/4.0.0"
03   xmlns:xsi="http://www.w3.org/2001/XMLSchema-instance"
04   xsi:schemaLocation="http://maven.apache.org/POM/4.0.0
05       http://maven.apache.org/xsd/maven-4.0.0.xsd">
06   <modelVersion>4.0.0</modelVersion>
```

```
07
08    <groupId>jp.miyabilink</groupId>
09    <artifactId>javapbooks</artifactId>
10    <version>1.0</version>
11
12    <dependencies>
13      <dependency>
14        <groupId>org.apache.commons</groupId>
15        <artifactId>commons-lang3</artifactId>
16        <version>3.11</version>
17      </dependency>
18    </dependencies>
19  </project>
```

練習10-5の解答

① `mvn clean`
② `mvn compile`
③ `mvn javadoc:javadoc`
④ `mvn site`

chapter 11 | 単体テストとアサーション

練習11-1の解答

BankTest.java

```
01  import org.junit.jupiter.api.*;
02  import static org.junit.jupiter.api.Assertions.*;
03
04  public class BankTest {
05    // ①正常系：「ミヤビ」をセットできるか
06    @Test public void setName() {
```

```
07      Bank b = new Bank();
08      b.setName("ミヤビ");
09    }
10
11    // ②異常系：nullをセットしようとしたら例外が起きるべき
12    @Test public void setNameWithNull() {
13      try {
14        Bank b = new Bank();
15        b.setName(null);
16      } catch (NullPointerException e) {
17        return;
18      }
19      fail();
20    }
21
22    // ③異常系：2文字をセットしようとしたら例外が起こるべき
23    @Test
24    public void throwsExceptionWithTwoCharName() {
25      Bank b = new Bank();
26      assertThrows(IllegalArgumentException.class, ()
27          -> { b.setName("ミヤ"); });
28  }
```

本文では割愛しましたが、このように例外をラムダ式で記述もできます。
もちろん②のように自分でtry-catchをしてもかまいません。

練習11-2の解答

　pom.xmlの内容はコード11-4（p.419）と同じです。テストを実行するには、プロジェクトフォルダにpom.xmlを、配下のsrc¥main¥javaフォルダにBank.javaを、src¥test¥javaフォルダにBankTest.javaを配置したうえで、`mvn test` コマンドを実行します。テストの結果、Bank.javaに不具合が見つかりますので、Bank.javaの7行目を以下のように修正します。

```
if (newName.length() < 3) {
```

chapter 12 | メトリクスとリファクタリング

練習12-1の解答

MavenとJacocoでカバレッジの計測を行い、計測結果を確認します。

Bank

Element	Missed Instructions ⇕	Cov. ⇕	Missed Branches ⇕	Cov. ⇕
● getName()	▬▬	0%		n/a
● setName(String)	▬▬▬▬▬▬▬▬▬	100%	▬▬▬▬▬▬▬▬	100%
● Bank()	▬▬	100%		n/a
Total	3 of 19	84%	0 of 2	100%

練習12-2の解答

練習12-1のカバレッジの結果から、getName()に対するテストが未実施である
と読み取れます。BankTest.javaに次のテストを追加して再テストを実施します。

```
// (4)正常系：セットした内容を取得できるか                    BankTest.java
@Test public void getName() {
  Bank b = new Bank();
  b.setName("ミヤビ");
  assertEquals("ミヤビ", b.getName());
}
```

718

Bank

Element	Missed Instructions	Cov.	Missed Branches	Cov.
● setName(String)	▭▭▭▭▭▭▭	100%	▭▭▭▭▭	100%
● Bank()	▭▭	100%		n/a
● getName()	▭▭	100%		n/a
Total	0 of 19	100%	0 of 2	100%

練習12-3の解答

Mavenで SpotBugsによる解析を行い、結果を確認します。

Main

Bug	Category	Details	Line	Priority
new Exception() をスローしていません。Main.main(String[])	CORRECTNESS	RV_EXCEPTION_NOT_THROWN ⬀	8	High

　表示された警告の内容を確認して修正します。newした例外インスタンスをスローしていないことに対する警告が8行目に対して表示されていますので、コードを次のように修正して再び解析を行い、警告が出ないことを確認します。

```
if (args[0].equals("hello")) throw new Exception();
```

　なお、このソースコードをCheckstyleで解析すると、さまざまな規約違反を指摘されます。ぜひ、解析結果に従って修正してみてください。

chapter 13 | ソースコードの管理と共有

練習13-1の解答

ワークツリーを作成するフォルダに移動し、次のコマンドを入力します。

```
>git clone https://github.com/miyabilink/sjavap3.git
```

練習13-2の解答

適当な箇所を修正して保存し、次のコマンドを入力します。

```
>git commit -am "○○○を修正"
```

練習13-3の解答

```
>git push
```

※ 別解： `git push origin master`

練習13-4の解答

自分がpullしてからpushするまでの間に、他人が同じファイルの同じ部分を修正してcommitとpushを行ったと考えられます。

練習13-5の解答

自分が行った修正（ローカルレポジトリにcommit済み）と、他人が行った修正（リモートレポジトリからローカルレポジトリに同期されたもの）が、同じ箇所に対する変更だったため、Gitが両者の修正をマージできなかったことが原因です。同じ箇所を修正した人と連絡を取り、本来あるべき姿にコードを書き換え、commitとpushを行う必要があります。

chapter 14 | アジャイルな開発

練習14-1の解答

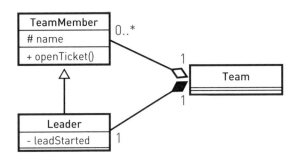

練習14-2の解答

1回目のサイクル

1. MovieTest.javaを作り、Movieクラスを引数0個と引数1個でインスタンス化するテストメソッドを記述する（状態：Red）。
2. Movie.javaを作り、引数0個と引数1個のコンストラクタを作成する（状態：Green）。
3. Movie.javaの内容を改善する（Refactor）。　→　要件①のサイクル完了

2回目のサイクル

4. MovieTest.javaを開き、タイトルと公開日の値を設定・取得するテストメソッドを記述する（状態：Red）。
5. Movie.javaを開き、タイトルと公開日のgetter／setterを作成する（Green）。
6. Movie.javaの内容を改善する（Refactor）。　→　要件②のサイクル完了

　以下、要件③から要件④まで、すべての要件が完了するまで以上のサイクルを繰り返す。

練習15-1の解答

(1) 循環　(2) 安定的

練習15-2の解答

　通常のクラスとしてロガーを設計すると、インスタンスが2つ生成され、ファイルを2重に開こうとしてしまいます。そこでSingletonパターンを用いて、ファイルの2重オープンを防ぎます。

MyLogger.java

```java
01  import java.io.*;
02
03  public final class MyLogger {
04    private static MyLogger theInstance;     唯一のインスタンス保存用
05    private FileWriter writer;
06    private MyLogger() {
07      try {
08        this.writer = new FileWriter("c:\\dummylog.txt");
09      } catch (IOException e) { /*エラー処理は省略 */ }
10    }
11    public void log(String msg) throws IOException {
12      this.writer.write(msg);
13    }
14    public static MyLogger getInstance() {
15      if (theInstance == null) theInstance = new MyLogger();
16      return theInstance;
17    }
18  }
```

BK4Fb

練習16-1の解答

```java
// CountUpThread.java
01 public class CountUpThread extends Thread {
02   public void run() {
03     for (int i = 0; i <= 50; i++) {
04       System.out.println(i);
05     }
06   }
07 }
```

```java
// Main.java
01 public class Main {
02   public static void main(String[] args) throws Exception {
03     new CountUpThread().start();
04     new CountUpThread().start();
05     new CountUpThread().start();
06   }
07 }
```

練習16-2の解答

元のコードの5行目と9行目を以下のように修正します。

```java
// Counter.java
01 public class Counter {
02   private long count = 0;
03   public void add(long i) {
04     System.out.println("足し算します");
05     synchronized(this) {
06       this.count += i;
07     }
08   }
09   public void mul(long i) {
```

```
10      System.out.println("掛け算します");
11      synchronized(this) {
12        this.count *= i;
13      }
14    }
15  }
```

以下はAtomicLongを使った別解です。

AnotherCounter.java

```
01  import java.util.concurrent.atomic.*;
02
03  public class AnotherCounter {
04    private AtomicLong count = new AtomicLong(0);
05    public void add(long i) {
06      System.out.println("足し算します");
07        this.count.getAndUpdate(c -> c + i);
08    }
09    public void mul(long i) {
10      System.out.println("掛け算します");
11        this.count.getAndUpdate(c -> c * i);
12    }
13  }
```

chapter 17 | ユーザーインタフェース制御

練習17-1の解答

Main.java

```
01  import javax.swing.*;
02
03  public class Main {
04    public static void main(String[] args) {
```

```
05      JFrame frame = new JFrame("ログイン画面");
06      frame.setDefaultCloseOperation(JFrame.EXIT_ON_CLOSE);
07      frame.setSize(400, 200);
08      frame.setLayout(new BoxLayout(
            frame.getContentPane(), BoxLayout.Y_AXIS));
09
10      frame.add(new IDPanel());
11      frame.add(new PWPanel());
12      frame.add(new CheckPanel());
13      frame.add(new ButtonPanel());
14
15      frame.setVisible(true);
16    }
17 }
```

IDPanel.java

```
01 import java.awt.*;
02 import javax.swing.*;
03
04 public class IDPanel extends JPanel {
05   JLabel label = new JLabel("ユーザーID");
06   JTextField id = new JTextField();
07
08   public IDPanel() {
09     this.setLayout(new BorderLayout());
10     this.add(label, BorderLayout.WEST);
11     this.add(id, BorderLayout.CENTER);
12   }
13 }
```

PWPanel.java

```
01 import java.awt.*;
02 import javax.swing.*;
03
```

```
04  public class PWPanel extends JPanel {
05    JLabel label = new JLabel("パスワード");
06    JPasswordField pw = new JPasswordField();
07
08    public PWPanel() {
09      this.setLayout(new BorderLayout());
10      this.add(label, BorderLayout.WEST);
11      this.add(pw, BorderLayout.CENTER);
12      this.hideText();
13    }
14
15    public void hideText() { pw.setEchoChar('★'); }
16  }
```

```
01  import java.awt.*;                              CheckPanel.java
02  import javax.swing.*;
03
04  public class CheckPanel extends JPanel {
05    JCheckBox check = new JCheckBox("パスワードを隠さない");
06
07    public CheckPanel() {
08      this.setLayout(new BorderLayout());
09      this.add(check, BorderLayout.WEST);
10    }
11  }
```

```
01  import javax.swing.*;                           ButtonPanel.java
02
03  public class ButtonPanel extends JPanel {
04    JButton login = new JButton("ログイン");
05    JButton clear = new JButton("クリア");
06
```

```
07    public ButtonPanel() {
08      this.setLayout(new BoxLayout(this, BoxLayout.X_AXIS));
09      this.add(login);
10      this.add(clear);
11    }
12  }
```

付録
B

練習17-2の解答

Main.java

```
01  import javax.swing.*;
02
03  public class Main {
04    public static void main(String[] args) {
05      JFrame frame = new JFrame("ログイン画面");
06      frame.setDefaultCloseOperation(JFrame.EXIT_ON_CLOSE);
07      frame.setSize(400, 200);
08      frame.setLayout(new BoxLayout(
            frame.getContentPane(), BoxLayout.Y_AXIS));
09
10      IDPanel idpanel = new IDPanel();
11      PWPanel pwpanel = new PWPanel();
12      frame.add(idpanel);
13      frame.add(pwpanel);
14      frame.add(new CheckPanel(pwpanel));
15      frame.add(new ButtonPanel(idpanel, pwpanel));
16
17      frame.setVisible(true);
18    }
19  }
```

IDPanel.java

```
01  import java.awt.*;
02  import javax.swing.*;
```

```java
03
04  public class IDPanel extends JPanel {
05    JLabel label = new JLabel("ユーザーID");
06    JTextField id = new JTextField();
07
08    public IDPanel() {
09      this.setLayout(new BorderLayout());
10      this.add(label, BorderLayout.WEST);
11      this.add(id, BorderLayout.CENTER);
12    }
13
14    public String getText() {
15      return this.id.getText();
16    }
17    public void setText(String newValue) {
18      this.id.setText(newValue);
19    }
20  }
```

```java
01  import java.awt.*;
02  import javax.swing.*;
03
04  public class PWPanel extends JPanel {
05    JLabel label = new JLabel("パスワード");
06    JPasswordField pw = new JPasswordField();
07
08    public PWPanel() {
09      this.setLayout(new BorderLayout());
10      this.add(label, BorderLayout.WEST);
11      this.add(pw, BorderLayout.CENTER);
12      this.hideText();
```

```
13    }
14
15    public void hideText() { pw.setEchoChar('★'); }
16    public void showText() { pw.setEchoChar((char)0); }
17
18    public String getText() {
19      return String.valueOf(this.pw.getPassword());
20    }
21    public void setText(String newValue) {
22      this.pw.setText(newValue);
23    }
24 }
```

`CheckPanel.java`

```
01 import java.awt.*;
02 import javax.swing.*;
03
04 public class CheckPanel extends JPanel {
05   JCheckBox check = new JCheckBox("パスワードを隠さない");
06
07   public CheckPanel(PWPanel pwpanel) {
08     this.setLayout(new BorderLayout());
09     this.add(check, BorderLayout.WEST);
10     check.addChangeListener(e -> {
11       if (check.isSelected()) {
12         pwpanel.showText();
13       } else {
14         pwpanel.hideText();
15       }
16     });
17   }
18 }
```

```java
01  import javax.swing.*;
02
03  public class ButtonPanel extends JPanel {
04    JButton login = new JButton("ログイン");
05    JButton clear = new JButton("クリア");
06
07    public ButtonPanel(IDPanel idpanel, PWPanel pwpanel) {
08      this.setLayout(new BoxLayout(this, BoxLayout.X_AXIS));
09      login.addActionListener(e -> {
10        String id = idpanel.getText();
11        String pw = pwpanel.getText();
12        if (id.equals("minato") && pw.equals("yusuke")) {
13          JOptionPane.showMessageDialog(this, "ログインに成功しました",
14              "ログイン成功", JOptionPane.INFORMATION_MESSAGE);
15        } else {
16          JOptionPane.showMessageDialog(this, "ログインに失敗しました",
17              "ログイン失敗", JOptionPane.ERROR_MESSAGE);
18        }
19      });
20      clear.addActionListener(e -> {
21        idpanel.setText("");
22        pwpanel.setText("");
23      });
24      this.add(login);
25      this.add(clear);
26    }
27  }
```

あとがき

最後までお読みくださり、ありがとうございました。お楽しみいただけましたでしょうか。

『まえがき』にもあるように、本書は「1人でも多くの入門者に、よりスムーズに、より興味を持って、幅広い実践スキルを伴った中級者への道を進んでいただくこと」を目的とし、その実現のため、各分野から集めたエッセンスをやさしく解説するよう努めました。

本書を読み終えた今、あなたの中にプログラミングや開発手法に対するさらなる興味や関心が芽生えていたら、これに勝る歓びはありません。次のステップとして、以下の技術書もきっと読み進めることができるでしょう。

Javaプログラミング全般について

Joshua Bloch（2018）『Effective Java 第3版』 丸善出版

オブジェクト指向設計について

結城浩（2021）『Java言語で学ぶデザインパターン入門第3版』 SBクリエイティブ

Eric Evans（2011）『エリック・エヴァンスのドメイン駆動設計』 翔泳社

田中ひさてる（2022）『ちょうぜつソフトウェア設計入門』 技術評論社

アジャイル開発手法について

Robert C. Martin（2008）『アジャイルソフトウェア開発の奥義 第2版』 SBクリエイティブ

西村直人ほか（2020）『SCRUM BOOT CAMP THE BOOK【増補改訂版】』 翔泳社

ソフトウェア開発ツール基盤について

David Farley/Jez Humble（2012）『継続的デリバリー』 KADOKAWA

プログラマとプログラミングについて

Kevlin Henney/和田卓人（2010）『プログラマが知るべき97のこと』 オライリージャパン

これからも多くの技術書やエンジニアとの出会いがあなたを待っています。それらは、より高度で、新しく、おもしろい世界をあなたに見せてくれることでしょう。そのきっかけに携わることができた幸運に、心から感謝してやみません。

著者

INDEX
索引

733

や行

ら行

わ行

■著者

中山清喬（なかやま・きよたか）

株式会社フレアリンク代表取締役。IBM 内の先進技術部隊に所属
しシステム構築現場を数多く支援。退職後も研究開発・技術適用支
援・教育研修・執筆講演・コンサルティング等を通じ、「技術を味方
につける経営」を支援。現役プログラマ。講義スタイルは「ふんわ
りスパルタ」。

■執筆協力

飯田理恵子

■イラスト

高田ゲンキ（たかた・げんき）

イラストレーター／神奈川県出身、ドイツ・ベルリン在住／ 1976
年生。東海大学文学部卒業後、デザイナー職を経て、2004 年より
フリーランス・イラストレーターとして活動。書籍・雑誌・Web・広
告等で活動中。

ホームページ　https://www.genki119.com

YouTube　https://www.youtube.com/@genkistudio

STAFF
編集　　佐藤実穂
　　　　片元 諭
DTP 制作　　SeaGrape
カバー・本文デザイン　　米倉英弘（細山田デザイン事務所）
編集長　　玉巻秀雄

「スッキリわかる入門」シリーズ

スッキリわかる Java入門 第4版

定価：本体 2,700円＋税
著者：中山清喬／国本大悟
監修：株式会社フレアリンク

豊富な図解で、初心者には理解しづらいオブジェクト指向を「ごまかさず、きちんと、分かりやすく」解説しました。本書読者専用のクラウドJava環境も用意。

スッキリわかる Python入門 第2版

定価：本体 2,500円＋税
著者：国本大悟／須藤秋良
監修：株式会社フレアリンク

本書は、プログラミングの基礎を丹念に解きほぐし、楽しいストーリーとともに、つまずくことなく最後まで読み通せる入門書です。シリーズで好評「エラー解決・虎の巻」も収録！

スッキリわかる SQL入門 第4版 ドリル256問付き！

定価：本体 2,800円＋税
著者：中山清喬／飯田理恵子
監修：株式会社フレアリンク

やさしく、楽しくデータベースと SQL に関する実践的な知識が学べる入門書です。手軽に取りくめるクラウド環境『dokoQL』で現場で使える力が身に付きます。

スッキリわかる Python による 機械学習入門

定価：本体 3,000円＋税
著者：須藤秋良
監修：株式会社フレアリンク

機械学習の世界は、学ぶべき分野が多岐に及びます。本書は、広大な学習範囲に対して、真正面から取り組み、しかしスムーズかつスッキリと学びきることができる入門書です。「エラー解決・虎の巻」も収録！

スッキリわかる サーブレット＆JSP入門 第3版

定価：本体 3,000円＋税
著者：国本大悟
監修：株式会社フレアリンク

本書はHTMLやHTTPといった各種仕様、セッションやスコープといった概念を、しくみやコツ、落とし穴も含めて初学習でも一歩ずつ確実に学べる一冊です。

スッキリわかる C言語入門 第2版

定価：本体 2,700円＋税
著者：中山清喬
監修：株式会社フレアリンク

「なぜ？」「どうして？」にしっかりと答えながら解説を進めていく構成によって、「ポインタ」や「文字列操作」など、つまずきやすい部分もグングン身に付きます。Web学習環境「dokoC」で初学者も安心。

■商品に関する問い合わせ先

このたびは弊社商品をご購入いただきありがとうございます。本書の内容などに関するお問い
合わせは、下記のURLまたは二次元バーコードにある問い合わせフォームからお送りください。

https://book.impress.co.jp/info/

上記フォームがご利用いただけない場合のメールでの問い合わせ先
info@impress.co.jp

※お問い合わせの際は、書名、ISBN、お名前、お電話番号、メールアドレス に加えて、「該当する
ページ」と「具体的なご質問内容」「お使いの動作環境」を必ずご明記ください。なお、本書の範囲
を超えるご質問にはお答えできないのでご了承ください。

● 電話やFAX でのご質問には対応しておりません。また、封書でのお問い合わせは回答までに日数をい
ただく場合があります。あらかじめご了承ください。
● インプレスブックスの本書情報ページ https://book.impress.co.jp/books/1123101106 では、本書
のサポート情報や正誤表・訂正情報などを提供しています。あわせてご確認ください。
● 本書の奥付に記載されている初版発行日から2年が経過した場合、もしくは本書で紹介している製品や
サービスについて提供会社によるサポートが終了した場合はご質問にお答えできない場合があります。

■落丁・乱丁本などの問い合わせ先
FAX 03-6837-5023
service@impress.co.jp
※古書店で購入された商品はお取り替えできません。

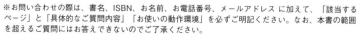

スッキリわかるJava入門 実践編 第4版

2024年 2月 1日 初版発行

著　者　中山 清喬

監　修　株式会社フレアリンク

発行人　高橋 隆志

発行所　株式会社インプレス
　　　　〒101-0051　東京都千代田区神田神保町一丁目105番地
　　　　ホームページ　https://book.impress.co.jp/

印刷所　日経印刷株式会社

ISBN978-4-295-01845-2 C3055

Printed in Japan